数字信号处理导论

（第二版）

胡广书 编著

清华大学出版社
北 京

内容简介

本书较为系统地介绍了数字信号处理的基础理论、相应的算法及这些算法的软件与硬件实现。全书共9章，内容包括离散时间信号与离散时间系统的基本概念、Z变换及离散时间系统分析、离散傅里叶变换、傅里叶变换的快速算法、离散时间系统的相位与结构、数字滤波器设计(IIR、FIR及特殊形式的滤波器)、信号的正交变换(正交变换的定义与性质、K-L变换、DCT及其在图像压缩中的应用)及数字信号处理的硬件实现等。同时书中介绍了数字信号处理中所涉及的主要MATLAB文件，并给出了具体使用实例。

本书章节安排合理，说理详细，论证清楚，便于自学。除第9章外，其余各章都配有习题及上机练习题。

本书可作为理工科本科生的教材及参考书，也可作为工程技术人员的自学参考书。

图书在版编目(CIP)数据

数字信号处理导论/胡广书编著. —2版. —北京：清华大学出版社，2013 (2023.2 重印)
ISBN 978-7-302-31534-6

Ⅰ. ①数… Ⅱ. ①胡… Ⅲ. ①数字信号—信号处理—高等学校—教材 Ⅳ. ①TN911.72

中国版本图书馆CIP数据核字(2013)第029619号

责任编辑：王一玲
封面设计：傅瑞学
责任校对：时翠兰
责任印制：丛怀宇

出版发行：清华大学出版社
网　　址：http://www.tup.com.cn，http://www.wqbook.com
地　　址：北京清华大学学研大厦A座　　**邮　　编**：100084
社 总 机：010-83470000　　**邮　　购**：010-62786544
投稿与读者服务：010-62776969，c-service@tup.tsinghua.edu.cn
质量反馈：010-62772015，zhiliang@tup.tsinghua.edu.cn
印 装 者：三河市龙大印装有限公司
经　　销：全国新华书店
开　　本：185mm×230mm　　**印　　张**：23.5　　**字　　数**：487千字
版　　次：2005年1月第1版　2013年5月第2版　　**印　　次**：2023年2月第12次印刷
定　　价：59.00元

产品编号：051238-02

前言

随着信息和微电子等学科的飞速发展，数字信号处理的理论在过去的 40 年中得到了飞速的发展，其应用也日益广泛。为适应这一发展对人才的需求，目前很多高校都开设了数字信号处理课程，并且已由过去的面向电子信息类的专业逐渐扩展到面向电气工程、仪器仪表、机械制造及生物医学工程等更多的专业领域，同时也由面向研究生逐渐扩展到面向本科生。

本书正是为适应广大理工科本科生数字信号处理教学的需求，在笔者拙著《数字信号处理——理论、算法与实现》(第三版，清华大学出版社 2012 年出版)一书上篇的基础上改编而形成的。

本书共分 9 章，包含了数字信号处理的基础内容。通过这些章节的学习，读者可以掌握数字信号处理的基本理论和处理信号的实际技能，为进一步学习现代信号处理的知识打下坚实的基础。

离散时间信号和离散时间系统是数字信号处理中两个最重要的概念，二者既相互独立又密不可分。本书第 1 章详细讨论离散时间信号的基本概念，包括离散信号的运算、信号与噪声、信号空间、相关函数的定义、性质及应用等。第 2 章详细讨论离散时间系统的基本概念，包括离散时间系统的性质、描述及输入输出关系，Z 变换的定义、收敛域及性质，离散时间系统的转移函数、频率特性、极零分析以及离散系统的实现和信号流图等。

离散时间信号的傅里叶变换是数字信号处理中的核心内容，因此，我们在第 3 章以较大篇幅分别讨论了离散时间序列的傅里叶变换(DTFT)和离散傅里叶变换(DFT)的定义、性质、应用，并详细讨论了和这两个变换相关联的基本问题，如信号截短对频谱分析的影响、周期卷积、分辨率、时宽-带宽积及 DFT 对 FT 的近似等。

快速傅里叶变换(FFT)算法的提出是数字信号处理发展史上的重要事件，是使得数字信号处理的理论得以应用的关键。本书第 4 章介绍 FFT 的主要内容，包括基 2 时间抽取和频率抽取算法、分裂基算法以及频域细化的 CZT 算法。

第 5 章讨论离散时间系统的相位和结构，是第 2 章内容的继续和深入。具体介绍了线性相位的定义及得到线性相位的必要条件、具有线性相位的离散系统零点分布的特点、全通系统、最小相位系统、谱分解、逆系统以及离散系统的 Lattice 结构等内容。

数字滤波器设计是数字信号处理的重要内容,也是每一位信号处理工作者应掌握的基本技能。本书在第6章和第7章集中讨论数字滤波器的设计问题。前者讨论IIR滤波器的设计,后者讨论FIR滤波器的设计,并简要介绍了一些特殊形式滤波器的设计问题。

正交变换的概念在数字信号处理中具有重要的作用,因此我们在第8章对其进行了讨论,包括正交变换的定义和性质,K-L变换,特别是针对K-L变换的不足重点介绍了离散余弦变换。为使读者了解正交变换的应用,本章还简要介绍了图像压缩的概念。

第9章以美国TI公司的TMS320系列DSP为主集中介绍了DSP硬件的结构、性能、软件和硬件的开发方法及工具等,同时还介绍了DSP的应用。

MATLAB是学习和应用数字信号处理的一个极好的工具。因此,本书在第1章～第8章的最后一节都对该章所涉及的MATLAB文件进行了说明,并给出了使用的具体实例。通过MATLAB的应用,读者可以掌握应用MATLAB实现信号处理的方法,同时更深入地理解数字信号处理的理论。

承蒙TI公司的林坤山博士和郑小龙先生审阅了本书的第9章,他们提出了非常中肯的建议;清华大学张辉博士协助编写了本书的9.5节;许燕、汪梦蝶、黄慧芳、陈戟、刘冰、肖宪波、徐进、刘少颖等在本书的绘图、计算机程序的编写、整理以及资料搜集等各个方面都做了大量的工作,在此一并表示感谢!

限于作者的水平,不妥及错误之处在所难免,恳切希望读者给予批评指正。

作　者

2012年10月于清华大学

E-mail：hgs-dea@tsinghua.edu.cn

目　录

绪　论

本绪论将简要地介绍有关数字信号处理这一新兴学科的概貌，并希望以此激发读者学习数字信号处理的兴趣。

0.1　关于信号

进入 21 世纪，我们已生活在一个信息化的社会。信息的载体是信号，即信息的产生、传输和处理都是通过信号的形式实现的。因此，在现实世界中，信号起到了重要的作用。例如，我们每天从广播中听到的语音和音乐称为音频(audio)信号，每天从电视里看到的图像称为视频(video)信号。在科学、工程实际以及社会生活中，我们还会遇到许许多多的信号，如压力、温度、流量、场强以及各种经济和金融指数等。从我们的生命形成开始，我们的身体上就终生伴随着各种生理信号，如心电信号(ECG)、脑电信号(EEG)、肌电信号(EMG)、眼电信号(EOG)、心音信号(PCG)以及呼吸、血压、体温等信号。因此，可以说信号是无处不在的，研究信号具有重要的理论意义和实际意义。图 0.1.1 给出了几个典型信号，其中，图 0.1.1(a)是一段脑电信号，图 0.1.1(b)是英语单词“life”的语音信号，图 0.1.1(c)为一幅图像，它是一个二维信号。

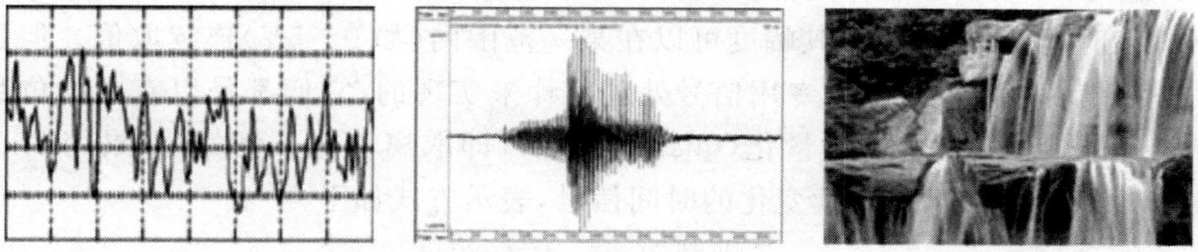

(a)　　(b)　　(c)

图 0.1.1　各种信号

一个一维信号可以用 $x(t)$ 来表示，它可以代表一个实际的物理信号，也可以是一个数学函数。例如，$x(t)=A\sin(2\pi ft)$，既是正弦信号，也是正弦函数。因此，在信号处理中，信号与函数往往是通用的。$x(t)$ 所表示的可以是不同的物理信号，如温度、压力、流量等，但在实际应用中都要把它们转变成电信号，这一转变可通过使用不同的传感器来实现,因此,可简单地把 $x(t)$ 看作一个电压信号或是电流信号。自变量 t 可以是时间,也可以是其他变量。若 t 代表距离,那么 $x(t)$ 是一个空域信号;若 t 代表时间,则 $x(t)$ 为时间信号或时域信号。在本书中,除非特别说明,我们都把 $x(t)$ 视为随时间变化的电信号。$x(t)$ 本身可以是实信号,也可以是复信号。物理信号一般都是实信号,建立在数学模型基础上的信号有可能是复信号。

一个二维信号,如图 0.1.1(c),可以用 $f(x,y)$ 来表示,其中,两个自变量 x,y 分别表示水平和垂直方向的坐标,函数值 f 表示该二维图像在 x,y 处的灰度。一个视频信号要用三个自变量来表示,即 $f(x,y,t)$,x,y 仍代表空间坐标,t 代表时间。显然,$f(x,y,t)$ 表示了一个动态图像或图像序列。除非另作说明,本书讨论的都是一维信号。

0.2 关于数字信号

对一维信号 $x(t)$,若 t 是定义在时间轴上的连续变量,那么我们称 $x(t)$ 为连续时间信号。连续时间信号又称为模拟(analog)信号。若 t 仅是在时间轴的离散点上取值,那么我们称 $x(t)$ 为离散时间信号(discrete time signal)。这时应将 $x(t)$ 记为 $x(nT_s)$,其中 T_s 表示相邻两个点之间的时间间隔,又称为抽样周期(sampling periodic),n 取整数,即有

$$x(nT_s),\quad n=-N_1,\cdots,-1,0,1,\cdots,N_2$$

n 的取值范围是 $(-N_1,N_2)$。一般,我们可以把 T_s 归一化为 1,这样 $x(nT_s)$ 可简记为 $x(n)$。这样表示的 $x(n)$ 仅是整数 n 的函数,所以又称 $x(n)$ 为离散时间序列(discrete time series)。这时,$x(n)$ 可以看作是依次放在计算机内存单元中的数据。

$x(n)$ 在时间上是离散的,其幅度可以在某一范围内(如 0~5V)连续取值。但目前的信号处理装置多是以计算机或专用信号处理芯片来实现的,它们都是以有限的位数来表示其幅度,因此,其幅度也必须量化(quantization),即取离散值。例如,如果用 8bit 的字长来表示一个在 0~5V 内连续变化的时间信号,表示方式如下

二进制数	信号幅度
0000 0000	0mV
0000 0001	20mV
0000 0010	40mV
0000 0011	60mV
⋮	⋮

即量化步长约是 20mV(5V/256),该量化步长也就是将模拟信号转换为数字信号后在幅

度上所产生的量化误差。当然,如果表示信号的字长越长,那么量化误差就越小。例如,若字长取 12bit,则量化的步长是 $5V/2^{12}\approx 1.2mV$,量化误差减小为 8bit 时的 1/16。

在时间和幅度上都取离散值的信号称为数字信号(digital signal)。目前,在信号处理的文献与教科书中,"离散信号"和"数字信号"这两个词是通用的,都是指数字信号,本书也是如此。

一个离散信号 $x(n)$,可能由信号源产生时就是离散的,例如,若 $x(n)$表示的是一年 365 天中每天的平均气温,那么 $x(n)$本身即是离散信号。但大部分情况下,$x(n)$是由连续时间信号 $x(t)$经抽样后所得到的。有关信号抽样的原理将在第 3 章讨论。

将连续信号转换成离散信号是通过模数转换器(analog to digital converter,A/D converter 或 ADC)来实现的。由于大规模集成电路的发展,A/D 芯片已高度集成化,将这些芯片配以一些必要的外围电路可做成不同的 A/D 板(又称数据采集板)。将 A/D 板插入普通计算机(如 PC)的扩展槽中,配以相应的软件即可实现信号的抽样。A/D 芯片有两个主要的参数,一是字长,二是转换速度。现在市售的 A/D 芯片的字长有 8bit、10bit、12bit 及 14bit。字长越长,量化误差越小,自然,转换的精度就越高。转换速度决定了 A/D 芯片的最大抽样速度。目前市售的 A/D 芯片的抽样速度可由几十千赫至几百兆赫。当然,字长越长,速度越高,其售价也越贵,使用者应视实际需要选用。图 0.2.1 给出了用数字方法处理模拟信号的示意图。传感器可以将非电信号转换成电信号,经模拟放大后使信号 $x(t)$达到 A/D 转换器的满量程动态范围(0~5V,或$-5\sim+5V$),经 A/D 转换后得到数字信号 $x(nT_s)$。数字信号处理器可以是一个数字装置或一台计算机,输出后的数字信号 $y(nT_s)$经 D/A 转换后又可变成模拟信号,当然,也可直接输出数字信号。

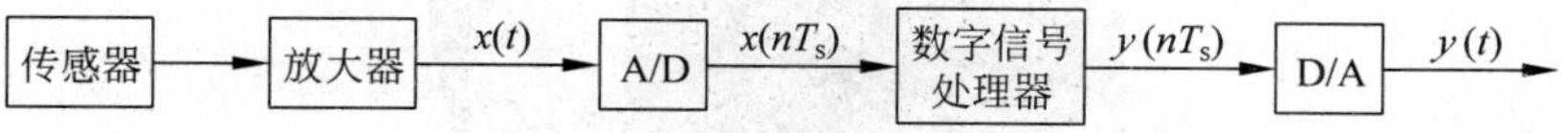

图 0.2.1 用数字方法处理模拟信号的过程

0.3 关于数字信号处理

简单地说,数字信号处理是利用计算机或专用处理设备,以数值计算的方法对信号进行采集、变换、综合、估值与识别等加工处理,借以达到提取信息和便于应用的目的。数字信号处理系统具有灵活、精确、抗干扰强、设备尺寸小、造价低、速度快等突出优点,这些都是模拟信号处理系统所无法比拟的。

在某种意义上,数字信号处理的起源可追溯到 17 世纪,当时已提出了有限差分、数值积分和数值插值的方法。自20世纪60年代以来,随着计算机和信息学科的飞速发展,数字信号处理(digital signal processing,DSP)的理论开始迅速发展,并很快形成了一门独立的学科体系。本节简要介绍有关数字信号处理的基本内容。

0.3.1 数字信号处理的任务

前已述及,数字信号处理的任务是从信号中提取出所需要的信息,并将其用于实际。例如,对正弦信号,我们要提取其幅度、频率和相位三个参数。为了帮助读者能对数字信号处理的内容有一个基本的了解,下面列举一个实际的例子。

图0.3.1是用于危重病房(intensive care unit,ICU)的心电自动监护仪,其作用是监护病人的心电状态(同时也包括其他生理参数,如血压、呼吸等),它应能实时地显示和存储病人的心电波形,并根据心电图的异常来自动决定是否给出报警。一个实际的心电监护仪由心电放大器、A/D转换器、CPU、显示单元、存储单元、系统管理软件和心电信号处理软件所组成。

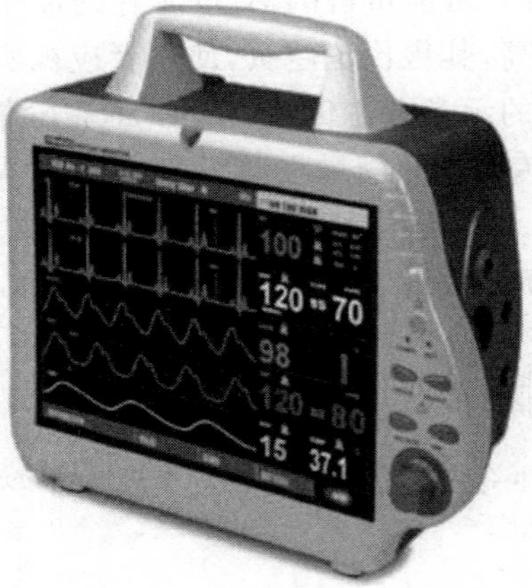

图0.3.1 心电监护仪及其显示界面

图0.3.2是一段正常的心电图(electrocardiogram,ECG),图中的P、Q、R、S和T波是心电图学中的专用符号,它们都是心电信号中的重要成分,其波形的幅度、形态和出现的时间都反映了心脏运动的不同状态。

我们的心脏在我们生命的全过程中始终周而复始地运动着。由窦房结发出的自主运动命令先引起心房的兴奋(又称去极化),然后再引起心室的兴奋,从而将新鲜血液通过主动脉送入人体,然后心房、心室处于静息状态(又称复极),等待下一个运动周期。每一个运动周期的快慢直接反映了心脏跳动的快慢,因此可以由此计算出瞬时心率。P、Q、R、S

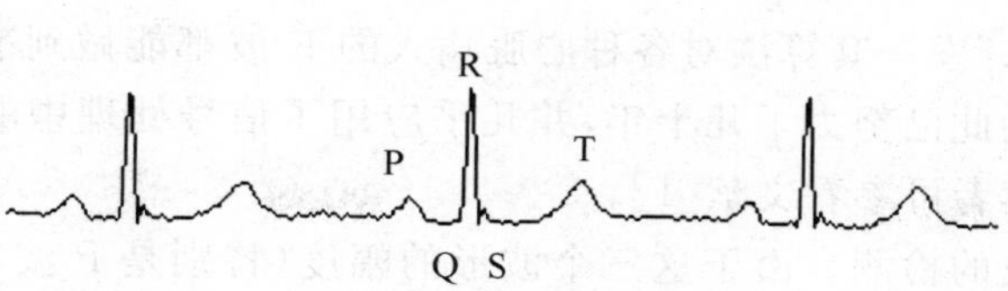

图 0.3.2　一段典型的心电信号

和 T 波相互之间的距离反映了心脏各部分兴奋传导所需要的时间，这些传导时间和每一个波形的形态都反映了心脏各器官的性能，因此，这些参数就成为临床心脏病诊断的有力工具。具体来说，图中 P 波反映了心房去极化过程的电位变化，QRS 复合波反映了心室去极化过程的电位变化，T 波反映了心室复极过程所引起的电位变化，P-R 间期反映了由窦房结产生的兴奋由心房传到心室从而引起心室开始兴奋所需要的时间，Q-T 间期反映了从心室开始兴奋到恢复为完全静息状态所需要的时间，等等。心电图的计算机辅助分析所研究的内容即是如何将这些波形能够自动、准确地检测出来并对心脏疾病给出自动的判别。例如，记两个连续的 R 波之间的距离是 t_{R-R} 秒，那么，在该时刻的瞬时心率

$$HR = 60/t_{R-R}$$

并可由此计算出一段时间的平均心率。心率过快和过慢都是心律不齐的表现，严重时就需要报警，以便医生能及时前来处理。

在心电监护仪中需要完成的功能如下：

(1) 在 CPU 的控制下实现心电信号的采集、显示和存储。

(2) 对采集到的心电信号去除噪声。在信号采集时，身体的任一微小运动都会产生“基线漂移”，这是一种低频干扰，同时，由于肌电的存在又产生了高频的肌电噪声，由于空间电磁场的存在又使心电信号中混有 50Hz 的工频干扰，这些噪声不去除，就会影响下一步的信号处理。图 0.3.3 是一段实际的心电信号，它带有很强的高频噪声并具有由于病态所引起的心电波形失真。

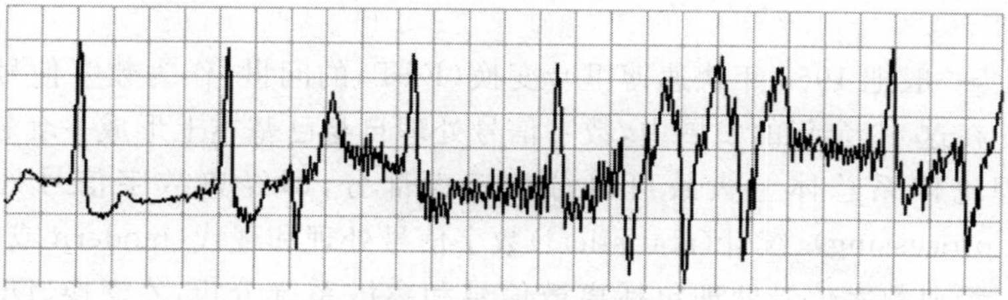

图 0.3.3　带有高频噪声及病态失真的心电信号

(3) R 波检测。进入 CPU 的是源源不断的心电数据，从该数据流中准确地检测出每一个 R 波是心电自动分析的基础。如图 0.3.3 所示，不同的心脏病人的心电信号有着明

显的差异,因此要想开发一套算法对各种心脏病人的 R 波都能做到准确地检测并不是很容易的事情。人们为此已努力了几十年,并几乎应用了信号处理中的绝大部分理论。对 R 波检测感兴趣的读者可参看文献[1]。

(4) P,S 及 T 波的检测。由于这三个波形的幅度(特别是 P 波)远低于 R 波,因此,准确的检测更为困难。人们至今还在这方面继续努力。

(5) 病类判别。根据检测出的参数、心脏疾病的原理和医生的临床经验,建立起各种心律异常的数学模型并对心电信号做出判别,决定是否异常,如异常,又属于哪一类异常。这一工作即是信号处理的应用。

以上内容虽然属于生物医学工程学科的范畴,但从中可以看出数字信号处理的内容和任务。其他学科的信号处理过程和该问题类似,即大体上也包含了去噪、特征检测(或提取)和应用于实际这三个方面。

0.3.2 数字信号处理的优势

数字信号处理的优点是相对模拟信号处理而言的。我们知道,信号处理依赖相应的系统,模拟信号的处理需要的是模拟系统,数字信号处理需要的是数字系统。模拟系统的基本元器件是电阻、电容、电感、运算放大器等。电容和电感的体积大、精度低,信号处理的能力依赖于这些器件的组合,无"智能"功能,因此,模拟系统不灵活且可重复性差。数字信号处理系统的主要器件是 CPU(可能是 PC,或由单片机、DSP 等构成的最小系统),由于其具有可编程性,因此具有强大的"智能"功能,精度高,可重复性强,且可以做到低功耗、便携式。例如我们的手机、数字相机等,都是典型的数字信号处理系统,它们都体现了数字信号处理的优势。

0.3.3 数字信号处理的理论

在国际上,一般把 1965 年快速傅里叶变换(FFT)的问世,作为数字信号处理这一新学科的开端。在这 40 余年的发展中,数字信号处理自身已基本上形成一套较为完整的理论体系。该理论体系总体上大致可以分为三大部分,即经典数字信号处理(classical digital signal processing)、统计(statistical)数字信号处理和现代(modern 或 advanced)数字信号处理。经典数字信号处理包括离散信号和离散系统分析、Z 变换、DFT、FFT、IIR 和 FIR 及一些特殊形式的滤波器设计及数字信号处理的硬件实现等。经典的内容自然是重要的和相对成熟的。本书所涉及的内容都是数字信号处理中的经典内容,它是进一步学习和研究数字信号处理理论的重要基础,因此,应该很好地掌握。

统计数字信号处理研究的对象是随机信号。因为我们在自然界所遇到的信号基本上都是随机的，所以研究随机信号的分析和处理是必要的。对这一类信号研究的方法主要是统计的方法，或“估计”的方法，其内容包括随机信号的描述、平稳随机信号、自相关函数的估计、经典功率谱估计和现代功率谱估计、维纳滤波和自适应滤波。有关这些内容可参看参考文献[4]的“下篇”。

现代数字信号处理的“现代”一词比较模糊，理论上说应该是新内容，但不同的教科书上赋予了不同的内容。例如统计数字信号处理中的基于参数模型的功率谱估计又称为“现代功率谱估计”，维纳滤波器和自适应滤波器又称为“现代滤波器”。此处我们所说的现代信号处理指的是非平稳信号分析和处理的理论。其主要内容包括时-频联合分析、滤波器组和小波变换等。对这一部分内容感兴趣的读者可参看文献[5]。

另外，信号处理的理论和算法是密不可分的。把一个好的信号处理理论用于工程实际，需要辅以相应的算法以达到高速、高效及简单易行的目的。例如，FFT 算法的提出使 DFT 理论得以推广，Levinson 算法的提出使 Toeplitz 矩阵的求解变得很容易，从而使参数模型谱估计技术得到广泛应用。这样的例子在信号处理中还可以举出很多。当然，“算法”也可归入“理论”的内容。

数字信号处理学科不但自身理论内容十分丰富，而且在理论上所涉及的范围极其广泛。数学领域中的微积分、概率统计、随机过程、高等代数、数值分析、近世代数、复变函数等都是它的基本工具，网络理论、信号与系统等均是它的理论基础。在学科发展上，数字信号处理又和最优控制、通信理论、故障诊断等紧紧相连，近年来又成为人工智能、模式识别、神经网络等新兴学科的理论基础之一，其算法的实现（无论是硬件和软件）又和计算机学科及微电子技术密不可分。因此可以说，数字信号处理是把经典的理论体系（如数学、系统）作为自己的理论基础，同时又使自己成为一系列新兴学科的理论基础。

伴随着通信技术、电子技术及计算机的飞速发展，数字信号处理的理论也在不断地丰富和完善，各种新算法、新理论正在不断地推出。例如，在过去的 30 多年中，平稳信号的高阶统计量分析、非平稳信号的联合时频分析、多抽样率信号处理、小波变换及独立分量分析等新的信号处理理论都取得了长足的进展，压缩传感（compressive sensing）理论正在发展中。可以预计，在今后的十年中，数字信号处理的理论将会更快地发展。

0.3.4 数字信号处理的实现

所谓“数字信号处理的实现”，是指将信号处理的理论应用于某一具体的任务中。随着任务的不同，数字信号处理实现的途径也不相同。总的来说，可分为软件实现和硬件实现两大类。

所谓软件实现是指在通用的计算机上用软件来实现信号处理的某一方面的理论。这种实现方式多是用于教学及科学研究，如产品开发前期的算法研究与仿真。这种实现方式的速度较慢,一般无法实时实现。

信号处理的各种软件可由使用者自己编写,也可使用现成的。自 IEEE DSP Comm. 于 1979 年推出第一个信号处理软件包[2]以来,国外的研究机构、大学及有关信号处理著作的作者也推出了形形色色的信号处理软件包,这些都为信号处理的学习和应用提供了方便。目前,有关信号处理的最强大的软件工具是 MATLAB 语言及相应的信号处理工具箱(tool box)。我们在本书中所讨论的绝大部分理论与算法都可在该工具箱中找到对应的 m 文件,它是我们学习、应用数字信号处理的一个极好工具。

MATLAB 是美国 MathWorks 公司开发的一种功能极其强大的高技术计算语言,同时也是一个内容极其丰富的软件库。它以矩阵和向量的运算以及运算结果的可视化为基础,把广泛应用于各个学科领域的数值分析、矩阵计算、函数生成、信号处理、图形及图像处理、建模与仿真等诸多强大功能集成在一个便于用户使用的交互式环境之中,为使用者提供了一个高效的编程工具及丰富的算法资源,其软件的开放性也为广大理工科的研究生、本科生进行理论学习、习题演算、算法推导提供了一个强有力的工具。因此,笔者希望每一位学习数字信号处理的读者都能充分利用 MATLAB。

本书不详细讨论 MATLAB 语言及其众多的功能,只结合本书各个章节的内容,在每一章的最后一节介绍该章内容所涉及的 MATLAB 文件并给出应用举例。需要时,还给出相应的程序。

数字信号处理各种快速算法的提出和 DSP 器件的飞速发展为信号处理的实时实现提供了可能。所谓实时实现,是指在人的听觉、视觉允许的时间范围内实现对输入信号(图像)的高速处理。例如,数字移动电话、数字电视、可视电话、会议电视、军事、高性能的变频调速控制及智能化医学仪器等领域,均需要实时实现。实时实现需要算法和器件两方面的支持。我们在本书中所讨论的快速傅里叶变换、卷积和相关的快速算法等都是为了这一目标。器件是指以 DSP 为代表的一类专门为实现数字信号处理任务而设计的高性能的单片 CPU。

所谓硬件实现是指用通用或专用的 DSP 芯片以及其他 IC 构成满足数字信号处理任务要求的目标系统。DSP 芯片较之大家所熟悉的单片机有着更为突出的优点,如内部带有硬件乘法器、累加器,采用流水线工作方式及并行结构,多总线,速度快,配有适于信号处理的指令等。目前市场上的 DSP 芯片以美国德州仪器公司(TI)的 TMS320 系列为主,其他的有 LSI 公司、Freescale 公司和 ADI 公司的产品。目前,DSP 芯片和相应的开发系统已形成了一个具有较大潜力的产业与市场。

可以预计,在今后很长一段时间内,在人才市场上,既掌握信号处理的理论又能熟练地应用 DSP 芯片的人才将是非常受欢迎的。

0.3.5 数字信号处理的应用

数字信号处理一经问世，便吸引了很多学科的研究者，并被应用于他们的研究领域。可以说，数字信号处理是应用最快、成效最为显著的新学科之一。它在语音、雷达、声纳、地震、图像、通信系统、系统控制、生物医学工程、机械振动、遥感遥测、地质勘探、航空航天、电力系统、故障检测、自动化仪器等众多领域都获得了极其广泛的应用，有效地推动了众多工程技术领域的技术改造和学科发展。近年来，随着多媒体的发展，DSP 芯片已在家电、电话、磁盘机等设备中广泛应用。毫不夸张地说，只要你使用计算机(通用机、专用机、单板机、单片机或一个简单的 CPU)和数据打交道，就必然要应用数字信号处理技术。

表 0.3.1[2] 概括了数字信号处理器应用的 11 个大方面，共 90 余个子方面，它们也代表了数字信号处理这一新学科的应用领域。现不作翻译直接引用在此，供读者参考。

表 0.3.1 DSP 的典型应用

Automotive	Consumer	Control
Adaptive ride control Antiskid brakes Cellular telephones Digital radios Engine control Global positioning Navigation Vibration analysis Voice commands	Digital radios/TVs Educational toys Music synthesizers Pagers Power tools Radar detectors Solid-state answering machines	Disk drive control Engine control Laser printer control Motor control Robotics control Servo control
General Purpose	**Graphics/Imaging**	**Industrial**
Adaptive filtering Convolution Correlation Digital filtering Fast Fourier transforms Hilbert transforms Waveform generation Windowing	3-D computing Animation/digital maps Homomorphic processing Image compression/transmission Image enhancement Pattern recognition Robot vision Workstations	Numeric control Power-line monitoring Robotics Security acoess

续表

Instrumentation	Medical	Military
Digital filtering Function generation Pattern matching Phase-locked loops Seismic processing Spectrum analysis Transient analysis	Diagnostic equipment Fetal monitoring Hearing aids Patient monitoring Prosthetics Ultrasound equipment	Image processing Missile guidance Navigation Radar processing Radio frequency modems Secure communications Sonar processing
Telecommunications		Voice/Speech
1200-to 56 600-bps modems Adaptive equalizers ADPCM transcoders Base stations Cellular telephones Channel multiplexing Data encryption Digital PBXs Digital speech interpolation (DSI) DTMF encoding/decoding Echo cancellation	Faxing Future terminals Line repeaters Personal communications systems (PCS) Personal digital assistants (PDA) Speaker phones Spread spectrum communications Digital subscriber loop (xDSL) Video conferencing X. 25 packet switching	Speaker verification Speech enhancement Speech recognition Speech synthesis Speech vocoding Text-to-speech Voice mail

0.3.6 关于数字信号处理的学习

数字信号处理的特点是理论复杂。翻开有关的教科书,几乎满篇都是数学公式和数学符号,这往往使初学者有望而生畏的感觉。下面就笔者的体会谈谈如何学好数字信号处理。

作为一门课程,学好数字信号处理和学好其他课程有着共同的要求,此处不再赘述。下面是几点特殊的要求:

(1) 特别要注意加深概念的理解,不要只停留在死记数学公式上。例如卷积和相关有着类似的数学公式,但二者的物理概念完全不同。卷积反映了线性移不变系统输入和输出的关系,而相关只是反映两个信号之间的相似性,和系统无关。

要切实理解离散信号的频谱变为周期的原因。这可以从 s 平面到 z 平面的映射关系来理解,也可以从抽样定理的导出来理解;频域的周期化将涉及循环移位和循环卷积等一系列问题。

要切实理解在数字信号处理中必然存在的信号的截短问题，该截短问题又和窗函数的应用、分辨率等问题密切相联。

诸如此类的概念性的问题还很多。总之，对它们不要只从数学公式上来理解，而要从它们的来龙去脉和内在含意来理解。

(2) 通过应用来加深理解和记忆。笔者特别希望读者在学习数字信号处理的过程中一定要重视利用 MATLAB 来完成实际的信号处理任务。例如，可以利用 MATLAB 的有关 m 文件生成各种类型的信号，实际完成一个信号的频谱分析，并了解其横坐标和纵坐标的含意；实际去分析一个系统，求出并画出它的幅频和相频特性；实际去设计一个系统，并用它实现对一个含有噪声信号的滤波，等等。本书各章后的大作业就是为实现这一目标来设计的。另外，对不理解的理论问题，建议可以看一下 MATLAB 中对应的源文件，看一下别人是如何编程实现的，这样往往会有豁然开朗的感觉。

(3) 打好基础，循序渐进。笔者认为，下述内容是数字信号处理中的基础的内容，一定要努力学好。①离散时间信号和离散时间系统的基本概念，时域描述；②离散信号的频谱分析，即 DFT；③离散系统的频域分析，即转移函数和极零分析；④离散时间系统的相位特点及系统的结构；⑤数字滤波器(IIR,FIR)的设计方法。

此外，还有随机信号的描述、信号的建模等。上述 5 个方面的内容在本书中都给予了详细的讨论，其他内容可参看文献[4]。

总之，数字信号处理是一门涉及众多学科又应用于众多领域的新兴学科，它既有较为完整的理论体系，又以最快的速度形成自己的产业。因此，这一新兴学科有着极其美好的发展前景，并将为国民经济多个领域的发展做出自己的贡献。

参考文献

1 Bert-Uwe Kohler, et al. The principles of software QRS detection. IEEE Engineering in Medicine and Biology Magazine, 2002, 21(1): 42～57

2 Programs for Digital Signal Processing. New York: IEEE Press, 1979

3 TMS320C6000 Peripherals: Reference Guide (SPRU190C). TI, 1999

4 胡广书. 数字信号处理——理论、算法与实现. 第三版. 北京：清华大学出版社，2012

5 胡广书. 现代信号处理教程. 北京：清华大学出版社，2004

第 1 章

离散时间信号

1.1 典型离散信号

我们所要处理的信号都是来自于科学与工程的实际信号，因此其波形是各种各样的。在数字信号处理理论中有一些典型的信号，如正弦信号、指数信号、单位抽样信号和阶跃信号，它们起到了重要的作用。下面对这些信号作简要的介绍。

1. 单位抽样信号

$$\delta(n) = \begin{cases} 1 & n = 0 \\ 0 & n \neq 0 \end{cases} \tag{1.1.1}$$

$\delta(n)$又称 Kronecker 函数。该信号在离散信号与离散系统的分析与综合中有着重要的作用，其地位犹如单位冲激信号$\delta(t)$对于连续时间信号与连续时间系统。但$\delta(n)$和$\delta(t)$的定义不同。$\delta(t)$是建立在积分的定义上的，即

$$\int_{-\infty}^{\infty} \delta(t)\,\mathrm{d}t = 1 \tag{1.1.2}$$

且$t \neq 0$时，$\delta(t) = 0$。$\delta(t)$表示在极短的时间内所产生的巨大“冲激”，而$\delta(n)$在$t=0$时定义为 1。$\delta(t)$又称 Drac 函数。图 1.1.1(a)及图 1.1.2(a)分别给出了$\delta(n)$和$\delta(t)$的波形。

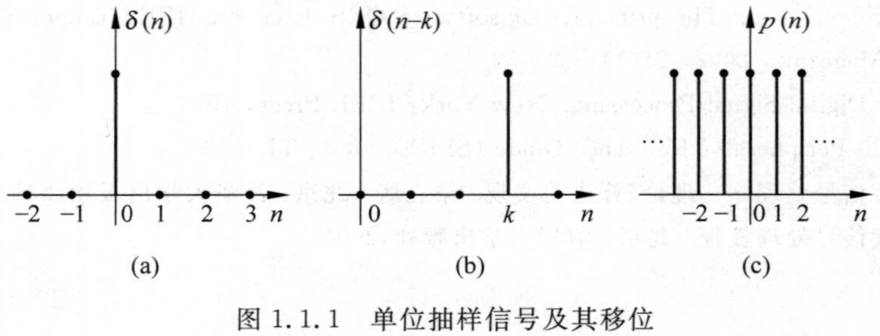

图 1.1.1　单位抽样信号及其移位

2. 脉冲串序列 $p(n)$

若将$\delta(n)$在时间轴上延迟k个抽样周期,得$\delta(n-k)$,则

$$\delta(n-k)=\begin{cases}1 & n=k\\ 0 & n\neq k\end{cases} \tag{1.1.3}$$

在上式中,若k从$-\infty$变到$+\infty$,那么,$\delta(n)$的所有移位可形成一个无限长的脉冲串序列$p(n)$,即

$$p(n)=\sum_{k=-\infty}^{\infty}\delta(n-k) \tag{1.1.4}$$

$\delta(n)$,$\delta(n-k)$及$p(n)$如图1.1.1所示。在图1.1.1(c)中,若移位的不是$\delta(n)$,而是单位冲激信号$\delta(t)$,那么,我们可得到冲激串序列$p(t)$,即

$$p(t)=\sum_{n=-\infty}^{\infty}\delta(t-nT_s) \tag{1.1.5}$$

$\delta(t)$,$p(t)$如图1.1.2(a),(b)所示。

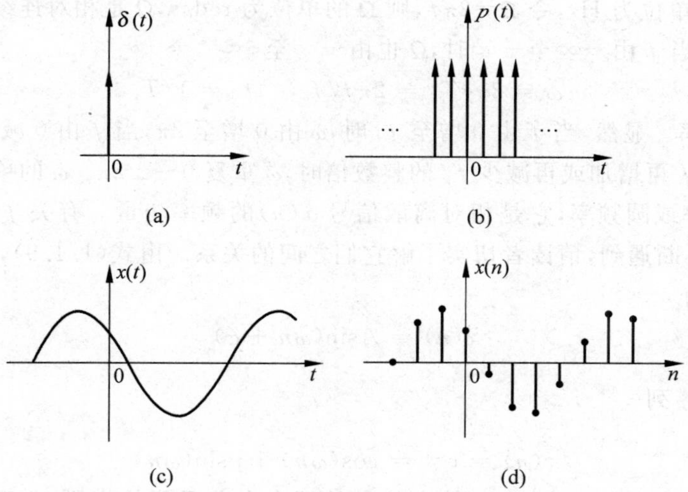

图1.1.2 单位冲激信号及抽样示意图

若将连续信号$x(t)$与$p(t)$相乘,可得到离散信号$x(nT_s)$或$x(n)$,即

$$x(nT_s)=x(n)=x(t)p(t)=x(t)\sum_{n=-\infty}^{\infty}\delta(t-nT_s) \tag{1.1.6}$$

$x(t)$及其抽样$x(n)$分别如图1.1.2(c)和(d)所示。上式是连续信号抽样的数学模型。

我们之所以用$p(t)$乘以$x(t)$得到离散信号,而不是用$p(n)$和$x(t)$相乘,是因为$p(t)$有着式(1.1.2)的积分性质,便于对式(1.1.6)作进一步的数学讨论。此外,$x(t)$和$p(t)$

有着相同的时间量纲，而 $x(t)$ 和 $p(n)$ 的时间变量不一致。请注意 $p(n)$，$p(t)$ 在变量表示、定义及波形上的区别。

3. 单位阶跃序列

$$u(n)=\begin{cases}1 & n\geqslant 0\\0 & n<0\end{cases} \tag{1.1.7}$$

若序列 $y(n)=x(n)u(n)$，那么 $y(n)$ 的自变量 n 的取值就限定在 $n\geqslant 0$ 的右半轴上。

请读者证明单位阶跃信号和单位抽样信号之间有如下的关系

$$u(n)=\sum_{k=-\infty}^{n}\delta(k),\quad \delta(n)=u(n)-u(n-1)$$

$u(n-1)$ 是 $u(n)$ 的单位延迟，有关延迟的概念将在 1.2 节介绍。

4. 正弦序列

$$x(n)=A\sin(2\pi fnT_s+\varphi) \tag{1.1.8}$$

式中 f 是频率，单位为 Hz，令 $\Omega=2\pi f$，则 Ω 的单位为 rad/s，Ω 是相对连续信号 $x(t)$ 的连续角频率变量，当 f 由 $-\infty$ 至 $+\infty$ 时，Ω 也由 $-\infty$ 至 $+\infty$，令

$$\omega=2\pi fT_s=2\pi f/f_s,\quad f_s=1/T_s \tag{1.1.9}$$

f_s 又称抽样频率。显然，当 f 由 0 增至 f_s 时，ω 由 0 增至 2π，当 f 由 0 减至 $-f_s$ 时，ω 由 0 变为 -2π，当 f 再增加或再减少 f_s 的整数倍时，ω 重复 $0\sim\pm 2\pi$。ω 的单位是 rad，我们称 ω 为圆周频率或圆频率，它是相对离散信号 $x(n)$ 的频率变量。有关 f，Ω，ω 的区别在后续各章中将不断遇到，请读者切实了解它们之间的关系。由式(1.1.9)，式(1.1.8)的正弦信号可表示为

$$x(n)=A\sin(\omega n+\varphi) \tag{1.1.10}$$

5. 复正弦序列

$$x(n)=e^{j\omega n}=\cos(\omega n)+j\sin(\omega n) \tag{1.1.11}$$

上式即欧拉恒等式。复正弦 $e^{j\omega n}$ 在数字信号处理中有着重要的应用，它不但是离散信号作傅里叶变换时的基函数，同时也可作为离散系统的特征函数，在后面的讨论中，我们会经常遇到它。

6. 指数序列

$$x(n)=a^{|n|} \tag{1.1.12}$$

式中 a 为常数且 $|a|<1$。

如果 a 为复数，我们可将 a 写成 $a=re^{j\omega_0}$ 的形式，式中 $r>0$，$\omega_0\neq 0$、π，这样，$x(n)$ 变成

复值信号，即 $x(n)=r^{|n|}\mathrm{e}^{\mathrm{j}\omega_0|n|}$。若 $r<1$，则 $x(n)$为衰减的复正弦，其实部和虚部分别为衰减的实余弦和衰减的实正弦。

单位阶跃序列、正弦序列、余弦序列及指数序列如图 1.1.3 所示。

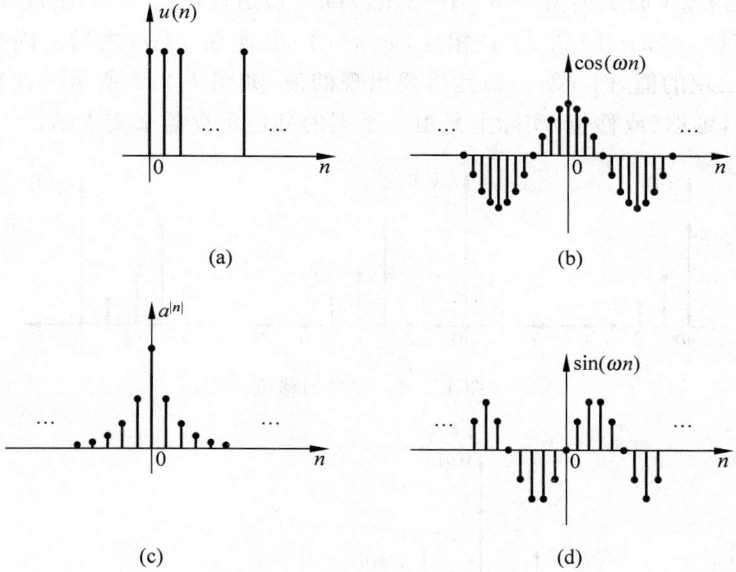

图 1.1.3 几个典型的离散序列

(a) 单位阶跃序列 $u(n)$；(b) 余弦序列；(c) 指数序列；(d) 正弦序列

除上述六种典型的信号外，在信号处理中我们还会遇到各种各样的信号。有关这些信号的介绍及产生方法见 1.7 节。

1.2 离散信号的运算

在信号处理中，对信号所作的基本运算是移位、相加、相乘及变换等，现分别加以简要地介绍。

1. 信号的延迟

给定离散信号 $x(n)$，若信号 $y_1(n)$，$y_2(n)$分别定义为

$$y_1(n)=x(n-k)$$

$$y_2(n) = x(n+k)$$

那么，$y_1(n)$是整个 $x(n)$在时间轴上右移 k 个抽样周期所得到的新序列，而 $y_2(n)$是将整个 $x(n)$左移 k 个抽样周期的结果，如图 1.2.1 所示，图中 $k=3$。一个信号 $x(n)$在 n 时刻的值 $x(n)$和在 $n-1$ 时刻的值 $x(n-1)$相比，$x(n-1)$出现在前，$x(n)$出现在后，相差一个抽样间隔。同理，$x(n+1)$和 $x(n)$相比，$x(n+1)$出现在 $x(n)$之后。因此，对时刻 n，$x(n-k)$是已出现的值，而 $x(n+k)$是将要出现的值，如图 1.2.2 所示。在数字信号处理的硬件设备中，延迟(或移位)实际上是由一系列的移位寄存器来实现的。

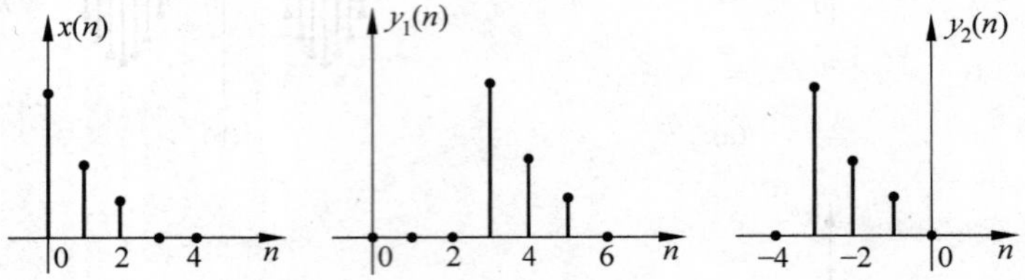

图 1.2.1　序列的移位

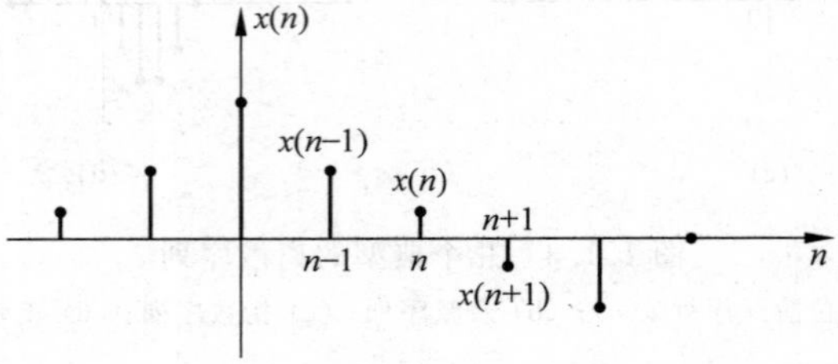

图 1.2.2　$x(n)$中各时间值的含义

序列 $x(n)$在某一时刻 k 时的值 $x(k)$可用 $\delta(n)$的延迟来表示，即

$$x(k) = x(n)\delta(n-k)$$

这是 $\delta(n)$的“抽取”性质。显然，$x(n)$在 n 的所有时刻的值可表示为

$$x(n) = \sum_{k=-\infty}^{\infty} x(k)\delta(n-k) \tag{1.2.1}$$

这是离散信号一个很有用的表示方法。

例如，若系列

$$x(n) = \{\cdots, 0.3, 2.1, 2.5, 1.8, -1.6, \cdots\} \tag{1.2.2}$$

（箭头指向 2.1）

式中箭头所指的位置表示 $n=0$，则由式(1.2.1)有

$$x(n) = \cdots + 0.3\delta(n+1) + 2.1\delta(n) + 2.5\delta(n-1) + 1.8\delta(n-2) - 1.6\delta(n-3) + \cdots$$

2. 两个信号的相加与相乘

两个信号 $x_1(n)$和 $x_2(n)$分别相加与相乘可得到新的信号，即有

$$x(n) = x_1(n) + x_2(n)$$

$$y(n) = x_1(n)x_2(n)$$

上述的相加、相乘表示将 $x_1(n)$、$x_2(n)$在相同时刻 n 时的值对应相加或相乘。信号的标量乘

$$y(n) = c\,x(n)$$

表示将 $x(n)$在所有 n 时刻的值都乘以常数 c。

两个信号在做相加和相乘运算时，要求两个序列不但要有相同的长度而且还要有相同的时间范围。例如，若系列

$$x_1(n) = \{2.2, 5.5, 8.8, -6.6, 7.7\}, \qquad n = 0,1,2,3,4$$

$$x_2(n) = \{0.2, 0.5, 0.8, -0.6, 0.7, 0.5\}, \qquad n = 0,1,2,3,4,5$$

那么，$x_1(n)$和 $x_2(n)$是不可能相加或相乘的。但是，如果确实需要实现这两个系列的相加或相乘，那么可以在较短的一个序列后边补零，从而使二者有相同的长度。这样

$$x_1(n) + x_2(n) = \{2.4, 6.0, 9.6, -7.2, 8.4, 0.5\}, \qquad n = 0,1,2,3,4,5$$

$$x_1(n) \times x_2(n) = \{0.44, 2.75, 7.04, 3.96, 5.39, 0\}, \qquad n = 0,1,2,3,4,5$$

3. 信号时间尺度的变化

给定连续时间信号 $x(t)$，令 $y(t)=x(t/a)$，式中 $a>0$，我们称 $y(t)$是由 $x(t)$作时间尺度变化所产生的。若 $a>1$，则 $y(t)$是由 $x(t)$在时间轴上扩展 a 倍的结果；反之，若 $a<1$，则 $y(t)$是由 $x(t)$在时间轴上压缩 a 倍的结果，如图 1.2.3 所示。

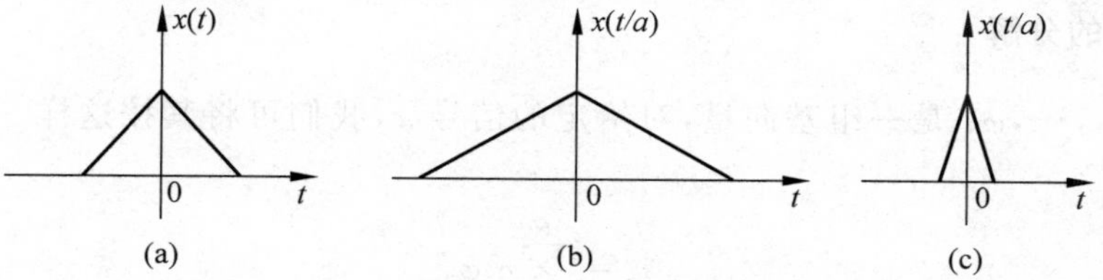

图 1.2.3 信号时间尺度的变化

(a) $x(t)$；(b) $x(t/a)$，$a=2$；(c) $x(t/a)$，$a=1/2$

给定离散时间信号 $x(n)$，令 $y(n)=x(Mn)$，M 为正整数，我们称 $y(n)$是由 $x(n)$作 M 倍的抽取所产生的。若 $x(n)$的抽样频率为 f_s，$y(n)$的抽样频率将为 f_s/M，降低了 M 倍。若令 $y(n)=x(n/L)$，L 为正整数，我们称 $y(n)$是由 $x(n)$作 L 倍的插值所产生的。这时，$y(n)$的抽样频率为 Lf_s，提高了 L 倍。抽取和插值是信号处理中的常用算法，更多

的内容请参看文献[5]，本书不再详细讨论。

当 $y(t)=x(-t)$ 或 $y(n)=x(-n)$ 时，此运算称为“时间翻转”，即 y 是由 x 在时间为零的位置依纵轴作左、右翻转而得到的。

例 1.2.1　给定序列 $x(n)$，我们称

$$x_e(n) = \frac{1}{2}[x(n) + x(-n)] \tag{1.2.3a}$$

$$x_o(n) = \frac{1}{2}[x(n) - x(-n)] \tag{1.2.3b}$$

分别是由 $x(n)$ 构成的偶对称序列和奇对称序列，显然

$$x(n) = x_e(n) + x_o(n) \tag{1.2.3c}$$

$x(n)$，$x_e(n)$ 及 $x_o(n)$ 分别示于图 1.2.4(a)，(b)和(c)。本例包含了信号的相加、相减、标量乘及时间翻转等运算。

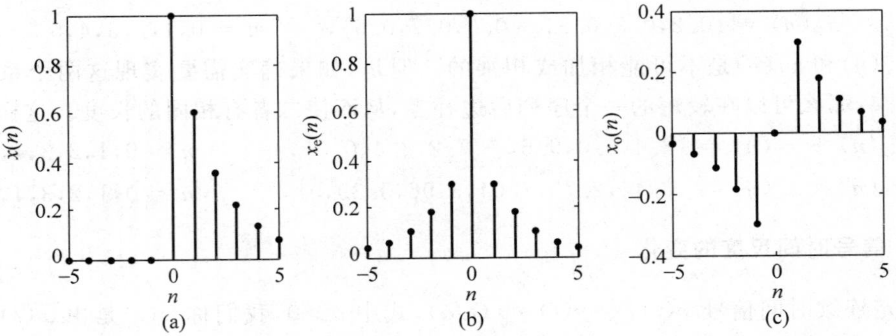

图 1.2.4　序列的奇、偶分解

4. 信号的分解

设 $\varphi_1,\varphi_2,\cdots,\varphi_N$ 是一组基向量，对给定的信号 x，我们可将其按这样一组向量作分解，即

$$x = \sum_{n=1}^{N} \alpha_n \varphi_n \tag{1.2.4}$$

式中 $\alpha_1,\alpha_2,\cdots,\alpha_N$ 是分解系数，它们是一组离散值。因此，式(1.2.4)又称为信号的离散表示(discrete representation)。$\varphi_1,\varphi_2,\cdots,\varphi_N$ 各自可能是离散的，也可能是连续的，视 x 而定。如果 $\varphi_1,\varphi_2,\cdots,\varphi_N$ 是一组两两互相正交的向量，则式(1.2.4)称为 x 的正交展开或正交分解。分解系数 $\alpha_1,\alpha_2,\cdots,\alpha_N$ 是 x 在各个基向量上的投影。

式(1.2.1)是信号分解的另一种形式。它是把信号分解为 δ 信号及其移位后的组合，而分解系数就是信号自身的值。

将一个实际的物理信号分解为有限或无限个小的信号“细胞”是信号分析和处理中常用的方法。

5. 信号的变换

信号的变换一般可视为信号分解的逆过程，即在给定 x 和 $\varphi_1,\varphi_2,\cdots,\varphi_N$ 的情况下求出 $\alpha_1,\alpha_2,\cdots,\alpha_N$ 的运算。更一般的解释是，变换是将信号由一个域（如时域）映射到另一个域（如频域）的运算。信号变换是信号处理中常用的技术，其中最常用的是傅里叶变换，第 3 章将详细介绍。此外，还有离散余弦变换（DCT）、希尔伯特变换、小波变换等。

在本节的最后，我们讨论一下离散正弦信号的周期问题。

我们知道，信号 $x(t)=\sin(2\pi ft)$ 始终是周期信号，周期 $T=1/f$，T 可以是小数。但将 $x(t)$ 抽样得到离散序列 $x(n)=\sin(\omega n)$ 后，其周期 N 应该是一个整数，如图 1.1.3(b)和(d)所示。如果不存在一个整数的 N 使 $x(n)=\sin(\omega n)=\sin(\omega(n+N))$ 成立，则 $x(n)$ 将不再是周期的。判断正弦类序列 $x(n)$ 是否是周期的方法如下：

如果存在整数 r 和 N，使 $\omega=2\pi r/N$ 成立，则 $x(n)$ 是周期的，否则就不是周期的。使上述关系成立的最小的整数 N 即是 $x(n)$ 的周期。例如，若 $x(n)=\sin(0.01\pi n)$，显然 $x(n)$ 的周期 $N=200$；若 $x(n)=\sin(\pi n/4)$，由 $\pi/4=2\pi r/N$，取 $r=1$，则 $N=8$；若 $x(n)=\sin(0.9\pi n)$，由于 $0.9\pi=2\pi r/N$，取 $r=9$，则 $N=20$；若再令 $x(n)=\sin(5n)$，由于找不到整数 r 和 N，使 $5=2\pi r/N$ 成立，所以 $x(n)$ 是非周期的。上述结果告诉我们，在产生离散正弦类信号时，应始终保证其周期 N 为整数。

1.3 信号的分类

不同类型的信号其处理方法自然会有较大的差别，因此，有必要对信号进行分类。信号的分类方法很多，以下为常见的几种分类方法。

1. 连续时间信号和离散时间信号

它们的区别是时间变量的取值方式。

2. 周期信号和非周期信号

对信号 $x(n)$，若有 $x(n)=x(n\pm kN)$，k 和 N 均为正整数，则称 $x(n)$ 为周期信号，周期为 N；否则，$x(n)$ 为非周期信号。当然，一个非周期信号也可视之为周期信号，这时其周期 N 趋于无穷。

3. 确定性信号和随机信号

信号 $x(n)$在任意 n 时刻的值若能被精确地确定(或是被预测),那么,我们说 $x(n)$是一个确定性的信号。1.1节所给出的信号的例子都是确定性信号。顾名思义,随机信号 $x(n)$在时刻 n 的取值是随机的,不能给予精确的预测,现举一个简单的例子来说明随机信号的概念。设 Φ 是在$(-\pi,\pi)$之间服从均匀分布的随机变量,那么信号

$$X(t)=\sin(2\pi ft+\Phi)$$

即是一个随机信号,称为随机相位正弦波。因为 Φ 的取值是随机的,所以对 $X(t)$的每一次观察(或实现),它的相位都不会相同,因此,可得到不同的正弦曲线。这些不同相位正弦信号的集合构成了随机信号 $X(t)$。

随机信号又可分为平稳随机信号与非平稳随机信号,平稳随机信号又可分为各态遍历信号与非各态遍历信号。

4. 能量信号和功率信号

信号 $x(t)$和 $x(n)$的能量分别定义为

$$E=\int_{-\infty}^{\infty}|x(t)|^2\mathrm{d}t \tag{1.3.1a}$$

$$E=\sum_{n=-\infty}^{\infty}|x(n)|^2 \tag{1.3.1b}$$

如果 $E<\infty$,我们称 $x(t)$或 $x(n)$为能量有限信号,简称为能量信号。若 $E>\infty$,则称为能量无限信号。

当 $x(t)$和 $x(n)$的能量 E 无限时,我们往往研究它们的功率。信号 $x(t)$,$x(n)$的功率分别定义为

$$P=\lim_{T\to\infty}\frac{1}{T}\int_{-T/2}^{T/2}|x(t)|^2\mathrm{d}t \tag{1.3.2a}$$

$$P=\lim_{N\to\infty}\frac{1}{2N+1}\sum_{n=-N}^{N}|x(n)|^2 \tag{1.3.2b}$$

若 $P<\infty$,则称 $x(t)$或 $x(n)$为有限功率信号,简称为功率信号。一个周期信号 $x(t)$或 $x(n)$,若其周期分别为 T 和 N,那么,它们的功率分别定义为

$$P_x=\frac{1}{T}\int_0^T|x(t)|^2\mathrm{d}t \tag{1.3.3a}$$

$$P_x=\frac{1}{N}\sum_{n=0}^{N-1}|x(n)|^2 \tag{1.3.3b}$$

周期信号、准周期信号及随机信号,由于其时间是无限的,所以它们不可能是能量信号,往往是功率信号。一般,在有限区间内存在的确定性信号有可能是能量信号。

例 1.3.1[6]　令信号

$$x_1(n)=\begin{cases}\dfrac{1}{n} & n\geqslant 1\\ 0 & n\leqslant 0\end{cases}$$

可以求出 $E_{x_1}=\sum\limits_{n=1}^{\infty}(1/n)^2=\pi/6$，它为有限值，所以 $x_1(n)$是能量信号。而信号

$$x_2(n)=\begin{cases}\dfrac{1}{\sqrt{n}} & n\geqslant 1\\ 0 & n\leqslant 0\end{cases}$$

的能量 $E_{x_2}=\sum\limits_{n=1}^{\infty}(1/n)$ 不收敛，所以 $x_2(n)$不是能量信号。

5. 一维信号、二维信号及多通道信号

若信号 $x(n)$仅仅是时间 n 这一个变量的函数，那么 $x(n)$为一维时间信号。信号 $x(m,n)$是变量 m 和 n 的函数，我们称为二维信号。对于一幅数字化了的图像，m 和 n 是在 x 方向和 y 方向的离散值，它们代表了距离，$x(m,n)$表示了在坐标(m,n)处图像的灰度。

若向量

$$\boldsymbol{X}=[x_1(n),x_2(n),\cdots,x_m(n)]^{\mathrm{T}}$$

式中 T 代表转置，n 是时间变量，m 是通道数，那么 $\boldsymbol{X}$ 是一个多通道信号。$\boldsymbol{X}$ 的每一个分量 $x_i(n),i=1,2,\cdots,m$ 都代表了一个信号源。例如，在医院做常规心电图检查时，12 个电极可同时给出 12 导联的信号。医生在检查这些心电信号时，不仅要检查各导联心电图的形态，还要检查各个导联之间的关系。

一维、二维及多通道信号又都可以分别对应确定性信号、随机信号、周期与非周期信号、能量信号与功率信号。图 1.3.1 给出了信号的一个大致分类。

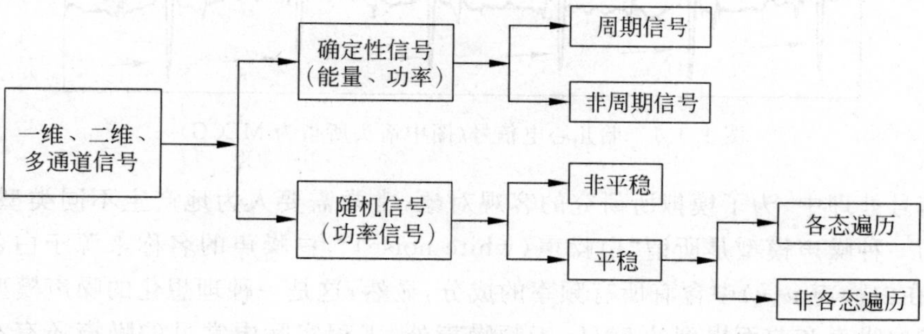

图 1.3.1　信号的大致分类

1.4 噪　声

在信号处理中，噪声(noise)一般被认为是有害的，即它“污染”了信号。因此，人们总是希望在所采集到的信号中尽可能地不含有噪声。当然，这在实际上是不可能的。例如，由于动力电所引起的 50Hz 工频干扰是噪声的一个最大来源。电磁辐射、电子装置中电子器件的热噪声，对模拟信号抽样时所产生的量化噪声，有限位运算(＋，－，×，÷)时所产生的舍入误差噪声等都是噪声的来源。正因为有这些噪声的存在，才产生了一系列的信号处理算法并形成了内容丰富的信号处理的理论。

对一个观察到的信号 $x(n)$，设其中含有真正的信号 $s(n)$，并含有噪声 $u(n)$(此处 $u(n)$不表示单位阶跃序列)，若 $x(n)$可表为

$$x(n) = s(n) + u(n) \tag{1.4.1}$$

那么，我们说 $x(n)$中含有加法性噪声。若 $x(n)=s(n)u(n)$，则 $x(n)$中含有乘法性噪声。大部分情况下，噪声都是加法性的。乘法性噪声处理起来比较困难，要用到倒谱和同态滤波的概念。

应当指出，信号和噪声是相对而言的，取决于研究的对象及要达到的目的。例如，在对孕妇做临产期监护时，医生往往把电极放在孕妇的腹部以检测胎儿的心电信号(FECG)，但这时采集到的信号中同时含有孕妇自身的心电信号(MECG)，而且 MECG 要远大于 FECG。从对胎儿监护的目的看，MECG 是噪声，FECG 是真正的信号 $s(n)$。反之，若是对孕妇做心电监护，那么 FECG 即变成了噪声，而 MECG 是真正的信号。一个典型的胎儿心电图如图 1.4.1 所示。

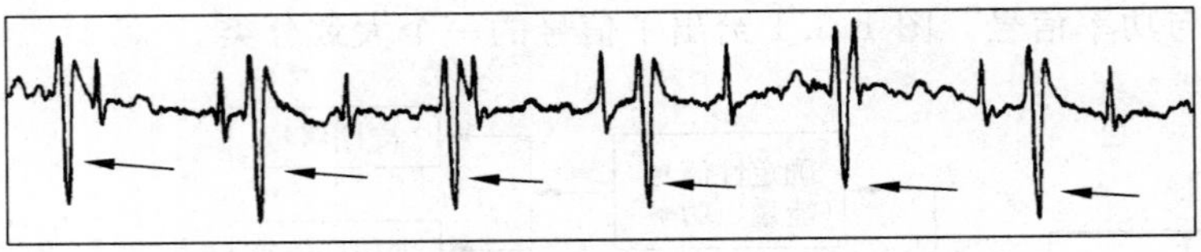

图 1.4.1　胎儿心电信号(图中箭头所指为 MECG)

在信号处理中，为了模拟所研究的客观对象，常常需要人为地产生不同类型的噪声，最常用的一种噪声模型是所谓“白噪声(white noise)”，白噪声的名称来源于白色光的性质，意即在白噪声 $u(n)$中含有所有频率的成分，显然，这是一种理想化的噪声模型。

除了白噪声和前面提到的 50Hz 工频噪声外，工程实际中常见的噪声还有有色噪声和脉冲噪声。有色噪声(colored noise)的频谱不是直线，亦即不会包含所有的频率成分，

而脉冲噪声指的是在短的时间间隔内出现的尖脉冲。

噪声都是随机信号，白噪声可以在计算机上近似产生。MATLAB 中的 rand.m 和 randn.m 文件可用来分别产生服从均匀分布和高斯分布的白噪声信号，详见 1.7 节。

白噪声的功率 P_u 用其方差来定义。假定信号 $s(n)$ 的功率为 P_s，那么，我们定义式(1.4.1)中信号 $x(n)$ 的信噪比(signal noise rate, SNR)

$$\text{SNR} = 10\lg(P_s/P_u)\ (\text{dB}) \tag{1.4.2}$$

例如，若 $s(n)=A\sin(2\pi fnT_s+\varphi)$，那么 $P_s=A^2/2$，若假定 $A=3$，并令产生的 $u(n)$ 的方差 $P_u=0.01$，则

$$\text{SNR} = 10\lg(4.5/0.01) = 26.5\text{dB}$$

去噪是信号处理中永恒的话题。至今，人们已提出了很多去除噪声的方法，其中滤波是效果最明显也最常用的方法。本书在 2.9 节先介绍滤波的基本概念，然后在第 6 章和第 7 章集中讨论滤波器的设计问题。

1.5 信号空间的基本概念

我们在 1.3 节讨论了信号的分类，给出了能量信号和功率信号的概念。在本节，我们将把线性代数和泛函分析中有关空间及空间中元素度量的概念引入信号分析与处理的理论中。这样，一方面可得到新的信号分类方法；另一方面也便于把更多的数学工具引入信号处理中。本节所给出的概念及术语对于读者阅读有关信号处理的文献是非常有帮助的。

1. 赋范线性空间(normed linear space)

把信号 $x(t)$ 或 $x(n)$ 设想为空间 X 中的一个元素，即 $x\in X$。此处 X 为线性空间(在线性代数中，线性空间即是向量空间)。记

$$\|\boldsymbol{x}\|_\infty = \max\{|x(t)|: -\infty < t < \infty\} \tag{1.5.1a}$$

或

$$\|\boldsymbol{x}\|_\infty = \max\{|x(n)|: -\infty < n < \infty\} \tag{1.5.1b}$$

又记

$$\|\boldsymbol{x}\|_1 = \int_{-\infty}^{\infty} |x(t)|\,\mathrm{d}t \tag{1.5.2a}$$

或

$$\|\boldsymbol{x}\|_1 = \sum_{n=-\infty}^{\infty} |x(n)| \tag{1.5.2b}$$

还记

$$\|\boldsymbol{x}\|_2=\left[\int_{-\infty}^{\infty}|x(t)|^2\,\mathrm{d}t\right]^{1/2} \tag{1.5.3a}$$

或

$$\|\boldsymbol{x}\|_2=\left[\sum_{n=-\infty}^{\infty}|x(n)|^2\right]^{1/2} \tag{1.5.3b}$$

$\|\boldsymbol{x}\|_\infty$，$\|\boldsymbol{x}\|_1$，$\|\boldsymbol{x}\|_2$ 都称为信号 $x(t)$ 和 $x(n)$ 的范数(norm)，它们从不同的角度测量了信号的某个特征量。显然 $\|\boldsymbol{x}\|_\infty$ 表示了信号的最大幅度，$\|\boldsymbol{x}\|_1$ 表示了信号的绝对和，$\|\boldsymbol{x}\|_2^2$ 表示了信号的能量。对每一类范数，我们可以定义一个信号空间，即

$$L_\infty=\{\boldsymbol{x}:\|\boldsymbol{x}\|_\infty<\infty\} \tag{1.5.4}$$

$$L_1=\{\boldsymbol{x}:\|\boldsymbol{x}\|_1<\infty\} \tag{1.5.5}$$

$$L_2=\{\boldsymbol{x}:\|\boldsymbol{x}\|_2<\infty\} \tag{1.5.6}$$

以上三式中 $\boldsymbol{x}$ 对应连续时间信号 $x(t)$。对离散时间信号 $x(n)$，上述三个空间分别记为 l_∞,l_1,l_2。

显然，$L_\infty(l_\infty)$表示所有最大幅度都有界的信号的集合，$L_2(l_2)$表示所有能量都有限的信号的集合。若一个信号 $\boldsymbol{x}\in L_2$(或 $\boldsymbol{x}\in l_2$)，则称 $\boldsymbol{x}$ 为绝对平方可积(可和)的。因此，以后若称信号 $x(t)$(或 $x(n)$)是有限能量信号，则说 $\boldsymbol{x}\in L_2$(或 $\boldsymbol{x}\in l_2$)。

由线性代数及泛函理论可知，L_∞,L_1,L_2，或 l_∞,l_1,l_2 都是线性空间。在上述三个线性空间中，我们分别定义了 $\|\boldsymbol{x}\|_\infty$，$\|\boldsymbol{x}\|_1$，$\|\boldsymbol{x}\|_2$ 三类范数，定义了范数的线性空间又称赋范线性空间。在式(1.5.1)～式(1.5.3)中，若积分(求和)的上、下限分别是(a,b)(或(N_1,N_2))，则 L_∞,L_1,L_2，或 l_∞,l_1,l_2 可分别记为 $L_\infty(a,b)$，$L_1(a,b)$，$L_2(a,b)$，或 $l_\infty(N_1,N_2)$，$l_1(N_1,N_2)$，$l_2(N_1,N_2)$。信号 $x(t)$或 $x(n)$的范数 $\|\boldsymbol{x}\|$ 有如下性质：

(1) $\|\boldsymbol{x}\|\geqslant 0$，若 $\|\boldsymbol{x}\|=0$，则 $\boldsymbol{x}$ 为全零信号；

(2) $\|\lambda\boldsymbol{x}\|=|\lambda|\,\|\boldsymbol{x}\|$，$\lambda$ 为实数；

(3) $\|\boldsymbol{x}+\boldsymbol{y}\|\leqslant\|\boldsymbol{x}\|+\|\boldsymbol{y}\|$。

第三式称为三角不等式，以上 $\|\boldsymbol{x}\|$ 对应上述三类范数。

2. 度量空间(metric space)

对任意两个信号 $x(t),y(t)\in L_2(a,b)$，我们定义 $x(t),y(t)$之间的距离为

$$d(\boldsymbol{x},\boldsymbol{y})=\|\boldsymbol{x}-\boldsymbol{y}\|_2=\left[\int_a^b|x(t)-y(t)|^2\,\mathrm{d}t\right]^{1/2} \tag{1.5.7}$$

$d(\boldsymbol{x},\boldsymbol{y})$有如下性质：

(1) $0\leqslant d(\boldsymbol{x},\boldsymbol{y})<\infty$，若 $d(\boldsymbol{x},\boldsymbol{y})=0$，则 $x(t),y(t)$处处相等，或说信号 $y(t)$在均方意义上收敛于信号 $x(t)$；

(2) $d(\boldsymbol{x},\boldsymbol{y})=d(\boldsymbol{y},\boldsymbol{x})$；

(3) $d(\boldsymbol{x},\boldsymbol{y})\leqslant d(\boldsymbol{x},\boldsymbol{z})+d(\boldsymbol{z},\boldsymbol{y})$。

定义了距离的空间称作度量空间，赋范线性空间也是度量空间。

信号的“距离”这一概念在模式识别中有着广泛的应用。如有两类信号，一类为“正常类”，均值向量为 $\boldsymbol{u}_1$；另一类为“不正常”类，均值向量为 $\boldsymbol{u}_2$。对一个未知类别的信号 $\boldsymbol{x}$，通过比较 $d(\boldsymbol{x},\boldsymbol{u}_1)$ 和 $d(\boldsymbol{x},\boldsymbol{u}_2)$ 来判别。若 $d(\boldsymbol{x},\boldsymbol{u}_1)<d(\boldsymbol{x},\boldsymbol{u}_2)$，则认为 $\boldsymbol{x}$ 属于正常类；反之，为异常类。

3. 内积空间(inner product space)

设 $\boldsymbol{x},\boldsymbol{y}$ 是线性空间 X 中的元素，如果对任意的 $\boldsymbol{x},\boldsymbol{y}\in X$ 都有一个复数 $\langle \boldsymbol{x},\boldsymbol{y}\rangle$ 与之对应，并满足如下性质：

(1) $\langle \boldsymbol{x},\boldsymbol{y}\rangle=\langle \boldsymbol{y},\boldsymbol{x}\rangle^*$；(注“$*$”代表取共轭。)

(2) $\langle \alpha\boldsymbol{x}+\beta\boldsymbol{y},\boldsymbol{z}\rangle=\alpha\langle \boldsymbol{x},\boldsymbol{z}\rangle+\beta\langle \boldsymbol{y},\boldsymbol{z}\rangle$，式中 α,β 是标量；

(3) $\langle \boldsymbol{x},\boldsymbol{x}\rangle\geqslant 0$，当且仅当 $\boldsymbol{x}=\boldsymbol{0}$，$\langle \boldsymbol{x},\boldsymbol{x}\rangle=0$，式中 $\boldsymbol{0}$ 是零向量。

则称 X 是内积空间，$\langle \boldsymbol{x},\boldsymbol{y}\rangle$ 称为元素 $\boldsymbol{x}$ 和 $\boldsymbol{y}$ 的内积。若 $\boldsymbol{x}$ 和 $\boldsymbol{y}$ 分别代表的是 L_2 和 l_2 空间中的信号，则它们的内积定义为

$$\langle \boldsymbol{x},\boldsymbol{y}\rangle=\sum_{n=-\infty}^{\infty}x(n)y^*(n) \tag{1.5.8}$$

或

$$\langle \boldsymbol{x},\boldsymbol{y}\rangle=\int_{-\infty}^{\infty}x(t)y^*(t)\mathrm{d}t \tag{1.5.9}$$

若 $\langle \boldsymbol{x},\boldsymbol{y}\rangle=0$，我们称信号 $\boldsymbol{x}$ 和 $\boldsymbol{y}$ 是正交的。

一个赋范线性空间，再引入内积的定义后即变为内积空间。完备(complete)的内积空间又称为希尔伯特(Hilbert)空间。内积空间完备性的定义见文献[4]或一般的泛函分析的教科书，此处不再讨论。由式(1.5.8)和式(1.5.9)可知，L_2 和 l_2 空间都是希尔伯特空间。显然，在希尔伯特空间中定义了范数、定义了内积，它们分别是欧氏(Euclidean)空间中向量长度及向量点积的推广，因此，希尔伯特空间也可看作是欧氏空间的推广。若所研究的希尔伯特空间中的元素是信号，则我们可把该空间视为一个“信号空间”。这样，希尔伯特空间的各种定义、性质都可方便地引入信号分析与处理的领域。

由式(1.5.7)及式(1.5.8)，可得到两个信号距离及范数的关系，即

$$\begin{aligned}d^2(\boldsymbol{x},\boldsymbol{y})&=\int_a^b[x(t)-y(t)][x(t)-y(t)]^*\mathrm{d}t\\&=\|\boldsymbol{x}\|_2^2+\|\boldsymbol{y}\|_2^2-2\mathrm{Re}\langle \boldsymbol{x},\boldsymbol{y}\rangle\end{aligned} \tag{1.5.10}$$

式中 $\mathrm{Re}(\cdot)$ 表示取实部。由 $d(\boldsymbol{x},\boldsymbol{y})$ 的性质，我们推广上式，有

$$d^2(\boldsymbol{x},k\boldsymbol{y})=\langle \boldsymbol{x},\boldsymbol{x}\rangle+|k|^2\langle \boldsymbol{y},\boldsymbol{y}\rangle-k^*\langle \boldsymbol{x},\boldsymbol{y}\rangle-k\langle \boldsymbol{x},\boldsymbol{y}\rangle^*\geqslant 0 \tag{1.5.11}$$

式中 k 为任意的实常数或复常数。若令 $k=\langle \boldsymbol{x},\boldsymbol{y}\rangle/\langle \boldsymbol{y},\boldsymbol{y}\rangle$，则 k 必定满足式(1.5.11)，由此得到

$$\langle \boldsymbol{x},\boldsymbol{x}\rangle-\frac{|\langle \boldsymbol{x},\boldsymbol{y}\rangle|^2}{\langle \boldsymbol{y},\boldsymbol{y}\rangle}\geqslant 0 \tag{1.5.12}$$

这样，可得到许瓦兹(Schwarz)不等式

$$|\langle \boldsymbol{x},\boldsymbol{y}\rangle|^2 \leqslant \langle \boldsymbol{x},\boldsymbol{x}\rangle \cdot \langle \boldsymbol{y},\boldsymbol{y}\rangle \tag{1.5.13}$$

若 $\boldsymbol{x},\boldsymbol{y}$ 为连续信号，上式为

$$\left|\int_{-\infty}^{\infty} x(t)y^*(t)\mathrm{d}t\right|^2 \leqslant \int_{-\infty}^{\infty} |x(t)|^2\mathrm{d}t \int_{-\infty}^{\infty} |y(t)|^2\mathrm{d}t \tag{1.5.14}$$

若 $\boldsymbol{x},\boldsymbol{y}$ 为离散信号，上式为

$$\left|\sum_{n=-\infty}^{\infty} x(n)y^*(n)\right|^2 \leqslant \sum_{n=-\infty}^{\infty} |x(n)|^2 \sum_{n=-\infty}^{\infty} |y(n)|^2 \tag{1.5.15}$$

在信号处理中，许瓦兹不等式有着不同的表现形式，遇到时再分别介绍。

1.6　确定性信号的相关函数

在信号处理中经常要研究两个信号的相似性，或一个信号经过一段延迟后自身的相似性，以实现信号的检测、识别与提取等。

设 $x(n)$，$y(n)$是两个能量有限的确定性信号，并假定它们是因果的，我们定义

$$\rho_{xy} = \frac{\sum_{n=0}^{\infty} x(n)y(n)}{\left[\sum_{n=0}^{\infty} x^2(n) \sum_{n=0}^{\infty} y^2(n)\right]^{1/2}} \tag{1.6.1}$$

为 $x(n)$和 $y(n)$的相关系数。式中分母等于 $x(n)$，$y(n)$各自能量乘积的开方，即$\sqrt{E_x E_y}$，它是一常数，因此 ρ_{xy} 的大小由分子

$$r_{xy} = \sum_{n=0}^{\infty} x(n)y(n) \tag{1.6.2}$$

来决定，r_{xy} 也称为 $x(n)$和 $y(n)$的相关系数。由许瓦兹不等式，有

$$|\rho_{xy}| \leqslant 1 \tag{1.6.3}$$

分析式(1.6.1)可知，当 $x(n)=y(n)$时，$\rho_{xy}=1$，两个信号完全相关(相等)，这时 r_{xy} 取得最大值；当 $x(n)$和 $y(n)$完全无关时，$r_{xy}=0$，$\rho_{xy}=0$；当 $x(n)$和 $y(n)$有某种程度的相似时，$r_{xy}\neq 0$，$|\rho_{xy}|$在 0 和 1 中间取值。因此 r_{xy} 和 ρ_{xy} 可用来描述 $x(n)$和 $y(n)$之间的相似程度，ρ_{xy} 又称归一化的相关系数。

r_{xy} 反映了两个固定波形 $x(n)$和 $y(n)$的相似程度，在实际工作中，更需要研究两个波形在经历了一段时移以后的相似程度。例如，由同一地震源产生的地震信号在不同的观察点上记录到的结果是不相同的，但是把其中一个记录延迟了一段相应的时间后，会发现它们有很大的相似性。再例如，正、余弦信号是正交的，即$\langle\sin(\omega n),\cos(\omega n)\rangle=0$，所以其

相关系数 $\rho_{xy}=r_{xy}=0$。但实际上这两个信号属于同一信号，将其中一个移动 $\pi/2$，其相关系数 $|\rho|$ 便可等于 1。因此，相关系数有其局限性，需要引入相关函数的概念。

1.6.1 相关函数的定义

定义

$$r_{xy}(m)=\sum_{n=-\infty}^{\infty}x(n)y(n+m) \tag{1.6.4}$$

为信号 $x(n)$ 和 $y(n)$ 的互相关函数。该式表示，$r_{xy}(m)$ 在时刻 m 时的值，等于将 $x(n)$ 保持不动而 $y(n)$ 左移 m 个抽样周期后两个序列对应相乘再相加的结果。

式(1.6.4)中的 $r_{xy}(m)$ 不能写成 $r_{yx}(m)$，这是因为

$$r_{yx}(m)=\sum_{n=-\infty}^{\infty}y(n)x(n+m)=\sum_{n=-\infty}^{\infty}x(n)y(n-m)=r_{xy}(-m) \tag{1.6.5}$$

$r_{yx}(m)$ 表示 $y(n)$ 不动，将 $x(n)$ 左移 m 个单位然后对应相乘再相加的结果，当然和 $r_{xy}(m)$ 不同。在上面的定义中，$r_{xy}(m)$ 的延迟量 m 等于 $y(n)$ 的时间变量减去 $x(n)$ 的时间变量，即

$$r_{xy}(m)=\sum_{n=-\infty}^{\infty}x(n+i)y(n+j)=r_{xy}[(n+j)-(n+i)]=r_{xy}(j-i)$$

式中 $m=j-i$。由此不难得出互相关函数的另外一种定义，即

$$r_{xy}(m)=\sum_{n=-\infty}^{\infty}x(n-m)y(n) \tag{1.6.6}$$

如果 $y(n)=x(n)$，则上面定义的互相关函数变成自相关函数 $r_{xx}(m)$，即

$$r_{xx}(m)=\sum_{n=-\infty}^{\infty}x(n)x(n+m) \tag{1.6.7}$$

自相关函数 $r_{xx}(m)$ 反映了信号 $x(n)$ 和其自身作了一段延迟之后的 $x(n+m)$ 的相似程度。在下面的讨论中，我们将 $r_{xx}(m)$ 简记为 $r_x(m)$。

由式(1.6.7)，$r_x(0)=\sum_{n=-\infty}^{\infty}x^2(n)=E_x$，即 $r_x(0)$ 等于信号 $x(n)$ 自身的能量。如果 $x(n)$ 不是能量信号，那么 $r_x(0)$ 将趋于无穷大。因此，对功率信号，其相关函数应定义为

$$r_{xy}(m)=\lim_{N\to\infty}\frac{1}{2N+1}\sum_{n=-N}^{N}x(n)y(n+m) \tag{1.6.8}$$

$$r_x(m)=\lim_{N\to\infty}\frac{1}{2N+1}\sum_{n=-N}^{N}x(n)x(n+m) \tag{1.6.9}$$

如果 $x(n)$ 是周期信号，且周期为 N，由式(1.6.9)，其自相关函数

$$\begin{aligned}r_x(m) &= \lim_{N\to\infty}\frac{1}{N}\sum_{n=0}^{N-1}x(n)x(n+m)\\ &= \lim_{N\to\infty}\frac{1}{N}\sum_{n=0}^{N-1}x(n)x(n+N+m)\\ &= r_x(m+N)\end{aligned}\tag{1.6.10}$$

即周期信号的自相关函数也是周期的，且和原信号同周期。这样，在式(1.6.10)中，无限多个周期的求和平均可以用一个周期的求和平均来代替，即

$$r_x(m) = \frac{1}{N}\sum_{n=0}^{N-1}x(n)x(n+m)\tag{1.6.11}$$

例 1.6.1　设 $x(nT_s)=e^{-nT_s}u(nT_s)$ 为一指数信号，T_s 为抽样周期，$u(nT_s)$ 为阶跃序列，其自相关函数

$$r_x(m) = \sum_{n=0}^{\infty}e^{-nT_s}e^{-(n+m)T_s} = e^{-mT_s}\sum_{n=0}^{\infty}e^{-2nT_s}$$

即

$$r_x(m) = \frac{e^{-mT_s}}{1-e^{-2T_s}}$$

也是一指数序列。式中 $m\geqslant 0$，并有 $r_x(-m)=r_x(m)$。

例 1.6.2　令 $x(n)=\sin(\omega n)$，其周期为 N，即 $\omega=\frac{2\pi}{N}$，求 $x(n)$ 的自相关函数。

由式(1.6.11)得

$$\begin{aligned}r_x(m) &= \frac{1}{N}\sum_{n=0}^{N-1}\sin(\omega n)\sin(\omega n+\omega m)\\ &= \cos(\omega m)\frac{1}{N}\sum_{n=0}^{N-1}\sin^2(\omega n)+\sin(\omega m)\frac{1}{N}\sum_{n=0}^{N-1}\sin(\omega n)\cos(\omega n)\end{aligned}$$

由于在一个周期内 $\langle\sin(\omega n),\cos(\omega n)\rangle=0$，所以上式右边第二项为零。第一项中，

$$\sum_{n=0}^{N-1}\sin^2(\omega n) = \frac{1}{2}\sum_{n=0}^{N-1}[1-\cos(2\omega n)] = N/2$$

所以

$$r_x(m) = \frac{1}{2}\cos(\omega m)$$

即正弦信号的自相关函数为同频率的余弦函数。

上述对相关函数的定义都是针对实信号的。如果 $x(n)$，$y(n)$ 是复值信号，那么，其自相关函数也是复值信号。式(1.6.4)和式(1.6.7)的定义应改为

$$r_{xy}(m) = \sum_{n=-\infty}^{\infty}x^*(n)y(n+m)\tag{1.6.12}$$

$$r_x(m) = \sum_{n=-\infty}^{\infty}x^*(n)x(n+m)\tag{1.6.13}$$

在后面的讨论中，如果不作特殊说明，$x(n)$和 $y(n)$一律都视为实信号。

1.6.2 相关函数的性质

自相关函数有如下性质。

性质 1 若 $x(n)$是实信号，则 $r_x(m)$为实偶函数，即 $r_x(m)=r_x(-m)$；

若 $x(n)$是复信号，则 $r_x(m)$满足 $r_x(m)=r_x^*(-m)$。

性质 2 $r_x(m)$在 $m=0$ 时取得最大值，即

$$r_x(0)\geqslant r_x(m)$$

性质 3 若 $x(n)$是能量信号，则当 m 趋于无穷时，有

$$\lim_{m\to\infty} r_x(m)=0$$

此式说明，将 $x(n)$相对自身移至无穷远处，二者已无相关性，这从能量信号的定义不难理解。

互相关函数有如下性质。

性质 1 $r_{xy}(m)$不是偶函数，但由式(1.6.5)，有 $r_{xy}(m)=r_{yx}(-m)$。

性质 2 $r_{xy}(m)$满足

$$|r_{xy}(m)|\leqslant\sqrt{r_x(0)r_y(0)}=\sqrt{E_xE_y} \tag{1.6.14}$$

证明 由许瓦兹不等式，有

$$|r_{xy}(m)|=\left|\sum_{n=-\infty}^{\infty}x(n)y(n+m)\right|\leqslant\sqrt{\sum_{n=-\infty}^{\infty}x^2(n)\sum_{n=-\infty}^{\infty}y^2(n)}$$

即

$$|r_{xy}(m)|\leqslant\sqrt{r_x(0)r_y(0)}$$

性质 3 若 $x(n)$，$y(n)$都是能量信号，则

$$\lim_{m\to\infty} r_{xy}(m)=0$$

1.6.3 相关函数的应用

相关函数的应用很广，例如噪声中信号的检测，信号中隐含周期性的检测，信号相关性的检验，信号时延长度的测量等。现仅举例说明利用自相关函数检测信号序列中隐含的周期性的方法。

设观察到的信号 $x(n)$由真正的信号 $s(n)$和白噪声 $u(n)$所组成，即 $x(n)=s(n)+u(n)$。假定 $s(n)$是周期的，周期为 M，$x(n)$的长度为 N，且 $N>>M$，那么 $x(n)$的自相关

$$r_x(m)=\frac{1}{N}\sum_{n=0}^{N-1}[s(n)+u(n)][s(n+m)+u(n+m)]$$

$$=r_s(m)+r_{us}(m)+r_{su}(m)+r_u(m)$$

式中 $r_{us}(m)$和 $r_{su}(m)$是 $s(n)$和 $u(n)$的互相关，一般噪声是随机的，和信号 $s(n)$应无相关性，这两项应该很小。式中 $r_u(m)$是噪声 $u(n)$的自相关函数，由后面的讨论可知，$r_u(m)$主要集中在 $m=0$ 处有值，当$|m|>0$ 时，应衰减得很快。因此，若 $s(n)$是以 M 为周期的，那么 $r_s(m)$也应是周期的，且周期为 M。这样，$r_x(m)$也将呈现周期变化，且在 $m=0,M,2M,\cdots$ 处呈现峰值，从而揭示出隐含在 $x(n)$中的周期性。由于 $x(n)$总为有限长，所以这些峰值将是逐渐衰减的，且 $r_x(m)$的最大延迟应远小于数据长度 N。

例 1.6.3　设信号 $x(n)$由正弦信号加均值为零的白噪声所组成，正弦信号的幅度是 1，白噪声的方差为 1，由式(1.4.2)，其信噪比为 -3dB(噪声的功率大于信号的功率)。图 1.6.1(a)给出了 $x(n)$的时域波形，从该图我们很难分辨出 $x(n)$中是否有正弦信号。

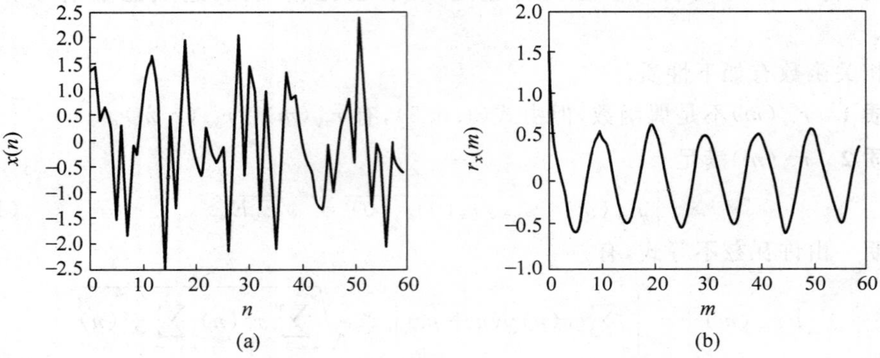

图 1.6.1　正弦加白噪声信号的自相关函数

(a) 正弦加白噪声(SNR=-3dB)；(b) 自相关函数

对 $x(n)$求自相关，其自相关函数的前 60 点如图 1.6.1(b)所示(求自相关时 $x(n)$的长度实际为 500 点，为了绘图的方便，图 1.6.1(a)仅给出了前 60 点)。由该图已明显地看出，$x(n)$中应含有正弦信号，并可判断出其幅度为 1，每个周期内应有 10 个点。在 $m=0$ 处，自相关函数的值 $r(0)=1.626$①，这正是白噪声的自相关函数集中于原点处的一个很好的说明(在 $r=0$ 处由白噪声产生的自相关函数 $r_u(0)$实际应为 $1.626-0.5\approx1$)。

若令白噪声的方差 $P=0.1$，即信噪比为 7dB，这时 $x(n)$及 $r(m)$的波形分别如

① 由于白噪声是随机信号，因此每次调用产生白噪声的子程序所得到的结果都不会相同。这样，按每次产生的信号得到的图 1.6.1 也不完全相同，$r(0)$的数值也有少许差异，其值大约在 1.5～1.65 之间。

图 1.6.2(a)和(b)所示。由图 1.6.2(a)同样也很难判断 $x(n)$是有正弦信号还是有周期性的方波,但由图(b)的自相关函数却很好地证明了正弦信号的存在。这时 $r(0)=0.63$,由白噪声所产生的 $r_u(0)$约等于 0.1。

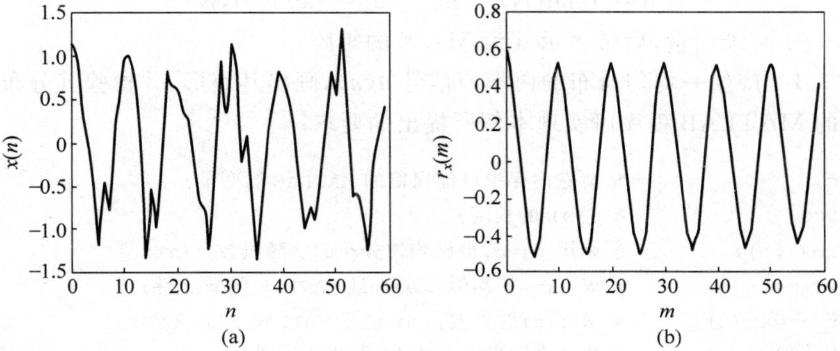

图 1.6.2 正弦加白噪声信号的自相关函数

(a) 正弦加白噪声(SNR=7dB);(b) 自相关函数

本节主要讨论确定性信号的相关函数的定义、性质与应用。应该指出,相关函数是描述随机信号的重要的统计量,在随机信号的分析与处理中起到了重要的作用,详细内容请参看文献[5]。

1.7 与本章内容有关的 MATLAB 文件

MATLAB 中有许多内部函数可用来产生我们所需要的试验信号,这些函数如 sin(正弦),cos(余弦),tan(正切),cot(余切)及其他三角函数 sinh(双曲正弦),cosh(双曲余弦)以及 exp(指数)等。此外,还有多个 m 文件可用来产生各种各样的信号。

1. rand

本文件可用来产生均值为 0.5、幅度在 0～1 之间均匀分布的伪随机数,我们在数字信号处理中用它近似均匀分布的白噪声信号 $u(n)$。白噪声信号属随机信号,是信号处理、通信及自动控制等领域常用的噪声模型,有关随机白噪声的详细定义见文献[5]。简单地说,理想的白噪声信号的频谱在整个频率范围内都有值,而且频谱的幅度都一样。等效地说,$u(n)$的自相关函数 $r_u(m)$仅在 $m=0$ 时有值,其余时皆为零,其 $r_u(0)=\sigma_u^2$,式中 σ_u^2 是$u(n)$的方差,也即是 $u(n)$的功率。σ_u^2 的定义为

$$\sigma_u^2=\frac{1}{N}\sum_{n=0}^{N-1}[u(n)-\mu_u]^2 \tag{1.7.1}$$

式中 μ_u 是 $u(n)$ 的均值。文件 rand 给出的 $u(n)$ 的功率为 1/12，其调用格式是

u = rand(N)　　或　　u = rand(M,N)

前者表示 u 为 N 维向量，后者表示 u 为 M×N 的矩阵。

例 1.7.1　产生一均匀分布的白噪声信号 $u(n)$，画出其波形，并检验其分布情况。

下面的 MATLAB 程序可实现本例所提出的要求。

```
clear                    % 清除内存中可能保留的 MATLAB 的变量；
N=50000;                 % u(n) 的长度；
u=rand(1,N);             % 调用 rand,得到均匀分布的伪随机数 u(n)；
u_mean=mean(u)           % 求 u(n)的均值,mean 是 MATLAB 的 m 文件；
power_u=var(u)           % 求 u(n)的方差,var 也是 MATLAB 的 m 文件；
subplot(211)             % 在一个图面上分成上、下两个子图；
plot(u(1:100));grid on;
% plot 是内部函数,用来画连续曲线,本例只采用 u(1)~u(100)这 100 个点;grid on 是给图形
% 加网格；
ylabel('u(n)')           % 给 y 轴加标记；
subplot(212)
hist(u,50);grid on;
% 对 u(n)作直方图,检验其分布。50 是对 u(n)的取值范围(0~1)所分解的细胞数。hist 也是
% m 文件。
ylabel('histogram of u(n)');
```

程序中已给出了一些注释，现对该程序中所采用的一些一般性的语句、符号等再作一简要的说明。在以后的例子中，不再给出这些说明。

在 MATLAB 中，字母是分大、小写的，6.0 以前的版本不认识中文。符号"%"后面的内容表示注释，并不执行。为方便读者使用，在本书中，注释用中文给出。

在每一条程序后面，若有分号";"，则表示该语句求出的内容不显示在屏幕上；若没有该分号，则所求的内容会显示出来。

MATLAB 程序是一种边编译、边执行的程序，后面的错误不影响前面程序的执行，出错时程序停止执行并自动显示错误的类型及错误所在的行的序号。

在本程序中，所求白噪声 $u(n)$ 的长度特别大（N=50 000），在实际应用中可能不需要这么大。之所以取这么大是希望 $u(n)$ 能更接近于白噪声且接近于均匀分布，使用者只需截取其中的一段即可。

运行本程序，给出 $u(n)$ 的均值约为 0.5，其功率（方差）约为 0.083，显示的图形[①]如图 1.7.1 所示。

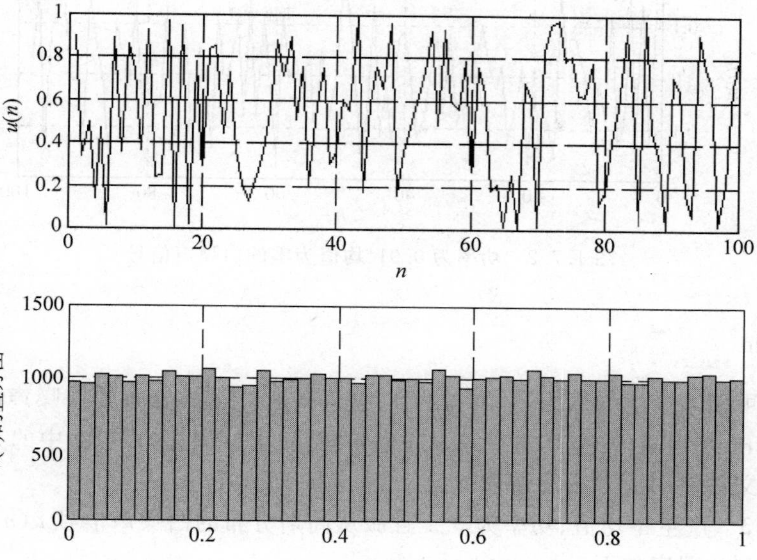

图 1.7.1 均匀分布的白噪声及其直方图

例 1.7.2 产生一均匀分布、均值为零、功率为 0.01 的白噪声信号 $u(n)$。

上例已指出，rand(N)给出的 $u(n)$ 的均值约为 0.5，功率约为 1/12，现希望将均值变为零，将功率变为 0.01。实现前者比较容易，只需将 $u(n)$ 减去均值即可，而实现后者则要调整 $u(n)$ 的幅度。令 $P=0.01$ 是所希望的功率，只需按式

$$a = \sqrt{P/\sigma_u^2} = \sqrt{12P} \tag{1.7.2}$$

求出常数 a 并用 a 乘以 $u(n)$ 即可（请读者自己证明）。下面的程序可实现本例的要求。

```
p=0.01;N=50000;
u=rand(1,N);u=u-mean(u);
a=sqrt(12*p); u1=u*a; %sqrt 是 MATLAB 内部函数,实现开方;
power_u1=dot(u1,u1)/N
% 试验 u1(n)的功率是否满足要求;dot 也是 MATLAB 的 m 文件,用来实现两个向量的内积。该
% 句等效于 var(u1);
plot(u1(1:100));grid on;
```

运行该程序，a 约为 0.3464，power_u1 约为 0.01，满足要求。u1(n)如图 1.7.2 所示

① 本书用 MATLAB 绘图文件画出的图形，已在图形编辑界面下进行了编辑，图中标目是由绘图人员另加的。

(图中为 $u(n)$)，显然，其均值为零，幅度约在 $-0.1732 \sim 0.1732$ 之间。

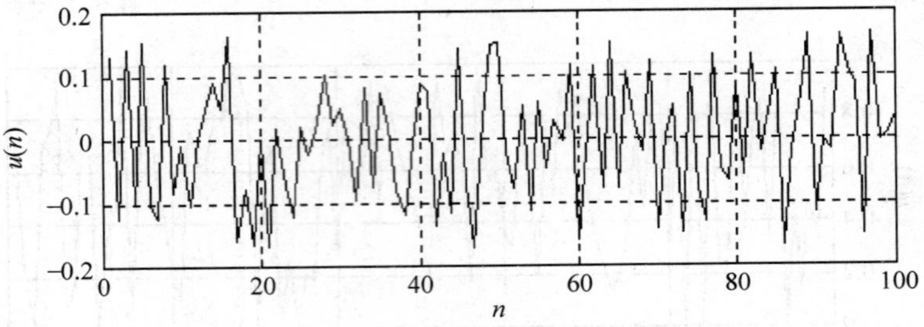

图 1.7.2　功率为 0.01、均值为零的白噪声信号

2. randn

本文件可用来产生均值为零、方差为 1、服从高斯(正态)分布的白噪声信号 $u(n)$，其调用格式和 rand 相同，改变其功率的方法也相同，只不过将式(1.7.2)中的 12 改为 1。下例给出了该文件使用的方法及结果。

例 1.7.3　产生零均值、功率为 0.1 且服从高斯分布的白噪声信号 $u(n)$。

实现该例的程序如下。

```
p=0.1;N=500000;
u=randn(1,N);a=sqrt(p);
u=u*a; power_u=var(u);
subplot(211)
plot(u(1:100));
subplot(212)
hist(u,50);
```

运行该程序，给出 a=0.3162，power_u=0.1。图 1.7.3 给出了 $u(n)$ 的波形及其直方图。

3. sinc

本文件可用来产生在信号处理理论中经常要用到的所谓 sinc 函数。对连续信号，sinc 函数定义为

$$\operatorname{sinc} t = \sin t / t \tag{1.7.3}$$

t 代表时间。显然

$$\operatorname{sinc} t = \begin{cases} 1 & t = 0 \\ 0 & t = k\pi \\ \operatorname{sinc} t & t \text{ 为其他} \end{cases} \tag{1.7.4}$$

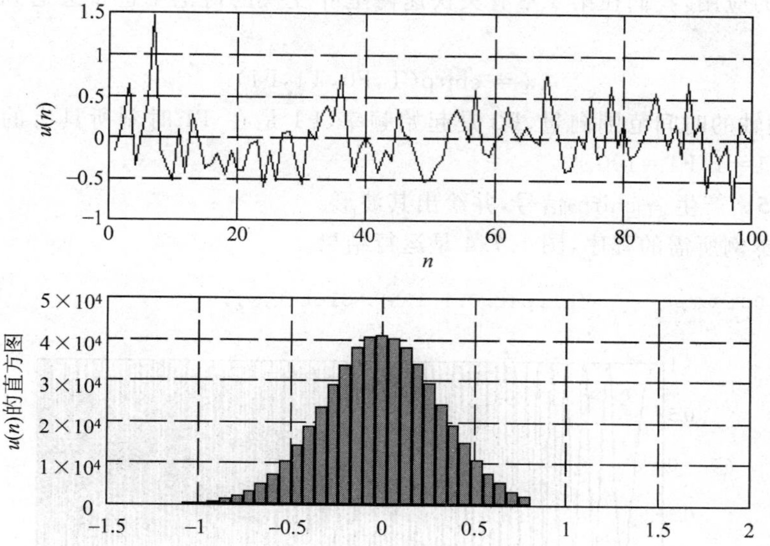

图 1.7.3 高斯分布的白噪声及其直方图

对离散信号，相应的 sinc 函数定义为

$$\mathrm{sinc}\omega = \sin N\omega / \sin\omega \tag{1.7.5}$$

式中 ω 为离散信号的圆频率。sinc. m 文件实现的是式(1.7.4)。下例中的程序给出了该文件的应用实例。

例 1.7.4 利用 sinc. m 文件产生一 sinc 信号并显示其波形。

实现该例的程序如下。

```
n=200;                    % 时间轴分点数；
stept=4 * pi/n;           % 时间轴的范围是从-2π~2π，stept 是步长；
t=-2 * pi:stept:2 * pi;
y=sinc(t);
plot(t,y,t,zeros(size(t)));grid on; % 同时画出 y(t)和横轴；
```

运行该程序，即可给出 sinc 函数的曲线。

4. chirp

本文件可用来产生一种叫作 chirp 的信号，该信号的基本形式是

$$x(t) = \exp(\mathrm{j}\alpha t^2) \tag{1.7.6}$$

注意该信号是时间平方的函数，可以想象，该信号的频率内容将是时变的。这里，频率和 t 成正比。在文件 chirp. m 中，求出的是式(1.7.6)的实部。该信号在雷达信号处理

中有着广泛的应用，我们在第 4 章有关快速傅里叶变换的讨论中也将会遇到它。文件的调用格式是

x = chirp(T,F0,T1,F1)

其中，T 是横轴的时间范围向量，F0 是起始频率，F1 是在 T1 时刻所具有的频率。缺省时，F0=0，T1=1，F1=100。

例 1.7.5　产生一 chirp 信号，并绘出其波形。

以下是本例所需的程序，图 1.7.4 是运行结果。

```
t=0:0.001:1;      y=chirp(t,0,1,125); plot(t,y);
```

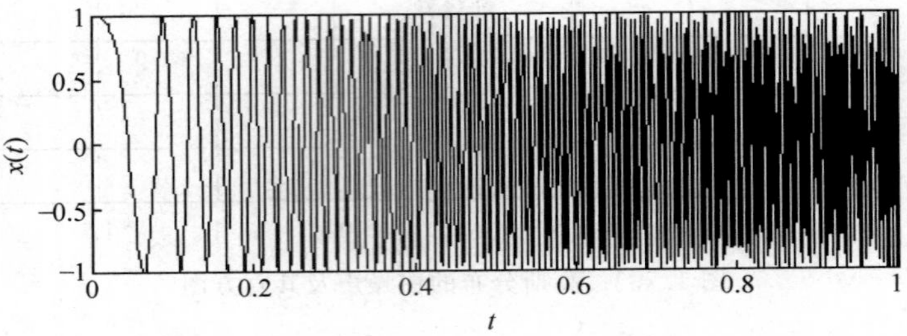

图 1.7.4　chirp 信号

除了上述 4 个有关信号产生的文件，在 MATLAB 中还有其他此类文件，比如

diric.m　　产生周期的 sinc 信号；

gauspuls.m　　产生高斯信号；

pulstran.m　　产生脉冲串信号；

tripuls.m　　产生三角波脉冲信号。

此处不再一一讨论。至于产生各种窗函数的 m 文件，我们将在第 7 章详细讨论。

5. xcorr

本文件用来求两个信号的互相关或一个信号的自相关，调用格式是

(1) rxy=xcorr(x,y),　　(2) rx=xcorr(x,Mlag, 'flag')

格式(1)是求序列 x,y 的互相关，若 x,y 的长度都是 N，则 rxy 的长度为 2N−1；若 x,y 的长度不相等，则将短的一个补零。格式(2)是求序列 x 的自相关，Mlag 表示 rx 的单边长度，总的长度为 2Mlag+1；flag 是定标标志，若 flag=biased，则表示是有偏估计，需将 rx(m)都除以 N，如式(1.6.11)；若 flag=unbiased，则表示是无偏估计，需将 rx(m)都除以(N−abs(m))。若 flag 默认，则 rx 不定标。Mlag 和 flag 同样适用于求互相关。

例 1.7.6　用 MATLAB 程序求解例 1.6.3，并画出图 1.6.1 和图 1.6.2。

实现该例的程序如下。

```
N=500;p1=1;p2=0.1;f=1/8;Mlag=60;
u=randn(1,N);u2=u*sqrt(p2);n=[0:N-1];
s=sin(2*pi*f*n);
x1=u(1:N)+s;rx1=xcorr(x1,Mlag,'biased');
u2=u*sqrt(p2);x2=u2(1:N)+s;
rx2=xcorr(x2,Mlag,'biased');
```

因为 randn 给出的信号均值为零、方差为 1,所以 x1(n)的信噪比是－3dB,程序中省去了 plot 语句。

6. xcorr2.m

本文件用于 2-D 相关,此处不详细讨论。

习题与上机练习

1.1　给定信号

$$x(n)=\begin{cases}2n+10 & -4\leqslant n\leqslant -1\\ 6 & 0\leqslant n\leqslant 4\\ 0 & \text{其他}\end{cases}$$

(1) 画出 $x(n)$的图形,并标上各点的值。
(2) 试用 $\delta(n)$及其相应的延迟表示 $x(n)$。
(3) 令 $y_1(n)=2x(n-1)$,试画出 $y_1(n)$的图形。
(4) 令 $y_2(n)=3x(n+2)$,试画出 $y_2(n)$的图形。
(5) 将 $x(n)$延迟 4 个抽样点再以 y 轴翻转,得 $y_3(n)$,试画出 $y_3(n)$的图形。
(6) 先将 $x(n)$翻转,再延迟 4 个抽样点得 $y_4(n)$,试画出 $y_4(n)$的图形。

1.2　对 1.1 题给出的 $x(n)$:
(1) 画出 $x(-n)$的图形。
(2) 计算 $x_e(n)=\frac{1}{2}[x(n)+x(-n)]$,并画出 $x_e(n)$的图形。
(3) 计算 $x_o(n)=\frac{1}{2}[x(n)-x(-n)]$,并画出 $x_o(n)$的图形。
(4) 试用 $x_e(n)$,$x_o(n)$表示 $x(n)$,并总结将一个序列分解为一个偶对称序列与奇对称序列的方法。

1.3 已知 $x_1(n)=\cos(0.01\pi n)$，$x_2(n)=\cos(30\pi n/105)$，$x_3(n)=\sin(3n)$，$x_4(n)=\cos(3\pi n)$，试确定哪一个信号是周期的，其基本周期是多少？

1.4 令 $x_1(n)=\sin(n\pi/4)+\sin(n\pi/6)$，$x_2(n)=\sin(n\pi/4)\sin(n\pi/6)$，分别求它们的周期。请思考：两个周期信号相加或相乘后形成的信号是否还是周期的？如是，周期是多少？

1.5 已知序列 $x(n)=1$，$n=-\infty\sim\infty$，试用单位阶跃序列 $u(n)$ 表示 $x(n)$。

1.6 试证明一个实序列 $x(n)$ 的偶部 $x_e(n)$ 是偶对称序列，而奇部 $x_o(n)$ 是奇对称序列。

1.7 令 $x_1(n)=u(n)$，$x_1(n)=a^n u(n)$，分别求它们的偶部和奇部。

1.8 已知 $x(n)$ 是能量信号，令 $x_e(n)$ 和 $x_o(n)$ 分别是其偶部和奇部，试证明

$$\sum_{n=-\infty}^{\infty} x^2(n) = \sum_{n=-\infty}^{\infty} x_e^2(n) + \sum_{n=-\infty}^{\infty} x_o^2(n)$$

1.9 已知序列 $x_1(n)=u(n)$，$x_2(n)=nu(n)$，$x_3(n)=A\mathrm{e}^{\mathrm{j}\omega_0 n}$，分别求它们的平均功率。

1.10 已知序列 $x_1(n)=a^n u(n)$，$x_2(n)=u(n)-u(n-N)$，分别求它们的自相关函数，并证明它们都是偶对称的实序列。

1.11 设 $x(nT_s)=\mathrm{e}^{-nT_s}$ 为一指数函数，$n=0,1,\cdots,\infty$，而 T_s 为抽样间隔，求 $x(n)$ 的自相关函数 $r_x(mT_s)$。

1.12 证明自相关函数的性质 1 和性质 2。

1.13 令 $x(n)=A_1\sin(2\pi f_1 nT_s)+A_2\sin(2\pi f_2 nT_s)$，其中 A_1,A_2,f_1,f_2 为常数，求 $x(n)$ 的自相关函数 $r_x(m)$。

*1.14① 把下述 5 个连续时间信号 $x(t)$ 转换成离散时间信号 $x(nT_s)$，并绘出 $x(nT_s)$ 的图形。$f_s=1/T_s$ 为抽样频率。f_s 可自己选择，以体会对给定信号采用多大的抽样频率较为合适。

(1) 工频信号：$x_1(t)=A\sin(2\pi f_0 t)$，其中 $A=220$，$f_0=50\mathrm{Hz}$。

(2) 衰减正弦信号：$x_2(t)=A\mathrm{e}^{-\alpha t}\sin(2\pi f_0 t)$，其中 $A=2$，$\alpha=0.5$，$f_0=2\mathrm{Hz}$。

(3) 谐波信号：$x_3(t)=\sum_{i=1}^{3} A_i\sin(2\pi f_0 it)$，其中 $A_1=1$，$A_2=0.5$，$A_3=0.2$，$f_0=5\mathrm{Hz}$。

(4) Hamming(哈明)窗：$x_4(t)=0.54-0.46\cos(2\pi f_0 t)$，$f_0$ 由读者自行给定。

(5) sinc 函数：$x_5(t)=\sin(\Omega t)/\Omega t$，其中 $\Omega=2\pi f$，$f=10\mathrm{Hz}$。

---

① 本书题号前加 * 者为上机练习题。

*1.15　令 $x(n)=A\sin(\omega n)+u(n)$，其中 $\omega=\pi/16$，$u(n)$是白噪声。

(1) 使用 MATLAB 中的有关文件，产生均值为 0，功率 $P=0.1$ 的均匀分布白噪声 $u(n)$，画出其图形，并求 $u(n)$的自相关 $r_u(m)$，画出 $r_u(m)$的波形。

(2) 欲使 $x(n)$的信噪比为 10dB，试决定 A 的数值，并画出 $x(n)$的图形及其自相关函数 $r_x(m)$的图形。

*1.16　表题 1.16 给出的是从 1770—1869 年这 100 年间每年 12 个月所记录到的太阳黑子出现次数的平均值。

表题 1.16　太阳黑子的年平均出现次数[2,3]

年份	次数	年份	次数	年份	次数	年份	次数
1770	101	1795	21	1820	16	1845	40
1771	82	1796	16	1821	16	1846	62
1772	66	1797	6	1822	4	1847	98
1773	35	1798	4	1823	2	1848	124
1774	31	1799	7	1824	8	1849	96
1775	7	1800	14	1825	17	1850	66
1776	20	1801	34	1826	36	1851	64
1777	92	1802	45	1827	50	1852	54
1778	154	1803	43	1828	62	1853	39
1779	125	1804	48	1829	67	1854	21
1780	85	1805	42	1830	71	1855	7
1781	68	1806	28	1831	48	1856	4
1782	38	1807	10	1832	28	1857	23
1783	23	1808	8	1833	8	1858	55
1784	10	1809	2	1834	13	1859	94
1785	24	1810	0	1835	57	1860	96
1786	83	1811	1	1836	122	1861	77
1787	132	1812	5	1837	138	1862	59
1788	131	1813	12	1838	103	1863	44
1789	118	1814	14	1839	86	1864	47
1790	90	1815	35	1840	63	1865	30
1791	67	1816	46	1841	37	1866	16
1792	60	1817	41	1842	24	1867	7
1793	47	1818	30	1843	11	1868	37
1794	41	1819	24	1844	15	1869	74

（1）输出该数据的图形。

（2）对该数据做自相关，输出其自相关函数的图形，观察太阳黑子活动的周期（取$M=32$）。

（3）将该数据除去均值，再重复（2）的内容，比较除去均值前、后对做自相关的影响。信号 $x(n), n=0,1,\cdots,N-1$ 的均值是 $\mu_x=\frac{1}{N}\sum_{n=0}^{N-1}x(n)$。

参考文献

1 Oppenheim A V, Schafer R. Discrete-Time Signal Processing. Englewood Cliffs, NJ: Prentice-Hall, 1989

2 Proakis J G, Manolakis D G. Introduction to Digital Signal Processing. New York: Macmillan Publishing Company, 1988

3 Marple S L. Digtal Spectral Analysis with Applications. Englewood Cliffs, NJ: Prentice-Hall, 1987

4 柳重堪. 信号处理的数学方法. 南京：东南大学出版社，1992

5 胡广书. 数字信号处理——理论、算法与实现. 第三版. 北京：清华大学出版社，2012

6 Sanjit K M. Digital Signal Processing: A Computer-Based Approach. 2nd ed., Mc Graw-Hill, 2001; 北京：清华大学出版社，2001(影印版)

第2章

离散时间系统

“系统”的作用是将输入信号 $x(n)$ 按照某种需要变成输出信号 $y(n)$。因此，在讨论信号处理的同时必然要讨论系统问题。有关系统的问题包含两个方面，一是系统的分析；二是系统的综合(或系统的设计)。

本章首先用两节的篇幅讨论离散时间系统的基本概念，即时域的描述和时域的分析，然后在2.6节～2.9节讨论离散时间系统的频域分析。讨论离散时间系统的频域分析需要Z变换和傅里叶变换的知识。傅里叶变换的概念将在第3章介绍，考虑到读者在“信号与系统”的课程中已学习过Z变换，因此，本书仅在本章的2.3节～2.5节简要地给出Z变换的定义、收敛域和性质等基本内容，有关Z反变换和用Z变换求解差分方程的内容本书不再讨论。

Z变换是离散系统和离散信号分析与综合的重要工具，其地位和作用犹如拉普拉斯变换对于连续系统和连续信号。由Z变换我们还可以得到由连续信号过渡到离散信号后所出现的一些特殊问题，如频谱的周期性等。这些特殊问题决定了离散信号与离散系统的分析与综合方法，和连续时的情况相比，有着许多本质的不同。因此，希望读者能切实掌握Z变换。

2.1 离散时间系统的基本概念

一个离散时间系统，可以抽象为一种变换，或是一种映射，把输入序列 $x(n)$ 变换为输出序列 $y(n)$，即

$$y(n) = \mathrm{T}[x(n)] \tag{2.1.1}$$

式中T代表变换。这样，一个离散时间系统，既可以是一个硬件装置，也可以是一个数学表达式。总之，一个离散时间系统的输入、输出关系可用图2.1.1表示。

例 2.1.1 一个离散时间系统的输入、输出关系是

$$y(n) = ay(n-1) + x(n) \tag{2.1.2}$$

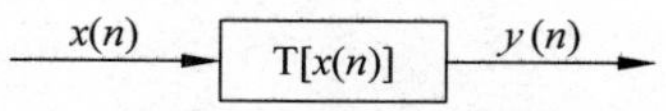

图 2.1.1 离散时间系统

式中 a 为常数。该系统表示，现在时刻的输出 $y(n)$ 等于

上一次的输出 $y(n-1)$ 乘以常数 a 再加上现在的输入 $x(n)$，这是一个一阶的自回归差分方程，可以用图 2.1.2 的信号流图来实现。

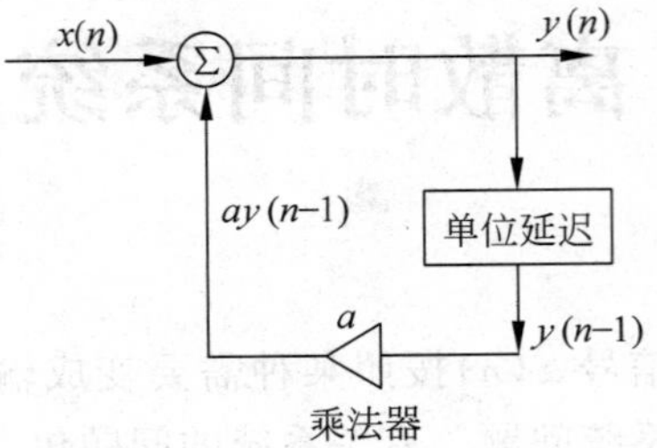

图 2.1.2　一阶自回归差分方程的信号流图

例 2.1.2　系统

$$y(n)=\sum_{k=0}^{2}b(k)x(n-k) \tag{2.1.3}$$

式中 $b(0)$，$b(1)$，$b(2)$ 为常数。这是一个三点加权平均器，若 $b(0)=b(1)=b(2)=1/3$，那么该系统是一个三点平均器，其相应的信号流图如图 2.1.3 所示。

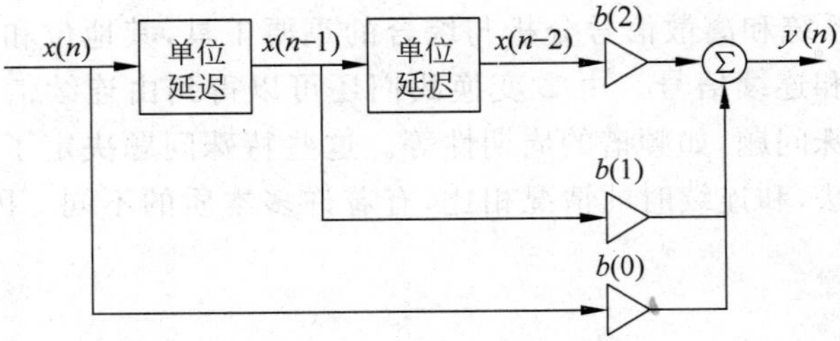

图 2.1.3　三点加权平均器信号流图

在图 2.1.1 中，若令输入信号 $x(n)=\delta(n)$，那么，这时的输出 $y(n)$ 是由单位抽样信号 $\delta(n)$ 激励该系统所产生的响应，因此，我们称这时的 $y(n)$ 为系统的单位抽样响应，并记之为 $h(n)$。$h(n)$ 反映了系统的固有特征，它是离散系统的一个重要参数。

例 2.1.3　求例 2.1.1 所给系统的单位抽样响应。

由定义

$$h(n)=y(n)=ah(n-1)+\delta(n)$$

及给定的初始条件 $h(-1)=0$，有

$$h(0)=0+\delta(0)=1$$

$$h(1)=ah(0)=a$$

$$h(2) = ah(1) = a^2$$

$$\vdots$$

$$h(n) = a^n$$

即

$$h(n) = \begin{cases} a^n & n \geqslant 0 \\ 0 & n < 0 \end{cases} \quad 或 \quad h(n) = a^n u(n) \tag{2.1.4}$$

显然,若$|a|>1$,那么当$n\to\infty$时,$|h(n)|\to\infty$;若$|a|<1$,则有$\lim\limits_{n\to\infty} h(n)=0$。

例 2.1.4 求例 2.1.2 所给系统的单位抽样响应。

由定义,将$x(n)$换成$\delta(n)$,有

$$h(n) = b(0)\delta(n) + b(1)\delta(n-1) + b(2)\delta(n-2)$$

所以

$$h(0) = b(0), \quad h(1) = b(1), \quad h(2) = b(2)$$

且当$n<0$和$n>2$时,$h(n)\equiv 0$。

由以上两例可以看出,三点平均器的单位抽样响应仅在$n=0,1,2$时有值,即为有限长。这一类系统称为"有限冲激响应(finite impulse response,FIR)"系统,简称为 FIR 系统。一阶自回归模型中由于包含了由输出到输入的反馈(见图 2.1.2),因此其抽样响应为无限长,我们称这一类系统为"无限冲激响应(infinite impulse response,IIR)"系统,简称为 IIR 系统。

下面是有关离散系统的几个重要定义。

1. 线性

设一个离散系统对$x_1(n)$的响应是$y_1(n)$,对$x_2(n)$的响应是$y_2(n)$,即

$$y_1(n) = \mathrm{T}[x_1(n)]$$

$$y_2(n) = \mathrm{T}[x_2(n)]$$

若该系统对$\alpha x_1(n)+\beta x_2(n)$的响应是$\alpha y_1(n)+\beta y_2(n)$,即

$$\begin{aligned} y(n) &= \mathrm{T}[\alpha x_1(n) + \beta x_2(n)] = \alpha \mathrm{T}[x_1(n)] + \beta \mathrm{T}[x_2(n)] \\ &= \alpha y_1(n) + \beta y_2(n) \end{aligned} \tag{2.1.5}$$

那么,我们说该系统是线性的。式中α,β是任意常数。显然,线性的含义是指该系统的输入、输出之间满足叠加原理,如图 2.1.4 所示。图(a)中$\xrightarrow{\alpha}$表示信号$x_1(n)$和α相乘,其余依此类推。

2. 移不变性

设一个离散时间系统对$x(n)$的响应是$y(n)$,如果将$x(n)$延迟了k个抽样周期,输出

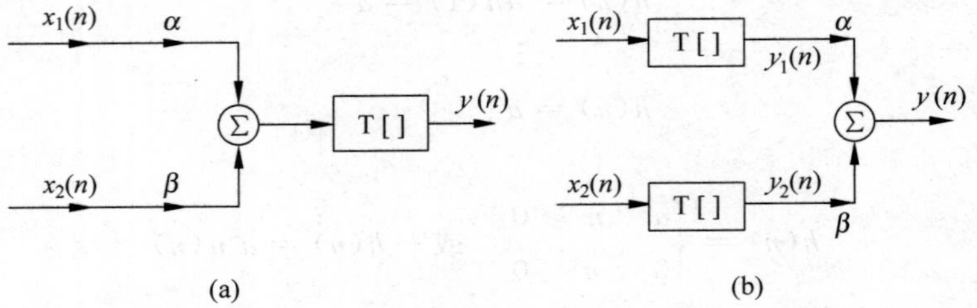

图 2.1.4 线性系统定义的图解说明

$y(n)$也相应地延迟了 k 个抽样周期，那么，我们说该系统具有移不变性，即

$$\left.\begin{aligned} T[x(n)] &= y(n) \\ T[x(n-k)] &= y(n-k) \end{aligned}\right\} \tag{2.1.6}$$

该性质的含义还可直观地解释为：对给定的输入，系统的输出和输入施加的时间无关，即不论何时加上输入，只要输入信号一样，输出信号的形态就保持不变。

由前述单位抽样响应的定义，$h(n)=T[\delta(n)]$，对移不变系统，则必有 $h(n-k)=T[\delta(n-k)]$。因此，从 $h(n)$的行为即可判断所研究的系统是否具有移不变性，如图 2.1.5 所示。

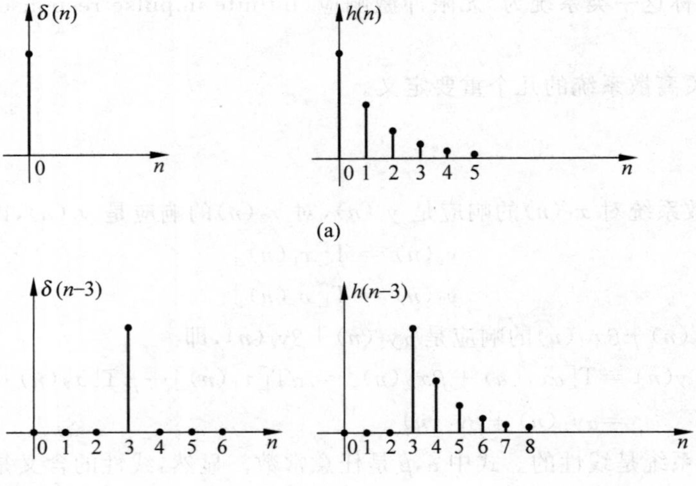

图 2.1.5 系统的移不变性

同时具有线性和移不变性的离散时间系统称为线性移不变(linear shift invariant, LSI)离散时间系统，简称 LSI 系统。除非特别说明，本书研究的对象都认为是 LSI 系统。

例 2.1.5　给定系统

(1)
$$y(n)=nx(n)$$

(2)
$$y(n)-ay(n-1)=x(n),\quad y(-1)=0, n\geqslant 0$$

试判断它们是否是线性、移不变性。

解　(1) 给定输入 $x_1(n)$和 $x_2(n)$，由定义

$$y_1(n)=\mathrm{T}[x_1(n)]=nx_1(n),\quad y_2(n)=\mathrm{T}[x_2(n)]=nx_2(n)$$

令

$$x(n)=\alpha x_1(n)+\beta x_2(n)$$

那么系统对 $x(n)$的响应

$$\begin{aligned}y(n)&=\mathrm{T}[x(n)]=n[\alpha x_1(n)+\beta x_2(n)]\\&=\alpha nx_1(n)+\beta nx_2(n)=\alpha y_1(n)+\beta y_2(n)\end{aligned}$$

该式的右边正是 $y_1(n)$和 $y_2(n)$的叠加，故系统(1)是线性的。

由于

$$y(n)=\mathrm{T}[x(n)]=nx(n)\tag{2.1.7}$$

那么系统对 $x(n-k)$的响应 $y_k(n)$是

$$y_k(n)=\mathrm{T}[x(n-k)]=nx(n-k)\tag{2.1.8}$$

由式(2.1.7)，有

$$y(n-k)=(n-k)x(n-k)$$

显然

$$y(n-k)\neq \mathrm{T}[x(n-k)]=y_k(n)$$

所以系统(1)不具备移不变性。

(2) 令 $x_1(n)=\delta(n)$，由例 2.1.1 有 $y_1(n)=\mathrm{T}[x_1(n)]=a^n u(n)$，式中 $u(n)$是单位阶跃序列。

令 $x_2(n)=\delta(n-1)$，仿照例 2.1.1，得 $y_2(n)=\mathrm{T}[x_2(n)]=a^{n-1}u(n-1)$，再令 $x(n)=\alpha x_1(n)+\beta x_2(n)$，代入原方程，有

$$y(n)=ay(n-1)+\alpha\delta(n)+\beta\delta(n-1)$$

递推此方程，有

$$\begin{aligned}y(n)&=\mathrm{T}[x(n)]=\alpha a^n u(n)+\beta a^{n-1}u(n-1)\\&=\alpha y_1(n)+\beta y_2(n)\end{aligned}\tag{2.1.9}$$

所以系统(2)是线性的。不难发现，该系统也是移不变的。

3. 因果性

一个 LSI 系统，如果它在任意时刻(比如 n)的输出只决定于现在时刻和过去的输入

$x(n),x(n-1),\cdots$，而和将来的输入无关，那么，我们说该系统是因果(causal)系统，否则为非因果系统。可以证明，若系统的单位抽样响应 $h(n)$ 在 $n<0$ 时恒为零，那么该系统是因果系统。

在实时处理信号时，输入信号的抽样值是一个接一个地进入系统的，因此，系统的输出不能早于输入，否则即不是物理可实现系统。这样的数据输入方式称为序贯数据(sequential data)方式。对非实时情况，输入数据的全体是已知的，这时非因果系统是可以实现的。我们称已记录的数据为块数据(block data)。

比如，例 2.1.1 及例 2.1.2 的两个系统都是因果系统，$y(n)=nx(n)$ 也是因果系统，而 $y(n)=x(n+1)$，$y(n)=x(n^2)$ 是非因果系统。

4. 稳定性

一个信号 $x(n)$，如果存在一个实数 R，使得对所有的 n 都满足 $|x(n)|\leqslant R$，那么，我们称 $x(n)$ 是有界的。对一个 LSI 系统，若输入 $x(n)$ 是有界的，输出 $y(n)$ 也有界，那么该系统是稳定(stable)的。一个系统能否正常工作，稳定性是先决条件。我们将在 2.2 节和 2.8 节给出系统稳定性的判据。

2.2　离散时间系统的输入输出关系

一个连续的线性时不变系统，其输入 $x(t)$ 和输出 $y(t)$ 之间的关系可以用一个常系数线性微分方程来描述，它反映了该系统的动态特性。与之相类似，一个线性移不变离散时间系统可用一个常系数线性差分方程来描述，即

$$y(n)=-\sum_{k=1}^{N}a(k)y(n-k)+\sum_{r=0}^{M}b(r)x(n-r) \tag{2.2.1}$$

式中 $a(k)$，$b(r)$ 是方程的系数，其中 $k=1,\cdots,N$，而 $r=0,\cdots,M$。给定输入信号 $x(n)$ 及系统的初始条件，可求出该差分方程的解 $y(n)$，从而得到系统的输出。现在利用讨论过的结果来导出 LSI 系统输入、输出之间的一个重要关系，即线性卷积(linear convolution)。

由式(1.2.1)，输入信号 $x(n)$ 可表为 $\delta(n)$ 及其移位的线性组合，即

$$\begin{aligned}x(n)&=\sum_{k=-\infty}^{\infty}x(k)\delta(n-k)\\&=\cdots+x(-1)\delta(n+1)+x(0)\delta(n)+x(1)\delta(n-1)+\cdots\end{aligned}$$

当输入是 $\delta(n)$ 时，输出 $y(n)=h(n)$，由系统的 LSI 性质可得如下输入输出关系

输入	输出
$x(0)\delta(n)$	$x(0)h(n)$
$x(1)\delta(n-1)$	$x(1)h(n-1)$
$x(-1)\delta(n+1)$	$x(-1)h(n+1)$
$\vdots$	$\vdots$
$x(k)\delta(n-k)$	$x(k)h(n-k)$

这样，系统对 $x(n)$ 的响应 $y(n)$ 是上面右边一列的相加，即

$$y(n)=\sum_{k=-\infty}^{\infty}x(k)h(n-k) \tag{2.2.2}$$

此式称为 LSI 系统的线性卷积，可简记为 $y(n)=x(n)*h(n)$。很容易证明，上式也可表示为

$$y(n)=\sum_{k=-\infty}^{\infty}h(k)x(n-k) \tag{2.2.3}$$

并有如下运算性质

$$y(n)=[x_1(n)+x_2(n)]*h(n)=x_1(n)*h(n)+x_2(n)*h(n) \tag{2.2.4}$$

若 $h(n)$ 对应的是因果系统，即 $n<0$ 时 $h(n)\equiv 0$，那么式(2.2.2)可改为

$$y(n)=\sum_{k=0}^{\infty}h(k)x(n-k) \tag{2.2.5}$$

其输出 $y(n)$ 也是因果信号。若 $x(n)$ 是一个 N 点序列，$h(n)$ 是一个 M 点序列，那么卷积的结果 $y(n)$ 将是 $L=N+M-1$ 点的序列。这时，式(2.2.5)可写成如下的矩阵形式

$$\begin{bmatrix} y(0)\\ y(1)\\ \vdots\\ y(M-1)\\ y(N-1)\\ \vdots\\ \vdots\\ y(L-1)\end{bmatrix}=\begin{bmatrix} x(0) & & & \\ x(1) & x(0) & & \mathbf{0}\\ \vdots & & \ddots & \\ x(M-1) & \cdots & \cdots & x(0)\\ \vdots & \ddots & & \vdots\\ x(N-1) & \cdots & \cdots & x(N-M)\\ & \ddots & & \vdots\\ \mathbf{0} & & \ddots & \vdots\\ & & & x(N-1)\end{bmatrix}\begin{bmatrix} h(0)\\ h(1)\\ \vdots\\ h(M-1)\end{bmatrix} \tag{2.2.6a}$$

或

$$\boldsymbol{y}=\boldsymbol{X}\boldsymbol{h} \tag{2.2.6b}$$

这一矩阵形式有利于我们理解卷积公式的数学含义。

例 2.2.1　令 $h(n)=\{h(0),h(1)\}=\{1,1\}$，　$x(n)=\{x(0),\cdots,x(3)\}=\{1,2,3,4\}$，试求 $x(n)$ 和 $h(n)$ 的线性卷积。

步骤 1　将 $x(n)$，$h(n)$ 的时间 n 都换成 k，如图 2.2.1(a)，(b)所示。

步骤 2　将 $h(k)$ 翻转得 $h(-k)$（当然也可将 $x(k)$ 翻转），如图 2.2.1(c)所示。

步骤 3　$n=0$ 时，将 $x(k)$ 和 $h(-k)$ 对应相乘，$k=-\infty\sim+\infty$，但实际上只有 $k=0$ 时二者才有重合部分，因此 $y(0)=x(0)h(0)=1\times1=1$

步骤 4　将 $h(-k)$ 右移一个抽样点，即令 $n=1$，得 $h(1-k)$，如图 2.2.1(d)所示。做 $x(k)$ 和 $h(1-k)$ 的对应相乘，得

$$y(1)=x(0)h(1)+x(1)h(0)=3$$

步骤 5　不断移动 $h(-k)$，可得到不同的 $h(n-k)$，重复上述对应相乘再相加的过程，得

$$y(2)=x(1)h(1)+x(2)h(0)=5$$
$$y(3)=x(2)h(1)+x(3)h(0)=7$$
$$y(4)=x(3)h(1)=4$$

当 $n>5$ 时，$y(n)\equiv0$。由于 $h(n)$ 是 2 点序列，$x(n)$ 是 4 点序列，所以 $y(n)$ 是 5 点序列，如图 2.2.1(e)所示。

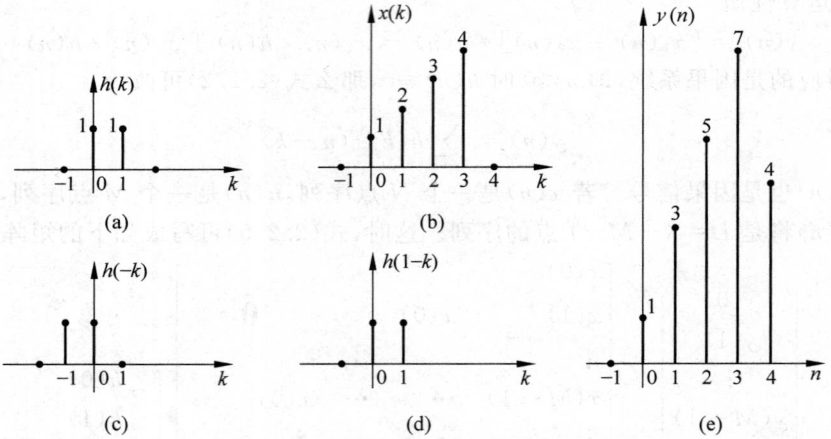

图 2.2.1　线性卷积的步骤

例 2.2.2　令 $x(n)=b^nu(n)$，$h(n)=a^nu(n)$，求系统的输出 $y(n)$。

直接由定义得

$$y(n)=\sum_{k=-\infty}^{\infty}x(k)h(n-k)=\sum_{k=0}^{n}b^ka^{n-k}=a^n\sum_{k=0}^{n}(ba^{-1})^k$$

式中第一个求和号 k 的取值范围是泛指，而后面的取值范围是具体值。由几何级数的求和公式，有

$$y(n)=a^n\frac{1-(ba^{-1})^{n+1}}{1-(ba^{-1})}=\begin{cases}(a^{n+1}-b^{n+1})/(a-b) & n\geqslant0,a\neq b\\(n+1)a^n & n\geqslant0,a=b\\0 & n<0\end{cases}$$

线性卷积是数字信号处理中最重要的运算之一，MATLAB 的 conv. m 文件可用来实现两个序列的线性卷积，conv. m 的使用方法见 2.11 节。利用上述卷积关系，可以导出判断系统是否稳定的法则。

系统稳定性判据 1 一个 LSI 系统是稳定的充要条件是 $\boldsymbol{h}\in l_1$，即

$$S=\sum_{n=-\infty}^{\infty}|h(n)|<\infty \tag{2.2.7}$$

证明 先证充分性。

对式(2.2.2)两边取绝对值，并由"和的绝对值小于等于绝对值的和"的数学原理，有

$$|y(n)|\leqslant\sum_{k=-\infty}^{\infty}|x(k)h(n-k)|$$

设 $x(n)$ 是有界的，即对所有的 n，存在一非无穷大数 R，使 $|x(n)|\leqslant R$，那么，上式必为

$$|y(n)|\leqslant R\sum_{n=-\infty}^{\infty}|h(n)|$$

因为 $\boldsymbol{h}\in l_1$，所以 $|y(n)|\leqslant RS$，即 $y(n)$ 是有界的，故充分性得证。

再证必要性。此时假定系统是稳定的，为了证明必要性，可令 $x(n)$ 为如下的有界序列

$$x(n)=\begin{cases}h(-n)/|h(-n)| & \text{对 } |h(-n)|\neq 0 \text{ 的所有的 } n\\ 0 & n \text{ 为其他值}\end{cases}$$

于是

$$y(0)=\sum_{k=-\infty}^{\infty}h(k)x(-k)=\sum_{k=-\infty}^{\infty}h^2(k)/|h(k)|=\sum_{k=-\infty}^{\infty}|h(k)|$$

为使 $y(0)$ 有界，则必须有

$$S=\sum_{n=-\infty}^{\infty}|h(n)|<\infty$$

于是必要性得证。稳定性的另一个判据将在 2.8 节中给出。

由于 FIR 系统的单位抽样响应 $h(n)$ 为有限长，所以这一类系统总是稳定的。IIR 系统的 $h(n)$ 为无限长，可能是稳定的，也可能是不稳定的。对于例 2.1.1 的一阶自回归系统，其 $h(n)=a^n u(n)$，若 $|a|<1$，由于 $\sum_{n=0}^{\infty}a^n=(1-a)^{-1}<\infty$，所以该系统是稳定的。当 $|a|\geqslant 1$ 时，系统是不稳定的。

在本节的最后，我们讨论卷积和自相关函数的关系。

比较式(1.6.4)关于互相关函数的定义和式(2.2.2)关于线性卷积的定义，发现它们有某些相似之处。令 $g(n)$ 是 $x(n)$ 和 $y(n)$ 的线性卷积，即

$$g(n)=\sum_{m=-\infty}^{\infty}x(n-m)y(m)$$

为了与式(1.6.4)的互相关函数相比较，现将上式中的 m 和 n 相对换，得

$$g(m)=\sum_{n=-\infty}^{\infty}x(m-n)y(n)=x(m)*y(m)$$

而 $x(n)$ 和 $y(n)$ 的互相关

$$r_{xy}(m)=\sum_{n=-\infty}^{\infty}x(n)y(n+m)=\sum_{n=-\infty}^{\infty}x(n-m)y(n)$$

$$=\sum_{n=-\infty}^{\infty}x[-(m-n)]y(n)$$

比较上面两式，可得相关和卷积的时域关系为

$$r_{xy}(m)=x(-m)*y(m) \tag{2.2.8a}$$

同理，对自相关函数，有

$$r_{x}(m)=x(-m)*x(m) \tag{2.2.8b}$$

前面已提到，计算 $x(n)$ 和 $y(n)$ 的互相关时，两个序列都不翻转，只是将 $y(n)$ 在时间轴上移动后与 $x(n)$ 对应相乘再相加。计算二者的卷积时，需要先将一个序列翻转后再移动，为了要用卷积表示相关，那么就需要将其中一个序列预先翻转一次，做卷积时再翻转一次。两次翻转等于没有翻转，这就是式(2.2.8)中 $x(m)$ 为 $x(-m)$ 的原因。

尽管相关和卷积在计算形式上有相似之处，但二者所表示的物理意义是截然不同的。线性卷积表示了 LSI 系统输入、输出和单位抽样响应之间的一个基本关系，而相关只是反映了两个信号之间的相关性，与系统无关。

在实际工作中，信号 $x(n)$ 总是有限长，如 $0\sim N-1$，用式(1.6.7)计算 $x(n)$ 的自相关时，对不同的 m 值，对应相乘与求和的数据长度是不相同的，即

$$r_{x}(m)=\frac{1}{N}\sum_{n=0}^{N-1-m}x_N(n)x_N(n+m) \tag{2.2.9}$$

m 的范围是从 $-(N-1)$ 至 $(N-1)$，上式仅计算从 0 至 $(N-1)$ 部分，显然 m 越大，使用的信号的有效长度越短，计算出的 $r_x(m)$ 的性能越差，因此，一般取 $m\ll N$。不管 $x(n)$ 是能量信号还是功率信号，一般都要除以数据的长度 N。

2.3 Z 变换的定义

Z 变换的定义可以从两个方面引出，一是直接对离散信号给出定义，二是由抽样信号的拉普拉斯变换过渡到 Z 变换。

给定一个离散信号 $x(n)$，$n=-\infty\sim+\infty$，可直接给出 $x(n)$ 的 Z 变换的定义

$$X(z) = \sum_{n=-\infty}^{\infty} x(n) z^{-n} \tag{2.3.1}$$

式中 z 为一复变量。由于 $x(n)$ 的存在范围是从 $-\infty \sim +\infty$，所以上式定义的 Z 变换称为双边 Z 变换。如果 $x(n)$ 的存在范围是从 $0 \sim +\infty$，那么上式应变成单边 Z 变换，即

$$X(z) = \sum_{n=0}^{\infty} x(n) z^{-n} \tag{2.3.2}$$

第 1 章已指出，因果性信号 $x(n)$ 在 $n<0$ 时恒为零，因此实际的物理信号对应的都是单边 Z 变换。

现在，我们再由拉普拉斯变换过渡到 Z 变换。

由式(1.1.6)，令 $x_s(nT_s)$ 是由连续信号 $x(t)$ 经抽样得到的，即

$$x_s(nT_s) = x(t) \sum_{n=-\infty}^{\infty} \delta(t - nT_s) = \sum_n x(nT_s)\delta(t - nT_s) \tag{2.3.3}$$

现对 $x_s(nT_s)$ 取拉普拉斯变换，得

$$\begin{aligned} X(s) &= \int_{-\infty}^{\infty} x_s(nT_s) e^{-st} dt \\ &= \int_{-\infty}^{\infty} \left[\sum_n x(nT_s)\delta(t - nT_s) \right] e^{-st} dt \\ &= \sum_n x(nT_s) \int_{-\infty}^{\infty} \delta(t - nT_s) e^{-st} dt = \sum_{n=-\infty}^{\infty} x(nT_s) e^{-snT_s} \\ &= X(e^{sT_s}) \end{aligned} \tag{2.3.4}$$

令

$$z = e^{sT_s} \tag{2.3.5}$$

这样，$x_s(nT_s)$ 的拉普拉斯变换式就可以变成另一复变量 z 的变换式，再次将 T_s 归一化为 1，即将 $x(nT_s)$ 简记为 $x(n)$，那么，式(2.3.4)变为

$$X(z) = \sum_{n=-\infty}^{\infty} x(n) z^{-n}$$

这和式(2.3.1)的直接定义是一样的。

拉普拉斯复变量 $s=\sigma+j\Omega$，式中 $\Omega=2\pi f$，是相对连续系统及连续信号的角频率，单位为 rad/s。由式(2.3.5)得

$$z = e^{sT_s} = e^{(\sigma+j\Omega)T_s} = e^{\sigma T_s} e^{j\Omega T_s} \tag{2.3.6}$$

令

$$\begin{cases} r = e^{\sigma T_s} \\ \omega = \Omega T_s \end{cases} \tag{2.3.7}$$

则

$$z = re^{j\omega} \tag{2.3.8}$$

ω 是相对离散系统和离散信号的圆周频率,单位为 rad。将上式代入式(2.3.1),得

$$X(z)=\sum_{n=-\infty}^{\infty}x(n)(re^{j\omega})^{-n}=\sum_{n=-\infty}^{\infty}[x(n)r^{-n}]e^{-j\omega n} \tag{2.3.9}$$

这一结果说明,只要 $x(n)r^{-n}$ 符合绝对可和的收敛条件,即 $\sum_{n=-\infty}^{\infty}|x(n)r^{-n}|<\infty$,则 $x(n)$ 的 Z 变换存在。这样,一个序列 $x(n)$ 的 Z 变换,又可看成是该序列乘以一实加权序列 r^{-n} 后的傅里叶变换,即

$$X(z)=\mathscr{F}[x(n)r^{-n}] \tag{2.3.10}$$

如果 $r=1$,则

$$X(z)|_{z=e^{j\omega}}=X(e^{j\omega})=\sum_{n=-\infty}^{\infty}x(n)e^{-j\omega n} \tag{2.3.11}$$

这时 Z 变换就演变为离散序列的傅里叶变换(DTFT)。

式(2.3.6)及式(2.3.7)反映了复变量 s 及复变量 z 之间的对应关系,也给出了 s 平面到 z 平面的映射规律(如图 2.3.1 所示),其映射规律可总结如下。

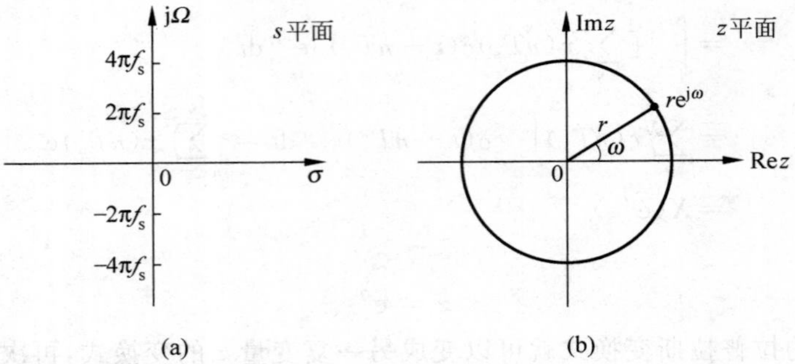

图 2.3.1　s 平面和 z 平面

① s 平面上的复变量 s 是直角坐标,而 z 平面上的复变量 z 一般取极坐标形式。

② 由式(2.3.7),当 $\sigma=0$ 时,$r=1$,$\sigma=0$ 对应 s 平面的 $j\Omega$ 轴,而 $|z|=1$ 对应 z 平面上半径 r 为 1 的圆(该圆称为单位圆),这样 s 平面的 $j\Omega$ 轴映射为 z 平面上的单位圆。

我们知道,当 s 仅在 $j\Omega$ 轴上取值时,拉普拉斯变换演变为傅里叶变换,即

$$X(s)|_{s=j\Omega}=X(j\Omega)=\int_{-\infty}^{\infty}x(t)e^{-j\Omega t}dt \tag{2.3.12}$$

对应的,若 z 仅在单位圆上取值,那么 Z 变换也演变为傅里叶变换,即式(2.3.11)。

③ $\sigma<0$ 对应 s 平面的左半平面,对应的 $r=e^{\sigma T_s}<1$,这样,s 平面的左半平面映射到 z 平面上的单位圆内。同理,s 平面的右半平面映射为 z 平面的单位圆外。

④ T_s 是抽样周期(或抽样间隔),$f_s=1/T_s$ 是抽样频率,由式(2.3.7)得

$$\omega = \Omega T_s = 2\pi f / f_s \tag{2.3.13}$$

因此，当 f 在 $j\Omega$ 轴上从 $-\infty$ 变至 $+\infty$ 的过程中，每间隔 f_s，对应的 ω 从 0 变到 2π，即在单位圆上绕了一周。所以，由 s 平面到 z 平面的映射不是单一的，这就是离散信号的傅里叶变换是周期的根本原因。由式(2.3.13)也可看出，ω 的单位是 rad。

⑤ 由式(2.3.13)，令

$$f' = f / f_s \tag{2.3.14}$$

则

$$\omega = 2\pi f' \tag{2.3.15}$$

f' 称为归一化频率，或相对频率。当 f 由 0 变到 $\pm f_s/2$ 时，f' 由 0 变到 ± 0.5。这样，可得到对离散序列作 DTFT 时频率轴定标的物理解释，如图 2.3.2 所示。

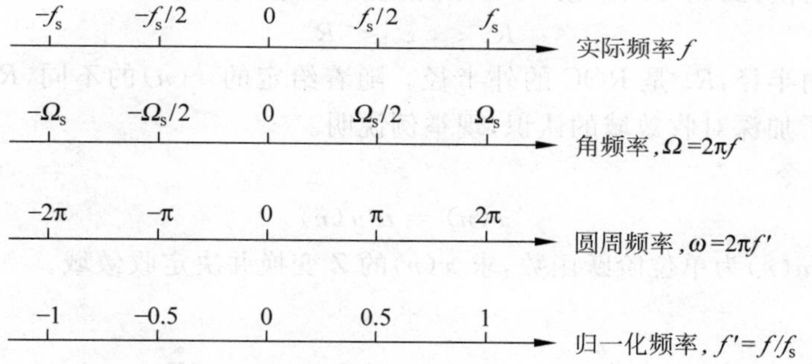

图 2.3.2 频率轴定标

读者在学习信号处理时，一定要了解上述 4 个频率的关系，特别要搞清楚，ω 轴上的 2π 所对应的信号的实际频率为 f_s 或 Ω_s，将 ω 除以 2π，即是归一化频率 f' 的值。

2.4 Z变换的收敛域

式(2.3.1)所表示的 Z 变换是 z^{-1} 的幂级数，亦即复变函数中的罗朗(Laurent)级数，该级数的系数就是 $x(n)$ 本身。对于级数，总有一个收敛问题，即，只有满足

$$|X(z)| = \left|\sum_{n=-\infty}^{\infty} x(n) z^{-n}\right| < \infty \tag{2.4.1}$$

这样的 Z 变换才有意义。式(2.4.1)又可等效为

$$|X(z)| = \left|\sum_{n=-\infty}^{\infty} x(n) z^{-n}\right| \leqslant \sum_{n=-\infty}^{\infty} |x(n) z^{-n}| < \infty \tag{2.4.2}$$

此式指出，$X(z)$收敛的必要条件是 $x(n)z^{-n}$ 是绝对可和的。由后面的讨论可知，如果 $x(n)$不是绝对可和的，那么其傅里叶变换不存在，将 $x(n)$乘上一个合适的 z 的负幂，那么其 Z 变换就有可能存在。因此，我们有必要讨论，对于给定的序列 $x(n)$，z 取何值时，其 Z 变换收敛，取何值时发散。使 Z 变换收敛的 z 的取值的集合称为 $X(z)$的收敛域（region of convergence，ROC）。

由式(2.3.9)可知，$X(z)$是序列 $x(n)$被一个非负的实序列 r^{-n} 加权后的傅里叶变换。当 $r>1$ 时，r^{-n} 是衰减的；$r<1$ 时，r^{-n} 是增长的。因此，对给定的序列 $x(n)$，将会存在某一个 r 值，使 $X(z)$收敛或发散，即使得

$$\sum_{n=-\infty}^{\infty}|x(n)r^{-n}|<\infty \tag{2.4.3}$$

又因为 r 是 z 的模，因此可以想象，$X(z)$的收敛域将是 z 平面上一个圆的内部或外部，即

$$R_{-}<|z|<R_{+} \tag{2.4.4}$$

R_{-} 是 ROC 的内半径，R_{+} 是 ROC 的外半径。随着给定的 $x(n)$的不同，R_{-} 和 R_{+} 将会取不同的值。为了加深对收敛域的认识，现举例说明。

例 2.4.1　令

$$x(n)=a^{n}u(n)$$

式中 a 为常数，$u(n)$为单位阶跃函数，求 $x(n)$的 Z 变换并决定收敛域。

解

$$X(z)=\sum_{n=-\infty}^{\infty}a^{n}u(n)z^{-n}=\sum_{n=0}^{\infty}a^{n}z^{-n}=\sum_{n=0}^{\infty}(az^{-1})^{n}$$

上式是一幂级数。显然，如果$|az^{-1}|<1$，即$|z|>|a|$，该级数收敛，于是

$$X(z)=\frac{1}{1-az^{-1}}=\frac{z}{z-a} \tag{2.4.5}$$

其 ROC 如图 2.4.1 所示，图中$|a|<1$。这时的 $R_{+}=\infty$，$R_{-}=a$，相应的收敛域是 $a<|z|<\infty$，即图中的阴影部分。由式(2.4.5)可以看出，如果 $z=a$，$X(z)$的分母为零，因此 $X(z)$变成无穷大。使 Z 变换的分母多项式为零的 z 的取值，称为 $X(z)$的极点。显然，该极点位于收敛和不收敛区域的边界上。因此，如果 z 在图中不收敛的区域内取值，$X(z)$必然变成无穷大，也即式(2.3.2)的级数发散。有关极点的详细讨论见 2.8 节。

在该例中，如果$|a|>1$，则收敛域在单位圆外。由于收敛域没有包括单位圆，因此序列 $a^{n}u(n)$的傅里叶变换不存在。

例 2.4.2　令

$$x(n)=-a^{n}u(-n-1)$$

式中

$$u(-n-1)=\begin{cases}1 & n\leqslant -1\\ 0 & n\geqslant 0\end{cases} \tag{2.4.6}$$

求其 Z 变换并决定收敛域。

解

$$X(z)=-\sum_{n=-\infty}^{\infty}a^nu(-n-1)z^{-n}=-\sum_{n=-\infty}^{-1}a^nz^{-n}=1-\sum_{n=0}^{\infty}(a^{-1}z)^n$$

显然，只有当$|a^{-1}z|<1$，即$|z|<|a|$，上式才收敛。此时

$$X(z)=1-\frac{1}{1-a^{-1}z}=\frac{z}{z-a} \tag{2.4.7}$$

其结果和例 2.4.1 相同。由此可以看出，对不同的 $x(n)$，其 Z 变换有可能具有相同的形式，区别在于各自的 ROC。因此，为了保证由逆 Z 变换求出的序列是唯一的，则必须指明其收敛域。例 2.4.2 的 ROC 如图 2.4.2 所示。

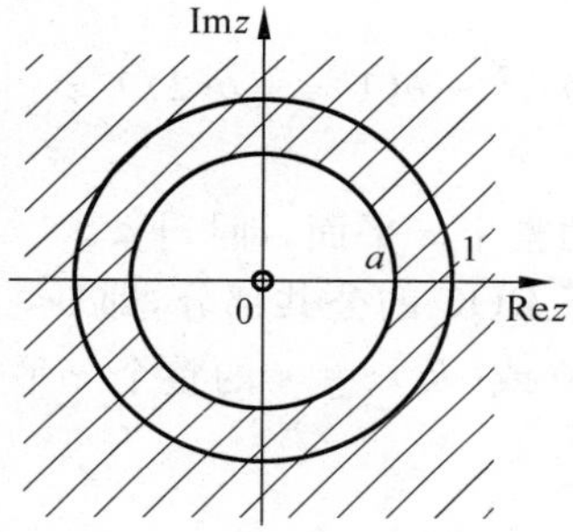

图 2.4.1 例 2.4.1 的收敛域$|z|>|a|$

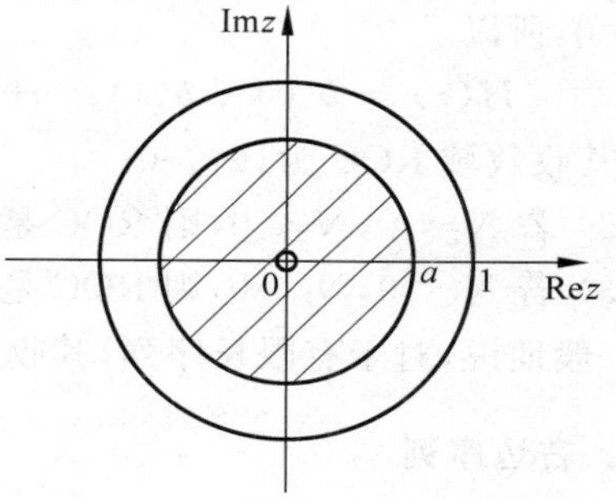

图 2.4.2 例 2.4.2 的收敛域$|z|<|a|$

例 2.4.3 令 $x(n)=u(n)$，试求其 Z 变换并决定其收敛域。

解

$$X(z)=\sum_{n=0}^{\infty}1^nz^{-n}=\frac{1}{1-z^{-1}}=\frac{z}{z-1} \tag{2.4.8}$$

其 ROC 为$|z|>1$。这就是说，单位阶跃序列的 Z 变换的收敛域不包括单位圆，因此其傅里叶变换不存在。实际上，由于 $u(n)$不是绝对可和的，所以有

$$\left|\sum_{n=0}^{\infty}u(n)z^{-n}\right|_{z=e^{j\omega}}=\left|\sum_{n=0}^{\infty}u(n)e^{-j\omega n}\right|\to\infty$$

由此例我们可以再一次看到离散序列的傅里叶变换和其 Z 变换之间的区别与联系。Z 变换中的 z 可以在其 ROC 内取值，而对应离散序列的傅里叶变换，z 只能在单位圆上取值，因此离散序列的傅里叶变换可看作是 Z 变换的特殊情况。

现在我们来具体考查一下离散序列 Z 变换收敛的一般情况。

设 $x(n)$在区间 $N_1\sim N_2$ 内有值，$N_1<N_2$，即

$$X(z) = \sum_{n=N_1}^{N_2} x(n)z^{-n}$$

当 N_1, N_2 取不同值时，$x(n)$可以是有限长序列、右边序列、左边序列及双边序列。显然，在不同的情况下其 Z 变换的 ROC 也不相同。

1. 有限长序列

(1) 若 $N_1 \geqslant 0, N_2 > 0$，则只有当 $z=0$ 时 $X(z)$才趋于无穷，所以这时的 ROC 是除去原点的整个 z 平面，即$|z|>0$。

例 2.4.4　求例 2.1.2 中三点平均器的单位抽样响应的 Z 变换并决定其 ROC。

解　在例 2.1.2 中已求出 $h(0)=b(0), h(1)=b(1), h(2)=b(2)$，当 n 为其他值时 $h(n)\equiv 0$，所以

$$H(z) = b(0) + b(1)z^{-1} + b(2)z^{-2} = [b(0)z^2 + b(1)z + b(2)]/z^2$$

显然，其收敛域 ROC 为$|z|>0$。

(2) 若 $N_1 < 0, N_2 \leqslant 0$，则 ROC 是除去无穷远点的整个 z 平面，即$|z|<\infty$。

(3) 若 $N_1 < 0, N_2 > 0$，则 ROC 是上述两种情况下 ROC 的公共部分，即 $0<|z|<\infty$。

一般地说，对于有限长序列，其收敛域是除去 $z=0$ 或(及)$z=\infty$的整个 z 平面。

2. 右边序列

(1) 因果序列

这时 $N_1 \geqslant 0, N_2 = \infty$，此即式(2.3.2)所示的单边 Z 变换。观察式(2.4.3)，若选择$|x(n)| \leqslant MR_x^n$($n=0,\cdots,\infty$，而 M, R_x 都为正数)，再选择$(R_x/r)<1$，那么，式(2.4.3)成立，即 $X(z)$收敛。这时的收敛域是$|z|>R$，即 $R_-=R_x, R_+=\infty$。所以，因果序列的 Z 变换的收敛域是以某一半径(R_x)为圆的圆外部分。

(2) 非因果序列

这时 $N_1<0, N_2=\infty$，ROC 是 $R_x<|z|<\infty$。

3. 左边序列

这时 $x(n)$的时间范围应是$-\infty,\cdots,N_2$，即

$$X(z) = \sum_{n=-\infty}^{N_2} x(n)z^{-n}$$

此为非因果序列。作一变量置换，得

$$X(z) = \sum_{n=-N_2}^{\infty} x(-n)z^{n}$$

和右边序列正好相反，左边序列的 ROC 应是以某一半径(R_x)为圆的圆内部分，这时的

$R_- = 0, R_+ = R_x$。

若 $N_2 > 0$，则 ROC 不包括原点，即 $0 < |z| < R_x$；若 $N_2 \leqslant 0$，则 ROC 包括原点，即 $|z| < R_x$。

不论是右边序列还是左边序列，半径 R_x 的大小都取决于信号本身。

4. 双边序列

这时，$x(n)$的时间范围是 $-\infty, \cdots, \infty$，由式(2.3.1)得

$$\begin{aligned} X(z) &= \sum_{n=-\infty}^{\infty} x(n) z^{-n} \\ &= \sum_{n=-\infty}^{-1} x(n) z^{-n} + \sum_{n=0}^{\infty} x(n) z^{-n} \end{aligned}$$

综合上面所讨论的左边及右边序列，显然，双边序列的收敛域是使上式中两个级数都收敛的公共部分。如果该公共部分存在，则它一定是一个环域，即

$$R_{x1} < |z| < R_{x2}$$

如果公共部分不存在，那么 $X(z)$就不收敛。

例 2.4.5 求双边序列

$$x(n) = a^{|n|} = a^n u(n) + a^{-n} u(-n-1)$$

的 Z 变换，并确定其收敛域，式中 $a>0$。

解 由例 2.4.1 及例 2.4.2 可知，对级数 $a^n u(n)$，其 Z 变换是$\frac{1}{1-az^{-1}}$，ROC 是$|z|>a$；对级数 $a^{-n}u(-n-1)$，其 Z 变换是$\frac{1}{1-az}-1$，ROC 是$|z|<\frac{1}{a}$。这样

$$X(z) = \frac{1}{1-az^{-1}} + \frac{1}{1-az} - 1 \qquad \text{ROC: } a < |z| < \frac{1}{a}$$

显然，如果 $a>1$，则 $X(z)$不收敛。只有当 $a<1$ 时，例如 $a=\frac{1}{2}$，则在$\frac{1}{2}<|z|<2$ 的范围内 $X(z)$才收敛，如图 2.4.3 所示。

由上面的讨论可以看出，Z 变换的收敛域是 z 平面上的一个圆环。在某种情况下，该圆环可向内扩展到原点，形成一个圆盘。在另外的情况下，也可扩展到无穷大。只有当 $x(n)$是单位抽样函数 $\delta(n)$时，其收敛域才是整个 z 平面，表 2.4.1 给出了 N_1, N_2 取不同值时的收敛域。

由上面的讨论也可看出，讨论 Z 变换的收敛域问题不仅涉及 Z 变换的存在性及唯一性问题，而且，由 ROC 的形态，也可大致推断其所对应的信号是右边序列、左边序列、双边序列、因果序列或是有限长序列。

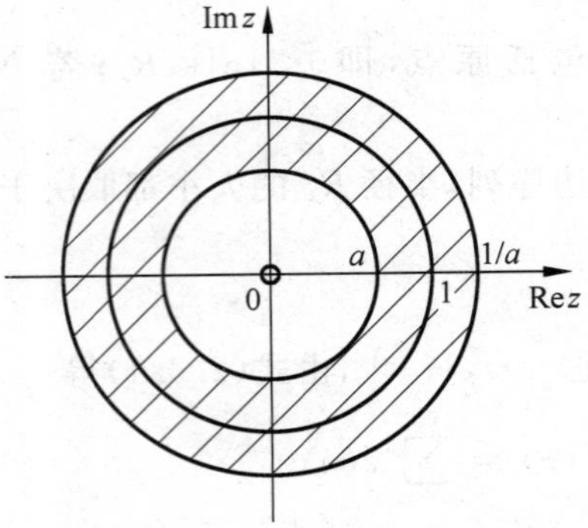

图 2.4.3　例 2.4.5 的 ROC

表 2.4.1　N_1, N_2 取不同值时 $X(z)$ 的收敛域

序列名称	N_1	N_2	ROC
有限长序列	$N_1 \geqslant 0$	$N_2 > 0$	$\|z\| > 0$
	$N_1 < 0$	$N_2 \leqslant 0$	$\|z\| < \infty$
	$N_1 < 0$	$N_2 > 0$	$0 < \|z\| < \infty$
右边序列	$N_1 < 0$	$N_2 = \infty$	$R_{x1} < \|z\| < \infty$
	$N_1 \geqslant 0$	$N_2 = \infty$	$\|z\| > R_{x1}$
左边序列	$N_1 = -\infty$	$N_2 > 0$	$0 < \|z\| < R_{x2}$
	$N_1 = -\infty$	$N_2 \leqslant 0$	$\|z\| < R_{x2}$
双边序列	$N_1 = -\infty$	$N_2 = \infty$	$R_{x1} < \|z\| < R_{x2}$

2.5　Z 变换的性质

1. 线性

若

$$\mathscr{Z}[x_1(n)] = X_1(z) \qquad \text{ROC}: R_1$$

$$\mathscr{Z}[x_2(n)] = X_2(z) \qquad \text{ROC}: R_2$$

则

$$\mathscr{Z}[ax_1(n) + bx_2(n)] = aX_1(z) + bX_2(z),$$

$$\text{ROC}: R_1 \text{ 和 } R_2 \text{ 的公共部分} \tag{2.5.1}$$

例 2.5.1 求余弦信号 $x(n)=\cos(\omega n)u(n)$的 Z 变换。

由欧拉公式及 Z 变换的线性性质得

$$\begin{aligned}X(z) &= \sum_{n=0}^{\infty}\cos(\omega n)z^{-n} = \frac{1}{2}\sum_{n=0}^{\infty}(\mathrm{e}^{\mathrm{j}\omega n}+\mathrm{e}^{-\mathrm{j}\omega n})z^{-n}\\ &=\frac{1}{2}\sum_{n=0}^{\infty}\left(\frac{\mathrm{e}^{\mathrm{j}\omega}}{z}\right)^n+\frac{1}{2}\sum_{n=0}^{\infty}\left(\frac{\mathrm{e}^{-\mathrm{j}\omega}}{z}\right)^n\\ &=\frac{1}{2}\left[\frac{1}{1-\mathrm{e}^{\mathrm{j}\omega}z^{-1}}+\frac{1}{1-\mathrm{e}^{-\mathrm{j}\omega}z^{-1}}\right]\end{aligned}$$

即

$$X(z) = \frac{1-z^{-1}\cos\omega}{1-2z^{-1}\cos\omega+z^{-2}} \qquad \text{ROC}: |z|>1$$

2. 时移性质

记 $x(n)$的双边 Z 变换为 $X(z)$，将 $x(n)$右移 k 个抽样点后所得序列 $x(n-k)$的 Z 变换是

$$\begin{aligned}\mathscr{Z}[x(n-k)] &= \sum_{n=-\infty}^{\infty}x(n-k)z^{-n}\\ &= \sum_{m=-\infty}^{\infty}x(m)z^{-m}z^{-k} = z^{-k}X(z)\end{aligned} \tag{2.5.2a}$$

同理，将 $x(n)$左移 k 个抽样点后所得序列 $x(n+k)$的 Z 变换是

$$\mathscr{Z}[x(n+k)] = \sum_{n=-\infty}^{\infty}x(n+k)z^{-n} = z^kX(z) \tag{2.5.2b}$$

若记 $X^+(z)$为序列 $x(n)$的单边 Z 变换（单边 Z 变换的定义见式(2.3.2)），则对 $x(n)$右移和左移后的新序列的 Z 变换分别是

$$\begin{aligned}\mathscr{Z}[x(n-k)] &= \sum_{n=0}^{\infty}x(n-k)z^{-n} = \sum_{m=-k}^{\infty}x(m)z^{-k}z^{-m}\\ &= z^{-k}\left[X^+(z)+\sum_{n=-k}^{-1}x(n)z^{-n}\right]\end{aligned} \tag{2.5.3a}$$

$$\begin{aligned}\mathscr{Z}[x(n+k)] &= \sum_{n=0}^{\infty}x(n+k)z^{-n} = \sum_{m=k}^{\infty}x(m)z^kz^{-m}\\ &= z^k\left[X^+(z)-\sum_{n=0}^{k-1}x(n)z^{-n}\right]\end{aligned} \tag{2.5.3b}$$

若 $x(n)$是因果序列，那么式(2.5.3a)中的 $x(-k)\sim x(-1)$全为零，又由于因果序列的单边 Z 变换和双边 Z 变换是一样的，即 $X^+(z)=X(z)$，因此，因果序列右移后的单边 Z 变换是

$$\mathscr{Z}[x(n-k)]=z^{-k}X^{+}(z)=z^{-k}X(z) \tag{2.5.4a}$$

这和式(2.5.2a)所给出的双边Z变换的结果是一样的。但是,因果序列向左移位后的新序列的单边Z变换仍如式(2.5.3b)所示,即

$$\begin{aligned}\mathscr{Z}[x(n+k)]&=z^{k}\left[X^{+}(z)-\sum_{n=0}^{k-1}x(n)z^{-n}\right]\\&=z^{k}\left[X(z)-\sum_{n=0}^{k-1}x(n)z^{-n}\right]\end{aligned} \tag{2.5.4b}$$

这和式(2.5.2b)所给出的双边Z变换是不一样的。

由于在实际工作中所遇到的信号大部分是因果的,因此,式(2.5.4)所给出的移位性质是最常用的。

除了序列移位性质以外,双边Z变换的绝大部分性质都适用于单边Z变换。因此,在本书后续各章节的讨论中,我们并不需要严格区分双边Z变换和单边Z变换。

第1章已指出,时间延迟是信号处理中的一个基本运算,时间上作单位延迟,对应的Z变换就多一个z^{-1},因此,我们在绘制系统的信号流图时总是用z^{-1}代表单位延迟。

3. 序列的指数加权性质

若
$$\mathscr{Z}[x(n)]=X(z)\qquad \text{ROC}: R_1<|z|<R_2$$
则
$$\mathscr{Z}[a^n x(n)]=X(z/a)\qquad \text{ROC}: |a|R_1<|z|<|a|R_2 \tag{2.5.5}$$

例如,由例2.5.1很容易求出$y(n)=0.5^n\cos(\omega n)u(n)$的Z变换是

$$\mathscr{Z}[0.5^n\cos(\omega n)]=\frac{1-0.5z^{-1}\cos\omega}{1-z^{-1}\cos\omega+0.25z^{-2}} \tag{2.5.6}$$

4. 序列的线性加权性质

$$\mathscr{Z}[nx(n)]=-z\frac{\mathrm{d}}{\mathrm{d}z}X(z)\qquad \text{ROC}: R_1<|z|<R_2 \tag{2.5.7}$$

证明

$$\frac{\mathrm{d}}{\mathrm{d}z}X(z)=\frac{\mathrm{d}}{\mathrm{d}z}\left[\sum_{n=-\infty}^{\infty}x(n)z^{-n}\right]=-z^{-1}\sum_{n=-\infty}^{\infty}nx(n)z^{-n}$$

即

$$-z\frac{\mathrm{d}}{\mathrm{d}z}X(z)=\sum_{n=-\infty}^{\infty}nx(n)z^{-n}=\mathscr{Z}[nx(n)]$$

5. 时域卷积性质

记$x(n)$,$y(n)$的Z变换分别是$X(z)$和$Y(z)$,则

$$\mathscr{Z}[x(n)*y(n)]=X(z)Y(z) \tag{2.5.8}$$

证明 利用双边Z变换的定义,有

$$\begin{aligned}\sum_{n=-\infty}^{\infty}[x(n)*y(n)]z^{-n}&=\sum_{n=-\infty}^{\infty}\Big[\sum_{k=-\infty}^{\infty}x(k)y(n-k)\Big]z^{-n}\\&=\sum_{k=-\infty}^{\infty}x(k)\sum_{n=-\infty}^{\infty}y(n-k)z^{-(n-k)}z^{-k}\\&=\sum_{k=-\infty}^{\infty}x(k)z^{-k}\sum_{m=-\infty}^{\infty}y(m)z^{-m}=X(z)Y(z)\end{aligned}$$

Z变换的这一性质同拉普拉斯变换、傅里叶变换的性质一样,可表述为两个信号时域的卷积等于它们各自相应的变换在频域相乘。反之,两个信号在时域相乘,对应于上述三类变换在频域的卷积。

利用Z变换的定义及性质,可求出一些典型信号的Z变换,如表2.5.1所示,表中的变换关系也有利于求出所给$X(z)$的反变换。

表2.5.1 一些典型信号的Z变换

$x(n)$	$X(z)$	收敛域ROC
$\delta(n)$	1	所有的z
$u(n)$	$\frac{1}{1-z^{-1}}$	$\lvert z\rvert>1$
$nu(n)$	$\frac{z^{-1}}{(1-z^{-1})^2}$	$\lvert z\rvert>1$
$a^n u(n)$	$\frac{1}{1-az^{-1}}$	$\lvert z\rvert>\lvert a\rvert$
$a^{\lvert n\rvert}$	$\frac{1-a^2}{(1-az)(1-az^{-1})}$	$\lvert a\rvert<\lvert z\rvert<\frac{1}{\lvert a\rvert}$
$na^n u(n)$	$\frac{az^{-1}}{(1-az^{-1})^2}$	$\lvert z\rvert>\lvert a\rvert$
$-a^n u(-n-1)$	$\frac{1}{1-az^{-1}}$	$\lvert z\rvert<\lvert a\rvert$
$-na^n u(-n-1)$	$\frac{az^{-1}}{(1-az^{-1})^2}$	$\lvert z\rvert<\lvert a\rvert$
$(n+1)a^n u(n)$	$\frac{z^2}{(z-a)^2}$	$\lvert z\rvert>\lvert a\rvert$
$\frac{1}{(m-1)!}(n+1)\cdots(n+m-1)a^n u(n)$	$\frac{z^m}{(z-a)^m}$	$\lvert z\rvert>\lvert a\rvert$

续表

$x(n)$	$X(z)$	收敛域 ROC
$\cos(\omega_0 n)u(n)$	$\dfrac{1-z^{-1}\cos\omega_0}{1-2z^{-1}\cos\omega_0+z^{-2}}$	$\|z\|>1$
$\sin(\omega_0 n)u(n)$	$\dfrac{z^{-1}\sin\omega_0}{1-2z^{-1}\cos\omega_0+z^{-2}}$	$\|z\|>1$
$a^n\cos(\omega_0 n)u(n)$	$\dfrac{1-az^{-1}\cos\omega_0}{1-2az^{-1}\cos\omega_0+a^2z^{-2}}$	$\|z\|>\|a\|$
$a^n\sin(\omega_0 n)u(n)$	$\dfrac{az^{-1}\sin\omega_0}{1-2az^{-1}\cos\omega_0+a^2z^{-2}}$	$\|z\|>\|a\|$

在本节的最后，我们给出 Z 反变换的表达式。

由 Z 变换的定义有

$$X(z)=\sum_{n=0}^{\infty}x(n)z^{-n}$$

对上式两边分别乘以 z^{m-1}，然后沿一闭合路径 C 作积分，即得

$$\oint_C X(z)z^{m-1}\mathrm{d}z=\oint_C\left[\sum_{n=0}^{\infty}x(n)z^{-n}\right]z^{m-1}\mathrm{d}z$$

根据复变函数的理论，积分路径 C 应这样选择：由某一点 z_0 开始，沿逆时针方向绕原点一周，又回到 z_0 点，在整个过程中，$X(z)$ 的全部极点都应保持在积分路线的左边。我们知道，对一个因果性序列，若 ROC 是 $|z|>R_x$，则所有的极点都应位于 $|z|\leqslant R_x$ 的圆内，因此，积分路径 C 可选取 $R>R_x$ 的圆，如图 2.5.1 所示。如果保证 $\sum_{n=0}^{\infty}|x(n)|<\infty$，即序列 $x(n)$ 是绝对可和的，则上式中的求和与积分可交换次序，即

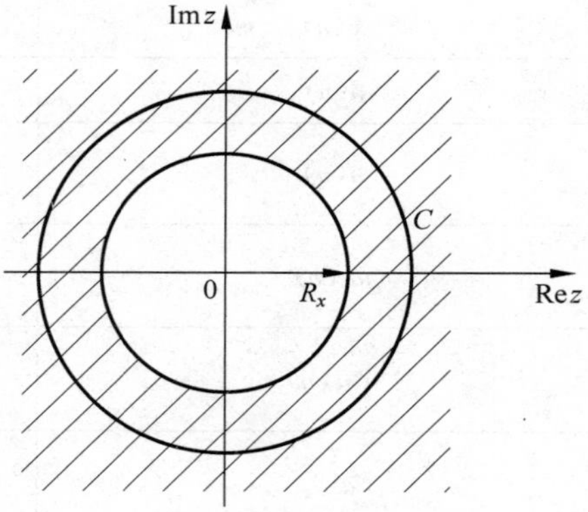

图 2.5.1　积分路径 C

$$\oint_C X(z)z^{m-1}\mathrm{d}z=\sum_{n=0}^{\infty}x(n)\oint_C z^{m-n-1}\mathrm{d}z$$

令积分路径上的 $z=R\mathrm{e}^{\mathrm{j}\theta}$，则上式右边

$$\sum_{n=0}^{\infty}x(n)\oint_C z^{m-n-1}\mathrm{d}z=\sum_{n=0}^{\infty}x(n)\int_{-\pi}^{\pi}R^{m-n-1}\mathrm{e}^{\mathrm{j}(m-n-1)\theta}\mathrm{j}R\mathrm{e}^{\mathrm{j}\theta}\mathrm{d}\theta$$

$$=\sum_{n=0}^{\infty}x(n)\mathrm{j}R^{m-n}\int_{-\pi}^{\pi}\mathrm{e}^{\mathrm{j}(m-n)\theta}\mathrm{d}\theta$$

$$=\begin{cases} \mathrm{j}2\pi x(m) & n=m \\ 0 & n\neq m \end{cases}$$

所以

$$x(n)=\frac{1}{2\pi \mathrm{j}}\oint_C X(z)z^{n-1}\mathrm{d}z \tag{2.5.9}$$

直接应用式(2.5.9)求 $x(n)$ 比较困难。求 Z 反变换最常用的方法是部分分式法和留数法，其次还有长除法，有关内容请参看文献[7]，此处不再赘述。

2.6　离散时间系统的转移函数

对一个线性移不变离散时间系统(如图 2.6.1 所示)，我们已给出了两种描述方法。

(1) 差分方程

$$y(n)=-\sum_{k=1}^{N}a(k)y(n-k)+\sum_{r=0}^{M}b(r)x(n-r) \tag{2.6.1}$$

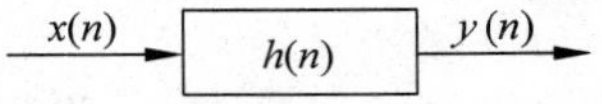

图 2.6.1　线性移不变离散时间系统

(2) 卷积关系

$$y(n)=\sum_{k=-\infty}^{\infty}x(k)h(n-k)=x(n)*h(n) \tag{2.6.2}$$

这两个关系是离散随机系统在时域的基本表达式。现在我们利用 Z 变换给出离散时间系统的频域关系。对式(2.6.2)两边分别取 Z 变换，由 Z 变换的时域卷积性质，有 $Y(z)=X(z)H(z)$，式中 $H(z)$ 称为系统的转移函数，显然，$H(z)=Y(z)/X(z)$，即离散时间系统的转移函数是系统输出 Z 变换与输入 Z 变换之比。

再对式(2.6.1)两边取 Z 变换，有

$$Y(z)=-Y(z)\sum_{k=1}^{N}a(k)z^{-k}+X(z)\sum_{r=0}^{M}b(r)z^{-r}$$

即

$$Y(z)\left[1+\sum_{k=1}^{N}a(k)z^{-k}\right]=X(z)\left[b(0)+\sum_{r=1}^{M}b(r)z^{-r}\right] \tag{2.6.3}$$

由转移函数的定义有

$$H(z)=\frac{Y(z)}{X(z)}=\frac{\sum_{r=0}^{M}b(r)z^{-r}}{1+\sum_{k=1}^{N}a(k)z^{-k}} \tag{2.6.4}$$

记

$$A(z) = 1 + \sum_{k=1}^{N} a(k) z^{-k} \tag{2.6.5a}$$

$$B(z) = \sum_{r=0}^{M} b(r) z^{-r} \tag{2.6.5b}$$

分别是转移函数的分母、分子多项式，那么 $H(z)=B(z)/A(z)$，这是一个有理分式。

转移函数的另一个定义是系统单位抽样相应的 Z 变换，即

$$H(z) = \sum_{n=0}^{\infty} h(n) z^{-n} \tag{2.6.6}$$

将式(2.6.6)和式(2.6.4)相比较可知，$h(n)$显然和多项式 $A(z)$，$B(z)$的系数密切相关。如果 $a(k)=0, k=1,2,\cdots,N$，那么 $A(z)=1$。不失一般性，再令 $b(0)=1$，有

$$H(z) = 1 + \sum_{r=1}^{M} b(r) z^{-r} \tag{2.6.7}$$

对应的差分方程

$$y(n) = \sum_{r=1}^{M} b(r) x(n-r) + x(n) \tag{2.6.8}$$

该系统的单位抽样响应

$$h(n) = \sum_{r=0}^{M} b(r) \delta(n-r) \tag{2.6.9}$$

即 $h(0)=b(0), h(1)=b(1), \cdots, h(M)=b(M), h(n)\equiv 0$，对 $n>M$。所以该系统为 FIR 系统。FIR 系统由于其 $h(n)$为有限长，在输入端不包含输出对输入的反馈，因此总是稳定的。

若 $a(k), k=1,2,\cdots,N$ 不全为零，即 $A(z)\neq 1$，那么 $h(n)$既和 $B(z)$的系数有关，也和 $A(z)$的系数有关，因此，$h(n)$就是无限长，这时，$H(z)$是一 IIR 系统。我们知道，IIR 系统存在稳定性问题。

由以上讨论不难看出，对一 LSI 系统，给定其转移函数，可以求出其差分方程，反之，给定差分方程，也可求出其转移函数，它们一个是时域的表示，另一个是复频域（z 域）的表示。

2.7　离散时间系统的频率响应

式(2.6.6)中的 z 是一个复变量，即 $z=re^{j\omega}$。它的取值范围是使 $H(z)$收敛的整个 z 平面。如果令 $r=1$，即 z 仅在单位圆上取值，那么式(2.6.6)变为

$$H(e^{j\omega})=\sum_{n=0}^{\infty}h(n)e^{-j\omega n} \tag{2.7.1}$$

式(2.7.1)称为离散系统的频率响应,它定义为系统单位抽样响应的傅里叶变换。频率响应反映的是系统的性能随频率变化的情况。

系统的频率响应也可用另外的方式导出。在2.2节,令 $x(n)=\delta(n)$ 得到了系统的单位抽样响应 $h(n)$,现在,再令 $x(n)=e^{j\omega n}$,即 $x(n)$ 是一个复正弦,那么系统的输出

$$y(n)=\sum_{k=-\infty}^{\infty}h(k)x(n-k)=\sum_{k=-\infty}^{\infty}h(k)e^{j(n-k)\omega}$$

$$=e^{j\omega n}\sum_{k=-\infty}^{\infty}h(k)e^{-j\omega k}=e^{j\omega n}H(e^{j\omega})$$

这一结果表明,输出 $y(n)$ 也包含有同频率的复正弦信号,但它将受到一个复值函数的调制,由式(2.7.1)的定义,该复值函数就是系统的频率响应 $H(e^{j\omega})$。由于这一原因,我们称复正弦 $e^{j\omega n}$ 为系统的特征函数,而 $H(e^{j\omega})$ 又称为系统的正弦稳态响应。

在式(2.7.1)中,$h(n)$ 是离散的,但 $H(e^{j\omega})$ 是 ω 的连续函数,由于 $e^{j\omega}=e^{j(\omega+2k\pi)}$,所以 $H(e^{j\omega})$ 又是 ω 的周期函数,周期为 2π。$h(n)$ 体现了系统的时域特征,而 $H(e^{j\omega})$ 体现了系统的频域特征。因为 $H(e^{j\omega})$ 是复值函数,所以又可表示为

$$H(e^{j\omega})=H_R(e^{j\omega})+jH_I(e^{j\omega}) \tag{2.7.2a}$$

$$H(e^{j\omega})=|H(e^{j\omega})|e^{j\varphi(\omega)} \tag{2.7.2b}$$

$H_R(e^{j\omega})$,$H_I(e^{j\omega})$ 分别是 $H(e^{j\omega})$ 的实部和虚部,$|H(e^{j\omega})|$ 是其幅度,$\varphi(\omega)$ 是其相位,分别称为系统的幅频响应和相频响应。它们之间的相互关系是

$$|H(e^{j\omega})|=[H_R^2(e^{j\omega})+H_I^2(e^{j\omega})]^{1/2} \tag{2.7.3a}$$

$$\varphi(\omega)=\arctan\frac{H_I(e^{j\omega})}{H_R(e^{j\omega})} \tag{2.7.3b}$$

若令 $x(n)=\cos(\omega n)=\mathrm{Re}(e^{j\omega n})$,$\mathrm{Re}(\cdot)$ 表示取实部,那么

$$y(n)=\mathrm{Re}\{e^{j\omega n}H(e^{j\omega})\}=|H(e^{j\omega})|\cos[\omega n+\varphi(\omega)] \tag{2.7.4}$$

前已述及,离散系统的研究主要包括两方面的内容,一是系统的分析,二是系统的综合。系统的分析是指,给定了一个系统(可能是 $h(n)$,或 $H(e^{j\omega})$,或 $H(z)$,或一个差分方程,或一个信号流图,或是在给定输入下的输出)后,如何去了解该系统的特性。这些特性包括系统的线性、移不变性、物理可实现性及稳定性,还包括频率特性(是低通、高通、带通还是带阻)、相位特性(相位是否具有线性相位,是否具有最小相位)。此外,还要研究在给定输入下输出的求解算法和系统的实现方法等。除了本章之外,我们还要在第5章进一步讨论上述内容。

系统的综合,是指给定上述的一个或几个技术要求,去设计出一个离散时间系统使之达到或接近这些技术指标。简单地说,系统的综合就是设计一个转移函数 $H(z)$,这是数

字滤波器的设计问题，我们将在第 6 章、第 7 章详细讨论。

2.8　离散时间系统的极零分析

对式(2.6.4)的转移函数的分子、分母多项式分别作因式分解，得

$$H(z)=gz^{N-M}\frac{\prod_{r=1}^{M}(z-z_r)}{\prod_{k=1}^{N}(z-p_k)} \tag{2.8.1}$$

式中 g 称为系统的增益因子，在本式中，$g=b(0)$。使分母多项式等于零的 z 值，即 $p_k(k=1,2,\cdots,N)$，称为系统的极点，同理，使分子多项式为零的 z 值，即 $z_r(r=1,2,\cdots,M)$，称为系统的零点。极零点分析是系统分析的主要内容之一，现在，用极零分析的概念来讨论系统分析中的一些基本问题。

1. 系统稳定性判据 2

一个因果的 LSI 系统是稳定的充要条件是其所有的极点都位于单位圆内。

证明　式(2.6.4)又可进一步分解为

$$H(z)=\sum_{k=1}^{N}\frac{C_k z}{z-p_k} \tag{2.8.2}$$

由例 2.4.1 可知，每个因式 $C_i z/(z-p_i)$ 对应一个时域序列 $C_i p_i^n$，所以 $H(z)$ 对应的 $h(n)$ 是

$$h(n)=\sum_{k=1}^{N}C_k p_k^n \tag{2.8.3}$$

由 2.2 节给出的稳定性判据准则 1 可知，系统稳定的充要条件是 $\sum_{n=0}^{\infty}|h(n)|<\infty$，为利用该判据，现对式(2.8.3) 两边取绝对值，再对 n 求和，得

$$\sum_{n=0}^{\infty}|h(n)|=\sum_{n=0}^{\infty}\left|\sum_{k=1}^{N}C_k p_k^n\right|\leqslant\sum_{k=1}^{N}|C_k|\sum_{n=0}^{\infty}|p_k^n| \tag{2.8.4}$$

上式右边第一个求和为有限项，C_k 是常数，因此，为使右边小于∞，则必须有

$$|p_k|<1,\quad k=1,2,\cdots,N$$

即每一个极点都应位于单位圆内。

极点是使分母多项式为零的点，也即使整个多项式趋于无穷的点，因此我们可得出结论，在 $H(z)$的收敛域内必不含极点。

2. 由极零图估计系统的频率响应

将 $H(z)$的极点、零点画在 z 平面上得到的图形称为极零图，由极零图可以大致估计出系统的频率响应，通过极零点分析还可得出滤波器设计的一般原则。

令 $z=\mathrm{e}^{\mathrm{j}\omega}$，即 z 在单位圆上取值，式(2.8.1)变成

$$H(\mathrm{e}^{\mathrm{j}\omega}) = g\mathrm{e}^{\mathrm{j}(N-M)\omega}\frac{\prod_{r=1}^{M}(\mathrm{e}^{\mathrm{j}\omega}-z_r)}{\prod_{k=1}^{N}(\mathrm{e}^{\mathrm{j}\omega}-p_k)} \tag{2.8.5}$$

式中 $\mathrm{e}^{\mathrm{j}\omega}$是单位圆上的某一点，$\mathrm{e}^{\mathrm{j}\omega}$也可以看作是从原点到 $\mathrm{e}^{\mathrm{j}\omega}$的向量；$z_r$ 是平面上的零点，$-z_r$也可看作是从该零点到原点的向量，因此$(\mathrm{e}^{\mathrm{j}\omega}-z_r)$表示由零点 z_r 到 $\mathrm{e}^{\mathrm{j}\omega}$的向量。同理$(\mathrm{e}^{\mathrm{j}\omega}-p_k)$表示由极点到 $\mathrm{e}^{\mathrm{j}\omega}$的向量。随着 ω 取值的变化，$\mathrm{e}^{\mathrm{j}\omega}$在单位圆上变化，可得到模与幅角都在变化的向量$(\mathrm{e}^{\mathrm{j}\omega}-z_r)$及$(\mathrm{e}^{\mathrm{j}\omega}-p_k)$，其中 $r=1,2,\cdots,M$，$k=1,2,\cdots,N$。这样，我们可以由极零图得到系统幅频响应和相频响应的几何解释，即有

$$|H(\mathrm{e}^{\mathrm{j}\omega})| = \frac{g\prod_{r=1}^{M}|\mathrm{e}^{\mathrm{j}\omega}-z_r|}{\prod_{k=1}^{N}|\mathrm{e}^{\mathrm{j}\omega}-p_k|} \tag{2.8.6}$$

$$\varphi(\mathrm{e}^{\mathrm{j}\omega}) = \arg[\mathrm{e}^{\mathrm{j}(N-M)\omega}] + \sum_{r=1}^{M}[\arg(\mathrm{e}^{\mathrm{j}\omega}-z_r)] - \sum_{k=1}^{N}[\arg(\mathrm{e}^{\mathrm{j}\omega}-p_k)] \tag{2.8.7}$$

式中 arg[·]表示求角度或相位。

例 2.8.1 一个 LSI 系统的差分方程是

$$y(n) = x(n) - 4x(n-1) + 4x(n-2)$$

试用极零分析大致画出该系统的幅频响应及相频响应。

解 由上述差分方程可得系统的转移函数

$$H(z) = 1 - 4z^{-1} + 4z^{-2} = (z^2 - 4z + 4)/z^2 = (z-2)^2/z^2$$

该系统是一 FIR 系统，它在 $z=2$ 处有二阶重零点，在 $z=0$ 处有二阶重极点，如图2.8.1 所示。定义 r_1,r_2 分别为向量的模，φ_1,φ_2 分别是 r_1,r_2 和水平方向的夹角，显然有

$$r_1 = |\mathrm{e}^{\mathrm{j}\omega} - 2|$$

$$r_2 = |\mathrm{e}^{\mathrm{j}\omega} - 0| = 1$$

$$\varphi_1 = \arg(\mathrm{e}^{\mathrm{j}\omega} - 2)$$

$$\varphi_2 = \arg(\mathrm{e}^{\mathrm{j}\omega} - 0) = \arg(\mathrm{e}^{\mathrm{j}\omega})$$

由式(2.8.6)和式(2.8.7)，可以分别求出

$$|H(\mathrm{e}^{\mathrm{j}\omega})| = r_1^2$$

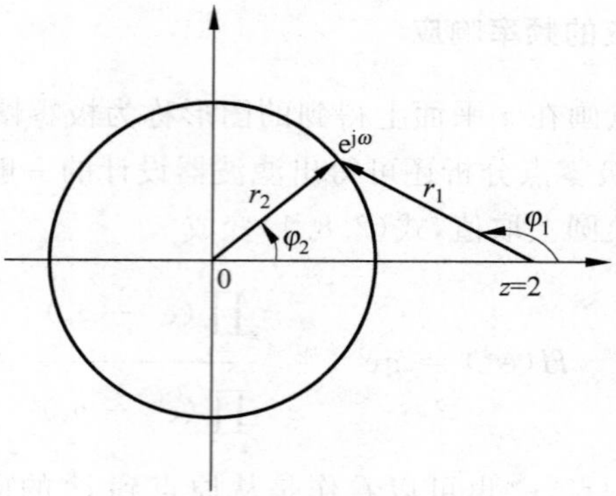

图 2.8.1 例 2.8.1的极零图

$$\varphi(e^{j\omega}) = 2\varphi_1 - 2\varphi_2$$

显然，对本例，式(2.8.6)中的 $g=1, M=N=2$。这样，当 ω 由 0 变到 π 时，可分别求出该例所给系统的幅频响应和相频响应。

幅频响应如图 2.8.2(a)所示。

① 当 $\omega=0$ 时，$r_1=r_2=1$，这时 $|H(e^{j0})|=1$。

② 当 ω 由 0 增加到 π 时，$r_1>r_2$，$|H(e^{j\omega})|$ 是递增的。

③ 当 $\omega=\pi$ 时，$r_1=3, r_2=1$，所以 $|H(e^{j\omega})|=9$，达到最大值。

④ 当 ω 由 π 变到 2π 时，$|H(e^{j\omega})|$ 又由 9 减少到 1。

相频响应如图 2.8.2(c)所示。

① 当 $\omega=0$ 时，$\varphi_1=\pi, \varphi_2=0$，于是 $2\varphi_1=2\pi$，即 $2\varphi_1=0$，有 $\varphi(e^{j0})=2\varphi_1-2\varphi_2=0$。

② 当 $\omega=\pi/2$ 时，$\varphi_2=\pi/2$，可以求出 $\varphi_1=\pi-\arctan 0.5=0.8542\pi$，于是 $2\varphi_1=1.705\pi=-0.295\pi$，$2\varphi_2=\pi$，所以 $\varphi(e^{j\pi/2})=-1.295\pi=0.705\pi$。

③ 当 $\omega=\pi$ 时，显然 $\varphi_1=\varphi_2=\pi$，于是 $2\varphi_1-2\varphi_2=0$，有 $\varphi(e^{j\pi})=0$。

为了看清相频响应变化的趋势，我们在 $\omega=0\sim\pi/2$ 之间再计算几个点。很容易求出

$$\varphi(e^{j0.3359\pi})=-0.997\pi, \quad \varphi(e^{j0.3398\pi})=0.9948\pi, \quad \varphi(e^{j0.4\pi})=0.873\pi$$

由图 2.8.2(c)可以看出，当 ω 由 0 变到 0.3339π 时，相频响应是单调下降的，且在 $\omega=0.3359\pi\sim0.3398\pi$(相对于归一化频率是 $\omega/2\pi=0.168\sim0.169$)之间，相频响应发生 2π 的跳变。这一跳变是由于计算机求反三角函数的特点所造成的。

在计算机上计算相频特性时，要用到反正切函数 ATAN2(H_I, H_R)，H_I, H_R 分别是 $H(e^{j\omega})$ 的虚部和实部。ATAN2 规定，在一、二象限的角度为 $0\sim\pi$，而在三、四象限的角度为 $0\sim-\pi$。由此，若一个角度从 0 变到 2π，但实际得到的结果是 $0\sim\pi$，再由 $-\pi\sim0$，在 $\omega=\pi$ 处出现了跳变，跳变的幅度为 2π，这种现象称为相位的卷绕(wrapping)。

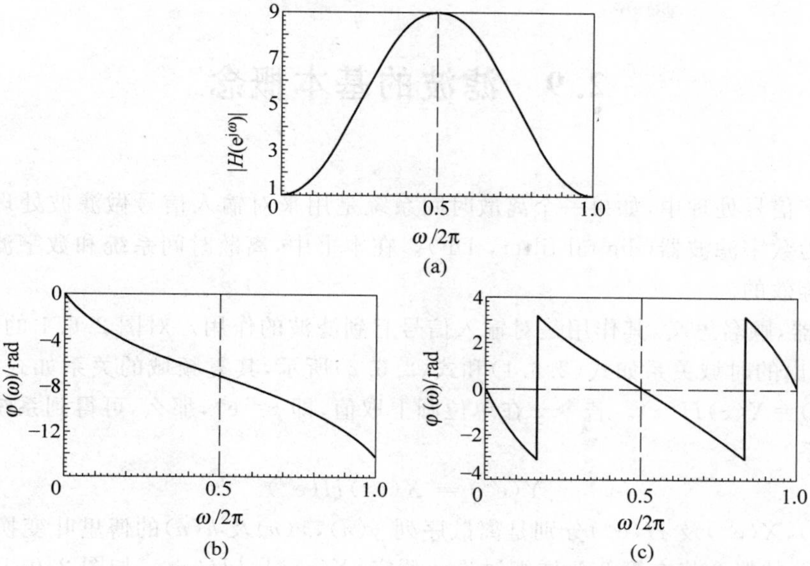

图 2.8.2 例 2.8.1 所给系统的频响曲线

(a) 幅频响应；(b) 解卷绕后的相频响应；(c) 用 ATAN2(H_I，H_R)求出的相频响应

图2.8.2(c)中的两处跳变就是由相位的卷绕所引起的。

为了得到连续的相频曲线，可在发生 2π 跳变的以后各处都加上(或减去)2π，这种做法称为相位的解卷绕(unwrapping)[5,6]。图 2.8.2(b)即是图 2.8.2(c)解卷绕的结果。由该图可以看出，解卷绕后的相频响应不再发生大小为 2π 的跳变。

图 2.8.3 给出了系统 $H(z)=z$ 在解卷绕前后的相频响应曲线。图中横坐标为归一化频率(0～1)，对应的实际频率为 $0\sim f_s$。在以后各章有关频率响应的曲线中，如无特别说明，一般都是使用归一化频率。

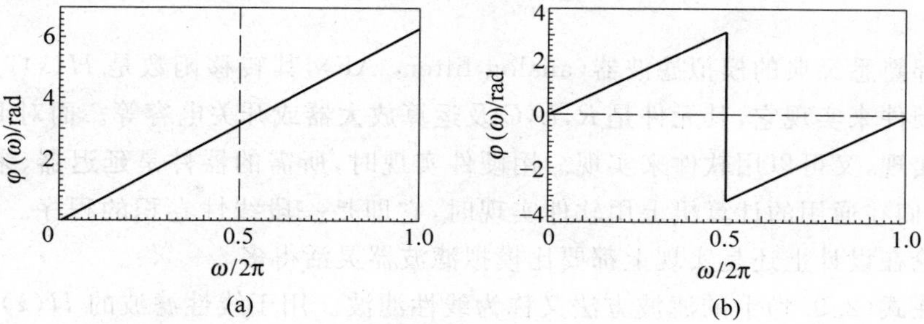

图 2.8.3 $H(z)=z$ 的相频响应

(a) 解卷绕后的相频响应；(b) 用 ATAN2(H_I，H_R)求出的相频响应

2.9　滤波的基本概念

在数字信号处理中，如果一个离散时间系统是用来对输入信号做滤波处理，那么，该系统又称为数字滤波器(digital filter，DF)。在本书中，离散时间系统和数字滤波器这两个概念是等效的。

滤波器，顾名思义，其作用是对输入信号起到滤波的作用。对图 2.6.1 的 LSI 系统，其输入、输出的时域关系如式(2.6.1)和式(2.6.2)所示，其复频域的关系如式(2.6.4)所示，即 $Y(z)=X(z)H(z)$。若令 z 在单位圆上取值，即 $z=\mathrm{e}^{\mathrm{j}\omega}$，那么，可得到系统输入输出的频域关系

$$Y(\mathrm{e}^{\mathrm{j}\omega}) = X(\mathrm{e}^{\mathrm{j}\omega})H(\mathrm{e}^{\mathrm{j}\omega}) \tag{2.9.1}$$

式中 $Y(\mathrm{e}^{\mathrm{j}\omega})$，$X(\mathrm{e}^{\mathrm{j}\omega})$ 及 $H(\mathrm{e}^{\mathrm{j}\omega})$ 分别是离散序列 $y(n)$，$x(n)$ 及 $h(n)$ 的傅里叶变换(DTFT)，有关 DTFT 的概念将在第 3 章详细讨论。假定 $|X(\mathrm{e}^{\mathrm{j}\omega})|$，$|H(\mathrm{e}^{\mathrm{j}\omega})|$ 如图 2.9.1(a)，(b)所示(图中 ω_c 称为滤波器的截止频率)，那么由式(2.9.1)，$|Y(\mathrm{e}^{\mathrm{j}\omega})|$ 如图 2.9.1(c)所示。这样，$x(n)$ 通过系统 $h(n)$ 的结果是使输出 $y(n)$ 中不再含有 $|\omega|>|\omega_c|$ 的频率成分，而使 $|\omega|<|\omega_c|$ 的成分“不失真”地通过。因此，设计出不同形状的 $|H(\mathrm{e}^{\mathrm{j}\omega})|$，就可以得到不同的滤波结果。

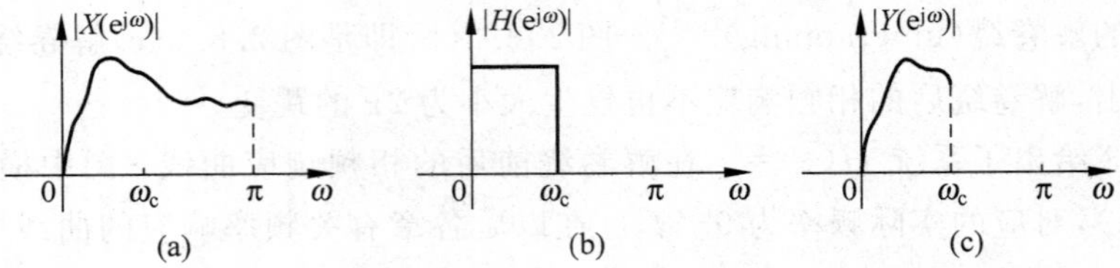

图 2.9.1　滤波原理

读者都熟悉经典的模拟滤波器(analog filter，AF)，其转移函数是 $H(s)$。对 AF，我们只能用硬件来实现它，其元件是 R，L，C 及运算放大器或开关电容等。而对 DF，既可以用硬件来实现，又可以用软件来实现。用硬件实现时，所需的器件是延迟器、乘法器和加法器，当我们在通用的计算机上用软件实现时，它即是一段线性卷积的程序。因此，数字滤波器无论在设计上还是实现上都要比模拟滤波器灵活得多。

建立在式(2.9.1)上的滤波方法又称为线性滤波。用于线性滤波的 $H(z)$，按其频率特性分，有低通(low-pass，LP)、高通(high-pass，HP)、带通(band-pass，BP)和带阻(band-stop，BS)四种。所谓低通滤波器，是该滤波器可以让 $x(n)$ 中的低频成分通过，而

使高频成分不通过，其他三种滤波器的含义也可以此类推。现在，我们仅考察一下极、零点位置对 $H(z)$ 幅频特性的影响。

例 2.9.1 令

$$H_0(z) = a(1+z^{-1})$$
$$H_1(z) = b(1-z^{-1})$$
$$H_2(z) = c(1-\mathrm{e}^{\mathrm{j}\pi/2}z^{-1})(1-\mathrm{e}^{-\mathrm{j}\pi/2}z^{-1})$$

试分析零点对它们幅频响应的影响。

解 所给三个系统的零点均在单位圆上，由式(2.8.6)可知，在零点所在的频率处，其幅频响应一定为零。由于 $H_0(z)$ 的零点在 $z=-1$ 处，也即 $\omega=\pi$ 处，所以它是低通滤波器。同理，$H_1(z)$ 是高通滤波器，$H_2(z)$ 是带阻滤波器。式中常数 a,b,c 用来保证每一个系统的幅频响应的最大值为 1，显然，$a=b=c=0.5$。它们的幅频响应如图 2.9.2 所示。

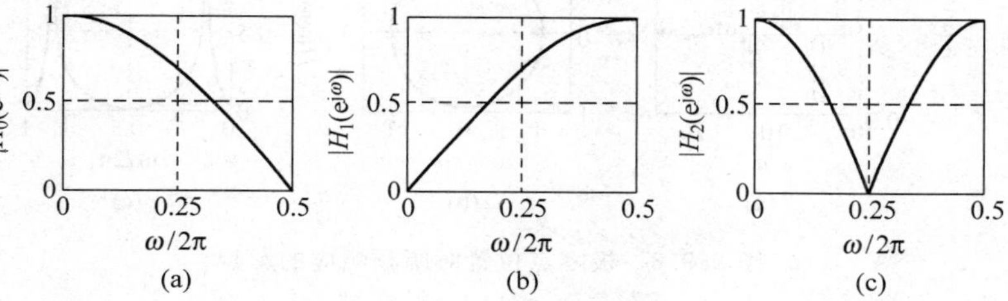

图 2.9.2 三个系统的幅频响应

上例是仅靠零点来影响滤波器的频率响应，当然效果不会好。下面的例子说明了极点对幅频响应的影响。

例 2.9.2 令

$$H_0(z) = a\frac{1+z^{-1}}{1-pz^{-1}}$$
$$H_1(z) = b\frac{1-z^{-1}}{1-pz^{-1}}$$
$$H_2(z) = c\frac{(1+z^{-1})(1-z^{-1})}{(1-r\mathrm{e}^{\mathrm{j}\alpha}z^{-1})(1-r\mathrm{e}^{-\mathrm{j}\alpha}z^{-1})}$$

式中 $p=0.9$，$r=0.9$，$\alpha=\pi/4$，定标常数 a,b,c 也是用来保证幅频响应的最大值为 1。试分析它们的幅频响应。

解 对 $H_0(z)$，由于其零点在 $z=-1$，极点在 $z=p$ 处，所以，其幅频响应在 $\omega=\pi$ 处为零，在 $\omega=0$ 处取得最大值，因此，$H_0(z)$ 为一低通滤波器。同理，$H_1(z)$ 为一高通滤波器。对 $H_2(z)$，其零点分别在 $z=1$ 和 $z=-1$ 处，所以，其幅频响应在 $\omega=0$ 和 $\omega=\pi$ 处均为零，最大值出现在一对共轭极点的频率处，因此，它是带通的。三者的单位抽样响应、极零图和幅频响应分别示于图 2.9.3(a)～(c)，图中由上至下，分别对应系统 $H_0(z)$，$H_1(z)$ 和 $H_2(z)$。请读者自己来确定本例中的常数 a,b,c。

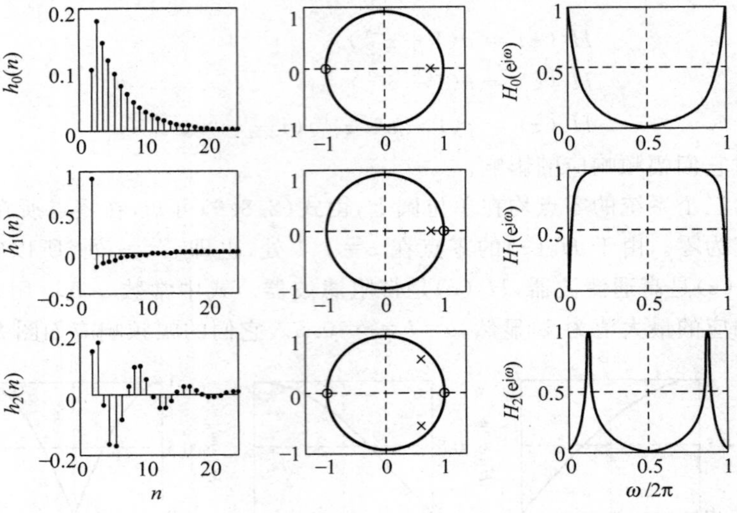

图 2.9.3 极零点位置对幅频响应的影响

由以上讨论，我们不难得出有关数字滤波器设计的一般原则：若使设计的滤波器拒绝某一个频率(即不让该频率的信号通过)，应在单位圆上相应的频率处设置一个零点；反之，若使滤波器突出某一个频率(使该频率的信号尽量无衰减通过)，应在单位圆内相应的频率处设置一极点。极点越接近单位圆，在该频率处幅频响应幅值越大，形状越尖。

读者很容易验证，在原点处的极、零点均不影响幅频响应，它们仅影响相频响应。

2.10 IIR 系统的信号流图与结构

2.10.1 IIR 系统的信号流图

对 IIR 系统

$$y(n)+\sum_{k=1}^{N}a(k)y(n-k)=\sum_{r=0}^{M}b(r)x(n-r),\quad b(0)=1 \tag{2.10.1}$$

可用图 2.10.1 描述其输入、输出关系。图中 $\longrightarrow\boxed{z^{-1}}\longrightarrow$ 表示单位延迟，$\xrightarrow{b(i)}$ 表示乘法

器，流过此处的信号与 $b(i)$ 相乘，⊙表示加法器。图 2.10.1 称为离散时间系统的信号流图，其基本单元是加法器、乘法器及延迟单元。在该图中，使用了 $(N+M)$ 个延迟单元及 $(N+M)$ 个乘法器。在实际应用中，我们常把 $\longrightarrow\boxed{z^{-1}}\longrightarrow$ 简单地写成 $\xrightarrow{z^{-1}}$，并将⊙省去。

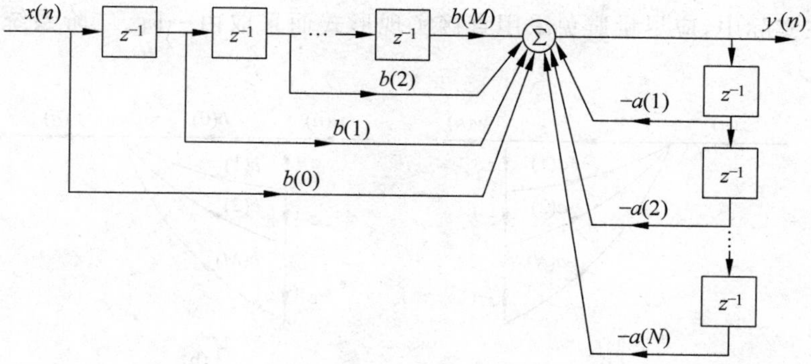

图 2.10.1 IIR 系统的信号流图

2.10.2 IIR 系统的直接实现

式(2.10.1)所对应的 Z 变换可写成

$$Y(z)=X(z)\frac{\sum_{r=0}^{M}b(r)z^{-r}}{1+\sum_{k=1}^{N}a(k)z^{-k}}=\left[\frac{X(z)}{1+\sum_{k=1}^{N}a(k)z^{-k}}\right]\sum_{r=0}^{M}b(r)z^{-r}$$

$$=W(z)\sum_{r=0}^{M}b(r)z^{-r} \tag{2.10.2a}$$

式中

$$W(z)=\frac{X(z)}{1+\sum_{k=1}^{N}a(k)z^{-k}}$$

$W(z)$，$Y(z)$对应的差分方程分别是

$$w(n)=-\sum_{k=1}^{N}a(k)w(n-k)+x(n) \tag{2.10.2b}$$

$$y(n)=\sum_{r=0}^{M}b(r)w(n-r) \tag{2.10.2c}$$

它们所对应的信号流图分别如图 2.10.2(a)和(b)所示。图(a)输出的 $w(n)$与图(b)输入的 $w(n)$是同一个信号，所以可以合并起来，如图 2.10.3 所示。该图使用了 N 个延迟单元、$(N+M)$个乘法器及两个加法器，这种实现方式称为 IIR 系统的直接实现形式。由于数字系统的字长总是有限的，因此其系数精度总是有限的。每一个系数的量化误差及乘法器的舍入误差对输出都将有积累效应，以致输出误差偏大，这是直接实现形式的一个缺点。因此，在实际中，应尽量避免采用直接实现形式而采取由一阶、二阶系统构成的级联或并联形式。

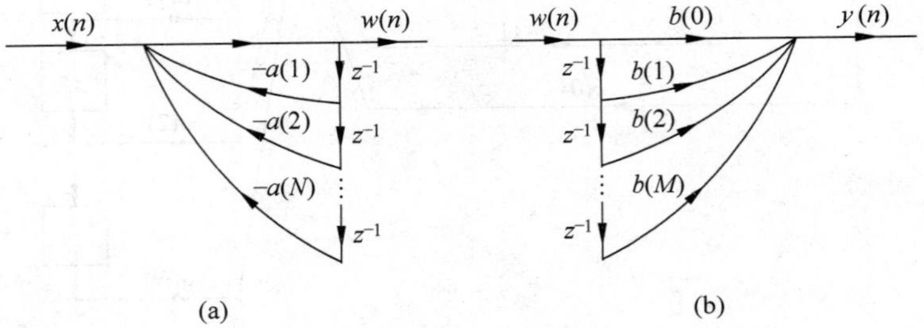

图 2.10.2 式(2.10.2)所对应的信号流图

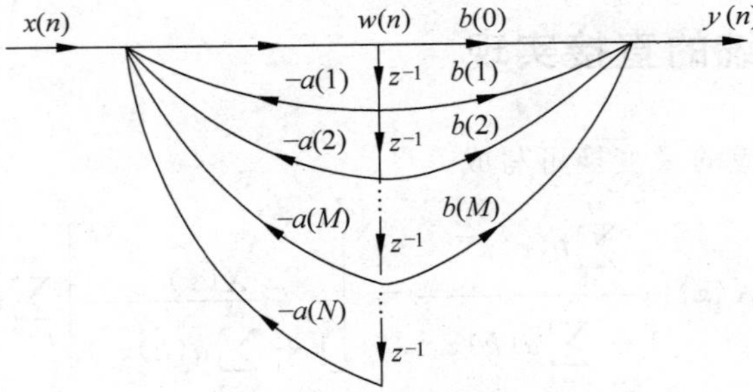

图 2.10.3 IIR 系统的直接实现(假定 $N>M$)

2.10.3 IIR 系统的级联实现

式(2.8.1)将 $H(z)$的分子分母多项式分成了一阶多项式的连乘。考虑到 $H(z)$若有复数极、零点，那么，它们必然是共轭成对出现的。作物理实现时，其系数应为实数，因此，将它们分解成二阶形式更为合理。若 $N \geqslant M$，N 为偶数，则可将 $H(z)$分成 $N/2$ 个二阶 z 多项式

$$H_i(z) = \frac{1+\beta_{i1}z^{-1}+\beta_{i2}z^{-2}}{1+\alpha_{i1}z^{-1}+\alpha_{i2}z^{-2}}, \quad i=1,2,\cdots,N/2 \tag{2.10.3}$$

的连乘，即有

$$H(z)=H_1(z)H_2(z)\cdots H_{N/2}(z) \tag{2.10.4}$$

式(2.10.4)可以用图 2.10.4 来实现。每一个子系统 $H_i(z)$的信号流图如图 2.10.5 所示。总的输出

$$y(n)=((((x(n)*h_1(n))*h_2(n))\cdots)*h_{N/2}(n)) \tag{2.10.5}$$

式中 $h_i(n)$是子系统 $H_i(z)$对应的单位抽样响应。

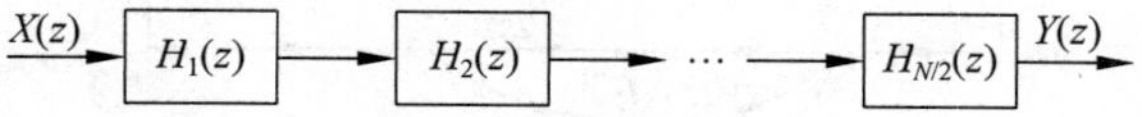

图 2.10.4 系统的级联实现

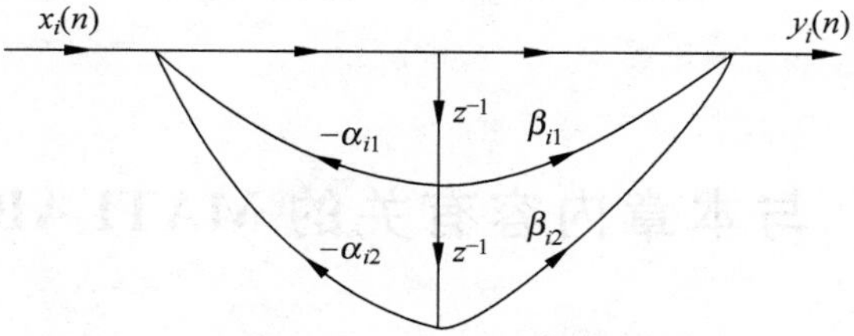

图 2.10.5 二阶子系统信号流图

若 N 为奇数，那么子系统的数目应为$(N+1)/2$，其中包含一个一阶子系统。

2.10.4 IIR 系统的并联实现

式(2.6.4)给出的 $H(z)$也可分解为各因式之和，如

$$H(z)=\sum_{i=1}^{L_1}\frac{A_i}{1+\lambda_i z^{-1}}+\sum_{i=1}^{L_2}\frac{\beta_{i0}+\beta_{i1}z^{-1}}{1+\alpha_{i1}z^{-1}+\alpha_{i2}z^{-2}} \tag{2.10.6}$$

这样总共分成了(L_1+L_2)个子系统，每个子系统有着共同的输入 $x(n)$，而其输出 $y_i(n)$之和便是系统的总输出 $y(n)$，所以有

$$y(n)=\sum_{i=1}^{L_1+L_2}[h_i(n)*x(n)] \tag{2.10.7}$$

其信号流图如图 2.10.6 所示。

由于并联结构的每一个子系统都是独立的，不受其他子系统系数量化误差及乘法舍入误差的影响，因此，是所述三种结构中对误差最不敏感的结构形式。

FIR 系统的 $H(z)$既可以直接实现也可以级联实现，但较少采用并联实现。FIR 系统还有一些特殊的结构，如线性相位结构、频率抽样结构等。IIR 系统和 FIR 系统都可以用一种称为 Lattice 结构的形式来实现，所有这些问题都留在第 5 章讨论。

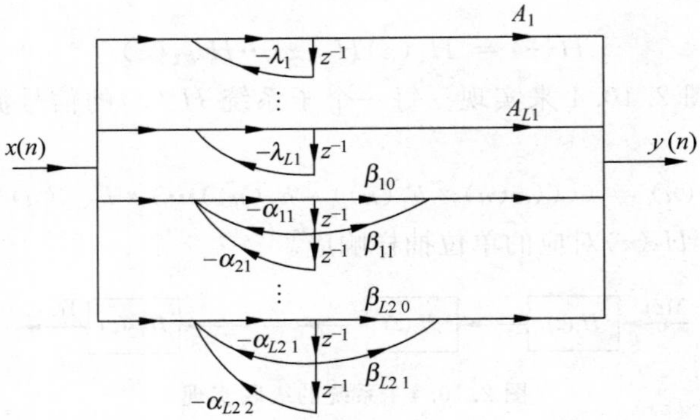

图 2.10.6 IIR 系统并联结构实现

2.11 与本章内容有关的 MATLAB 文件

对一个给定的 LSI 系统，其转移函数 $H(z)$的定义和表示形式如式(2.6.4)。习惯上，令 $H(z)=B(z)/A(z)$。在 MATLAB 中，因为数组的下标不能为零(当然也不能为负值)，因此式(2.6.4)可重新表示为

$$H(z)=\frac{B(z)}{A(z)}=\frac{b(1)+b(2)z^{-1}+b(3)z^{-2}+\cdots+b(n_b+1)z^{-n_b}}{1+a(2)z^{-1}+a(3)z^{-2}+\cdots+a(n_a+1)z^{-n_a}} \tag{2.11.1}$$

式中 n_a 和 n_b 分别是 $H(z)$分母与分子多项式的阶次。在有关 MATLAB 的系统分析文件中，分子和分母的系数被定义为向量，即

$$\left.\begin{aligned}\boldsymbol{b}&=[b(1),b(2),\cdots,b(n_b+1)]\\ \boldsymbol{a}&=[a(1),a(2),\cdots,a(n_a+1)]\end{aligned}\right\} \tag{2.11.2}$$

并要求 $a(1)=1$。如果 $a(1)\neq 1$，则程序将自动地将其归一化为 1。

有关离散系统的分析与 Z 变换及逆 Z 变换的 m 文件很多，现择其主要的几个加以介绍。

1. conv

conv.m 用来实现两个离散序列的线性卷积。其调用格式是

y=conv(x,h)

若 x 的长度为 N，h 的长度为 M，则 y 的长度 L=N+M−1。下例中的程序说明该文件的使用。

例 2.11.1 令 $x(n)=\{1,2,3,4,5\}$，$h(n)=\{6,2,3,6,4,2\}$，$y(n)=x(n)*h(n)$，求 $y(n)$。

实现该例的程序如下。

```
N=5;M=6;L=N+M-1;
x=[1,2,3,4,5];nx=0:N-1;
h=[6,2,3,6,4,2];nh=0:M-1;
y=conv(x,h);ny=0:L-1;
subplot(231);stem(nx,x,'.');xlabel('n');ylabel('x(n)');grid on;
subplot(232);stem(nh,h,'.');xlabel('n');ylabel('h(n)');grid on;
subplot(233);stem(ny,y,'.');xlabel('n');ylabel('y(n)');grid on;
```

程序中 stem 也是 m 文件，用来绘制离散序列的图形。给出 nx，nh，ny 是为了 x(n)，h(n)，y(n)中的 n 从零开始。该程序运行结果如图 2.11.1 所示。

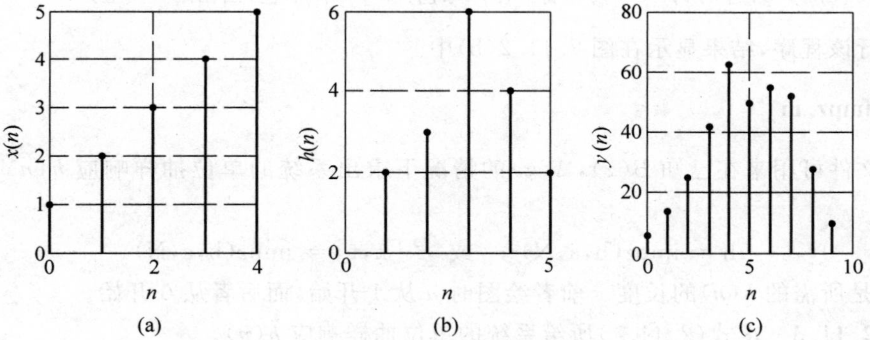

图 2.11.1 线性卷积

2. conv2. m

本文件用于 2-D 卷积，此处不详细讨论。

3. filter. m

本文件可用来求一个离散系统的输出。我们知道，若已知系统的 $h(n)$，由于 $y(n)=x(n)*h(n)$，因此，利用上述 conv. m 文件可方便地求出 $y(n)$。文件 filter 是在已知 $B(z)$，$A(z)$，但不知道 $h(n)$的情况下求 $y(n)$的。显然

$$\begin{aligned} y(n) &= b(1)x(n)+b(2)x(n-1)+\cdots+b(n_b+1)x(n-n_b) \\ &\quad -a(2)y(n-1)-\cdots-a(n_a+1)y(n-n_a) \end{aligned} \tag{2.11.3}$$

本文件的调用格式是

$$y = \text{filter}(b,a,x)$$

其中 x,y,a 和 b 都是向量。

例 2.11.2　令

$$H(z) = \frac{0.001\,836 + 0.007\,344z^{-1} + 0.011\,016z^{-2} + 0.007\,374z^{-3} + 0.001\,836z^{-4}}{1 - 3.054\,4z^{-1} + 3.829\,1z^{-2} - 2.292\,5z^{-3} + 0.550\,75z^{-4}} \tag{2.11.4}$$

求该系统的阶跃响应(所谓阶跃响应是系统对阶跃输入的输出)。实现该任务的程序如下。

```
x=ones(100);t=1:100; %x(n)=1,对 n=1~100,t 用于后面的绘图;
b=[.001836,.007344,.011016,.007374,.001836]; %形成向量 b;
a=[1,-3.0544,3.8291,-2.2925,.55075]; %形成向量 a;
y=filter(b,a,x); %实现式(2.8.3 );
plot(t,x,'g.',t,y,'k-'); %将 x(n)(绿色)和 y(n)(黑色)画在同一图上;
```

运行该程序,结果显示在图 2.11.2(b)中。

4. impz.m

本文件可用来在已知 $B(z)$,$A(z)$的情况下求出系统的单位抽样响应 $h(n)$,调用格式是

$$h = \text{impz}(b,a,N) \quad 或 \quad [h,t] = \text{impz}(b,a,N)$$

其中 N 是所需的 $h(n)$的长度。前者绘图时 n 从 1 开始,而后者从 0 开始。

例 2.11.3　求式(2.11.4)所给系统的单位抽样响应 $h(n)$。

如下的程序可实现这一任务。

```
[h,t]=impz(b,a,40);%注:b 和 a 的定义见例 2.11.2 的程序;
stem(t,h,'.');grid on; %令 h(n)的长度 N=40,绘出离散的 h(n);
```

$h(n)$的图形见图 2.11.2(a)。

5. freqz.m

本文件用来在已知 $B(z)$,$A(z)$的情况下求出系统的频率响应 $H(e^{j\omega})$,基本的调用格式是

$$[H,w] = \text{freqz}(b,a,N,\text{'whole'},Fs)$$

其中 N 是频率轴的分点数,建议 N 为 2 的整次幂;w 是返回频率轴坐标向量,供绘图用;Fs 是抽样频率,若 Fs=1,频率轴给出归一化频率;whole 指定计算的频率范围是从 0～Fs,默认时是从 0～Fs/2。

例 2.11.4 求式(2.11.4)所给系统的频率响应 $H(e^{j\omega})$，画出其幅频响应和相频响应。

如下的程序可实现这一任务。

```
[H,w]=freqz(b,a,256,'whole',1);
%b 和 a 的定义见例 2.11.2 的程序,N=256,Fs=1;
Hr=abs(H); %求幅频响应;abs 及下面的 angle,unwrap 都是 MATLAB 的 m 文件;
Hphase=angle(H);Hphase=unwrap(Hphase); %求相频响应并解卷绕;
```

运行该程序，幅频响应如图 2.11.2(c)所示，相频响应如图 2.11.2(d)所示。

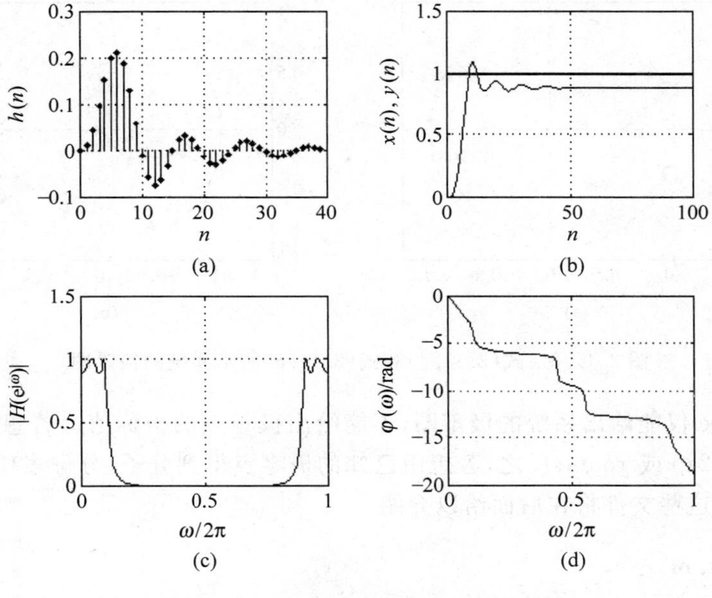

图 2.11.2 式(2.11.4)所给系统的分析

(a) 单位抽样响应；(b) 阶跃响应；(c) 幅频响应；(d) 相频响应

6. zplane. m

本文件可用来显示离散系统的极零图，其调用格式是

zplane(z,p) 或 zplane(b,a)

前者是在已知系统零点的列向量 $\boldsymbol{z}$ 和极点的列向量 $\boldsymbol{p}$ 的情况下画出极零图，后者是在仅已知 $B(z)$，$A(z)$的情况下画出极零图。

例 2.11.5 显示式(2.11.4)及 FIR 系统

$$H(z) = 1 - 1.7z^{-1} + 1.53z^{-2} - 0.648z^{-3} \qquad (2.11.5)$$

的极零图。

如下的程序可以实现此功能。

```
b=[.001836,.007344,.011016,.007374,.001836];
a=[1,-3.0544,3.8291,-2.2925,.55075];
subplot(221);zplane(b,a);
b=[1 -1.7 1.53 -0.68];a=1;
subplot(222);zplane(b,a);
```

运行该程序，两个系统的极零图分别示于图 2.11.3(a)和(b)。

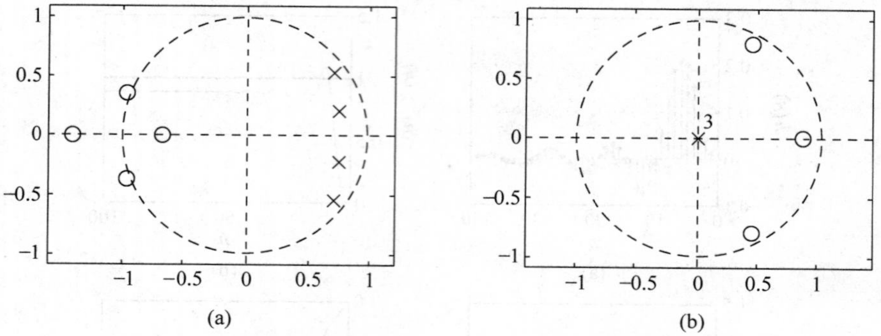

图 2.11.3 式(2.11.4)和式(2.11.5)所给系统的极零图

文件 zplane 仅能给出系统的极零图，不能给出极零点的坐标值。若想求出具体的数值，可用文件 tf2zp 或 roots；反之，若想由已知的极零点得到分子、分母多项式，可用 zp2tf 或 poly 文件。这些文件将在后面给以介绍。

7. residuez.m

本文件可将 z 的有理分式分解成简单有理分式的和，因此可用来求逆 Z 变换，即

$$X(z)=\frac{B(z)}{A(z)}=\frac{r(1)}{1-p(1)z^{-1}}+\cdots+\frac{r(n)}{1-p(n)z^{-1}}+k(1)+k(2)z^{-1}+\cdots \tag{2.11.6}$$

式中 $p(1),p(2),\cdots,p(n)$的集合 $\boldsymbol{p}$ 是列向量，它的每一个元素都是 $X(z)$的极点。类似地，$\boldsymbol{r}$ 也是列向量，它的每一个元素都是 $X(z)$在相应极点处的留数；$\boldsymbol{k}$ 是行向量，它代表了分解后的直接项。$X(z)$的极点数 $n=n_a$，并等于 $\boldsymbol{r}$ 和 $\boldsymbol{p}$ 的维数。若 $n_b<n_a$，则分解后没有直接项，否则，$\boldsymbol{k}$ 的长度等于 n_b-n_a+1，n_b，n_a 的定义见式(2.11.1)。

若 $X(z)$在 $p(j)$处有一 m 阶重极点，则 $X(z)$分解后将为 m 项之和，即

$$\frac{r(j)}{1-p(j)z^{-1}}+\frac{r(j+1)}{[1-p(j)z^{-1}]^2}+\cdots+\frac{r(j+m-1)}{[1-p(j)z^{-1}]^m} \tag{2.11.7}$$

本文件的调用格式是

$$[r,p,k] = \text{residuez}(b,a)$$

假如我们知道了向量 $\boldsymbol{p},\boldsymbol{r}$ 和 $\boldsymbol{k}$，利用 residuez.m 还可反过来求出多项式 $B(z),A(z)$，格式是

$$[b,a] = \text{residuez}(r,p,k)$$

下面的例子说明了该文件的应用。

例 2.11.6 residuez.m 文件的应用。

```
b=[1.7,-1.69,.39]; %形成分子多项式向量;
a=[1 -1.7,0.8,-.1]; %形成分母多项式向量;
[r,p,k]=residuez(b,a) %作逆 Z 变换,求出向量 r,p,k;
[b1,a1]=residuez(r,p,k) %反过来,由求出的 r,p,k 求多项式向量 b,a;
[r,p,k]=residuez(a,b) %交换分子、分母多项式向量,再求向量 r,p,k;
```

运行该程序，首先给出

$$r(1)=1, r(2)=0.2, r(3)=0.5, p(1)=1, p(2)=0.5, p(3)=0.2, k=0$$

将这些结果代入式(2.11.6)，再利用例 2.4.1 所给出的关系，即可求出 $x(n)$。程序最后一句给出的结果是

```
r(1)=-0.1153,    r(2)=-0.2366,    p(1)=0.6299,
p(2)=0.3462,     k(1)=0.9402,     k(2)=-0.2564
```

8. tf2zp.m

9. zp2tf.m

10. roots.m

11. poly.m

12. sort.m

以上 5 个 MATLAB 文件用于转移函数与极零点之间的相互转换及极零点的排序。其中 tf2zp 用来求 $H(z)=B(z)/A(z)$ 的极零点及增益，zp2tf 用于在极零点已知时求出 $B(z)$ 和 $A(z)$ 的系数；roots 用来求一个多项式的根，而 poly 可由给定的根求出相应多项式的系数，sort 的作用是将求出的根按绝对值的大小排序。tf2zp、zp2tf 和 roots、poly 这两对 m 文件的功能类似，但在使用的格式上有较大差异，此处不再一一讨论，仅用下面的例子给以说明。

例 2.11.7 设 $H(z)$ 有 5 个零点，一个在 $z=0.8$，另 4 个是 $0.5e^{j\pi/3}$ 及其共轭与镜像，

不难求出

$$B(z)=1-3.3z^{-1}+7.25z^{-2}-6.7z^{-3}+3z^{-4}-0.8z^{-5}$$

下面的程序可求出该系统的零点，并由这些零点再求出系统的系数。

```
clear; B=[1 -3.3 7.25 -6.7 3 -0.8];
L=length(B);A=zeros(1,L);A(1)=1;
[Z,P,K]=tf2zp(B,A)
%注:使用 tf2zp 时,B 和 A 是同维的行向量,Z,P 是同维的列向量,Z 中含零点,P 中含极点,
%K 是标量,为系统的增益;
sort(Z) %对零点排序;
[b,a]=zp2tf(Z,P,K) %如果分解和综合正确,那么,b=B, a=A;
Z1=roots(B) %求出多项式 B(z)的根,即零点;
poly(Z1) %由分解到的零点再综合出多项式 B(z);
```

13. tf2sos. m

14. sos2tf. m

15. sos2zp. m

16. zp2sos. m

以上 4 个文件用来实现系统的转移函数及极零点和二阶子系统之间的相互转换。

文件 tf2sos 用来实现将 $H(z)=B(z)/A(z)$ 分解为一系列二阶子系统 $H_k(z)$ 的级联，$H_k(z)$ 的表达式是

$$H_k(z)=(b_{0k}+b_{1k}z^{-1}+b_{2k}z^{-2})/(1+a_{1k}z^{-1}+a_{2k}z^{-2})$$

tf2sos 的调用格式是

$$[\text{sos},G]=\text{tf2sos}[B,A]$$

其中，G 是系统的增益，sos 是一 $L\times 6$ 的矩阵，L 是二阶子系统的个数，每一行的元素都按如下方式排列：

$$[b_{0k},b_{1k},b_{2k},1,a_{1k},a_{2k}],\quad k=1,2,\cdots,L$$

sos2tf 的功能和 tf2sos 相反，它用来由二阶子系统构成 $H(z)$，调用格式是

$$[B,A]=\text{sos2tf}(\text{sos},G)$$

zp2sos 用来实现由系统的极零点到二阶子系统的转换，而 sos2tf 实现一个相反的转换。下面的程序及其运行结果说明了上述 4 个文件的应用。

```
B=[0.0201 0 -0.0402 0 0.0201];
A=[1 -1.637 2.237 -1.307 0.641];
[sos,G]=tf2sos(B,A)          % 将转移函数分解为二阶子系统的级联;
```

```
[B,A]=sos2tf(sos,G)          % 由级联的二阶子系统重构转移函数;
[Z,P,K]=tf2zp(B,A)           % 求转移函数的极零点;
[sos,G]=zp2sos(Z,P,K)        % 由系统的极零点得到级联的二阶子系统;
[Z,P,K]=sos2zp(sos,G)        % 由级联的二阶子系统得到系统的极零点;
```

习题与上机练习

2.1　给定下述系统：

(1) $y(n)=x(n)+x(n-1)+x(n-2)$。

(2) $y(n)=x(-n)$。

(3) $y(n)=x(n^2)$。

(4) $y(n)=x^2(n)$。

(5) $y(n)=x(n)\sin(n\omega)$。

(6) $y(n)=ax(n)+b$,其中 a,b 为常数。

试判断每一个系统是否具有线性、移不变性？并说明理由。

2.2　给定下述系统：

(1) $y(n)=\dfrac{1}{N+1}\sum_{k=0}^{N}x(n-k)$,其中 N 为大于零的整数。

(2) $y(n)=ax(n)+b$,其中 a,b 为常数。

(3) $y(n)=x(n)+cx(n+1)$,其中 c 为常数。

(4) $y(n)=x(n^2)$。

(5) $y(n)=x(kn)$,其中 k 为大于零的整数。

(6) $y(n)=x(-n)$。

试判定哪一个是因果系统？哪一个是非因果系统？并说明理由。

2.3　对如下两个系统：

(1) $y(n)=\sum_{k=0}^{N-1}a_k x(n-k)$,其中 $a_0,a_1,\cdots,a_{N-1}$ 为常数。

(2) $y(n)=2a\cos\omega_0 y(n-1)-a^2y(n-2)+x(n)-a\cos\omega_0 x(n-1)$,其中 a,ω_0 为常数。

试求其单位抽样响应 $h(n)$,并判断系统是否是稳定的？稳定的条件是什么？

2.4　系统

$$y(n)=\frac{1}{M}\sum_{k=0}^{M-1}x(n-k)$$

是一个 M 点移动平均器。已知 $x(n)$是有界的，且界为 B_x，试证明 $y(n)$也是有界的，并确定其界为何值。

2.5　令 $h(n)=\{h(0),h(1),h(2)\}=\{3,2,1\}$。

(1) 求 $y_1(n)=h(n)*h(n)$。

(2) 求 $y_2(n)=h(n)*h(n)*h(n)$。

2.6　已知一 FIR 系统的单位抽样响应 $h(n)=a^n,n=0,1,\cdots,10$，其余为零。令系统的输入 $x(n)=1,n=0,1,2,3,4,5$，其余为零。求系统的输出 $y(n)$。

2.7　求下列序列的 Z 变换，并确定其收敛域。

(1) $x(n)=\{x(-2),x(-1),x(0),x(1),x(2)\}=\left\{-\frac{1}{4},-\frac{1}{2},1,\frac{1}{2},\frac{1}{4}\right\}$

(2) $x(n)=a^n[\cos(\omega_0 n)+\sin(\omega_0 n)]u(n)$

(3) $x(n)=\begin{cases}\left(\frac{1}{4}\right)^n & n\geqslant 0\\ \left(\frac{1}{2}\right)^{-n} & n<0\end{cases}$

2.8　已知

(1) $x(n)=(n+1)u(n)$

(2) $x(n)=n^2u(n)$

(3) $x(n)=nr^n\cos(\omega_0 n)u(n)$

试利用 Z 变换的性质求 $X(z)$。

2.9　已知

$$y(n)=\sum_{m=-\infty}^{n}x(m)$$

试用 $X(z)$表示 $Y(z)$（请用两种不同方法来完成）。

2.10　给定序列 $x(n)$的 Z 变换，试求 $x(n)$。

(1) $X(z)=z^2(1+z)(1-z^{-1})(1+z^2)(1-z^{-2})$；

(2) $X(z)=\dfrac{0.3z}{z^2-0.7z+0.1}$，$x(n)$为因果信号；

(3) $X(z)=\dfrac{1}{(1-2z^{-1})(1-z^{-1})^2}$，$x(n)$为因果信号；

(4) $X(z)=\dfrac{1}{z^3-1.25z^2+0.5z-0.0625}$，$|z|>1/2$。

2.11　一线性移不变离散时间系统的单位抽样响应为

$$h(n)=(1+0.3^n+0.6^n)u(n)$$

(1) 求该系统的转移函数 $H(z)$，并画出其极零图；

(2) 写出该系统的差分方程；

(3) 画出该系统直接实现、并联实现和级联实现的信号流图。

2.12 设有一个 FIR 系统的差分方程为

$$y(n)=x(n)-x(n-N)$$

(1) 写出该系统的幅频响应及相频响应；

(2) 画出该系统的信号流图。

2.13 对图题 2.13 的 4 个系统，试用各子系统的抽样响应来表示总的系统的抽样响应，并给出其转移函数表示式。

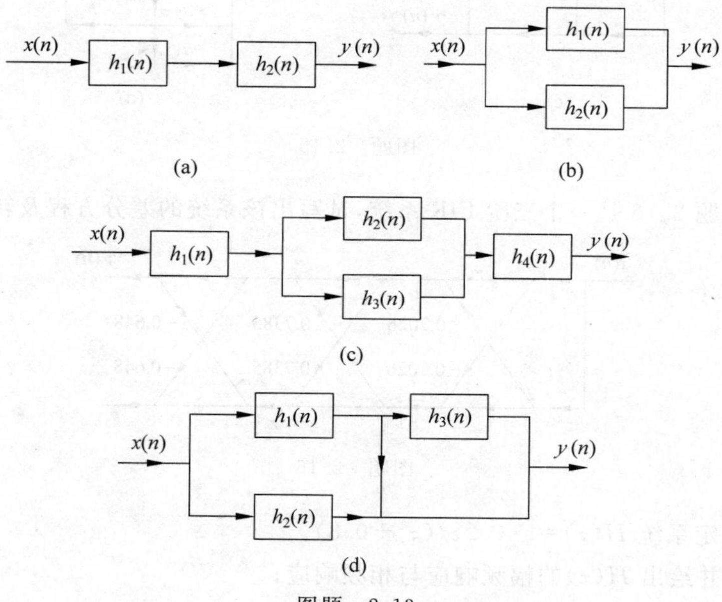

图题 2.13

2.14 一个离散时间系统有一对共轭极点 $p_1=0.8e^{j\pi/4}$，$p_2=0.8e^{-j\pi/4}$，且在原点有二阶重零点。

(1) 写出该系统的转移函数 $H(z)$，画出极零图；

(2) 试用极零分析的方法大致画出其幅频响应($0\sim2\pi$)；

(3) 若输入信号 $x(n)=u(n)$，且系统初始条件 $y(-2)=y(-1)=1$，求该系统的输出 $y(n)$。

2.15 给定一个离散时间系统的信号流图如图题 2.15(a)，如果保持图形的拓扑结构不变,仅将图中的信号流向(即箭头)反向,输入、输出位置易位,那么所得系统(如图题 2.15(b))称为原系统的易位系统。再给定系统(c),(d)试画出(c)和(d)的易位系统,并证明图题 2.15(a),(c),(d)所示的三个系统和其易位系统有着相同的转移函数。

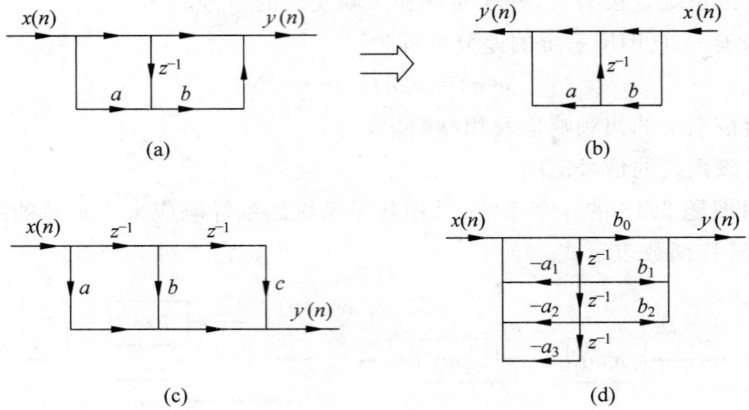

图题　2.15

2.16　图题 2.16 是一个三阶 FIR 系统,试写出该系统的差分方程及转移函数。

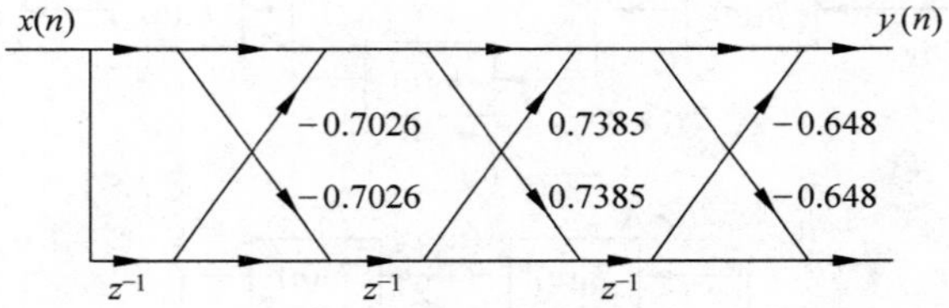

图题　2.16

*2.17　给定系统 $H(z)=-0.2z/(z^2+0.8)$。

(1) 求出并绘出 $H(z)$的幅频响应与相频响应;

(2) 求出并绘出该系统的单位抽样响应 $h(n)$;

(3) 令 $x(n)=u(n)$,求出并绘出系统的单位阶跃响应 $y(n)$。

*2.18　令 $H_1(z)=0.5z/(z-0.9)$,$H_2(z)=(z-1)/(z^2-\sqrt{2}z+1)$。

(1) 令 $H(z)=H_1(z)H_2(z)$,重复题 2.17 的(1),(2),(3);

(2) 令 $H(z)=H_1(z)+H_2(z)$,重复题 2.17 的(1),(2),(3);

(3) 试用极零分析的方法大致说明上述两种情况下 $H(z)$幅频响应的特点,并与上述实际所得的结果相对照。

参 考 文 献

1 Jury E I. Theory and Application of the Z-Transform Method. New York：John Wiley and Sons，1964

2 Jong M T. Methods of Discrete Signal and System Analysis. New York：Mc-Graw-Hill，1982

3 Oppenheim A V， Willsky A S， Young I T. Signals and Systems. Englewood Cliffs，NJ：Prentice-Hall，1983

4 Hamming R W. Digital Filters. 3rd ed. Englewood Cliffs， NJ：Prentice-Hall，1988

5 Stearns S D，David R A. Signal Processing Algorithms. Englewood Cliffs，NJ：Prentice-Hall，1988

6 Tribolet J M. A new phase unwrapping algorithm. IEEE Trans. on ASSP，1977，25(2)：170～177

7 郑君里等. 信号与系统. 北京：人民教育出版社，1981

第3章

信号的傅里叶变换

众所周知，一束白光(太阳光)通过一个玻璃三棱镜后可以分解成不同颜色的光。牛顿发现了这一现象并最早提出了谱(spectrum)的概念，指出不同颜色的光具有不同的波长，对应不同的频率。不同颜色光的频率所形成的频带即是光谱。牛顿再利用一个三棱镜将不同颜色的光又合成为一束白光。前者对应光的分析，后者对应光的综合。

1822年，法国工程师傅里叶(Fourier)指出，一个"任意"的周期函数 $x(t)$ 都可以分解为无穷多个不同频率正弦信号的和，这即是傅里叶级数。求解傅里叶系数的过程就是傅里叶变换。傅里叶级数和傅里叶变换又统称为傅里叶分析或谐波分析。傅里叶分析方法相当于光谱分析中的三棱镜，而信号 $x(t)$ 相当于一束白光，将 $x(t)$"通过"傅里叶分析后可得到信号的频谱，频谱作傅里叶反变换后又可得到原信号 $x(t)$。由3.1节的讨论可知，傅里叶变换实际上是将信号 $x(t)$ 和一组不同频率的复正弦作内积，这一组复正弦即是变换的基向量，而傅里叶系数或傅里叶变换是 $x(t)$ 在这一组基向量上的投影。

我们知道，正弦信号是最规则的信号，由幅度、相位及频率这三个参数即可完全确定。另外，正弦信号有着广泛的工程背景，如交流电、简谐运动等。而且，正弦信号有许多好的性质，比如正交性，即

$$\int_{t}^{t+T}\sin(n\Omega_0 t)\sin(m\Omega_0 t)\,\mathrm{d}t=\begin{cases}T/2 & m=n\\0 & m\neq n\end{cases}$$

式中 $T=2\pi/\Omega_0$，而 m,n 为整数。由于以上这些原因，傅里叶分析技术已广泛应用于电学、声学、光学、机械学、生物医学工程等众多领域，为广大工程技术人员及科学工作者所熟悉。

傅里叶分析分别包含了连续信号和离散信号的傅里叶变换和傅里叶级数，内容相当丰富。本章先简要介绍一下连续时间信号的傅里叶变换和傅里叶级数的基本概念，再着重讨论离散时间信号的傅里叶变换(discrete time Fourier transform，DTFT)及联系连续信号和离散信号的抽样定理，然后引导出在时域和频域都取离散值的离散傅里叶变换(DFT)。DFT是数字信号处理中最基本，也是最重要的运算，除了谱分析外，卷积、相关等都可以通过DFT在计算机上来实现。

3.1 连续时间信号的傅里叶变换

3.1.1 连续周期信号的傅里叶级数

设 $x(t)$ 是一个复正弦信号，记作 $x(t)=Xe^{j\Omega_0 t}$，式中 X 是幅度，Ω_0 是频率，其周期 $T=2\pi/\Omega_0$。若 $x(t)$ 由无穷多个复正弦所组成，且其第 k 个复正弦的频率是 Ω_0 的 k 倍，其幅度记为 $X(k\Omega_0)$，则 $x(t)$ 可表示为

$$x(t)=\sum_{k=-\infty}^{\infty}X(k\Omega_0)e^{jk\Omega_0 t} \tag{3.1.1}$$

显然，$x(t)$ 也是周期的，周期仍为 T。反过来，我们也可将式(3.1.1)理解为周期信号 $x(t)$ 的分解，用于分解的基函数都是幅度为 1 的复正弦，其中，对应频率为 $k\Omega_0$ 的复正弦的幅度是 $X(k\Omega_0)$。将此结果推广到一般的周期信号，即是大家所熟知的傅里叶级数。

设 $x(t)$ 是一周期信号，其周期为 T，若 $x(t)$ 在一个周期内的能量是有限的，即

$$\int_{-T/2}^{T/2}|x(t)|^2 dt<\infty \tag{3.1.2}$$

那么，可将 $x(t)$ 展成傅里叶级数，即为式(3.1.1)。式中 $X(k\Omega_0)$ 是傅里叶系数，其值应是有限的，且有

$$X(k\Omega_0)=\frac{1}{T}\int_{-T/2}^{T/2}x(t)e^{-jk\Omega_0 t}dt \tag{3.1.3}$$

它代表了 $x(t)$ 中第 k 次谐波的幅度。需要说明的是，$X(k\Omega_0)$ 是离散的，即 $k=-\infty\sim\infty$，两点之间的间隔是 Ω_0。式(3.1.1)称为指数形式的傅里叶级数，此外还有三角形式的傅里叶级数，见文献[2]和[13]，此处不再讨论。

应该指出，并非任一周期信号都可展成傅里叶级数。将周期信号 $x(t)$ 展成傅里叶级数，除了式(3.1.2)所示的条件外，$x(t)$ 还需满足如下的 Dirichlet 条件：

(1) 在任一周期内有间断点存在，则间断点的数目应是有限的；

(2) 在任一周期内极大值和极小值的数目应是有限的；

(3) 在一个周期内应是绝对可积的，即

$$\int_{-T/2}^{T/2}|x(t)|dt<\infty \tag{3.1.4}$$

文献[2]给出了一些不满足 Dirichlet 条件的“病态”信号的例子。我们在实际工作中所遇到的信号一般都能满足 Dirichlet 条件，在展成傅里叶级数时一般不会遇到问题。

例 3.1.1 图 3.1.1(a)是一周期矩形信号，显然，它满足式(3.1.2)及 Dirichlet 条件。

由式(3.1.3)可知，其傅里叶系数

$$X(k\Omega_0)=\frac{1}{T}\int_{-\tau/2}^{\tau/2}A\mathrm{e}^{-\mathrm{j}k\Omega_0 t}\mathrm{d}t=\frac{A\tau}{T}\frac{\sin(k\Omega_0\tau/2)}{k\Omega_0\tau/2}=\frac{A\tau}{T}\frac{\sin(k\pi f_0\tau)}{k\pi f_0\tau}\qquad(3.1.5)$$

$X(k\Omega_0)$是一离散的 sinc 函数，如图 3.1.1(b)所示，图中 $\tau=0.2T,T=1,A=5$。

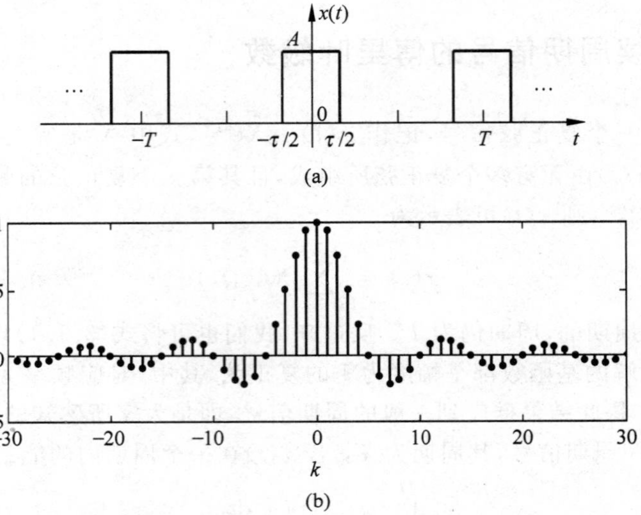

图 3.1.1　周期矩形信号及其傅里叶系数

3.1.2　连续非周期信号的傅里叶变换

设 $x(t)$是一连续时间信号，若 $x(t)$属于 L_2 空间，即

$$\int_{-\infty}^{\infty}|x(t)|^2\mathrm{d}t<\infty\qquad(3.1.6)$$

那么，$x(t)$的傅里叶变换存在，并定义为

$$X(\mathrm{j}\Omega)=\int_{-\infty}^{\infty}x(t)\mathrm{e}^{-\mathrm{j}\Omega t}\mathrm{d}t\qquad(3.1.7)$$

其反变换是

$$x(t)=\frac{1}{2\pi}\int_{-\infty}^{\infty}X(\mathrm{j}\Omega)\mathrm{e}^{\mathrm{j}\Omega t}\mathrm{d}\Omega\qquad(3.1.8)$$

式中 $\Omega=2\pi f$ 为角频率，单位是 rad/s。$X(\mathrm{j}\Omega)$是 Ω 的连续函数，称为信号 $x(t)$的频谱密度函数，或简称为频谱。

实现傅里叶变换，除了要满足式(3.1.6)所给出的条件外，与 $x(t)$展成傅里叶级数一样也需要满足 Dirichlet 条件。除了将考虑的区间由一个周期扩展到 $-\infty\sim\infty$外，傅里叶变换时的 Dirichlet 条件的表述方法和傅里叶级数是一样的，此处不再重复。其中第 3 条的要求来自于傅里叶变换的定义，即

$$|X(\mathrm{j}\Omega)| = \left|\int_{-\infty}^{\infty} x(t)\mathrm{e}^{-\mathrm{j}\Omega t}\mathrm{d}t\right| \leqslant \int_{-\infty}^{\infty} |x(t)|\,\mathrm{d}t < \infty \tag{3.1.9}$$

因此，只要 $x(t)$ 满足绝对可积的条件，$X(\mathrm{j}\Omega)$ 便是有界的，即傅里叶变换存在。由于

$$E_x = \int_{-\infty}^{\infty} |x(t)|^2\mathrm{d}t \leqslant \left[\int_{-\infty}^{\infty} |x(t)|\,\mathrm{d}t\right]^2 \tag{3.1.10}$$

因此，只要 $x(t)$ 是绝对可积的，那么，它就一定是平方可积的。但是反过来并不一定成立。例如，信号

$$x(t) = \frac{\sin(2\pi t)}{\pi t} \tag{3.1.11}$$

是平方可积的，但不是绝对可积的[3,4,12]。这一结果说明，Dirichlet 条件是傅里叶变换存在的充分条件，但并不是必要条件。几乎所有的能量信号都可以作傅里叶变换，因此，在实际工作中一般没有必要逐条地考虑 Dirichlet 条件。

例 3.1.2 令 $x(t)$ 是例 3.1.1 中周期矩形信号的一个周期，其傅里叶变换

$$X(\mathrm{j}\Omega) = \int_{-\tau/2}^{\tau/2} A\mathrm{e}^{-\mathrm{j}\Omega t}\mathrm{d}t = A\tau\frac{\sin(\Omega\tau/2)}{\Omega\tau/2} \tag{3.1.12}$$

由于 $x(t)$ 是实的偶信号，所以 $X(\mathrm{j}\Omega)$ 也是实的，它是频域的 sinc 函数，如图 3.1.2 所示。

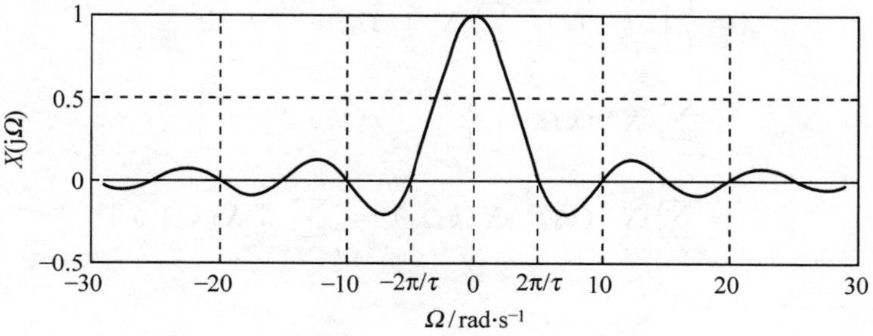

图 3.1.2 矩形信号的频谱

3.1.3 傅里叶级数和傅里叶变换的区别与联系

以上分别讨论了傅里叶级数和傅里叶变换的定义及其存在条件，现简要讨论一下二者的区别。

前已述及，傅里叶级数对应的是周期信号，而傅里叶变换对应的是非周期信号；前者要求信号在一个周期内的能量是有限的，而后者要求信号在整个时间区间内的能量是有限的。

此外，傅里叶级数的系数 $X(k\Omega_0)$是离散的，而傅里叶变换 $X(\mathrm{j}\Omega)$是 Ω 的连续函数。

由此可见，傅里叶级数与傅里叶变换二者的物理含义不同，因而量纲也不同。$X(k\Omega_0)$代表了周期信号 $x(t)$的第 k 次谐波幅度的大小，而 $X(\mathrm{j}\Omega)$是频谱密度的概念。为说明这一点，我们可将一个非周期信号视为周期 T 趋于无穷大的周期信号。由 $\Omega_0=2\pi/T$ 可知，若 $T\to\infty$，则必有 $\Omega_0\to 0$，$k\Omega_0\to\Omega$，将式(3.1.3)两边同乘以 T，并取 $T\to\infty$时的极限，可得

$$\lim_{T\to\infty} TX(k\Omega_0)=\lim_{\Omega_0\to 0}\frac{2\pi X(k\Omega_0)}{\Omega_0}=X(\mathrm{j}\Omega) \tag{3.1.13}$$

所以，从量纲上看，$X(\mathrm{j}\Omega)$等于谐波幅度 $X(k\Omega_0)$除以频率 Ω_0，显见，它是频谱密度的概念。

比较例 3.1.1、例 3.1.2 及式(3.1.5)和式(3.1.12)，我们看到，周期信号的傅里叶系数和用该信号的一个周期所求出的傅里叶变换的关系为

$$X(k\Omega_0)=\frac{1}{T}X(\mathrm{j}\Omega)\big|_{\Omega=k\Omega_0} \tag{3.1.14}$$

这一关系也可由图 3.1.1 和图 3.1.2 看出。

由式(1.3.3a)可得周期信号 $x(t)$的功率

$$\begin{aligned}
P_x &= \frac{1}{T}\int_{-T/2}^{T/2}|x(t)|^2\mathrm{d}t=\frac{1}{T}\int_{-T/2}^{T/2}x(t)x^*(t)\mathrm{d}t\\
&=\frac{1}{T}\int_{-T/2}^{T/2}x(t)\left[\sum_{k=-\infty}^{\infty}X^*(k\Omega_0)\mathrm{e}^{-\mathrm{j}k\Omega_0 t}\right]\mathrm{d}t\\
&=\sum_{k=-\infty}^{\infty}X^*(k\Omega_0)\left[\frac{1}{T}\int_{-T/2}^{T/2}x(t)\mathrm{e}^{-\mathrm{j}k\Omega_0 t}\mathrm{d}t\right]\\
&=\sum_{k=-\infty}^{\infty}X^*(k\Omega_0)X(k\Omega_0)=\sum_{k=-\infty}^{\infty}|X(k\Omega_0)|^2
\end{aligned}$$

于是有

$$P_x=\frac{1}{T}\int_{-T/2}^{T/2}|x(t)|^2\mathrm{d}t=\sum_{k=-\infty}^{\infty}|X(k\Omega_0)|^2 \tag{3.1.15}$$

对能量信号 $x(t)$，采用同样的方法可以导出

$$E_x=\int_{-\infty}^{\infty}|x(t)|^2\mathrm{d}t=\frac{1}{2\pi}\int_{-\infty}^{\infty}|X(\mathrm{j}\Omega)|^2\mathrm{d}\Omega \tag{3.1.16}$$

式(3.1.15)和式(3.1.16)给出的两个关系称为 Parseval 关系或 Parseval 定理，前者反映的是功率关系，后者反映的是能量关系。

现在，我们不考虑式(3.1.2)的约束及 Dirichlet 条件，直接求解周期信号的傅里叶变换。将式(3.1.1)代入式(3.1.7)，有

$$X(\mathrm{j}\Omega)=\int_{-\infty}^{\infty}\left[\sum_{k=-\infty}^{\infty}X(k\Omega_0)\mathrm{e}^{\mathrm{j}k\Omega_0 t}\right]\mathrm{e}^{-\mathrm{j}\Omega t}\mathrm{d}t=\sum_{k=-\infty}^{\infty}X(k\Omega_0)\int_{-\infty}^{\infty}\mathrm{e}^{\mathrm{j}(\Omega-k\Omega_0)t}\mathrm{d}t$$

由积分

$$\int_{-\infty}^{\infty} \mathrm{e}^{\pm \mathrm{j}xy}\,\mathrm{d}x = 2\pi\delta(y) \tag{3.1.17}$$

可以得到周期信号傅里叶变换的表达式

$$X(\mathrm{j}\Omega) = 2\pi \sum_{k=-\infty}^{\infty} X(k\Omega_0)\delta(\Omega - k\Omega_0) \tag{3.1.18}$$

该式表明,一个周期信号的傅里叶变换是由频率轴上间距为 Ω_0 的冲激序列(Drac 函数)所组成,这些冲激序列的强度等于相应的傅里叶系数乘以 2π。这样的离散频谱又称为“线谱”。由冲激函数的定义和频谱密度的物理概念可知,周期信号的频谱应理解为在无穷小的频率范围内取得了一个“无限大”的频谱密度。无限大是从冲激函数的角度来理解的。冲激函数的强度为 $2\pi X(k\Omega_0)$,单纯地从 $X(k\Omega_0)$ 来理解,它无密度的概念,它代表了在 $k\Omega_0$ 处的谐波的大小。

由此可以看出,本不具备傅里叶变换条件的周期信号,在引入了冲激信号后也可以作傅里叶变换。当然,变换的结果也应从冲激信号的角度来理解。这样,由式(3.1.18),可以把傅里叶级数和傅里叶变换统一在一个理论框架下来进行讨论,并建立起二者的联系。

由上述的讨论不难得出如下结论:时域连续的周期信号的傅里叶变换在频域是离散的、非周期的。

当周期信号的周期 T 趋于无穷大时,由式(3.1.18)给出的离散频谱将变成连续谱,它对应的是周期信号的一个周期的傅里叶变换,但由于周期为无穷大,因此,它对应的实际上是式(3.1.7)的非周期信号的傅里叶变换。由此可得出另一个结论:时域连续的非周期信号的傅里叶变换在频域上是连续的、非周期的。

读者在有关“信号与系统”的教科书(例如,参考文献[2,8,13])中都可看到有关连续时间信号傅里叶变换与傅里叶级数的详述,本书不再对此作进一步的讨论。下面仅给出几个常用周期信号傅里叶变换的例子。

(1) 单个复正弦

$$x(t) = \mathrm{e}^{\mathrm{j}\Omega_0 t} \quad \Leftrightarrow \quad X(\mathrm{j}\Omega) = 2\pi\delta(\Omega - \Omega_0) \tag{3.1.19}$$

(2) 实正弦

$$x(t) = \sin\Omega_0 t = [\mathrm{e}^{\mathrm{j}\Omega_0 t} - \mathrm{e}^{-\mathrm{j}\Omega_0 t}]/\mathrm{j}2 \quad \Leftrightarrow$$
$$X(\mathrm{j}\Omega) = \mathrm{j}\pi[\delta(\Omega + \Omega_0) - \delta(\Omega - \Omega_0)] \tag{3.1.20}$$

(3) 实余弦

$$x(t) = \cos\Omega_0 t = [\mathrm{e}^{\mathrm{j}\Omega_0 t} + \mathrm{e}^{-\mathrm{j}\Omega_0 t}]/2 \quad \Leftrightarrow$$
$$X(\mathrm{j}\Omega) = \pi[\delta(\Omega + \Omega_0) + \delta(\Omega - \Omega_0)] \tag{3.1.21}$$

(4) 复正弦集合

$$x(t)=\sum_{k=-\infty}^{\infty}\mathrm{e}^{\mathrm{j}k\Omega_0 t}\quad\Leftrightarrow\quad X(\mathrm{j}\Omega)=2\pi\sum_{k=-\infty}^{\infty}\delta(\Omega-k\Omega_0)\tag{3.1.22}$$

式中 $\sum_{k=-\infty}^{\infty}\delta(\Omega-k\Omega_0)$ 是频域的冲激串序列。

(5) 时域冲激串序列

重写式(1.1.5)，并令周期为 T，有

$$p(t)=\sum_{n=-\infty}^{\infty}\delta(t-nT)\tag{3.1.23}$$

$p(t)$称为冲激串序列。显然，它是周期的，周期为 T，将其展成傅里叶级数，有

$$p(t)=\sum_{n=-\infty}^{\infty}\delta(t-nT)=\sum_{k=-\infty}^{\infty}P(k\Omega_0)\mathrm{e}^{\mathrm{j}k\Omega_0 t}$$

其中傅里叶系数

$$P(k\Omega_0)=\frac{1}{T}\int_{-T/2}^{T/2}\delta(t)\mathrm{e}^{-\mathrm{j}k\Omega_0 t}\mathrm{d}t=\frac{1}{T}\tag{3.1.24}$$

于是有

$$\sum_{n=-\infty}^{\infty}\delta(t-nT)=\frac{1}{T}\sum_{k=-\infty}^{\infty}\mathrm{e}^{\mathrm{j}k\Omega_0 t},\quad \Omega_0=2\pi/T\tag{3.1.25}$$

将式(3.1.25)代入式(3.1.7)，有

$$P(\mathrm{j}\Omega)=\frac{1}{T}\sum_{k=-\infty}^{\infty}\int_{-\infty}^{\infty}\mathrm{e}^{-\mathrm{j}\Omega t}\mathrm{e}^{\mathrm{j}k\Omega_0 t}\mathrm{d}t=\frac{2\pi}{T}\sum_{k=-\infty}^{\infty}\delta(\Omega-k\Omega_0)\tag{3.1.26}$$

此式为时域冲激串的傅里叶变换，变换的结果是频域的冲激串，即有

$$\sum_{n=-\infty}^{\infty}\delta(t-nT)\quad\Leftrightarrow\quad\frac{2\pi}{T}\sum_{k=-\infty}^{\infty}\delta(\Omega-k\Omega_0)\tag{3.1.27}$$

请注意这两个冲激串的间距 T 和 Ω_0 互为倒数。这一对变换关系在信号处理中有着重要的作用，我们在 3.3 节将会用到它。

时域的冲激串可以展开成式(3.1.25)的傅里叶级数，同理，频域的冲激串也可展开成傅里叶级数。请读者自己推导，对应式(3.1.25)的关系是

$$\sum_{k=-\infty}^{\infty}\delta(\Omega-k\Omega_0)=\frac{1}{\Omega_0}\sum_{n=-\infty}^{\infty}\mathrm{e}^{\mathrm{j}nT\Omega},\qquad T=2\pi/\Omega_0\tag{3.1.28}$$

式(3.1.25)与式(3.1.28)给出的这一对关系称为“Poisson 和公式”，在信号处理中同样有着重要的应用。

3.1.4 关于傅里叶变换的进一步解释

我们在本节开头时已指出，傅里叶变换实际上是将信号 $x(t)$ 和一组不同频率的复正

弦作内积,即

$$X(k\Omega_0)=\langle x(t),\mathrm{e}^{\mathrm{j}k\Omega_0 t}\rangle,\quad X(\mathrm{j}\Omega)=\langle x(t),\mathrm{e}^{\mathrm{j}\Omega t}\rangle$$

前者对应傅里叶级数,后者对应傅里叶变换。式中的复正弦即是变换的基向量,而傅里叶系数或傅里叶变换是 $x(t)$ 在这一组基向量上的投影。由于不同频率的正弦信号两两之间是正交的,因此傅立叶变换是正交变换。

傅立叶变换可以更直观地解释为是将信号展开成无穷多正弦信号的组合。对傅里叶级数,“无穷多”正弦指的是取基波频率 Ω_0 整数倍的那些正弦,对傅里叶变换,则是在 Ω 轴上连续取值的那些正弦。

将一个复杂的信号分解为一系列简单信号的组合是信号处理中最基本的方法。这样做的目的,一方面是便于了解所要处理的信号的内涵;另一方面是便于提取信号的特征。那么,傅里叶变换为什么选择正弦信号作为分解的基向量呢?这是因为:

(1) 前已述及,正弦信号是最规则的信号,由幅度、相位及频率这三个参数即可完全确定其时域波形。其频域也最简单,只有一根谱线(复正弦)。将信号展开为正弦的组合,即可得到所有的谱线,从而得到信号的频谱分布。另外,正弦信号处处可导,且有着无穷阶的导数,在信号处理的理论推导方面特别有用。

也许有人会问,为什么不选择时域只取 0 和 1 的更简单的方波作为分解的基函数?确实,方波在时域非常简单,通过时间轴的伸缩和移位也能构成正交基(早期的 Walsh 变换),但其频谱是 sinc 函数(如图 3.1.2 所示),包含了从 $-\infty\sim\infty$ 的所有频率成分,因此不利于频谱分析。实际上,凡是信号在时域中有阶跃(或冲激)成分,都需要无穷多的频率成分才能合成这样的阶跃(或冲激)。另外,方波的不可导是限制其应用的又一个重要原因。

(2) 时间和频率是现实世界中两个最重要也是最基本的物理量,它们与我们的日常生活密切相关,我们时时可以感受到它们的存在。时间自不必说,对频率,如声音的粗细、图像色彩的单调与绚丽、物体运动的快慢等,都包含了丰富的频率内容。而傅里叶变换正好把时间和频率联系了起来,使得我们对一个给定的信号,可以由时域转换到频域,反之亦然。

基于此,傅里叶变换是信号分析和处理领域中最重要的工具。

3.2 离散时间信号的傅里叶变换(DTFT)

3.2.1 DTFT 的定义

设 $h(n)$ 为一 LSI 系统的单位抽样响应,由 2.7 节可求出该系统的频率响应

$$H(e^{j\omega}) = \sum_{n=0}^{\infty} h(n) e^{-j\omega n} \tag{3.2.1}$$

此式为离散时间序列的傅里叶变换，即 DTFT。由第 2 章的讨论可知，$H(e^{j\omega})$是 ω 的连续函数，且是周期的，周期为 2π。比较式(3.2.1)和式(3.1.1)可以看出，式(3.2.1)的 DTFT 也可看作是周期信号 $H(e^{j\omega})$在频域内展成的傅里叶级数，其傅里叶系数是时域信号 $h(n)$。

由序列 Z 变换的定义，很容易得到

$$H(e^{j\omega}) = H(z)\big|_{z=e^{j\omega}} \tag{3.2.2}$$

即 DTFT 是 z 仅在单位圆上取值的 Z 变换。若希望 $H(e^{j\omega})$存在，那么 $H(z)$的收敛域应包含单位圆，即

$$|H(e^{j\omega})| = \left|\sum_{n=0}^{\infty} h(n) e^{-j\omega n}\right| \leqslant \sum_{n=0}^{\infty} |h(n) e^{-j\omega n}| = \sum_{n=0}^{\infty} |h(n)| < \infty \tag{3.2.3}$$

再一次看到，若 $h(n)$的 $H(e^{j\omega})$存在，那么 $h(n)$一定要属于 l_1 空间。由此，对任一序列 $x(n)$，只要它属于 l_1 空间，都可按式(3.2.1)来定义它的 DTFT，即

$$X(e^{j\omega}) = \sum_{n=-\infty}^{\infty} x(n) e^{-j\omega n} \tag{3.2.4}$$

属于 l_1 空间的 $x(n)$将是非周期的时间序列。进一步，我们认为式(3.2.4)是能量有限序列的傅里叶变换。显然 $X(e^{j\omega})$也是 ω 的连续函数，同样，由于

$$X(e^{j\omega+2\pi}) = \sum_{n=-\infty}^{\infty} x(n) e^{-j(\omega+2\pi)n} = e^{-j2\pi n} \sum_{n=-\infty}^{\infty} x(n) e^{-j\omega n} = X(e^{j\omega})$$

因而 $X(e^{j\omega})$也是 ω 的周期函数，周期为 2π。

至此，我们已讨论了三种形式的傅里叶变换，连同 3.5 节要讨论的时域为离散的周期序列的傅里叶变换，即离散傅里叶级数(DFS)，共有四种形式的傅里叶变换，如图 3.2.1 所示。

由图 3.2.1 可以看出，若 x 在时域是周期的，那么在频域 X 一定是离散的，反之亦然。同样，若 x 是非周期的，X 一定是连续的，反之也成立。这四种傅里叶变换针对四种不同类型的信号，各自有着自己的应用背景及性质。第四种(即 DFS)在时域和频域都是离散的，且都是周期的，周期都为 N 点。3.5 节将讨论由此引出的另一种变换形式 DFT，在计算机上能方便地利用 DFT 来实现信号的频谱分析。

用 $e^{j\omega m}$ 乘式(3.2.4)的两边，并在 $-\pi \sim +\pi$ 内对 ω 积分，有

$$\int_{-\pi}^{\pi} X(e^{j\omega}) e^{j\omega m} d\omega = \int_{-\pi}^{\pi} \left[\sum_{n=-\infty}^{\infty} x(n) e^{-j\omega n}\right] e^{j\omega m} d\omega = \sum_{n=-\infty}^{\infty} x(n) \int_{-\pi}^{\pi} e^{j\omega(m-n)} d\omega$$

由于 $\int_{-\pi}^{\pi} e^{j\omega(m-n)} d\omega$ 是复正弦信号在 $-\pi \sim \pi$ 内的积分，且 m,n 为整数，所以，不论 m,n 如

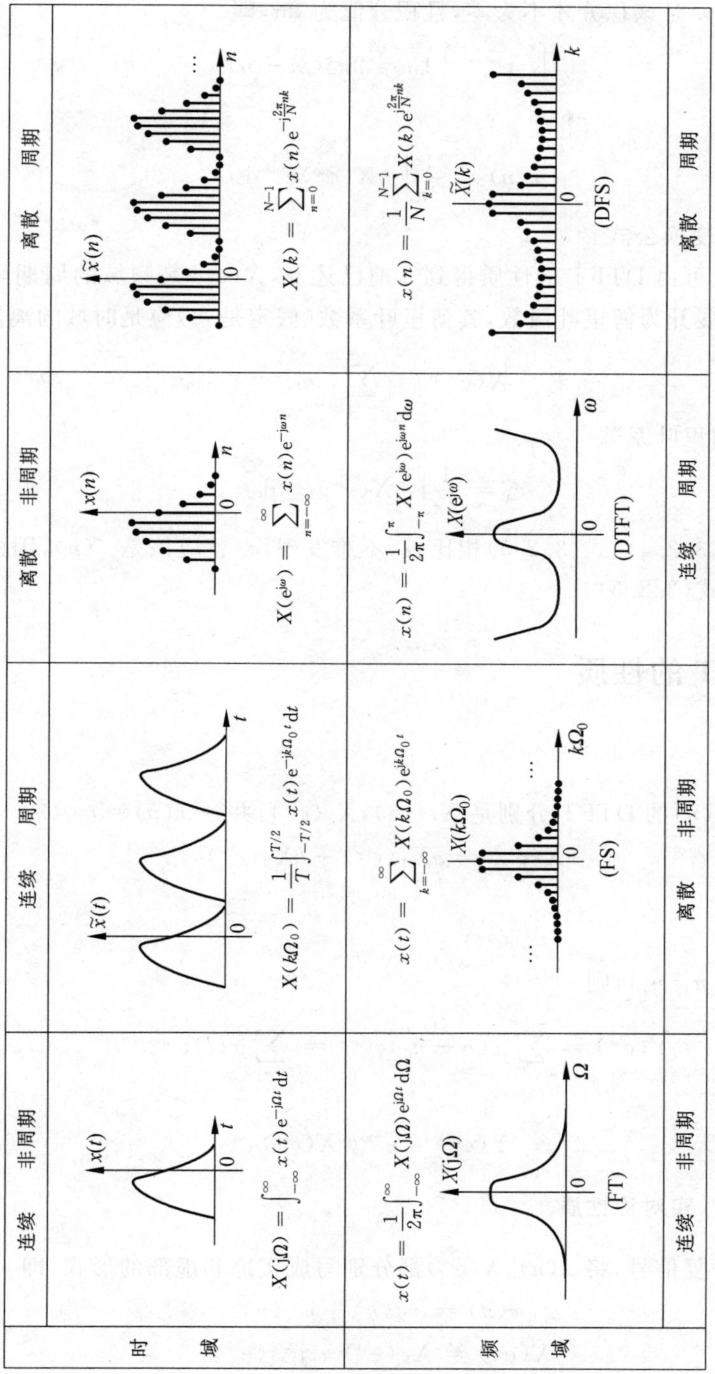

图 3.2.1 四种形式的傅里叶变换

何取值，只有 $m=n$ 时该积分才不为零，且积分值为 2π，即

$$\int_{-\pi}^{\pi} e^{j\omega(m-n)}\,d\omega = 2\pi\delta(m-n)$$

所以

$$x(n) = \frac{1}{2\pi}\int_{-\pi}^{\pi} X(e^{j\omega})e^{j\omega n}\,d\omega \tag{3.2.5}$$

这是 DTFT 的反变换公式。

式(3.2.5)也可由 DTFT 的性质得到。前已述及，$X(e^{j\omega})$是频域的周期函数，周期为 2π，因此，可将其展开为傅里叶级数，其傅里叶系数(假定是 c_n)应是时域的离散序列，即

$$X(e^{j\omega}) = \sum_{n=-\infty}^{\infty} c_n e^{-j\omega n}$$

由式(3.1.3)得傅里叶系数

$$c_n = \frac{1}{2\pi}\int_{-\pi}^{\pi} X(e^{j\omega})e^{j\omega n}\,d\omega$$

将上述两式和式(3.2.4)、式(3.2.5)相比较，不难发现，c_n 就应该是 $x(n)$，因此，DTFT 反变换的公式即是式(3.2.5)。

3.2.2 DTFT 的性质

1. 线性

令 $x_1(n)$，$x_2(n)$的 DTFT 分别是 $X_1(e^{j\omega})$，$X_2(e^{j\omega})$，并令 $x(n)=ax_1(n)+bx_2(n)$，则

$$X(e^{j\omega}) = aX_1(e^{j\omega}) + bX_2(e^{j\omega}) \tag{3.2.6}$$

2. 时移

令 $y(n)=x(n-n_0)$，则

$$Y(e^{j\omega}) = \sum_{n=-\infty}^{\infty} x(n-n_0)e^{-j\omega n} = \sum_{l=-\infty}^{\infty} x(l)e^{-j\omega(l+n_0)}$$

即

$$Y(e^{j\omega}) = e^{-j\omega n_0}X(e^{j\omega}) \tag{3.2.7}$$

3. 奇、偶、虚、实对称性质

设 $x(n)$为一复信号，将 $x(n)$、$X(e^{j\omega})$都分别写成实部和虚部的形式，即

$$x(n) = x_R(n) + jx_I(n)$$
$$X(e^{j\omega}) = X_R(e^{j\omega}) + jX_I(e^{j\omega})$$

由 DTFT 正、反变换的定义可得

$$X_R(e^{j\omega}) = \sum_{n=-\infty}^{\infty}[x_R(n)\cos(\omega n) + x_I(n)\sin(\omega n)] \tag{3.2.8}$$

$$X_I(e^{j\omega}) = -\sum_{n=-\infty}^{\infty}[x_R(n)\sin(\omega n) - x_I(n)\cos(\omega n)] \tag{3.2.9}$$

$$x_R(n) = \frac{1}{2\pi}\int_{-\pi}^{\pi}[X_R(e^{j\omega})\cos(\omega n) - X_I(e^{j\omega})\sin(\omega n)]d\omega \tag{3.2.10}$$

$$x_I(n) = \frac{1}{2\pi}\int_{-\pi}^{\pi}[X_R(e^{j\omega})\sin(\omega n) + X_I(e^{j\omega})\cos(\omega n)]d\omega \tag{3.2.11}$$

如果 $x(n)$是实信号,即 $x_I(n)=0$,由于 $\cos(\omega n)$、$\sin(\omega n)$分别是 ω 的偶函数和奇函数,可得下述结论。

① $X(e^{j\omega})$的实部 $X_R(e^{j\omega})$是 ω 的偶函数,即

$$X_R(e^{j\omega}) = \sum_{n=-\infty}^{\infty}x(n)\cos(\omega n) = X_R(e^{-j\omega}) \tag{3.2.12}$$

② $X(e^{j\omega})$的虚部 $X_I(e^{j\omega})$是 ω 的奇函数,即

$$X_I(e^{j\omega}) = -\sum_{n=-\infty}^{\infty}x(n)\sin(\omega n) = -X_I(e^{-j\omega}) \tag{3.2.13}$$

把上面两式结合起来,可得实信号 DTFT 的 Hermitian 对称性,即

$$X^*(e^{j\omega}) = X(e^{-j\omega}) \tag{3.2.14}$$

③ $X(e^{j\omega})$的幅频响应是 ω 的偶函数,即

$$|X(e^{j\omega})| = |X(e^{-j\omega})| \tag{3.2.15}$$

式中

$$|X(e^{j\omega})| = [X_R^2(e^{j\omega}) + X_I^2(e^{j\omega})]^{1/2}$$

④ $X(e^{j\omega})$的相频响应是 ω 的奇函数,即

$$\varphi(\omega) = \arctan\frac{X_I(e^{j\omega})}{X_R(e^{j\omega})} = -\varphi(-\omega) \tag{3.2.16}$$

⑤ 由于 $X_R(e^{j\omega})\cos(\omega n)$,$X_I(e^{j\omega})\sin(\omega n)$都是 ω 的偶函数,且 $x_I(n)=0$,由式(3.2.10),有

$$x(n) = \frac{1}{\pi}\int_{0}^{\pi}[X_R(e^{j\omega})\cos(\omega n) - X_I(e^{j\omega})\sin(\omega n)]d\omega \tag{3.2.17}$$

即积分只要从 0 至 π 即可。

⑥ 若 $x(n)$再是偶函数,那么

$$X_R(e^{j\omega}) = x(0) + 2\sum_{n=1}^{\infty}x(n)\cos(\omega n) \tag{3.2.18}$$

$$X_I(e^{j\omega}) = 0 \tag{3.2.19}$$

$$x(n)=\frac{1}{\pi}\int_0^{\pi}X_R(e^{j\omega})\cos(\omega n)d\omega \qquad (3.2.20)$$

以上三式说明，若 $x(n)$ 是以 $n=0$ 为对称的实偶信号，那么其频谱为实值，其相频响应恒为零，因此，$x(n)$ 可由式(3.2.20)的简单形式来恢复。当然，如果 $x(n)$ 不是以 $n=0$ 为对称，那么 $X(e^{j\omega})$ 将有一线性相位。

⑦ 若 $x(n)$ 是实的奇函数，则

$$X_R(e^{j\omega})=0 \qquad (3.2.21)$$

$$X_I(e^{j\omega})=-2\sum_{n=1}^{\infty}x(n)\sin(\omega n) \qquad (3.2.22)$$

$$x(n)=-\frac{1}{\pi}\int_0^{\pi}X_I(e^{j\omega})\sin(\omega n)d\omega \qquad (3.2.23)$$

上面所讨论的奇、偶、虚、实对称性质可总结成图 3.2.2，其中，当 $x(n)$ 为纯虚函数，即 $x(n)=jx_I(n)$，且 $x_I(n)$ 分别为奇、偶对称时，$x(n)$ 与其 DTFT 的关系留给读者完成。

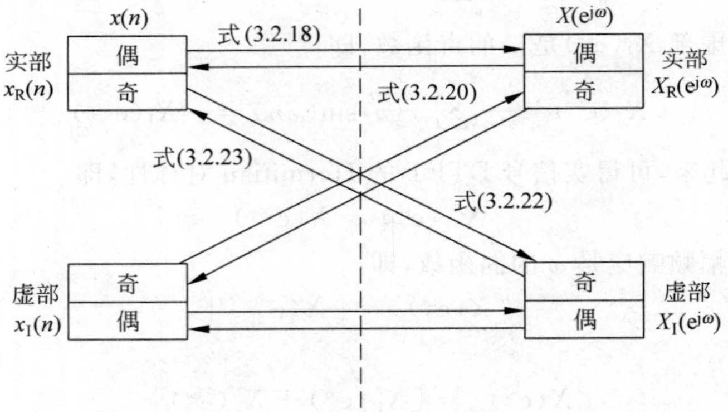

图 3.2.2　$x(n)$ 及其 DTFT 的奇、偶、虚、实对称性

4. 时域卷积定理

若 $y(n)=x(n)*h(n)$，则

$$Y(e^{j\omega})=X(e^{j\omega})H(e^{j\omega}) \qquad (3.2.24)$$

证明　因为

$$Y(e^{j\omega})=\sum_{n=-\infty}^{\infty}y(n)e^{-j\omega n}=\sum_{n=-\infty}^{\infty}\left[\sum_{m=-\infty}^{\infty}x(m)h(n-m)\right]e^{-j\omega n}$$

$$=\sum_{m=-\infty}^{\infty}x(m)e^{-j\omega m}\sum_{n=-\infty}^{\infty}h(n-m)e^{-j\omega(n-m)}$$

所以

$$Y(e^{j\omega}) = X(e^{j\omega})H(e^{j\omega})$$

5. 频域卷积定理

若 $y(n)=x(n)h(n)$,则

$$Y(e^{j\omega}) = X(e^{j\omega}) * H(e^{j\omega}) = \frac{1}{2\pi}\int_{-\pi}^{\pi} X(e^{j\theta})H(e^{j(\omega-\theta)})d\theta \tag{3.2.25}$$

证明 因为

$$Y(e^{j\omega}) = \sum_{n=-\infty}^{\infty} x(n)h(n)e^{-j\omega n} = \sum_{n=-\infty}^{\infty} x(n)\left[\frac{1}{2\pi}\int_{-\pi}^{\pi} H(e^{j\theta})e^{j\theta n}d\theta\right]e^{-j\omega n}$$

变换积分与求和的次序,有

$$\begin{aligned} Y(e^{j\omega}) &= \frac{1}{2\pi}\int_{-\pi}^{\pi} H(e^{j\theta})\left[\sum_{m=-\infty}^{\infty} x(n)e^{-j(\omega-\theta)n}\right]d\theta \\ &= \frac{1}{2\pi}\int_{-\pi}^{\pi} H(e^{j\theta})X(e^{j(\omega-\theta)})d\theta \end{aligned}$$

所以

$$Y(e^{j\omega}) = X(e^{j\omega}) * H(e^{j\omega})$$

上面两个性质告诉我们,序列在时域卷积对应频域相乘;反之,时域相乘对应频域卷积。需注意,频域卷积的积分号前面有 $1/2\pi$,如式(3.2.25)。

6. 时域相关定理

若 $y(n)$是 $x(n)$和 $h(n)$的相关函数,即

$$y(m) = \sum_{n=-\infty}^{\infty} x(n)h(n+m)$$

则

$$Y(e^{j\omega}) = X^*(e^{j\omega})H(e^{j\omega}) \tag{3.2.26}$$

证明 因为

$$\begin{aligned} Y(e^{j\omega}) &= \sum_{m=-\infty}^{\infty}\left[\sum_{n=-\infty}^{\infty} x(n)h(n+m)\right]e^{-j\omega m} \\ &= \sum_{n=-\infty}^{\infty} x(n)e^{j\omega n} \sum_{m=-\infty}^{\infty} h(n+m)e^{-j\omega(n+m)} \end{aligned}$$

所以

$$Y(e^{j\omega}) = X^*(e^{j\omega})H(e^{j\omega})$$

如果令 $E_x(e^{j\omega})$是 $x(n)$的自相关函数 $r_x(m)$的傅里叶变换,由式(3.2.26)有

$$E_x(e^{j\omega}) = |X(e^{j\omega})|^2 = \sum_{m=-\infty}^{\infty} r_x(m)e^{-j\omega m} \tag{3.2.27}$$

此式说明,能量信号 $x(n)$ 的自相关函数的傅里叶变换等于 $x(n)$ 的傅里叶变换的幅值平方。下面的性质指出,$|X(e^{j\omega})|^2$ 将是信号 $x(n)$ 的能量谱。

7. Parseval(巴塞伐)定理

$$\|\boldsymbol{x}\|_2^2 = \sum_{n=-\infty}^{\infty} |x(n)|^2 = \frac{1}{2\pi}\int_{-\pi}^{\pi} |X(e^{j\omega})|^2 d\omega \tag{3.2.28}$$

证明　因为 $\|\boldsymbol{x}\|_2^2$ 是信号 $x(n)$ 在时域的总能量 E_x,即

$$E_x = \sum_{n=-\infty}^{\infty} x(n)x^*(n) = \sum_{n=-\infty}^{\infty} x^*(n)\left[\frac{1}{2\pi}\int_{-\pi}^{\pi} X(e^{j\omega})e^{j\omega n}\right]d\omega$$

$$= \frac{1}{2\pi}\int_{-\pi}^{\pi} X(e^{j\omega})\left[\sum_{n=-\infty}^{\infty} x^*(n)e^{j\omega n}\right]d\omega = \frac{1}{2\pi}\int_{-\pi}^{\pi} X(e^{j\omega})X^*(e^{j\omega})d\omega$$

所以

$$E_x = \frac{1}{2\pi}\int_{-\pi}^{\pi} |X(e^{j\omega})|^2 d\omega = \frac{1}{2\pi}\int_{-\pi}^{\pi} E(e^{j\omega})d\omega$$

Parseval 定理告诉我们,信号在时域的总能量等于其频域的总能量,频域的总能量等于 $|X(e^{j\omega})|^2$ 在一个周期内的积分。因此,$|X(e^{j\omega})|^2$ 是信号的能量谱,$|X(e^{j\omega})|^2 d\omega$ 是信号在 $d\omega$ 这一极小频带内的能量。

8. Wiener-Khinchin (维纳-辛钦)定理

若 $x(n)$ 是功率信号,其自相关函数的定义由式(1.6.9)给出,其傅里叶变换

$$\sum_{m=-\infty}^{\infty} r_x(m)e^{-j\omega m} = \sum_{m=-\infty}^{\infty}\left[\lim_{N\to\infty}\frac{1}{2N+1}\sum_{n=-N}^{N} x(n)x(n+m)\right]e^{-j\omega m}$$

$$= \lim_{N\to\infty}\frac{|X_{2N}(e^{j\omega})|^2}{2N+1} \tag{3.2.29}$$

式中 $X_{2N}(e^{j\omega})$ 是

$$x_{2N}(n) = \begin{cases} x(n) & |n| \leqslant N \\ 0 & |n| > N \end{cases} \tag{3.2.30}$$

的傅里叶变换。若式(3.2.29)右边极限存在,则称该极限为功率信号 $x(n)$ 的功率谱 $P_x(e^{j\omega})$,即

$$P_x(e^{j\omega}) = \sum_{m=-\infty}^{\infty} r_x(m)e^{-j\omega m} = \lim_{N\to\infty}\frac{|X_{2N}(e^{j\omega})|^2}{2N+1} \tag{3.2.31}$$

此式称为确定性信号的维纳-辛钦定理,它说明功率信号 $x(n)$ 的自相关函数和其功率谱是一对傅里叶变换。信号 $x(n)$ 的总功率为

$$P_x = \frac{1}{2\pi}\int_{-\pi}^{\pi} P_x(e^{j\omega})d\omega \tag{3.2.32}$$

请读者自行证明，不论 $x(n)$ 是实信号还是复信号，其功率谱 $P_x(e^{j\omega})$ 始终是 ω 的实函数，即功率谱失去了相位信息。

以上有关 DTFT 的 8 个性质涉及信号处理中的基本关系，是进行信号处理的基础。

3.2.3 关于 DTFT 存在的条件

式(3.2.4)的 DTFT 是一个无限求和的级数，因此必然存在收敛问题。我们说 $X(e^{j\omega})$ 存在，是指式(3.2.4)的级数在某种意义上收敛。定义

$$X_M(e^{j\omega}) = \sum_{n=-M}^{M} x(n)e^{-j\omega n} \tag{3.2.33}$$

如果

$$\lim_{M\to\infty} \mid X(e^{j\omega}) - X_M(e^{j\omega}) \mid = 0, \quad \forall\,\omega \tag{3.2.34}$$

那么 $X(e^{j\omega})$ 是均匀收敛(uniform convergence)的。由式(3.2.3)，只要

$$\sum_{n=-\infty}^{\infty} \mid x(n) \mid < \infty \tag{3.2.35}$$

必有 $|X(e^{j\omega})| < \infty$，$\forall\,\omega$。因此，式(3.2.35)的绝对可和是 $X(e^{j\omega})$ 均匀收敛的充分条件。类似式(3.1.10)，有

$$\sum_{n=-\infty}^{\infty} \mid x(n) \mid^2 \leqslant \Big[\sum_{n=-\infty}^{\infty} \mid x(n) \mid\Big]^2 \tag{3.2.36}$$

所以，和连续信号时的情况一样，若 $x(n)$ 是绝对可和的，那么它一定是平方可和的；同样，这一结论反过来并不一定成立。例如，若

$$x(n) = \begin{cases} \dfrac{1}{n} & n \geqslant 1 \\ 0 & n \leqslant 0 \end{cases} \tag{3.2.37}$$

则其能量

$$E_x = \sum_{n=1}^{\infty}\left(\frac{1}{n}\right)^2 = \frac{\pi^2}{6} \tag{3.2.38}$$

但是，该序列不是绝对可和的。再例如，序列

$$x(n) = \frac{\sin(\omega_c n)}{\pi n} \tag{3.2.39}$$

的能量为 ω_c/π，同样，和式(3.1.11)的 sinc 函数不是绝对可积的一样，该序列也不是绝对可和的。对满足平方可和，但不满足绝对可和的一类信号，若其 DTFT 满足

$$\lim_{M\to\infty}\int_{-\pi}^{\pi} \mid X(e^{j\omega}) - X_M(e^{j\omega}) \mid^2 d\omega = 0 \tag{3.2.40}$$

那么我们说 $X(e^{j\omega})$ 是在均方意义上收敛的。满足均方收敛(mean-square convergence)的

$X(\mathrm{e}^{\mathrm{j}\omega})$有可能不满足式(3.2.34)的均匀收敛条件。

例 3.2.1　令

$$H_d(\mathrm{e}^{\mathrm{j}\omega})=\begin{cases}1 & 0\leqslant|\omega|\leqslant\omega_c\\ 0 & \omega_c<|\omega|\leqslant\pi\end{cases}\tag{3.2.41}$$

为一理想低通滤波器的频率响应,如第 7 章的图 7.1.1 所示。由式(3.2.5)有

$$h_d(n)=\frac{1}{2\pi}\int_{-\pi}^{\pi}H_d(\mathrm{e}^{\mathrm{j}\omega})\mathrm{e}^{\mathrm{j}\omega n}\mathrm{d}\omega=\frac{1}{2\pi}\int_{-\omega_c}^{\omega_c}\mathrm{e}^{\mathrm{j}\omega n}\mathrm{d}\omega=\frac{\sin(\omega_c n)}{\pi n}\tag{3.3.42}$$

它正是式(3.2.39)的序列,因此,$h_d(n)$不是绝对可和的。由

$$\sum_{n=-\infty}^{\infty}h_d(n)\mathrm{e}^{-\mathrm{j}\omega n}=\sum_{n=-\infty}^{\infty}\frac{\sin(\omega_c n)}{\pi n}\mathrm{e}^{-\mathrm{j}\omega n}=H(\mathrm{e}^{\mathrm{j}\omega})\tag{3.2.43}$$

求出的$H(\mathrm{e}^{\mathrm{j}\omega})$并不均匀收敛于$H_d(\mathrm{e}^{\mathrm{j}\omega})$。图 3.2.3(a)~(d)分别给出了 $M=10$、30、50 及 100 时求出的$|H_M(\mathrm{e}^{\mathrm{j}\omega})|$曲线,在 $\omega=\omega_c$ 这样的突变点处,$|H_M(\mathrm{e}^{\mathrm{j}\omega})|$出现了明显的振荡。随着 M 的增大,这些振荡并不消失,而是趋于一恒定的值,且更靠近突变点 ω_c。这种现象即是大家所熟知的 Gibbs 现象[2,3,13]。当 $M\to\infty$ 时,$H_M(\mathrm{e}^{\mathrm{j}\omega})$在均方意义上收敛于$H_d(\mathrm{e}^{\mathrm{j}\omega})$。由此可看出均匀收敛和均方收敛的差别。

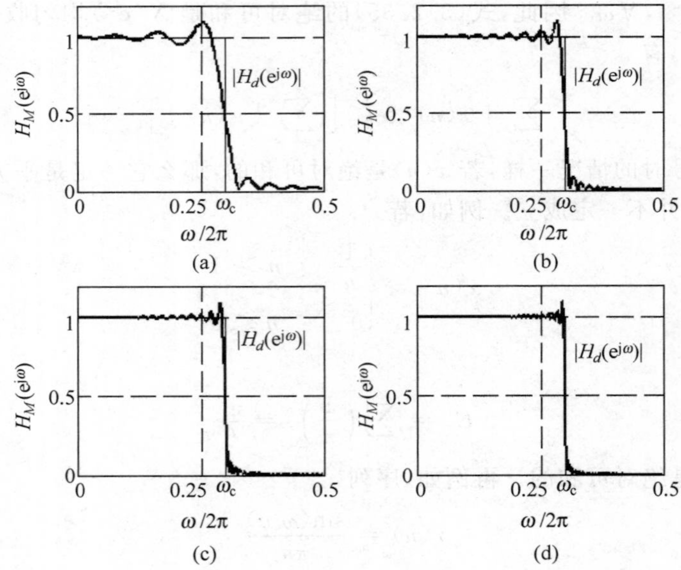

图 3.2.3　$H_M(\mathrm{e}^{\mathrm{j}\omega})$对 $H_d(\mathrm{e}^{\mathrm{j}\omega})$的近似

(a) $M=10$; (b) $M=30$; (c) $M=50$; (d) $M=100$

在第 7 章,我们将利用本例所讨论的内容来设计稳定的且是因果的 FIR 滤波器,并再次看到 Gibbs 现象的影响及傅里叶级数的均方收敛问题。

我们在实际工作中所遇到的信号，除了功率信号外，满足平方可和的信号一般也都是满足绝对可和的，式(3.2.37)和式(3.2.39)两式给出的两个序列只是很少见的特例。鉴于此，信号分析和处理的教科书中在讨论有关 DTFT 存在的条件时，有的用式(3.2.35)绝对可和的条件，有的用平方可和的条件，有的则对二者稍作说明，较为详细的讨论见文献[3]和[12]。

如同我们在 3.1.1 节所讨论的一些典型信号一样，一些既不是平方可和的也不是绝对可和的信号，在引入了 δ 函数后，也可以作 DTFT，这就进一步放宽了实现 DTFT 的条件，具体例子见 3.2.4 节。

3.2.4 一些典型信号的 DTFT

现给出一些常用信号的 DTFT。

例 3.2.2 令 $x(n)=\delta(n)$，显然 $X(\mathrm{e}^{\mathrm{j}\omega})=1$，即对所有的频率 ω，其幅频响应都为 1，相频响应都为零。若 $x(n)=\delta(n-m)$，则

$$X(\mathrm{e}^{\mathrm{j}\omega}) = \sum_{n=-\infty}^{\infty}\delta(n-m)\mathrm{e}^{-\mathrm{j}\omega n} = \mathrm{e}^{-\mathrm{j}\omega m}$$

显然

$$|X(\mathrm{e}^{\mathrm{j}\omega})| = 1$$

$$\varphi(\omega) = \arctan\frac{X_{\mathrm{I}}(\mathrm{e}^{\mathrm{j}\omega})}{X_{\mathrm{R}}(\mathrm{e}^{\mathrm{j}\omega})} = \arctan\left[\frac{-\sin(\omega m)}{\cos(\omega m)}\right] = -\omega m$$

此时 $\varphi(\omega)$ 是 ω 的线性函数，称 $X(\mathrm{e}^{\mathrm{j}\omega})$ 具有线性相位。$m=0$ 时相位恒为零，$m<0$ 及 $m>0$ 时的相频响应如图 3.2.4 所示。图 3.2.4(a)和(c)中 $m=5$，图 3.2.4(b)和(d)中 $m=-5$；图 3.2.4(a)和(b)是没有解卷绕的，而图 3.2.4(c)和(d)是经过解卷绕的，由后者可更清楚地看清其线性相位的特点。

例 3.2.3 令 $x(n)=a^n u(n)$，$|a|<1$，求 $X(\mathrm{e}^{\mathrm{j}\omega})$。

解 由 DTFT 的定义得

$$X(\mathrm{e}^{\mathrm{j}\omega}) = \sum_{n=0}^{\infty}a^n\mathrm{e}^{-\mathrm{j}\omega n} = \sum_{n=0}^{\infty}(a\mathrm{e}^{-\mathrm{j}\omega})^n$$

因为 $|a|<1$，所以 $|a\mathrm{e}^{-\mathrm{j}\omega}|<1$，利用等比级数的求和公式，则有

$$X(\mathrm{e}^{\mathrm{j}\omega}) = \frac{1}{1-a\mathrm{e}^{-\mathrm{j}\omega}}$$

其幅频和相频响应分别如图 3.2.5(a)和(b)所示，图中 $a=0.6$。显然，该幅频响应具有低通特性，且 $|a|$ 越接近于 1，其幅频响应越尖。

例 3.2.4 设 $x(n)=\mathrm{e}^{\mathrm{j}\omega_0 n}$，显然，$x(n)$ 是圆周频率为 ω_0 的离散复正弦序列，它既不是绝对可和的，也不是平方可和的，是一个标准的功率信号。如果 x 是连续的，正如我们在

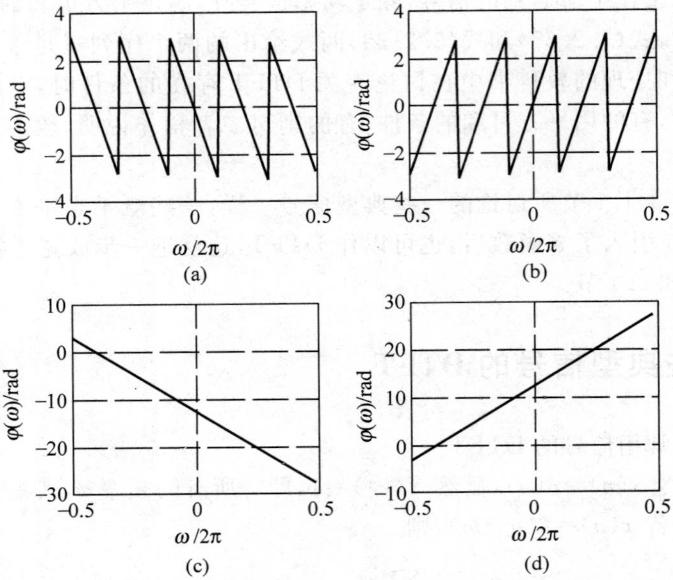

图 3.2.4　例 3.2.2 中 $X(\mathrm{e}^{\mathrm{j}\omega})$的相频响应曲线

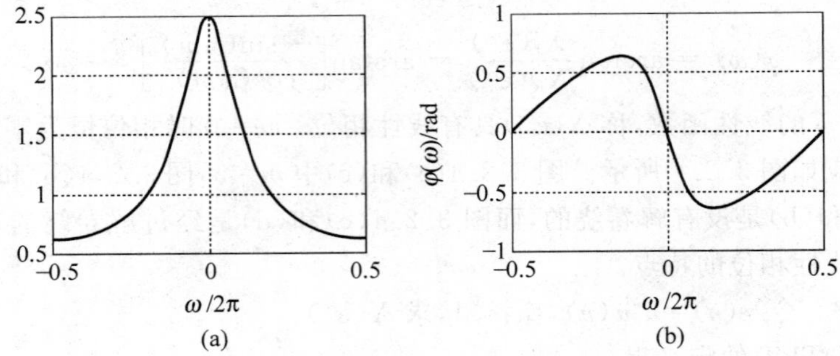

图 3.2.5　例 3.2.3 中 $X(\mathrm{e}^{\mathrm{j}\omega})$的幅频及相频响应曲线

式(3.1.19)已给出的,其傅里叶变换是 Ω_0 处的 δ 函数。对离散的复正弦,其 DTFT 也应当是 ω_0 处的 δ 函数,不过和连续情况不同的是,$x(n)$的 DTFT 应变成周期的,周期为 2π,即

$$X(\mathrm{e}^{\mathrm{j}\omega}) = 2\pi\sum_{k=-\infty}^{\infty}\delta(\omega-\omega_0+2\pi k),\quad k\in \mathrm{Z} \tag{3.2.44}$$

式中 $k\in\mathrm{Z}$ 表示 k 取整数(以下同),且 δ 函数应是 Kronecker 函数。为验证式(3.2.44)的正确性,将其代入式(3.2.5),有

$$x(n)=\frac{1}{2\pi}\int_{-\pi}^{\pi}2\pi\sum_{k=-\infty}^{\infty}\delta(\omega-\omega_0+2\pi k)\mathrm{e}^{\mathrm{j}\omega n}\mathrm{d}\omega$$
$$=\int_{-\pi}^{\pi}\delta(\omega-\omega_0)\mathrm{e}^{\mathrm{j}\omega n}\mathrm{d}\omega=\mathrm{e}^{\mathrm{j}\omega_0 n}$$

所以,式(3.2.44)的结论正确。

利用这一结论,还可得到实正弦和实余弦序列的 DTFT,即有

$$x(n)=\sin(\omega_0 n)=[\mathrm{e}^{\mathrm{j}\omega_0 n}-\mathrm{e}^{-\mathrm{j}\omega_0 n}]/\mathrm{j}2 \iff$$
$$X(\mathrm{e}^{\mathrm{j}\omega})=\mathrm{j}\pi\sum_{k=-\infty}^{\infty}[\delta(\omega+\omega_0+2\pi k)-\delta(\omega-\omega_0+2\pi k)],\quad k\in\mathrm{Z} \tag{3.2.45}$$
$$x(n)=\cos(\omega_0 n)=[\mathrm{e}^{\mathrm{j}\omega_0 n}+\mathrm{e}^{-\mathrm{j}\omega_0 n}]/2 \iff$$
$$X(\mathrm{e}^{\mathrm{j}\omega})=\pi\sum_{k=-\infty}^{\infty}[\delta(\omega+\omega_0+2\pi k)+\delta(\omega-\omega_0+2\pi k)],\quad k\in\mathrm{Z} \tag{3.2.46}$$

请读者将式(3.2.44)～式(3.2.46)和式(3.1.19)～式(3.1.21)相比较,分析连续及离散正弦信号傅里叶变换的区别与联系。

例 3.2.5 令 $x(n)=u(n)$为一单位阶跃序列,当然,它也不符合绝对可和或平方可和的条件,文献[1]给出了该序列 DTFT 的表达式,即

$$X(\mathrm{e}^{\mathrm{j}\omega})=U(\mathrm{e}^{\mathrm{j}\omega})=\frac{1}{1-\mathrm{e}^{-\mathrm{j}\omega}}+\pi\sum_{k=-\infty}^{\infty}\delta(\omega+2\pi k),\quad k\in\mathrm{Z} \tag{3.2.47}$$

3.2.5 信号截短对 DTFT 的影响

用计算机去处理一个信号时,信号的长度总是有限的,而例 3.2.1～3.2.5 所讨论的各种信号的 DTFT 的表达式都是在 n 为无穷的前提下导出的。现在利用下面的例子来说明信号截短对 DTFT 的影响。

例 3.2.6 将一个 $n=-\infty\sim\infty$的无限长信号 $x(n)$截短,最简单的方法是用一个窗函数去乘该信号。若所用的窗函数为矩形窗,即

$$d(n)=\begin{cases}1 & n=0,1,\cdots,N-1\\ 0 & n\text{ 为其他值}\end{cases} \tag{3.2.48}$$

那么,$x_N(n)=x(n)d(n)$实现了对 $x(n)$的自然截短。现研究这一截短对 DTFT 的影响。

解 先研究 $d(n)$的频谱特点。由 DTFT 的定义得

$$D(\mathrm{e}^{\mathrm{j}\omega})=\sum_{n=0}^{N-1}d(n)\mathrm{e}^{-\mathrm{j}\omega n}=\sum_{n=0}^{N-1}\mathrm{e}^{-\mathrm{j}\omega n}=\frac{1-\mathrm{e}^{-\mathrm{j}\omega N}}{1-\mathrm{e}^{-\mathrm{j}\omega}}$$
$$=\frac{\mathrm{e}^{-\mathrm{j}\omega N/2}(\mathrm{e}^{\mathrm{j}\omega N/2}-\mathrm{e}^{-\mathrm{j}\omega N/2})}{\mathrm{e}^{-\mathrm{j}\omega/2}(\mathrm{e}^{\mathrm{j}\omega/2}-\mathrm{e}^{-\mathrm{j}\omega/2})}$$

即

$$D(e^{j\omega}) = e^{-j\omega(N-1)/2} \frac{\sin(\omega N/2)}{\sin(\omega/2)} \tag{3.2.49}$$

记

$$D_g(e^{j\omega}) = \frac{\sin(\omega N/2)}{\sin(\omega/2)}$$

$D_g(e^{j\omega})$可理解为 $D(e^{j\omega})$的增益，可正可负。当 $\omega=0$ 时，$D_g(e^{j\omega})=N$；当 $\omega N/2=\pi k$，即 $\omega=2\pi k/N$ 时，$D_g(e^{j\omega})=0$。$d(n)$即 $D_g(e^{j\omega})$如图 3.2.6(a)和(b)所示，$D(e^{j\omega})$的相频响应也是线性的，如图 3.2.6(c)所示。$D_g(e^{j\omega})$在 $\omega=0$ 两边第一个过零点间的部分称为 $D(e^{j\omega})$的主瓣，对矩形窗，该主瓣宽度 $B=4\pi/N$，主瓣以外部分($|\omega|>2\pi/N$)称为 $D(e^{j\omega})$的边瓣。显然，N 增大时，主瓣宽度 B 减小，如图 3.2.6(d)所示。当 $N\to\infty$时，$D(e^{j\omega})$趋于$\delta(\omega)$，这时相当于对信号没有截短。

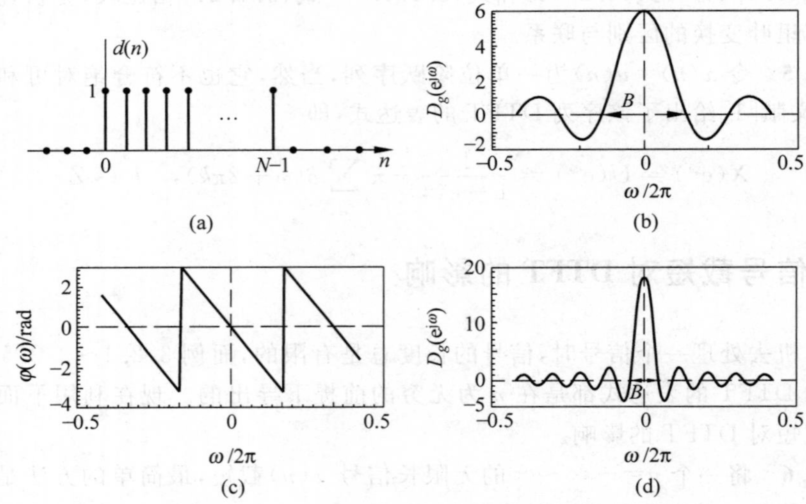

图 3.2.6　矩形窗的频谱

(a) 宽度为 N 的矩形窗；(b) $D_g(e^{j\omega})(N=6)$；(c) $\varphi(\omega)$；(d) 矩形窗的宽度变为 $3N$ 时的 $D_g(e^{j\omega})$

由 3.2.2 节所述的 DTFT 的性质 5 可知，若 $x_N(n)=x(n)d(n)$，那么

$$X_N(e^{j\omega}) = X(e^{j\omega}) * D(e^{j\omega})$$

卷积的结果是 $D(e^{j\omega})$的主瓣对 $X(e^{j\omega})$起到了“平滑”的作用，降低了 $X(e^{j\omega})$中谱峰的分辨能力。例如，假设 $x(n)$为两个正弦信号的和，那么，其频谱在 ω_1、ω_2 处各有一个谱线，如图 3.2.7(a)所示。若 $D_g(e^{j\omega})$主瓣的宽度 $4\pi/N$ 大于$|\omega_2-\omega_1|$，那么在 $X_N(e^{j\omega})$中将分辨不出这两根谱线，如图 3.2.7(b)所示。这是由于窗函数 $d(n)$过短从而使其频谱的主瓣过宽、边瓣过大所引起的。若增加数据长度 N，使 $4\pi/N<|\omega_2-\omega_1|$，那么，这两个谱峰可

分辨出,如图 3.2.7(c)所示。由此可看到窗函数在信号处理中的影响。

本例讨论的内容实际上是信号作频谱分析时的"频率分辨率"问题,在 3.7 节还要涉及这一重要内容。

顺便指出,如果 $d(t)$是一个连续的矩形窗,即 $d(t)=1$,对 $0\leqslant t\leqslant 1$,可以求出

$$D(\mathrm{j}\Omega)=\int_0^1 d(t)\mathrm{e}^{-\mathrm{j}\Omega t}\,\mathrm{d}t=\mathrm{e}^{-\mathrm{j}\Omega/2}\ \frac{\sin(\Omega/2)}{\Omega/2} \tag{3.2.50}$$

记

$$D_g(\Omega)=\frac{\sin(\Omega/2)}{\Omega/2}$$

则 $D_g(\Omega)$是 $\sin x/x$ 型的 sinc 函数,在 3.1.1 节已遇到过它。式(3.2.49)中的 $D_g(\mathrm{e}^{\mathrm{j}\omega})$和 $D_g(\Omega)$有着类似的形式,因此,也称其为 sinc 函数。不过 $D_g(\mathrm{e}^{\mathrm{j}\omega})$是周期的,周期为 2π,它可以看作是 $D_g(\Omega)$的离散形式。

加窗对频域分析带来的另一个影响是频谱的"泄漏(leakage)",现用下例给以说明。

例 3.2.7 令

$$X(\mathrm{e}^{\mathrm{j}\omega})=\begin{cases}31 & |\omega|\leqslant 0.4\pi\\ 0 & 0.4\pi<|\omega|<\pi\end{cases}$$

如图 3.2.8(a)所示,即 $X(\mathrm{e}^{\mathrm{j}\omega})$是频域的矩形函数,所以,对应的 $x(n)$为 sinc 函数。现对 $x(n)$用矩形窗 $d(n)$,$n=0,\cdots,30$ 来截短,试分析截短后对 $x(n)$频谱的影响。

解 记 $x_N(n)=x(n)d(n)$,由 DTFT 的性质,有

$$X_N(\mathrm{e}^{\mathrm{j}\omega})=X(\mathrm{e}^{\mathrm{j}\omega})*D(\mathrm{e}^{\mathrm{j}\omega})$$

$D(\mathrm{e}^{\mathrm{j}\omega})$的增益 $D_g(\mathrm{e}^{\mathrm{j}\omega})$如图 3.2.8(b)所示,卷积的结果如图 3.2.8(c)所示。可以看出,卷积后的 $X_N(\mathrm{e}^{\mathrm{j}\omega})$在 $X(\mathrm{e}^{\mathrm{j}\omega})$原来为零的位置($|\omega|>0.4\pi$)处已不再为零,这是由于 $D(\mathrm{e}^{\mathrm{j}\omega})$的边瓣所产生的。这种现象就称为频谱的泄漏。边瓣越大,且衰减得越慢,泄漏就越严重。泄漏的现象在例 3.2.6 中已可清楚地看出。如图 3.2.7(a)所示,本来 $X(\mathrm{e}^{\mathrm{j}\omega})$是两根线谱,和 $D(\mathrm{e}^{\mathrm{j}\omega})$卷积后变成图 3.2.7(b)或图(c)。在频谱分析中,泄漏往往会模糊原来真正谱的形状,窗函数过大的边瓣有可能产生虚假的峰值,这些都是不希望的。

在实际工作中,对信号的截短是不可避免的,因此总要使用窗函数。矩形窗是最简单的窗函数,对信号的自然截短就意味着使用了矩形窗,窗的宽度即是数据的长度。除了矩形窗外,人们还提出了许多其他类型的窗函数,如哈明窗、汉宁窗等。由以上两个例子可以看出,窗函数的主瓣越窄越好,边瓣越小并衰减得越快越好。有关窗函数的内容将在第 7 章详细讨论。

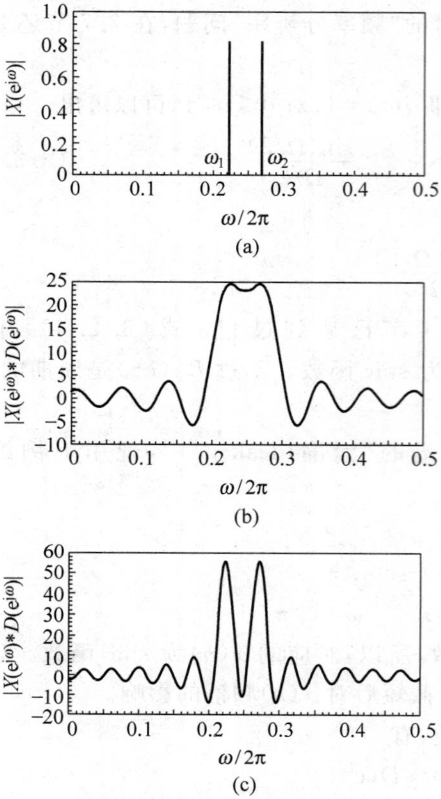

图 3.2.7　窗函数的影响

(a) $X(e^{j\omega})(\omega_1=0.452\pi,\ \omega_2=0.548\pi)$；

(b) $X(e^{j\omega})$和 $D(e^{j\omega})$卷积 $(N=31)$；

(c) N 增大时 $X(e^{j\omega})$和 $D(e^{j\omega})$的卷积

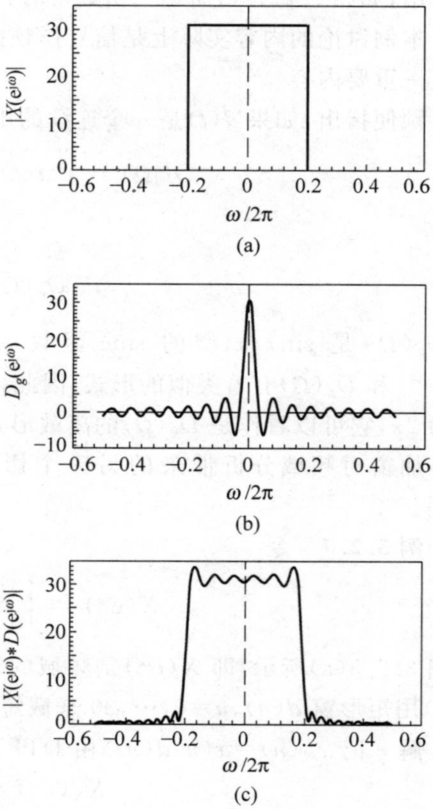

图 3.2.8　泄漏的影响

(a) $|X(e^{j\omega})|$；

(b) $D_g(e^{j\omega}),N=31$；

(c) $|X(e^{j\omega})*D(e^{j\omega})|$

3.3　连续时间信号的抽样

3.3.1　抽样定理

将连续信号变成数字信号是在计算机上实现信号数字处理的必要步骤。在实际工作中，信号的抽样是通过 A/D 芯片来实现的。通过 A/D 转换，将连续信号 $x(t)$变成数字信

号 $x(nT_s)$，将 $x(t)$ 的傅里叶变换 $X(j\Omega)$ 变成 $X(e^{j\omega})$。显然要关心：$x(nT_s)$ 是否包含有 $x(t)$ 的全部信息？$X(e^{j\omega})$ 和 $X(j\Omega)$ 是什么关系？如何由 $x(nT_s)$ 恢复出 $x(t)$？所有这些问题，都是数字信号处理中的基本问题，前面各部分内容的讨论为我们回答上述问题提供了理论依据。由下面的讨论可知，信号的抽样理论是连接离散信号和连续信号的桥梁，是进行离散信号处理与离散系统设计的基础。

由图 1.1.2 可知，将连续信号 $x_a(t)$ 和冲激串函数 $p(t)$ 相乘，即可得到离散信号 $x(nT_s)$。重写式(1.1.6)，即有

$$x(nT_s) = x_a(t)\big|_{t=nT_s} = x_a(t)p(t) \tag{3.3.1}$$

式中

$$p(t) = \sum_{n=-\infty}^{\infty} \delta(t - nT_s) \tag{3.3.2}$$

是图 1.1.2(b)所示的冲激串，它是时域的周期信号，周期为 T_s。式(3.3.1)是理想化的抽样数学模型，即 A/D 转换器的转换时间等于零。由上面两节的讨论，有

$$X_a(j\Omega) = \int_{-\infty}^{\infty} x_a(t) e^{-j\Omega t} dt \tag{3.3.3}$$

$$X(e^{j\omega}) = \sum_{n=-\infty}^{\infty} x(nT_s) e^{-j\omega n} \tag{3.3.4}$$

$x_a(t)$，$X_a(j\Omega)$ 及 $p(t)$ 示于图 3.3.1(a)，(b)，图中假定 $X_a(j\Omega)$ 的最高频率为 Ω_c。现在，我们希望找出 $X_a(j\Omega)$ 和 $X(e^{j\omega})$ 之间的关系。

由 3.2.2 节所述的 DTFT 的性质 5 可知，两个离散信号时域相乘，其频域对应卷积。连续时间信号同样也有这一性质。

我们不妨把 $x(nT_s)$ 也视之为连续信号，其傅里叶变换记为 $X_s(j\Omega)$，显然有

$$X(e^{j\omega}) = X_s(j\Omega)\big|_{\Omega=\omega/T_s}$$

令 $P(j\Omega)$ 为 $p(t)$ 的傅里叶变换，则

$$X_s(j\Omega) = X_a(j\Omega) * P(j\Omega) \tag{3.3.5}$$

由式(3.1.23)～式(3.1.26)及式(3.1.28)，有

$$P(j\Omega) = \frac{2\pi}{T_s} \sum_{k=-\infty}^{\infty} \delta(\Omega - k\Omega_s) \tag{3.3.6}$$

由此可以看出，$p(t)$ 的傅里叶变换也是一个脉冲序列，其强度为 $2\pi/T_s$，频域的周期为 Ω_s。因为 $\Omega_s = 2\pi/T_s$，所以 T_s 越小，Ω_s 越宽，如图 3.3.1(b)所示。

由式(3.3.5)可得

$$\begin{aligned} X_s(j\Omega) &= X_a(j\Omega) * \left[\frac{2\pi}{T_s} \sum_{k=-\infty}^{\infty} \delta(\Omega - k\Omega_s)\right] \\ &= \frac{1}{2\pi} \frac{2\pi}{T_s} \int_{-\infty}^{\infty} X_a(j\lambda) \sum_{k=-\infty}^{\infty} \delta(\Omega - \lambda - k\Omega_s) d\lambda \end{aligned}$$

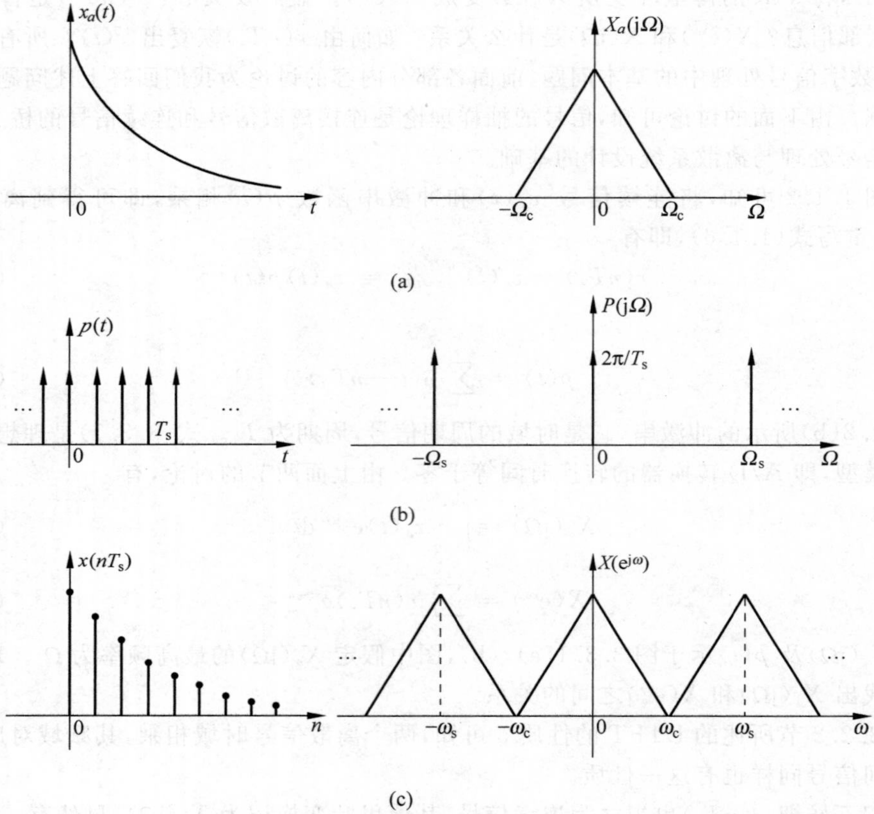

图 3.3.1　抽样定理的图形导出

$$=\frac{1}{T_s}\sum_{k=-\infty}^{\infty}\int_{-\infty}^{\infty}X_a(\mathrm{j}\lambda)\delta(\Omega-\lambda-k\Omega_s)\mathrm{d}\lambda$$

最后得

$$X_s(\mathrm{j}\Omega)=\frac{1}{T_s}\sum_{k=-\infty}^{\infty}X_a(\mathrm{j}\Omega-\mathrm{j}k\Omega_s) \tag{3.3.7a}$$

即

$$X(\mathrm{e}^{\mathrm{j}\omega})=X_s(\mathrm{j}\Omega)\big|_{\Omega=\omega/T_s}=\frac{1}{T_s}\sum_{k=-\infty}^{\infty}X_a(\mathrm{j}\Omega-\mathrm{j}k\Omega_s) \tag{3.3.7b}$$

$x(nT_s)$及$X(\mathrm{e}^{\mathrm{j}\omega})$如图 3.3.1(c)所示，图中横坐标$\omega=\Omega T_s$。这一结果清楚地告诉我们，将连续信号$x_a(t)$经抽样变成$x(nT_s)$后，$x(nT_s)$的频谱将变成周期的。相对频率$\Omega$，周期为$\Omega_s=2\pi/T_s=2\pi f_s$，相对圆频率$\omega$，周期为$2\pi$。变成周期的方法是将$X_a(\mathrm{j}\Omega)$在频率轴上以$\Omega_s$为周期移位后再叠加，并除以$T_s$。这种现象又称为频谱的周期延拓。

由图 3.3.1 可以看出，若在 $|\Omega| \geqslant \Omega_s/2$ 时 $|X_a(j\Omega)| \equiv 0$，即 $X_a(j\Omega)$ 是有限带宽的，那么作周期延拓后，$X_s(j\Omega)$ 的每一个周期都等于 $X_a(j\Omega)$（差一倍数 $1/T_s$）。反之，若 T_s 过大，或者 $X_a(j\Omega)$ 本身就不是有限带宽的，那么作周期延拓后将要发生频域的“混叠(aliasing)”现象，以致一个周期中的 $X_s(j\Omega)$ 不等于 $X_a(j\Omega)$。这样我们就无法由 $x(nT_s)$ 恢复出 $x_a(t)$。由以上的讨论可引出信号的抽样定理。

抽样定理(sampling theory)　若连续信号 $x(t)$ 是有限带宽的，其频谱的最高频率为 f_c，对 $x(t)$ 抽样时，若保证抽样频率

$$f_s \geqslant 2f_c \quad (\text{或 } \Omega_s \geqslant 2\Omega_c,\text{ 或 } T_s \leqslant \pi/\Omega_c) \tag{3.3.8}$$

那么，可由 $x(nT_s)$ 恢复出 $x(t)$，即 $x(nT_s)$ 保留了 $x(t)$ 的全部信息。

抽样定理是由奈奎斯特(Nyquist)和香农(Shannon C E)分别于 1928 年和 1949 年提出的，所以又称奈奎斯特抽样定理，或香农抽样定理[1]。该定理指出了对信号抽样时所必须遵守的基本原则。在实际对 $x(t)$ 作抽样时，首先要了解 $x(t)$ 的最高截止频率 f_c，以确定应选取的抽样频率 f_s。若 $x(t)$ 不是有限带宽的，在抽样前应对 $x(t)$ 作模拟滤波，以去掉 $f>f_c$ 的高频成分。这种用以防混叠的模拟滤波器又称“抗混叠(anti-aliasing)滤波器”。抽样频率 f_s 又称为“奈奎斯特频率”，而使频谱不发生混叠的最小抽样频率，即 $f_s=2f_c$ 称为“奈奎斯特率”，$f_s/2$ 称为折叠频率。

下面是一些常见信号主要频率的大致范围[4]，供抽样时参考。

(1) 生理信号

① 心电图(ECG)	0～100Hz
② 自发脑电图(EEG)	0～100Hz
③ 表面肌电图(EMG)	10～200Hz
④ 眼电图(EOG)	0～20Hz
⑤ 语音	100～4000Hz

(2) 地震信号

① 风噪声	100～1000Hz
② 地震勘探信号	10～100Hz
③ 地震及核爆炸信号	0.01～10Hz

(3) 电磁信号

① 无线电广播	$3\times10^4 \sim 3\times10^6$ Hz
② 短波	$3\times10^6 \sim 3\times10^{10}$ Hz
③ 雷达、卫星通信	$3\times10^8 \sim 3\times10^{10}$ Hz
④ 远红外	$3\times10^{11} \sim 3\times10^{14}$ Hz
⑤ 可见光	$3.7\times10^{14} \sim 7.7\times10^{14}$ Hz
⑥ 紫外线	$3\times10^{15} \sim 3\times10^{16}$ Hz

⑦ γ 射线和 X 射线　　　　$3\times10^{17}\sim3\times10^{18}$ Hz

3.3.2 信号的重建

以上的讨论回答了 $X_a(\mathrm{j}\Omega)$和 $X(\mathrm{e}^{\mathrm{j}\omega})$的关系及如何使 $x(nT_s)$保持 $x(t)$全部信息的问题，现在从数学上讨论如何由 $x(nT_s)$恢复出 $x_a(t)$。假定 $f_s\geqslant 2f_c$，即没有发生混叠，如图 3.3.1(c)所示。

设有一理想低通滤波器，其频率响应是

$$H(\mathrm{j}\Omega)=\begin{cases}T_s & |\Omega|\leqslant\Omega_s/2\\ 0 & |\Omega|>\Omega_s/2\end{cases}\tag{3.3.9}$$

令 $x(nT_s)$通过该低通滤波器，其输出为 $y(t)$，由 3.2.2 节介绍的 DTFT 的性质 4，得频域关系

$$X_s(\mathrm{j}\Omega)H(\mathrm{j}\Omega)=Y(\mathrm{j}\Omega)$$

由图 3.3.2 可看出，$H(\mathrm{j}\Omega)$与 $X_s(\mathrm{j}\Omega)$相乘的结果是截取了 $X_s(\mathrm{j}\Omega)$的一个周期，于是

$$Y(\mathrm{j}\Omega)=T_sX_s(\mathrm{j}\Omega)=X_a(\mathrm{j}\Omega)$$

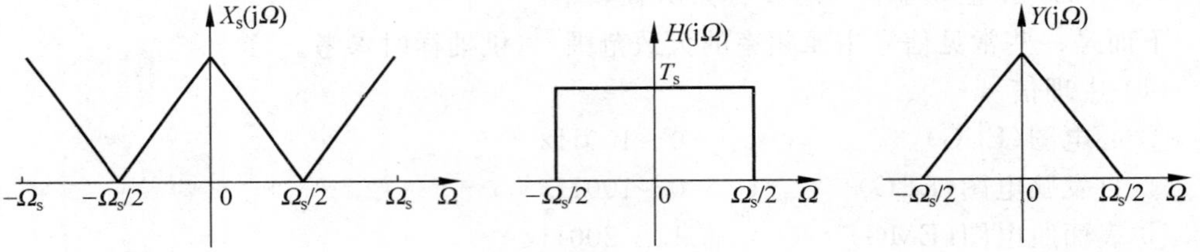

图 3.3.2　由 $x(nT_s)$重建 $x(t)$

$H(\mathrm{j}\Omega)$对应的单位抽样响应

$$h(t)=\frac{1}{2\pi}\int_{-\Omega_s/2}^{\Omega_s/2}T_s\mathrm{e}^{\mathrm{j}\Omega t}\,\mathrm{d}\Omega=\frac{\sin(\Omega_st/2)}{\Omega_st/2}\tag{3.3.10}$$

因而

$$y(t)=x(nT_s)*h(t)=\sum_{n=-\infty}^{\infty}x(nT_s)\frac{\sin[\Omega_s(t-nT_s)/2]}{\Omega_s(t-nT_s)/2}$$

因为 $Y(\mathrm{j}\Omega)=X_a(\mathrm{j}\Omega)$，所以 $y(t)$也应等于 $x_a(t)$，由 $\Omega_s=2\pi/T_s$，有

$$x_a(t)=\sum_{n=-\infty}^{\infty}x(nT_s)\frac{\sin[\pi(t-nT_s)/T_s]}{\pi(t-nT_s)/T_s}\tag{3.3.11}$$

此式即为由抽样后的离散信号重建原信号的公式。不难发现，这是一个插值公式，插值函数为 sinc 函数，插值间距为 T_s，权重为 $x(nT_s)$。只要满足抽样定理，那么，由无穷多加权 sinc 函数移位后的和即可重建出原信号。

在工程实际中，将离散信号变成模拟信号可以通过数模转换器来实现。

3.3.3 关于正弦信号的抽样

正弦信号

$$x(t)=A\sin(2\pi f_0 t+\varphi) \tag{3.3.12}$$

无论在理论研究上还是在工程实际上都有着广泛的应用。例如，在信号处理中，人们常常把正弦信号加上白噪声作为试验信号，以检验某个算法或数字装置的性能。因此，在数字信号处理中，不可避免地要遇到正弦信号的抽样问题。由于式(3.3.12)的正弦信号的频谱是在 $\pm f_0$ 处的 δ 函数，这一特点决定了对正弦信号抽样时将会遇到一些特殊的现象，现举例说明。

按抽样定理，对带限信号，只要保证抽样频率 f_s 大于或等于信号最高频率 f_c 的两倍，即可由 $x(t)$ 的抽样 $x(nT_s)$ 恢复出 $x(t)$。若把式(3.3.12)的正弦信号视为带限信号，那么 $x(t)$ 的最高频率 $f_c=f_0$。这样，若取 $f_s=2f_0$，在一个周期内仅能抽到两个点，这两个点的值随相位 φ 的不同而不同。若 $\varphi=0$，那么 $x(0)=x(1)=0$，这时 $x(n)$ 不包含原信号 $x(t)$ 的任何信息。若 $\varphi=\pi/2$，那么，$x(0)=A$，$x(1)=-A$，这时从 $x(n)$ 已看不出 $x(t)$ 的形态，$x(n)$ 可能来自于方波、三角波或别的某种波形。

考虑两个正弦信号

$$x_1(t)=\cos(2\pi f_1 t),\quad f_1=20\text{Hz}$$

$$x_2(t)=\cos(2\pi f_2 t),\quad f_2=100\text{Hz}$$

现以 $f_s=80\text{Hz}$ 对这两个信号抽样。由于 $f_s=4f_1$，$f_s<2f_2$，因此，对 $x_1(t)$ 应能满足抽样定理，对 $x_2(t)$ 不满足，但抽样后的结果是

$$x_1(n)=\cos(2\pi\times 20n/80)=\cos(\pi n/2)$$

$$x_2(n)=\cos(2\pi\times 100n/80)=\cos(5\pi n/2)=\cos(\pi n/2)$$

它们都是以{1, 0, −1, 0}这四点序列作基本周期的离散周期信号。这样将无法从抽样后的结果判断它们究竟是来自于 $x_1(t)$ 还是 $x_2(t)$。

当我们用计算机实际处理一个信号时，信号的长度 N 总是有限的，因此，对式(3.3.12)无限长的周期信号不可避免地要遇到截短问题，即 $x_d(n)=x(n)d(n)$，$d(n)$ 为窗函数。这样 $x_d(n)$ 的频谱

$$X_d(e^{j\omega})=X(e^{j\omega})*D(e^{j\omega}) \tag{3.3.13}$$

因为 $X(e^{j\omega})$ 是 δ 函数，若 $d(n)$ 是矩形窗，那么 $D(e^{j\omega})$ 为频域的 sinc 函数。卷积的结果，$X_d(e^{j\omega})$ 将变成中心频率分别在 $\pm f_0$ 处的两个 sinc 函数的叠加，即不可避免地发生了频域能量的泄漏。理论上讲，N 越大，$D(e^{j\omega})$ 越接近 δ 函数，$X_d(e^{j\omega})$ 中的泄漏越小。

鉴于上述原因，建议在对正弦信号抽样时遵循如下原则：

① 在对一个未知频率的正弦信号抽样时，应先用示波器观察一下该信号以确定其频率；

② 抽样频率应为信号频率的整数倍，且倍数应不小于3；

③ 由于在用快速傅里叶变换实现信号的频谱分析时往往要求数据的长度是2的整次幂，所以建议抽样频率应取信号频率的4倍，即每个周期抽四个点；

④ 对抽样后的数据截短时，应使截短后的数据包含整周期；

⑤ 在截短后的数据后面不宜补零以避免频谱的泄漏。

有关正弦信号抽样的更详细的内容可参看文献[14]。

3.4 离散时间周期信号的傅里叶级数

设$\tilde{x}(nT_s)$是周期信号$\tilde{x}(t)$的抽样，$\tilde{x}(t)$的周期为T，每个周期内抽N个点，即$T=NT_s$。这样，$\tilde{x}(nT_s)$也是周期的，周期为NT_s或N。由式(3.1.1)，将$\tilde{x}(t)$展成傅里叶级数，得

$$\tilde{x}(t) = \sum_{k=-\infty}^{\infty} X(k\Omega_0)\mathrm{e}^{\mathrm{j}k\Omega_0 t}$$

$X(k\Omega_0)$是$\tilde{x}(t)$的傅里叶级数，所以它是离散的且是非周期的，式中$k=0,\pm1,\cdots,\pm\infty$，而$\Omega_0=2\pi/T=2\pi/NT_s$。现对上式的$\tilde{x}(t)$抽样，得

$$\begin{aligned}\tilde{x}(nT_s) = \tilde{x}(t)\,|_{t=nT_s} &= \sum_k \tilde{X}(k\Omega_0)\exp\left(\mathrm{j}k\,\frac{2\pi}{NT_s}nT_s\right)\\ &= \sum_k \tilde{X}(k\Omega_0)\exp\left(\mathrm{j}\,\frac{2\pi}{N}nk\right)\end{aligned} \tag{3.4.1}$$

由3.2节的讨论可知，离散信号的频谱应是周期的，周期为Ω_s，所以在上式中已将$X(k\Omega_0)$改记为$\tilde{X}(k\Omega_0)$。由式(3.1.3)及式(3.2.5)可知，对周期信号的求和或积分应在一个周期内进行，因此，式(3.4.1)的求和也应在$\tilde{X}(k\Omega_0)$的一个周期内进行。现分析一下$\tilde{X}(k\Omega_0)$的周期是多少。

由于$\Omega_s=2\pi/T_s=2\pi N/T=N\Omega_0$，$\Omega_0$是$\tilde{x}(t)$的基波频率，因此，在$\tilde{X}(k\Omega_0)$的一个周期内应有$N$个点，也即其周期是$N$。取其一个周期，并简记为$X(k)$。又由于

$$\exp\left(\mathrm{j}\,\frac{2\pi}{N}nk\right) = \exp\left[\mathrm{j}\,\frac{2\pi}{N}n(k+lN)\right]$$

式中l为任意整数，所以式(3.4.1)可表示为

$$\tilde{x}(nT_s) = \sum_{k=0}^{N-1} X(k)\exp\left(\mathrm{j}\,\frac{2\pi}{N}nk\right) \tag{3.4.2}$$

当 $n=0,1,\cdots,N-1$ 和 $n=N,\cdots,2N-1$ 时，上式所求出的结果是一样的，即此式只能计算出 N 个 $\tilde{x}(nT_s)$ 的值。这 N 个值即是 $\tilde{x}(nT_s)$ 的一个周期，记为 $x(n)$，$n=0,1,\cdots,N-1$。这样，式(3.4.2)左边的 $\tilde{x}(nT_s)$ 可换成 $x(nT_s)$。现对式(3.4.2)两边作如下运算

$$\sum_{n=0}^{N-1} x(n)\exp\left(-\mathrm{j}\,\frac{2\pi}{N}ln\right)=\sum_{n=0}^{N-1}\left[\sum_{k=0}^{N-1}X(k)\exp\left(\mathrm{j}\,\frac{2\pi}{N}nk\right)\right]\exp\left(-\mathrm{j}\,\frac{2\pi}{N}nl\right)$$
$$=\sum_{k=0}^{N-1}X(k)\sum_{n=0}^{N-1}\exp\left[\mathrm{j}\,\frac{2\pi}{N}(k-l)n\right]$$

由于

$$\sum_{n=0}^{N-1}\exp\left[\mathrm{j}\,\frac{2\pi}{N}(k-l)n\right]=\begin{cases}N & k-l=0,N,2N,\cdots\\ 0 & \text{其他}\end{cases} \tag{3.4.3}$$

故上式的右边等于 $NX(k)$，于是有

$$X(k)=\frac{1}{N}\sum_{n=0}^{N-1}x(n)\exp\left(-\mathrm{j}\,\frac{2\pi}{N}nk\right) \tag{3.4.4}$$

习惯上将定标因子 N 移到式(3.4.2)的反变换中去。这样，总结上述的讨论，对离散周期信号，我们可得到如下两组变换式

$$\begin{cases}X(k)=\sum_{n=0}^{N-1}x(n)\exp\left(-\mathrm{j}\,\frac{2\pi}{N}nk\right) & k=0,1,\cdots,N-1\\ x(n)=\frac{1}{N}\sum_{k=0}^{N-1}X(k)\exp\left(\mathrm{j}\,\frac{2\pi}{N}nk\right) & n=0,1,\cdots,N-1\end{cases} \tag{3.4.5}$$

和

$$\begin{cases}\tilde{X}(k)=\sum_{n=0}^{N-1}\tilde{x}(n)\exp\left(-\mathrm{j}\,\frac{2\pi}{N}nk\right) & k=-\infty\sim+\infty\\ \tilde{x}(n)=\frac{1}{N}\sum_{k=0}^{N-1}\tilde{X}(k)\exp\left(\mathrm{j}\,\frac{2\pi}{N}nk\right) & n=-\infty\sim+\infty\end{cases} \tag{3.4.6}$$

式(3.4.6)称为离散周期序列的傅里叶级数(DFS)，尽管式中标注的 n,k 都是从 $-\infty\sim+\infty$，实际上，只能算出 N 个独立的值。DFS在时域、频域都是周期的，且是离散的，如图3.2.1所示。式(3.4.5)和式(3.4.6)实际上是一样的，只不过前者更明确地表示仅取一个周期。

也许读者会问，将式(3.4.1)的求和范围由 $-\infty\sim+\infty$ 改为式(3.4.2)的 $0\sim N-1$ 后，这两个式子给出的结果怎么会相同呢？要用抽样定理来回答这个问题。将 $\tilde{x}(t)$ 抽样变成 $\tilde{x}(nT_s)$，抽样频率 Ω_s 一定要大于或等于 $\tilde{x}(t)$ 最高频率的两倍。因此，尽管我们说 $X(k\Omega_0)$ 中的 k 可以是 $-\infty\sim+\infty$，即包含了无穷多的谐波分量，但满足抽样定理的 $\tilde{x}(t)$ 的最高频率最多只能是 $\Omega_s/2$，又因为 $(\Omega_s/2)/\Omega_0=N/2$，因此，满足抽样定理的 $\tilde{x}(t)$ 的最高谐波分量只能到 $N\Omega_0/2$，即 $k=N/2$。这样，就容易理解式(3.4.1)和式(3.4.2)为何等

效了。

也可以由更为简单的方法导出式(3.4.5)。设 $x(n), n=0,1,\cdots,N-1$，为一有限长序列，其 DTFT 为

$$X(\mathrm{e}^{\mathrm{j}\omega}) = \sum_{n=0}^{N-1} x(n)\mathrm{e}^{-\mathrm{j}\omega n} \tag{3.4.7}$$

前面已指出，$X(\mathrm{e}^{\mathrm{j}\omega})$是 ω 的连续函数，且是周期的，周期为 2π。现将 $X(\mathrm{e}^{\mathrm{j}\omega})$离散化，具体方法是令其一个周期内恰好有 N 个点，即

$$X(\mathrm{e}^{\mathrm{j}\omega})\big|_{\omega=2\pi k/N} = \sum_{n=0}^{N-1} x(n)\exp\left(-\mathrm{j}\,\frac{2\pi}{N}nk\right) = X(k) \tag{3.4.8}$$

我们知道，时域抽样将使原连续信号的频谱变成周期的，那么，对连续频谱的抽样也必然使原来的时域信号变成周期的。因此，$X(\mathrm{e}^{\mathrm{j}\omega})\big|_{\omega=2\pi k/N}$对应的是一个以 N 为周期的离散序列，$x(n)$恰是它的一个周期。这一结果和上面的讨论是完全一致的，只不过从 DFS 的角度来讨论更有利于了解四种傅里叶变换的对应关系。

式(3.4.5)称为离散傅里叶变换(discrete Fourier transform，DFT)，DFT 和离散线性卷积是数字信号处理中两个最重要的运算。有关 DFT 的定义及性质，将在 3.5 节详细讨论。

3.5　离散傅里叶变换(DFT)

3.5.1　DFT 的定义

至今，我们已讨论了四种形式的傅里叶变换，即 FT，FS，DTFT 和 DFS，它们在时域和频域的对应情况及计算公式都已示于图 3.2.1。

在计算机上实现信号的频谱分析及其他方面的处理工作时，对信号的要求是：在时域和频域都应是离散的，且都应是有限长。在图 3.2.1 中，只有 DFS 在时域和频域都是离散的，但 $\tilde{x}(nT_s)$和 $\tilde{X}(k\Omega_0)$都是无限长。由于 $\exp\left(\pm\mathrm{j}\,\frac{2\pi}{N}nk\right)$相对 n 和 k 都是以 N 为周期的，所以只要保证 $\tilde{x}(nT_s)$是以 N 点为周期的，那么 $\tilde{X}(k\Omega_0)$也是以 N 点为周期的。而且由 $\tilde{X}(k\Omega_0)$在一个周期内取反变换得到的 $\tilde{x}(nT_s)$也能保证是以 N 点为周期的。这一极好的性质引导出式(3.4.5)的离散傅里叶变换对，即 DFT。现重写式(3.4.5)，即有

$$\begin{cases} X(k) = \sum_{n=0}^{N-1} x(n)\exp\left(-\mathrm{j}\,\dfrac{2\pi}{N}nk\right) = \sum_{n=0}^{N-1} x(n)W_N^{nk} & k = 0,1,\cdots,N-1 \\ x(n) = \dfrac{1}{N}\sum_{k=0}^{N-1} X(k)\exp\left(\mathrm{j}\,\dfrac{2\pi}{N}nk\right) = \dfrac{1}{N}\sum_{k=0}^{N-1} X(k)W_N^{-nk} & n = 0,1,\cdots,N-1 \end{cases} \tag{3.5.1}$$

式中 $x(n)$,$X(k)$分别是 $\tilde{x}(nT_s)$和 $\tilde{X}(k\Omega_0)$的一个周期,此处把 T_s,Ω_0 都归一化为 1;而 $W_N=\exp\left(-\mathrm{j}\,\dfrac{2\pi}{N}\right)$。DFT 对应的是在时域、频域都是有限长,且又都是离散的一类变换。

显然 DFT 并不是一个新的傅里叶变换形式,它实际上来自于 DFS,只不过仅在时域、频域各取一个周期而已。由这一个周期作延拓,可得到整个的 $\tilde{x}(nT_s)$和 $\tilde{X}(k\Omega_0)$。

我们在实际工作中常常遇到的是非周期序列,它们可能是有限长,也可能是无限长,对这样的序列作傅里叶变换,理论上应是做 DTFT,得到周期的连续频谱 $X(\mathrm{e}^{\mathrm{j}\omega})$。然而 $X(\mathrm{e}^{\mathrm{j}\omega})$不能直接在计算机上做数字运算,那么,如何应用式(3.5.1)求 $x(n)$的傅里叶变换呢?具体方法是:若 $x(n)$是有限长序列,令其长度为 N,若 $x(n)$是无限长序列,可用矩形窗将其截成 N 点,然后把这 N 点序列视为一周期序列 $\tilde{x}(n)$的一个周期。也就是说,$\tilde{x}(n)$是由 $x(n)$作周期延拓所形成的。对 $\tilde{x}(n)$,按式(3.4.6)求 DFS,得到的 $\tilde{X}(k)$也是以 N 为周期的序列,其一个周期为 $X(k)$, $k=0, 1,\cdots, N-1$。由 DFS 及 DFT 的导出过程可知,$X(k)$将是 $x(n)$的傅里叶变换或是对其傅里叶变换的某种程度上的近似(关于 DFT 对 FT 的近似问题将在 3.7.3 节讨论)。

这样,对任一有限长序列 $x(n)$,都可按式(3.5.1)方便地在计算机上求其频谱。但需要记住:只要使用式(3.5.1),不管 $x(n)$本身是否来自周期序列,都应把它看作某一周期序列的一个周期。DFT 的这一特点决定了它的许多特殊性质。

读者不难发现,求出一点 $X(k)$,需要 N 次复数乘法,求出 N 点 $X(k)$,需要 N^2 次复数乘法。当 N 很大时,其计算量是相当大的。第 4 章介绍的快速傅里叶变换算法使 N 点 DFT 的计算量下降为$\dfrac{N}{2}\log_2 N$次,从而使 DFT 成为信号处理中最重要最方便的运算。

3.5.2 DFT 导出的图形解释

现在用图 3.5.1 来说明 DFT 的导出过程,以帮助我们进一步理解 DFT 的周期延拓特性。此图不但概括了前面已讨论过的所有四种变换(FT,FS,DTFT,DFS),而且涉及了时域、频域抽样的概念。

设 $x(t)$为一长度为 T 的连续时间信号,其 FT 为 $X(\mathrm{j}\Omega)$,如图 3.5.1(a)所示。若 $x(t)$为无限长,我们可用一长度为 T 的矩形窗将其截短。在这两种情况下,$X(\mathrm{j}\Omega)$在理论

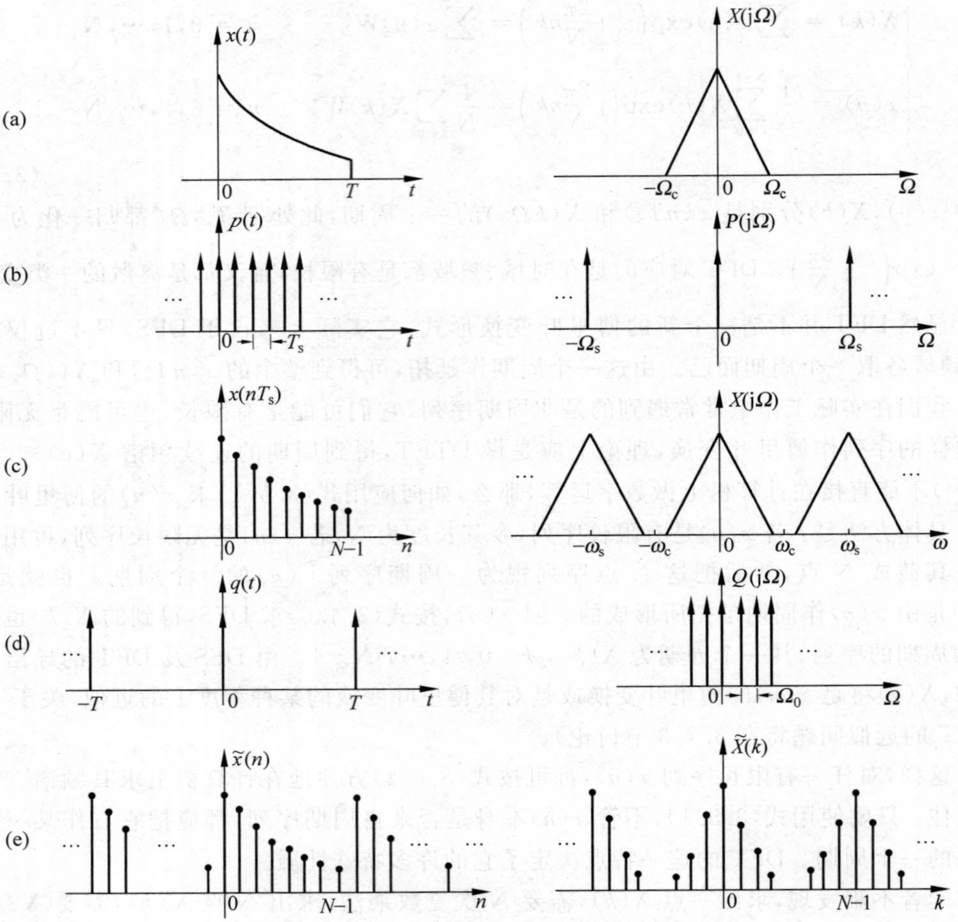

图 3.5.1　DFT 的图形解释

上都是无限带宽的。

步骤 1　用

$$p(t)=T_s\sum_{n=-\infty}^{\infty}\delta(t-nT_s)$$

对 $x(t)$ 抽样，得 $x(n)$，令 $T=NT_s$，这样 $x(n)$ 为 N 点序列。由于 $p(t)$ 的强度为 T_s，由式(3.3.6)，有

$$P(\mathrm{j}\Omega)=2\pi\sum_{k=-\infty}^{\infty}\delta(\Omega-k\Omega_s)\tag{3.5.2}$$

$p(t)$，$P(\mathrm{j}\Omega)$ 如图 3.5.1(b)所示，由式(3.3.7b)，可得 $x(n)$ 的 DTFT，即有

$$X(e^{j\omega})\big|_{\omega=\Omega T_s}=X(j\Omega)*P(j\Omega)=\sum_{k=-\infty}^{\infty}X(j\Omega-jk\Omega_s) \tag{3.5.3}$$

这时 $X(e^{j\omega})$是连续的、周期的,周期为 2π,如图 3.5.1(c)所示。设 $X(j\Omega)$的最高截止频率为 Ω_c,若保证 $\Omega_s=2\pi/T_s\geqslant 2\Omega_c$,则抽样时不发生混叠,$X(j\Omega)$和 $X(e^{j\omega})$的一个周期相同。否则,将发生混叠。

步骤 2　因为 $X(e^{j\omega})$是连续的,需要对其进行抽样以得到离散谱。设频域抽样函数

$$Q(j\Omega)=\Omega_0\sum_{k=-\infty}^{\infty}\delta(\Omega-k\Omega_0) \tag{3.5.4}$$

式中 $\Omega_0=\Omega_s/N=2\pi/NT_s=2\pi/T$,这样保证了频域一个周期的抽样点数也是 N。仿照由 $p(t)$得到 $P(j\Omega)$的方法,可求出 $Q(j\Omega)$对应的时域信号 $q(t)$,即

$$q(t)=\sum_{n=-\infty}^{\infty}\delta(t-nT) \tag{3.5.5}$$

$q(t)$,$Q(j\Omega)$如图 3.5.1(d)所示,这时 $q(t)$的两个冲激脉冲的间隔正好是 $x(t)$的长度 T。

步骤 3　用 $Q(j\Omega)$乘以 $X(e^{j\omega})$完成了对 $X(e^{j\omega})$的抽样,记之为 $\tilde{X}(k\Omega_0)$,$\tilde{X}(k\Omega_0)$是周期的,周期为 N。频域相乘等于 $x(n)$和 $q(t)$在时域卷积,卷积的结果得到时域离散的周期序列 $\tilde{x}(nT_s)$。$\tilde{x}(nT_s)$(简记为 $\tilde{x}(n)$)和 $\tilde{X}(k\Omega_0)$(简记为 $\tilde{X}(k)$)如图 3.5.1(e)所示。

图 3.5.1(e)所给出的变换正是一对 DFS,各取其一个周期即是 DFT。

如果 $x(t)$为有限长(如本例的 T),$X(j\Omega)$也为有限带宽,即$|X(j\Omega)|$在$|\Omega|>\Omega_s/2$ 时恒为零,那么由上述的导出过程可以看出,$X(k)$等于 $X(j\Omega)$的抽样,$x(n)$等于 $x(t)$的抽样,时域和频域都没发生失真。但信号分析的理论告诉我们,若 $x(t)$是时限的,那么 $X(j\Omega)$必不是有限带宽的,反之亦然[9]。因此,在使用 DFT 时,若在频域不发生混叠,那么由$X(k)$作逆变换求出的 $x(n)$将产生时域混叠,因此,$x(n)$将是原 $x(t)$的近似。

3.5.3　DFT 与 DTFT 及 Z 变换之关系

若 $x(n)$为 N 点有限长序列,其 Z 变换、DTFT 及 DFT 分别是

$$X(z)=\sum_{n=0}^{N-1}x(n)z^{-n}=\sum_{n=0}^{N-1}x(n)(re^{j\omega})^{-n} \tag{3.5.6}$$

$$X(e^{j\omega})=\sum_{n=0}^{N-1}x(n)\exp(-j\omega n)=X(z)\big|_{z=e^{j\omega}} \tag{3.5.7}$$

$$X(k)=\sum_{n=0}^{N-1}x(n)\exp\left(-j\frac{2\pi}{N}nk\right)=X(e^{j\omega})\big|_{\omega=\frac{2\pi}{N}k} \tag{3.5.8}$$

如图 3.5.2 所示,z 在使 $X(z)$收敛的 z 平面上取值,而 $X(e^{j\omega})$仅在单位圆上取值,$X(k)$是在单位圆上 N 个等间距的点上取值。也可以用$X(k)$来表示 $X(z)$及 $X(e^{j\omega})$,其中

$$X(z)=\sum_{n=0}^{N-1}\left[\frac{1}{N}\sum_{k=0}^{N-1}X(k)\exp\left(\mathrm{j}\,\frac{2\pi}{N}nk\right)\right]z^{-n}$$

$$=\frac{1}{N}\sum_{k=0}^{N-1}X(k)\sum_{n=0}^{N-1}\left[\exp\left(\mathrm{j}\,\frac{2\pi}{N}k\right)z^{-1}\right]^{n}$$

即

$$X(z)=\frac{1-z^{-N}}{N}\sum_{k=0}^{N-1}\frac{X(k)}{1-\exp\left(\mathrm{j}\,\frac{2\pi}{N}k\right)z^{-1}} \tag{3.5.9}$$

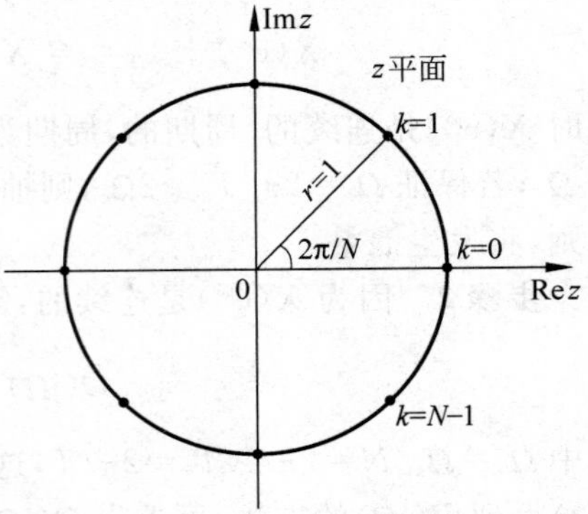

图 3.5.2 三个变换自变量的取值

该式说明，N 点序列的 Z 变换可由其 N 点 DFT 系数来表示。在式(3.5.9)中，令 $z=\mathrm{e}^{\mathrm{j}\omega}$，则

$$X(\mathrm{e}^{\mathrm{j}\omega})=\sum_{k=0}^{N-1}X(k)\frac{1-\mathrm{e}^{-\mathrm{j}\omega N}}{N\left[1-\exp\left(\mathrm{j}\,\frac{2\pi}{N}k\right)\mathrm{e}^{-\mathrm{j}\omega}\right]}=\frac{1-\mathrm{e}^{-\mathrm{j}\omega N}}{N}\sum_{k=0}^{N-1}\frac{X(k)}{1-W_N^{-k}\mathrm{e}^{-\mathrm{j}\omega}} \tag{3.5.10}$$

该式说明，连续谱 $X(\mathrm{e}^{\mathrm{j}\omega})$ 也可由其离散谱 $X(k)$ 经插值后得到。

3.5.4 DFT 的性质

1. 线性

若 $x_1(n)$、$x_2(n)$ 都是 N 点序列，其 DFT 分别是 $X_1(k)$、$X_2(k)$，则

$$\mathrm{DFT}[ax_1(n)+bx_2(n)]=aX_1(k)+bX_2(k) \tag{3.5.11}$$

2. 正交性

令矩阵

$$\boldsymbol{W}_N=[W^{nk}]=\begin{bmatrix}W^0 & W^0 & W^0 & \cdots & W^0\\ W^0 & W^1 & W^2 & \cdots & W^{N-1}\\ W^0 & W^2 & W^4 & \cdots & W^{2(N-1)}\\ \vdots & \vdots & \vdots & & \vdots\\ W^0 & W^{N-1} & W^{2(N-1)} & \cdots & W^{(N-1)(N-1)}\end{bmatrix} \tag{3.5.12}$$

$$\boldsymbol{X}_N=[X(0),\ X(1),\cdots,\ X(N-1)]^{\mathrm{T}}$$

$$\boldsymbol{x}_N=[x(0),\ x(1),\cdots,\ x(N-1)]^{\mathrm{T}}$$

则 DFT 的正变换可写成矩阵形式，即

$$\boldsymbol{X}_N=\boldsymbol{W}_N\boldsymbol{x}_N \tag{3.5.13}$$

由于

$$\boldsymbol{W}_N^* \boldsymbol{W}_N = \sum_{k=0}^{N-1} W^{mk} W^{-nk} = \sum_{k=0}^{N-1} W^{(m-n)k} = \begin{cases} N & m = n \\ 0 & m \neq n \end{cases}$$

所以 $\boldsymbol{W}_N^*$ 和 $\boldsymbol{W}_N$ 是正交的，即 $\boldsymbol{W}_N$ 是正交矩阵，DFT 是正交变换。进一步有

$$\boldsymbol{W}_N^* \boldsymbol{W}_N = N\boldsymbol{I} \quad 或 \quad \boldsymbol{W}_N^{-1} = \frac{1}{N}\boldsymbol{W}_N^* \tag{3.5.14}$$

DFT 的反变换可表示为

$$\boldsymbol{x}_N = \boldsymbol{W}_N^{-1} \boldsymbol{X}_N = \frac{1}{N}\boldsymbol{W}_N^* \boldsymbol{X}_N \tag{3.5.15}$$

3. 移位性质

将 N 点序列 $x(n)$ 左移或右移 m 个抽样周期，则

$$\mathrm{DFT}[x(n+m)] = W^{-km} X(k) \tag{3.5.16a}$$

$$\mathrm{DFT}[x(n-m)] = W^{km} X(k) \tag{3.5.16b}$$

证明 记 $x(n+m)$ 的 DFT 为 $X'(k)$，由 DFT 的定义，有

$$X'(k) = \sum_{n=0}^{N-1} x(n+m) W_N^{nk}$$

令 $n+m=r$，则

$$X'(k) = \sum_{r=m}^{N-1+m} x(r) W_N^{(r-m)k} = W_N^{-mk} \left[\sum_{r=m}^{N-1} x(r) W_N^{kr} + \sum_{r=N}^{N-1+m} x(n) W_N^{kr} \right]$$

由于 $x(n)$ 被视作周期序列 $\tilde{x}(n)$ 的一个周期，所以对 $x(n)$ 的移位应是整个序列的移位，即前面移出去后，后面移进来，故移位后仍是 N 点周期序列，如图 3.5.3 所示。这种移位称作循环移位。所以上式可改写为

$$X'(k) = W_N^{-mk} \left[\sum_{r=m}^{N-1} x(r) W_N^{kr} + \sum_{r=0}^{m-1} x(r) W_N^{kr} \right] = W_N^{-mk} X(k)$$

同理可证明式(3.5.16b)。

4. 奇、偶、虚、实对称性质

此性质类似 3.2.2 节所述的 DTFT 的性质 3，此处不再详细说明，只给出几个主要结论。

① 若 $x(n)$ 为复序列，其 DFT 为 $X(k)$，则

$$\mathrm{DFT}[x^*(n)] = X^*(-k) \tag{3.5.17}$$

② 若 $x(n)$ 为实序列，则

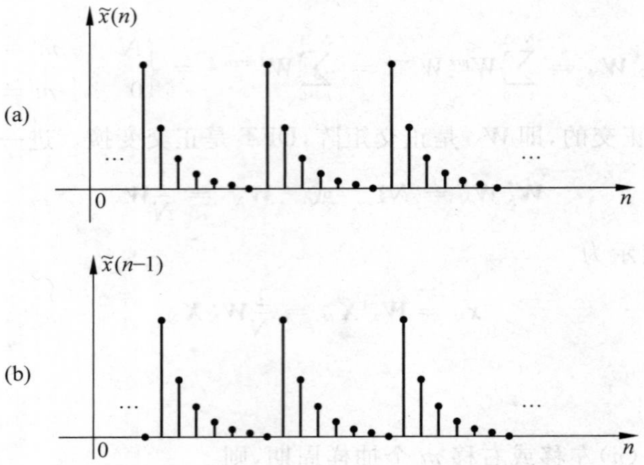

图 3.5.3　循环移位($N=7$)

$$\left.\begin{aligned} &X^*(k)=X(-k)=X(N-k)\\ &X_R(k)=X_R(-k)=X_R(N-k)\\ &X_I(k)=-X_I(-k)=-X_I(N-k)\\ &|X(k)|=|X(N-k)|\\ &\arg[X(k)]=-\arg[X(-k)] \end{aligned}\right\} \tag{3.5.18}$$

③ 若 $x(n)$为实序列，且 $x(n)=x(-n)$，即 $x(n)$为实偶序列，则 $X(k)$是实序列。

④ 若 $x(n)=-x(-n)$，即 $x(n)$为奇序列，则 $X(k)$是纯虚序列。

5. Parseval 定理

$$\sum_{n=0}^{N-1}|x(n)|^2=\frac{1}{N}\sum_{k=0}^{N-1}|X(k)|^2 \tag{3.5.19}$$

至此，我们已给出了不同变换形式的 Parseval 定理，它们都反映了信号在一个域及其对应的变换域中的能量守恒原理。

6. 时域循环卷积

设序列 $x(n)$、$h(n)$都是 N 点序列，其 DFT 分别是$X(k)$、$H(k)$。$x(n)$和 $h(n)$的循环卷积 $y(n)$定义为

$$\begin{aligned} y(n \bmod N) &= x(n)\circledast h(n)\\ &=\sum_{i=0}^{N-1}x(i \bmod N)h(n-i \bmod N) \end{aligned} \tag{3.5.20}$$

式中(n mod N)表示以 N 为模对 n 求余，⊛表示循环卷积。

实现循环卷积先要将 $x(n)$、$h(n)$的自变量 n 变成 i，并将 $h(i)$翻转变成 $h(-i)$。需要强调的是，因为 $x(n)$、$h(n)$分别是周期序列 $\tilde{x}(n)$、$\tilde{h}(n)$的一个周期，所以一个信号的翻转应是整个序列的翻转，即应将 $\tilde{h}(n)\to\tilde{h}(i)\to\tilde{h}(-i)$，这是和线性卷积不同之处。然后改变 n，即将 $h(-i)$移位后得 $h(n-i)$，再与 $x(i)$对应相乘，得 $y(n)$。正因为 $x(n)$、$h(n)$分别是 $\tilde{x}(n)$、$\tilde{h}(n)$的一个周期，所以将 $h(n)$翻转后移位时，因在一个周期内有移出就有移入，故求和始终在一个周期内，即 $0\sim N-1$ 内进行。

由于上述求和特点，故卷积的结果 $y(n)$也是周期的，周期为 N。因此式(3.5.20)的卷积称为循环卷积，也称圆卷积。这样，式(3.5.20)也可简写为

$$\begin{aligned} y(n) &= x(n) \, Ⓝ \, h(n) \\ &= \sum_{i=0}^{N-1} x(i)h(n-i) \end{aligned} \qquad (3.5.21)$$

式中 Ⓝ 表示作 N 点循环卷积，上述卷积过程示于图3.5.4。

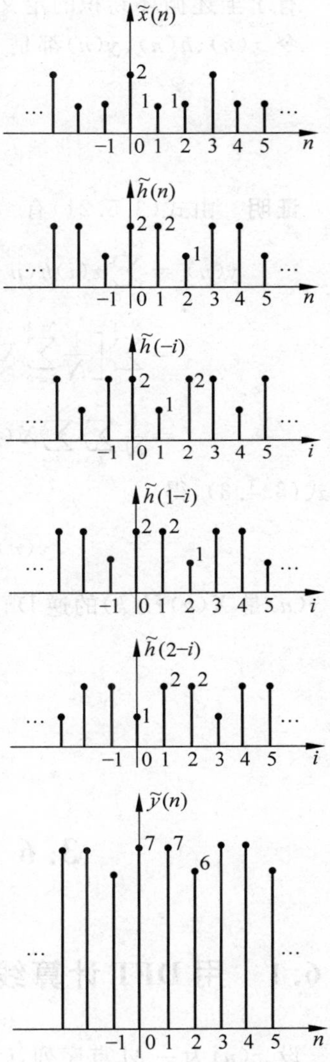

图 3.5.4 循环卷积

上述计算过程可写成如下矩阵形式：

$$\begin{bmatrix} y(0) \\ y(1) \\ y(2) \end{bmatrix} = \begin{bmatrix} h(0) & h(2) & h(1) \\ h(1) & h(0) & h(2) \\ h(2) & h(1) & h(0) \end{bmatrix} \begin{bmatrix} x(0) \\ x(1) \\ x(2) \end{bmatrix}$$

一般，对两个 N 点序列的循环卷积，其矩阵形式是

$$\boldsymbol{y} = \begin{bmatrix} y(0) \\ y(1) \\ \vdots \\ y(N-1) \end{bmatrix} = \begin{bmatrix} h(0) & h(N-1) & \cdots & h(1) \\ h(1) & h(0) & \cdots & h(2) \\ \vdots & \vdots & & \vdots \\ h(N-1) & h(N-2) & \cdots & h(0) \end{bmatrix} \times \begin{bmatrix} x(0) \\ x(1) \\ \vdots \\ x(N-1) \end{bmatrix} = \boldsymbol{Hx} \qquad (3.5.22)$$

式中矩阵 $\boldsymbol{H}$ 称为循环矩阵，由第一行开始，依次向右移动一个元素，移出去的元素又在下一行的最左边出现，即每一行都是由 $h(0)$，$h(N-1)$，…，$h(1)$这 N 个元素依此法则移动所生成的，故 $\boldsymbol{H}$ 称为循环矩阵，因此相对应的卷积也称为循环卷积。将式(3.5.22)和式(2.2.6)的线性卷积矩阵相比较，就可了解循环卷积和线性卷积的区别。

有了上述循环卷积的定义，我们可给出如下的时域及频域循环卷积定理。

令 $x(n)$、$h(n)$、$y(n)$ 都是 N 点序列，其 DFT 分别是 $X(k)$、$H(k)$、$Y(k)$，若

$$y(n)=x(n)\textcircled{N}h(n) \tag{3.5.23a}$$

则

$$Y(k)=X(k)H(k) \tag{3.5.23b}$$

证明　由式(3.5.21)有

$$\begin{aligned}
y(n)&=\sum_{i=0}^{N-1}x(i)h(n-i)\\
&=\sum_{i=0}^{N-1}\left[\frac{1}{N}\sum_{k=0}^{N-1}X(k)\exp\left(\mathrm{j}\,\frac{2\pi}{N}ki\right)\right]\left[\frac{1}{N}\sum_{l=0}^{N-1}H(l)\exp\left(\mathrm{j}\,\frac{2\pi}{N}l(n-i)\right)\right]\\
&=\frac{1}{N}\sum_{k}\sum_{l}X(k)H(l)\exp\left(\mathrm{j}\,\frac{2\pi}{N}ln\right)\frac{1}{N}\sum_{i=0}^{N-1}\exp\left[\mathrm{j}\,\frac{2\pi}{N}(k-l)i\right]
\end{aligned}$$

由式(3.4.3)，得

$$y(n)=\frac{1}{N}\sum_{k=0}^{N-1}X(k)H(k)\exp\left(\mathrm{j}\,\frac{2\pi}{N}kn\right)$$

即 $y(n)$ 是 $X(k)H(k)$ 的逆 DFT，故式(3.5.23)得证。同理可得到频域循环卷积定理。若

$$y(n)=x(n)h(n) \tag{3.5.24a}$$

则

$$Y(k)=X(k)\textcircled{N}(k) \tag{3.5.24b}$$

3.6　用 DFT 计算线性卷积

3.6.1　用 DFT 计算线性卷积的方法和步骤

设 $x(n)$ 为一 M 点序列，$h(n)$ 为一 L 点序列，$y(n)=x(n)*h(n)$，即 $y(n)$ 是 $x(n)$ 和 $h(n)$ 的线性卷积，那么 $y(n)$ 是一 $(M+L-1)$ 点的序列。由 3.5 节讨论可知，DFT 对应循环卷积而不对应线性卷积，那么，能否用 DFT 来计算两个序列的线性卷积呢？答案是肯定的。

由式(3.5.23)有

$$x(n)\textcircled{N}(n)=\mathrm{IDFT}[X(k)H(k)]$$

式中 $x(n)$、$h(n)$ 都是 N 点序列，循环卷积的结果也是 N 点序列，显然，$X(k)$、$H(k)$ 也是 N 点序列，现希望

$$y(n)=x(n)*h(n)=\mathrm{IDFT}[X(k)H(k)]$$
$$=\mathrm{IDFT}[Y(k)]$$

因为 $y(n)$ 是 $(M+L-1)$ 点序列，因此，$Y(k)$ 也必须是 $(M+L-1)$ 点序列，相应的 $X(k)$、$H(k)$ 也都应当是 $M+L-1$ 点序列，而且 $X(k)$、$H(k)$ 对应的时域序列 $x(n)$、$h(n)$ 也必须是 $M+L-1$ 点的序列。只有这样，由 $Y(k)$ 作逆变换所得到的 $y(n)$ 才能保证是 $x(n)$ 和 $h(n)$ 的线性卷积，具体步骤如下。

步骤 1 对 M 点序列 $x(n)$ 及 L 点序列 $h(n)$ 分别作扩展，构成新序列 $x'(n)$、$h'(n)$，它们的长度都是 $M+L-1$ 点，即

$$x'(n)=\begin{cases}x(n) & n=0,1,\cdots,M-1\\ 0 & n=M,\cdots,M+L-2\end{cases} \tag{3.6.1a}$$

$$h'(n)=\begin{cases}h(n) & n=0,1,\cdots,L-1\\ 0 & n=L,\cdots,M+L-2\end{cases} \tag{3.6.1b}$$

步骤 2 认为 $x'(n)$、$h'(n)$ 各是周期序列 $\tilde{x}'(n)$、$\tilde{h}'(n)$ 的一个周期，周期长度为 $M+L-1$，直接计算式(3.5.21)，可得

$$y'(n)=x'(n)\circledN h'(n),\quad N=M+L-1$$

而

$$y(n)=y'(n)=x(n)*h(n)$$

步骤 3 若用 DFT 求 $y(n)$，则

$$y(n)=y'(n)=\mathrm{IDFT}[X'(k)H'(k)] \tag{3.6.2}$$

式中 $X'(k)$、$H'(k)$ 分别是 $x'(n)$、$h'(n)$ 的 DFT。

例 3.6.1 给定 $x(n)$、$h(n)$ 都是 3 点序列，如图 3.6.1(a)和(b)所示，其线性卷积结果如图 3.6.1(c)所示，试用循环卷积来计算该线性卷积。

解 由 $M=3$，$L=3$，得 $M+L-1=5$，即 $N=5$。

步骤 1 将 $x(n)$、$h(n)$ 分别补两个零，得 $x'(n)$、$h'(n)$，再作周期扩展，得 $\tilde{x}'(n)$、$\tilde{h}'(n)$，如图 3.6.2(a)和(b)所示。

步骤 2 将 $\tilde{h}'(n)$ 翻转，并依次移位，得 $\tilde{h}'(-m)$ 及 $\tilde{h}'(1-m)$ 示于图 3.6.2(c)和(d)。按图 3.5.4 方法做循环卷积，从而求出

$$y'(0)=\sum_{m=0}^{4}x'(m)h'(-m)=2\times2+1\times0+1\times0+0\times3+0\times2=4$$

$$y'(1)=\sum_{m=0}^{4}x'(m)h'(1-m)=2\times2+1\times2+1\times0+0\times0+0\times0=6$$

依次求出

$$y'(2)=6,\quad y'(3)=3,\quad y'(4)=1$$

这样

$$y(n)=x(n)*h(n)=y'(n)⑤h'(n)=\{4,6,6,3,1\}$$

$y(n)$如图 3.6.1(c)所示。

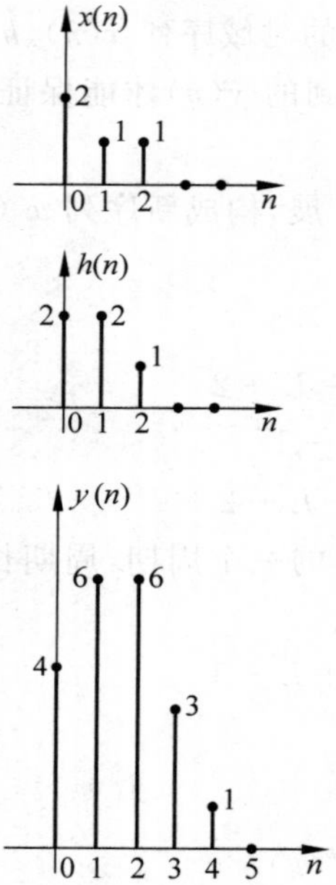

图 3.6.1 计算两个序列的线性卷积

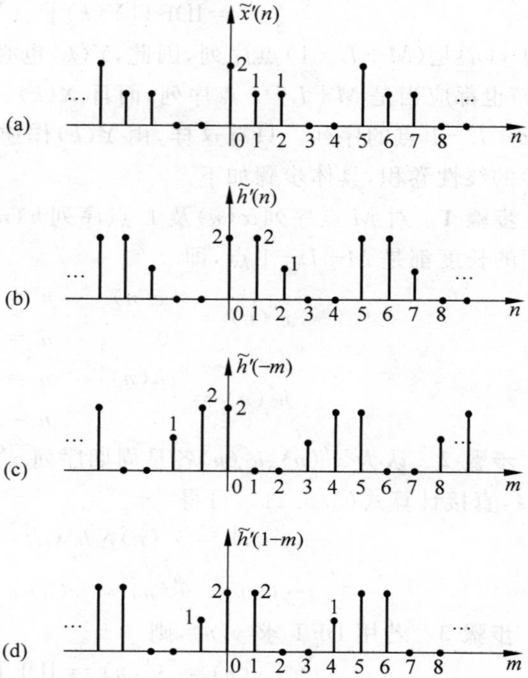

图 3.6.2 用循环卷积计算线性卷积

3.6.2 长序列卷积的计算

信号 $x(n)$通过数字系统 $h(n)$后得到输出 $y(n)$，$y(n)=x(n)*h(n)$。有时 $x(n)$可能会很长，如果将 $x(n)$存储完毕再做卷积将产生两个问题：一是要求计算机的存储量过大，另一个是要等待 $x(n)$输入的时间过长，即不能实现信号的“实时处理”。为了解决这一问题，可将 $x(n)$分成较小的段，如每段长为 L，得 $x_i(n)$，$i=1, 2, \cdots, N/L$，N 是信号的总长度。将 $x_i(n)$与 $h(n)$做卷积得到相应的输出 $y_i(n)$，然后把 $y_i(n)$按一定的规则首尾相加，即可得到完整的输出 $y(n)$。由于数字系统的单位抽样响应 $h(n)$一般比较短（如 FIR 数字滤波器），这样做有可能实现信号的实时处理。

把长序列分成短序列做卷积的方法有两种，一是叠接相加法，二是叠接舍去法。本书只介绍叠接相加法，叠接舍去法留作练习，由读者完成。下面举例说明叠接相加法的原理。

将 $x(n)$，$n=0, 1, \cdots, N-1$，分成长 $L=5$ 的小段，得 $x_1(n)$，$x_2(n)$，$\cdots$，$x_{N/L}(n)$。

显然 $x_1(0)=x(0),\cdots$, $x_1(4)=x(4)$; $x_2(0)=x(5),\cdots$, $x_2(4)=x(9)$; $x_3(0)=x(10),\cdots$, $x_3(4)=x(14)$;余类推。设 $h(n)$ 为 $M=3$ 的序列,那么,每一段 $x_i(n)$ 和 $h(n)$ 的卷积将得到 $(M+L-1)=7$ 点的序列 $y_i(n)$,每一段 $y_i(n)$ 与不分段时 $y(n)$ 的关系示于表3.6.1,表中将 $x(i)$ 记为 x_i,$h(i)$ 记为 h_i。

表 3.6.1 叠接相加法中 $y_1(n)$,$y_2(n)$ 与 $y(n)$ 之关系

$y(n)=x(n)*h(n)$	$y_1(n)=x_1(n)*h(n)$	$y_2(n)=x_2(n)*h(n)$
$y(0)=h_0x_0$	$y_1(0)=h_0x_0$	
$y(1)=h_0x_1+h_1x_0$	$y_1(1)=h_0x_1+h_1x_0$	
$y(2)=h_0x_2+h_1x_1+h_2x_0$	$y_1(2)=h_0x_2+h_1x_1+h_2x_0$	
$y(3)=h_0x_3+h_1x_2+h_2x_1$	$y_1(3)=h_0x_3+h_1x_2+h_2x_1$	
$y(4)=h_0x_4+h_1x_3+h_2x_2$	$y_1(4)=h_0x_4+h_1x_3+h_2x_2$	
$y(5)=h_0x_5+h_1x_4+h_2x_3$	$y_1(5)=h_1x_4+h_2x_3$	$y_2(0)=h_0x_5$
$y(6)=h_0x_6+h_1x_5+h_2x_4$	$y_1(6)=h_2x_4$	$y_2(1)=h_0x_6+h_1x_5$
$y(7)=h_0x_7+h_1x_6+h_2x_5$	$y_1(7)=0$	$y_2(2)=h_0x_7+h_1x_6+h_2x_5$
$y(8)=h_0x_8+h_1x_7+h_2x_6$		$y_2(3)=h_0x_8+h_1x_7+h_2x_6$
$y(9)=h_0x_9+h_1x_8+h_2x_7$		$y_2(4)=h_0x_9+h_1x_8+h_2x_7$
$y(10)=h_0x_{10}+h_1x_9+h_2x_8$		$y_2(5)=h_1x_9+h_2x_8$
		$y_2(6)=h_2x_9$
		$y_2(7)=0$

由于线性卷积的特点是将一个序列(如 $h(n)$)翻转后,沿坐标轴从左边"移入"$x(n)$,在右边"移出"$x(n)$,所以在 $x(n)$ 的前后将有一"过渡过程",其长度均为 $M-1$。因此,将 $x(n)$ 分段后,在每一段的前后都将产生这样的过渡过程,使得每一段的 $y_i(n)$ 都不能完全和相对应的 $y(n)$ 相等。由表 3.6.1 可以看出,$y_1(n)=y(n)$, $n=0, 1,\cdots, 4$,而 $y_1(0)$、$y_1(1)$ 对应的过渡过程是 $h(n)$ 和 $x(n)$ 卷积时所固有的,但 $y_1(5)\neq y(5)$, $y_1(6)\neq y(6)$,它们是 $x_1(n)$ 产生的后过渡过程。相应地,$y_2(0)$、$y_2(1)$ 是新一段的前过渡过程,$y_2(0)\neq y(5)$, $y_2(1)\neq y(6)$,此时 $y_2(2)=y(7)=y(2+L)$,$y_2(3)=y(8)=y(3+L)$,$y_2(4)=y(9)=y(4+L)$,而 $y_2(5)$、$y_2(6)$ 是第二段的后过渡过程。由此不难得出结论,只要把上一段的后过渡过程和本段的前过渡过程对应相加,然后按序排列,即可得到完整的 $y(n)$,写成公式是

$$
\begin{aligned}
y(kL) &= y_k(L)+y_{k+1}(0)\\
y(kL+1) &= y_k(L+1)+y_{k+1}(1)\\
&\vdots\\
y(kL+M-2) &= y_k(L+M-2)+y_{k+1}(M-2)
\end{aligned}
$$

式中，$k=1, 2, \cdots, N/L$，是 $x(n)$分段的序号；L 为 $x(n)$分段后各段的长度；M 为 $h(k)$的长度。这种方法是将 $y_k(n)$最后的$(M-1)$项与 $y_{k+1}(n)$的前$(M-1)$项对应相加得到 $y(kL), \cdots, y(kL+M-2)$各项，所以称为叠接相加法。每一小段 $y_i(n)$可以直接计算，也可以用 3.5 节介绍的方法(即 DFT)来计算。

3.7　与 DFT 有关的几个问题

3.7.1　频率分辨率及 DFT 参数的选择

“分辨率(resolution)”是信号处理中的基本概念，它包括频率分辨率和时间分辨率。形象地说，频率分辨率是通过一个频域的窗函数来观察频谱时所看到的频率的宽度，时间分辨率是通过一个时域的窗函数来观察信号时所看到的时间的宽度。显然，这样的窗函数越窄，相应的分辨率就越好。

频率分辨率是指所用的算法能将信号中两个靠得很近的谱峰保持分开的能力。通常的做法是令待分析的信号 $x(t)$由两个或多个频率相接近且幅度相同的正弦信号叠加产生。显然，频率分辨率的这一定义主要用来评价各种算法在谱分析方面的性能。

时间和频率是描述信号的两个主要物理量，它们通过傅里叶变换相联系。因此，讨论频率分辨率就一定要和傅里叶变换联系起来。我们已给出连续信号的傅里叶变换(FT)、离散时间信号的傅里叶变换(DTFT)及离散傅里叶变换(DFT)，现针对这三种变换来分别说明频率分辨率的定义。

若信号 $x_T(t)$的长度为 T 秒，通过傅里叶变换后得到 $X_T(\mathrm{j}\Omega)$，那么 $X_T(\mathrm{j}\Omega)$的频率分辨率是

$$\Delta f = 1/T\ (\mathrm{Hz}) \tag{3.7.1a}$$

这一点很容易理解。因为长度为 T 秒的 $x_T(t)$可以看作是一无穷长的信号 $x(t)$和一宽度为 T 的矩形窗相乘的结果，而该矩形窗的频谱如式(3.1.12)(其中 $\tau=T, A=1$)所示，它的主瓣的宽度反比于 T，因此 $X_T(\mathrm{j}\Omega)$能够分辨的最小频率间隔不会小于 $1/T$，所以说它的频率分辨率反比于 T。

将 $x(t)$用抽样间隔 T_s 抽样后变成 $x(n)$，即抽样频率 $f_s=1/T_s$。这样，T 秒长的 $x_T(t)$可以得到 $M=T/T_s$ 点。因此，$x_M(n)$也可以看作是无穷长的离散信号 $x(n)$和一宽度为 M 的矩形窗相乘的结果。该矩形窗的频谱如式(3.2.49)(式中 $N=M$)所示。在 3.2.5 节指出，它的主瓣的宽度为 $4\pi/M$。因此，假定 $x(n)$是由两个频率分别为 ω_1、ω_2 的正弦信号所组成，若数据的长度 M 不能满足

$$\frac{4\pi}{M} < |\omega_2 - \omega_1| \tag{3.7.1b}$$

那么用 DTFT 对截短后的 $x_M(n)$ 作频谱分析时就分辨不出这两个谱峰。上式中矩形窗频谱的主瓣宽度是取 $D_g(\mathrm{e}^{\mathrm{j}\omega})$ 在 $\omega=\pm 2\pi/M$ 这两个过零点之间的宽度。主瓣宽度的另一种定义是取 $D_g(\mathrm{e}^{\mathrm{j}\omega})$ 的幅平方降到 0.5（即 3dB）时频谱的宽度，对矩形窗，这一宽度约是 $2\pi/M$。这样，式(3.7.1b)的左边可改为 $2\pi/M$。假定 $\omega_2>\omega_1$，并记 $\Delta\omega=\omega_2-\omega_1=2\pi\Delta f/f_s$，那么，对信号作 DTFT 时，频率分辨率限制为

$$\Delta f = f_s/M \tag{3.7.1c}$$

这是在使用矩形窗时 DTFT 所能分辨的最小频率间隔。当然，Δf 越小，频率分辨率越好。如果使用别的窗函数，那么，分辨率会发生变化。由 7.2 节的讨论可知，与其他窗函数相比，矩形窗有着最窄的主瓣，同时也有着最大的边瓣。通过本节及例 3.2.6 的讨论可知，主瓣的宽度主要是影响分辨率，而边瓣的大小影响了频谱的泄漏。例如，哈明窗主瓣的宽度约是矩形窗的两倍，相应的频率分辨率降为

$$\Delta f = 2f_s/M \tag{3.7.1d}$$

但其第一个边瓣的峰值比矩形窗小了约 30dB，大大减轻了泄漏。因此，哈明窗是信号处理中常用的窗函数。

由于

$$\Delta f = f_s/M = 1/MT_s = 1/T \tag{3.7.1e}$$

式中 $T=MT_s$ 是原模拟信号 $x_T(t)$ 的长度，所以，严格地说，用 DTFT 作频谱分析时的分辨率 Δf 反比于信号的实际长度 T。因此，式(3.7.1c)和式(3.7.1a)实质上是一样的。正因为如此，式(3.7.1c)所给出的分辨率在有的文献上被称为“物理分辨率”[6]。显然，如果 Δf 不够小，使其变小的有效方法是增加信号的长度 M。

由 3.5.1 节关于 DFT 的定义可知，对一个 N 点序列 $x_N(n)$ 做 DFT，所得 $X_N(k)$ 的每两根谱线间的距离

$$\Delta f = f_s/N \tag{3.7.2a}$$

也是频率分辨率的一种度量。如果该式的 Δf 不够小，可以通过增加 N 来减小 Δf。如果序列 $x_N(n)$ 来自于序列 $x_M(n)$，且 M 不能再增加，那么增加 N 的途径有两个。一是将频率的分点加密，即

$$X(\omega_k) = \sum_{n=0}^{M-1} x_M(n)\mathrm{e}^{-\mathrm{j}\omega n}\Big|_{\omega_k=\frac{2\pi}{N}k} \overset{\text{def}}{=} X(k) \quad k=0,1,\cdots,N-1, N>M \tag{3.7.2b}$$

注意，这时 $X(k)$ 对应的时域序列将不再是原序列 $x_M(n)$，有关该问题的进一步讨论见例 3.7.4 和例 3.7.5。增加 N 的第二个途径是将 $x_M(n)$ 的后面补零，使补零后的序列达到所需要的长度 N，有关补零问题的进一步讨论见 3.7.2 节。

用这两种办法增加 N 所得到的 Δf 虽然会减小，但这并没有增加频谱的分辨率。这是因为有效的数据长度 T 或 $M(M=T/T_s)$ 并没有增加，因而不可能增加关于原数据的新的信息。这就是说，如果数据的长度 T 或 M 太短，以至于不能将 $x(t)$（或 $x(n)$）中两个靠得很近的谱峰分开，那么靠式(3.7.2b)或补零的方法减小 Δf 后仍不能把这两个谱峰分开。由于这一原因，同时也是为了和式(3.7.1c)的物理分辨率相区别，人们又把做 DFT 时所得到的最小频率间隔（即式(3.7.2a)的 Δf）称为"计算分辨率"[6]，即该分辨率是靠计算得出的，但它并不能反映真实的频率分辨能力。

由以上的讨论可知，频率分辨率的概念和傅里叶变换紧密相连，频率分辨率的大小反比于数据的实际长度。在数据长度相同的情况下，使用不同的窗函数将在频谱的分辨率和频谱的泄漏之间有着不同的取舍。

在信号处理中，分辨率是一个对各种算法都起着支配作用的重要概念。例如，除了频率分辨率外，还有时间分辨率问题，频率分辨率和时间分辨率的相互制约的问题（见 3.7.3 节的"不定原理"）以及如何根据信号的特点和信号处理任务的需要选择不同的分辨率问题，即对快变的信号希望能给出好的时间分辨率而忽视频率分辨率，而对慢变的信号希望能给出好的频率分辨率而忽视时间分辨率，等等。有些问题我们在本书的后续章节中还会继续讨论（如 3.7.3 节），有些问题，例如，如何根据信号的特点来选择不同的时间分辨率和频率分辨率，是小波变换的内容，请参阅有关小波变换的文献。

DFT 是数字信号处理的基本算法，下面通过具体例子来说明作 DFT 时数据长度对分辨率的影响，并讨论参数的选择问题。

例 3.7.1　设 $x(t)$ 的最高频率 f_c 不超过 3Hz，现用 $f_s=10\text{Hz}$，即 $T_s=0.1\text{s}$ 对其抽样。由抽样定理可知，不应发生混叠问题。设 $T=25.6\text{s}$，即抽样得 $x(n)$ 的点数为 256，那么，我们对 $x(n)$ 做 DFT 时，所得到的频率最大分辨率

$$\Delta f=\frac{10}{256}=0.039\,062\,5\text{Hz}$$

如果信号 $x(t)$ 由三个正弦组成，其频率分别是 $f_1=2\text{Hz}$，$f_2=2.02\text{Hz}$，$f_3=2.07\text{Hz}$，即

$$x(t)=\sin(2\pi f_1 t)+\sin(2\pi f_2 t)+\sin(2\pi f_3 t)$$

那么用 DFT 求其频谱时，幅频特性如图 3.7.1(a)所示。显然，由于 $f_2-f_1=0.02<\Delta f$，所以不能分辨出由 f_2 产生的正弦分量；又由于 $f_3-f_1>\Delta f$，所以能分辨由 f_3 产生的正弦分量。

如果我们增加点数 N，即增加数据的长度 T，例如令 $N=1\,024$，这时 $T=1\,024\times0.1\text{s}=102.4\text{s}$，其幅频特性如图 3.7.1(b)所示。

由上例我们可以得出做 DFT 时参数选择的步骤与方法：

若已知信号的最高频率 f_c，为防止混叠，选定抽样频率 f_s 满足

$$f_s\geqslant 2f_c$$

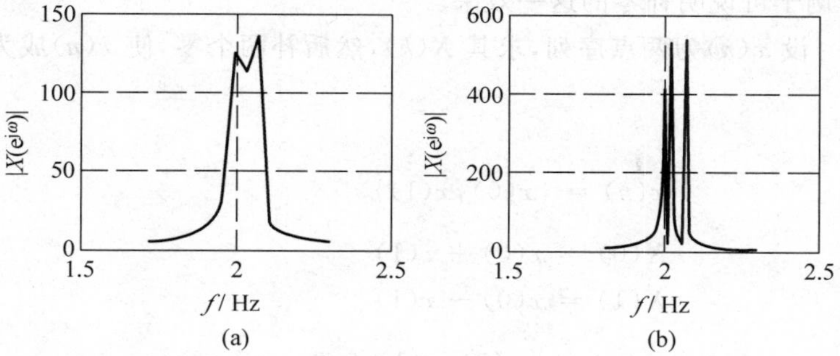

图 3.7.1 频率分辨率的研究

(a) $x(t)$的频谱，$N=256$；(b) $x(t)$的频谱，$N=1\,024$

再根据实际需要，选定频率分辨率 Δf，一旦 Δf 选定，就可确定做 DFT 所需的点数 N，即

$$N = f_s/\Delta f$$

我们希望 Δf 越小越好，但 Δf 越小，N 越大，使计算量、存储量也随之增大。由第 4 章可知，我们常希望 N 取 2 的整次幂，若 N 点数据已给定，且不能再增加，可用补零的办法使 N 为 2 的整次幂。

f_s 和 N 确定以后，就可确定所需相应模拟信号 $x(t)$的长度，即有

$$T = N/f_s = NT_s$$

前已指出，分辨率 Δf 反比于 T，而不是 N，因此，在给定 T 的情况下，靠减小 T_s 来增加 N 是不能提高分辨率的。这是因为 $T=NT_s$ 为一常数，若把 T_s 减小 m 倍，N 也增加 m 倍，这时

$$\Delta f = mf_s/mN = f_s/N = 1/NT_s = 1/T \tag{3.7.3}$$

即 Δf 保持不变。

3.7.2 补零问题

在做 DFT 时，人们常在有效数据后面补一些零以达到对频谱作某种改善的目的。但有人却误解为补零会提高分辨率。其理由是，原数据长度为 N_1，补零后数据长度为 N_2，由于 $\Delta f_1=f_s/N_1$，$\Delta f_2=f_s/N_2$ 及 $N_2>N_1$，因此 $\Delta f_2<\Delta f_1$。实际上这是错把“计算分辨率”当成了“物理分辨率”。我们在 3.7.1 节已指出，补零没有对原信号增加任何新的信息，因此不可能提高分辨率。但补零可使数据 N 为 2 的整次幂，以便于使用快速傅里叶变换算法(FFT)，而且补零还可对原 $X(k)$做插值。由例 3.2.7 可知，数据截短必然要产生频谱的泄漏，数据过短时这些泄漏将严重影响对原频谱的辨认，而插值可在一定程度上克服这一现象。

下面两个例子可说明补零的这一效果。

例 3.7.2　设 $x(n)$为两点序列，求其 $X(k)$，然后补两个零，使 $x(n)$成为四点序列，再求其 $X(k)$。

解　因为

$$x(n)=\{x(0),x(1)\}$$

所以

$$X(0)=x(0)+x(1)$$
$$X(1)=x(0)-x(1)$$

现有

$$x'(n)=\{x(0),x(1),0,0\}$$

因此

$$X'(0)=x(0)+x(1)=X(0)$$
$$X'(1)=x(0)-\mathrm{j}x(1)$$
$$X'(2)=x(0)-x(1)=X(1)$$
$$X'(3)=x(0)+\mathrm{j}x(1)=[X'(1)]^*$$

上述结果表明，在插值点 $k=0,k=2$ 处，$X'(0)=X(0)$，$X'(2)=X(1)$，而在非插值点 $k=1,k=3$ 处，$X'(k)$等于原 $X(k)$的某种线性组合。下面推导这一组合的一般关系。

对 $x(n)$，$n=0,1,\cdots,N-1$，做 DFT 得

$$X(k)=\sum_{n=0}^{N-1}x(n)\exp\left(-\mathrm{j}\,\frac{2\pi}{N}nk\right)\tag{3.7.4}$$

将 $x(n)$补$(r-1)N$ 个零，r 为正整数，得 rN 点序列 $x'(n)$，即

$$x'(n)=\begin{cases}x(n) & n=0,1,\cdots,N-1\\ 0 & n=N,\cdots,rN-1\end{cases}$$

则

$$X'(k)=\sum_{n=0}^{rN-1}x'(n)\exp\left(-\mathrm{j}\,\frac{2\pi}{rN}nk\right)=\sum_{n=0}^{N-1}x(n)\exp\left(-\mathrm{j}\,\frac{2\pi}{rN}nk\right)\tag{3.7.5}$$

式(3.7.4)和式(3.7.5)的区别在于复指数的周期不同，现用 $X(k)$来表示 $X'(k)$，有

$$\begin{aligned}X'(k)&=\sum_{n=0}^{N-1}\left[\frac{1}{N}\sum_{m=0}^{N-1}X(m)\exp\left(\mathrm{j}\,\frac{2\pi}{N}nm\right)\right]\exp\left[-\mathrm{j}\,\frac{2\pi}{rN}nk\right]\\&=\sum_{m=0}^{N-1}\frac{X(m)}{N}\sum_{m=0}^{N-1}\exp\left[\mathrm{j}\,\frac{2\pi}{rN}(rm-k)n\right]=\sum_{m=0}^{N-1}\frac{X(m)}{N}S(m,k)\end{aligned}\tag{3.7.6}$$

式中

$$S(m,k)=\sum_{m=0}^{N-1}\exp\left[\mathrm{j}\,\frac{2\pi}{rN}(rm-k)n\right]=\frac{\exp\left[\frac{\mathrm{j}\pi(rm-k)}{r}\right]\sin\left[\frac{(rm-k)\pi}{r}\right]}{\exp\left[\frac{\mathrm{j}\pi(rm-k)}{rN}\right]\sin\left[\frac{(rm-k)\pi}{rN}\right]}\tag{3.7.7}$$

显然，当 $rm=k$ 时，$X'(k)=X(m)$，即 $X'(rm)=X(m)$；当 $rm\neq k$ 时，$X'(k)$等于按式(3.7.6)和式(3.7.7)求得的结果。

例 3.7.3 设 $x(t)$由三个正弦组成，其频率分别是 2.67Hz，3.75Hz，6.75Hz，初相位分别为 0°，90°，0°，抽样频率 $f_s=20\text{Hz}$。仅取 16 点数据，得 $X(k)$，$k=0,1,\cdots,15$，前 8 点的幅值分别为 $|X(0)|=0.2206$，$|X(1)|=0.7375$，$|X(2)|=7.7637$，$|X(3)|=7.7883$，$|X(4)|=0.6139$，$|X(5)|=4.9905$，$|X(6)|=5.1146$，$|X(7)|=2.6982$。对应的频率分别为 $f_0=0\text{Hz}$，$f_1=1.25\text{Hz}$，$f_2=2.5\text{Hz}$，$f_3=3.75\text{Hz}$，$f_4=5.0\text{Hz}$，$f_5=6.25\text{Hz}$，$f_6=7.5\text{Hz}$，$f_7=8.75\text{Hz}$。这 8 点的值示于图 3.7.2(a)，从图上很难分清信号中究竟含有几个正弦。现分别在原 16 点序列的后面补 N 个、$7N$ 个、$29N$ 个零，其曲线分别示于图 3.7.2(b)，(c)和(d)，可见，随着补零的增多，大体可以看出该频谱中含有三个频率成分，其余小的峰值是 sinc 函数的边瓣。

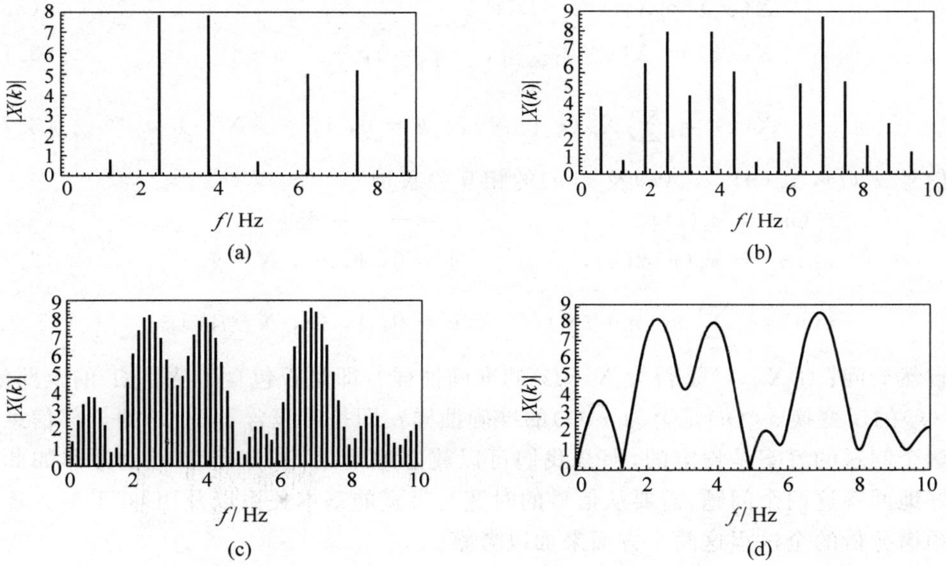

图 3.7.2 补零的效果

(a) $N=16$；(b) 补 N 个零；(c) 补 $7N$ 个零；(d) 补 $29N$ 个零

3.7.3 DFT 对 FT 的近似

用 DFT 对一较长的连续时间信号作频谱分析的过程如图 3.7.3 所示。记图中 $x_N(n)$的 DTFT 为 $X(e^{j\omega})$。$X_a(j\Omega)$，$X(e^{j\omega})$，$X_N(k)$及 $\widetilde{X}(k)$的相互关系是

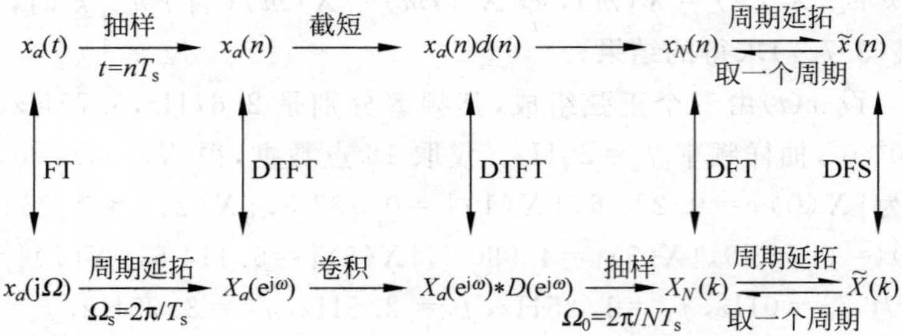

图 3.7.3　用 DFT 实现对连续信号作谱分析的过程

$$X_a(\mathrm{e}^{\mathrm{j}\omega})\Big|_{\omega=\Omega T_s}=\frac{1}{T_s}\sum_{l=-\infty}^{\infty}X_a(\mathrm{j}\Omega-\mathrm{j}l\Omega_s) \tag{3.7.8}$$

$$X(\mathrm{e}^{\mathrm{j}\omega})=X_a(\mathrm{e}^{\mathrm{j}\omega})*D(\mathrm{e}^{\mathrm{j}\omega}) \tag{3.7.9}$$

$$X_N(k)=X(\mathrm{e}^{\mathrm{j}\omega})\Big|_{\omega=\frac{2\pi}{N}k},\quad k=0,\cdots,N-1 \tag{3.7.10}$$

$$\widetilde{X}(k)=\sum_{l=-\infty}^{\infty}X_N(k+lN),\quad k=0,1,\cdots,N-1 \tag{3.7.11}$$

时域信号 $x_a(t)$，$x_a(n)$，$x_N(n)$及 $\widetilde{x}(n)$的相互关系是

$$x_a(n)=x_a(t)\big|_{t=nT_s},\qquad n=-\infty\sim+\infty \tag{3.7.12}$$

$$x_N(n)=x_a(n)d(n),\qquad n=0,1,\cdots,N-1 \tag{3.7.13}$$

$$\widetilde{x}(n)=\sum_{l=-\infty}^{\infty}x_N(n+lN),\qquad n=0,1,\cdots,N-1 \tag{3.7.14}$$

我们自然会问：①$X_N(k)$是否为 $X_a(\mathrm{j}\Omega)$的准确抽样？即是否包含了 $X_a(\mathrm{j}\Omega)$的全部信息？②$X_N(k)$的反变换 $x_N(n)$是否为 $x_a(t)$的准确抽样？即是否包含了 $x_a(t)$的全部信息？如果这两个问题的答案是肯定的，那么我们可以放心地使用 DFT，但实际上并非如此。为了较好地回答这两个问题，需要从信号的时宽与带宽的基本关系以及用 DFT 对一连续信号作频谱分析的全过程这两个方面来加以考察。

由傅里叶变换的性质可知，若 $x(t)$的 FT 为 $X(\mathrm{j}\Omega)$，则 $x(at)$的 FT 为$\frac{1}{|a|}X(\mathrm{j}\Omega/a)$，式中 a 为常数。这就是说，信号 $x(t)$沿时间轴若压缩（或扩展）了 a 倍，其频谱将在频率轴上扩展（或压缩）a 倍。这样，信号的时宽和带宽不可能同时缩小，也不可能同时扩大；二者也不可能同为有限值[9]，即若信号的时间长度是有限的，那么其带宽必是无限的，反之亦然。最典型的例子是矩形窗 $d(t)$，$d(t)$的频谱为 sinc 函数。若 $d(t)$为有限长，则 $D(\mathrm{j}\Omega)$在 Ω 轴上都有值；若 $d(t)$的宽度趋近无穷，则 $D(\mathrm{j}\Omega)$趋于 $\delta(\Omega)$；反之，若 $d(t)$趋于 $\delta(t)$，则 $D(\mathrm{j}\Omega)$在频域趋于一条直线。

信号时宽和带宽的制约关系也可用信号的时宽-带宽积来说明。在实际工作中，人们提出了不同的时宽-带宽测量方法,其中两个方法[9]如下。

方法 1 定义

$$TW_1 = \sum_{n=-\infty}^{\infty} x(n) \Big/ x(0) \tag{3.7.15}$$

和

$$FW_1 = \int_{-f_s/2}^{f_s/2} X(f)\mathrm{d}f \Big/ X(0) \tag{3.7.16}$$

分别为 $x(n)$的等效时宽和 $X(f)$的等效带宽。这两式的定义只适用于 $x(n)$是实对称、非递增(即在 $x(0)$处为最大值)的信号。因为

$$X(0) = \sum_{n=-\infty}^{\infty} x(n), \qquad x(0) = \int_{-f_s/2}^{f_s/2} X(f)\mathrm{d}f$$

所以

$$TW_1 \cdot FW_1 = 1 \tag{3.7.17}$$

方法 2 定义

$$(TW_2)^2 = \sum_{n=-\infty}^{\infty} n^2 \,|x(n)|^2 \Big/ \sum_{n=-\infty}^{\infty} |x(n)|^2 \tag{3.7.18}$$

和

$$(FW_2)^2 = \int_{-f_s/2}^{f_s/2} f^2 \,|X(f)|^2 \mathrm{d}f \Big/ \int_{-f_s/2}^{f_s/2} |X(f)|^2 \mathrm{d}f \tag{3.7.19}$$

分别为在均方意义上 $x(n)$的等效时宽和等效带宽,可以证明

$$TW_2 \cdot FW_2 \geqslant 1/4\pi \tag{3.7.20}$$

当 $x(t)$为一高斯信号,即 $x(t)=\mathrm{e}^{-\alpha t^2}$时,上式的等号成立。此式又称为信号时宽-带宽的"不定原理(uncertainty principle)"。

式(3.7.17)和式(3.7.20)揭示了信号的等效时宽和等效带宽的一个基本关系,即二者互为倒数,它们不可能同时减小[5,8]。这一结论帮助我们理解下述的 DFT 对 FT 的近似问题,同时,它也告诉我们,频率分辨率确实是和信号的长度成反比。

式(3.7.8)~式(3.7.14)反映了用 DFT 来实现一连续信号的频谱分析时四种傅里叶变换在时域和频域的对应关系,其中包含了三个"周期延拓",即式(3.7.8)、式(3.7.11)和式(3.7.14)。影响 DFT 对 FT 近似程度的是式(3.7.8)和式(3.7.14)。综合上述讨论,可得到如下的结论。

若 $X_a(\mathrm{j}\Omega)$是有限带宽的,且满足在$|\Omega| \geqslant \Omega_s/2$ 时恒为零,那么,在式(3.7.8)中将不会出现混叠,亦即 $X_a(\mathrm{e}^{\mathrm{j}\omega})$的一个周期等于 $X_a(\mathrm{j}\Omega)$。在这种情况下,$x_a(t)$必是无限长,$x_a(n)$也是无限长。那么,当用 $d(n)$对 $x_a(n)$截短时,由式(3.7.9)可知,$x_N(n)$的 DTFT $X(\mathrm{e}^{\mathrm{j}\omega})$已不再等于 $X_a(\mathrm{j}\Omega)$。由式(3.7.10)可知,对 $X(\mathrm{e}^{\mathrm{j}\omega})$抽样时,其一个周期的 $X_N(k)$当然也不完全等于 $X_a(\mathrm{j}\Omega)$的抽样。这时,$X(k)$只是对 $X_a(\mathrm{j}\Omega)$的近似。

从时域上看,由于 $X_N(k)$只是对 $X_a(\mathrm{j}\Omega)$的近似,所以,由 $X_N(k)$做反变换得到的

$x_N(n)$也将是对原 $x_a(t)$的近似。由于原 $x_a(n)$为无限长，因此，在式(3.7.14)的时域周期延拓中将发生时域的混叠。这样，$\tilde{x}(n)$的一个周期只是 $x_a(n)$(或 $x_a(t)$)的近似。

若 $x_a(t)$为有限长，那么 $X_a(\mathrm{j}\Omega)$必不是有限带宽的，对 $x_a(t)$抽样时将无法满足抽样定理。这样，抽样后的 $X_a(\mathrm{e}^{\mathrm{j}\omega})$将会发生混叠，$x_a(n)$也只是 $x_a(t)$的近似。由于 $X_N(k)$是 $X_a(\mathrm{e}^{\mathrm{j}\omega})$在一个周期内的抽样，所以 $x_N(n)$和 $X_N(k)$都分别是 $x_a(t)$和 $X_a(\mathrm{j}\Omega)$的近似。

通过本章前几节的讨论，读者应对频域的混叠问题有较为明确的了解，现举例说明时域的混叠问题。

例 3.7.4 设序列 $x_a(n)$的长度 $M=8$，且 $x_a(n)=\{8, 7, 6, 5, 4, 3, 2, 1\}$。现对 $x_a(n)$的 DTFT $X_a(\mathrm{e}^{\mathrm{j}\omega})$在一个周期内作 $N=6$ 点的均匀抽样，得 $X_N(k)$，试研究 $X_N(k)$的反变换 $x_N(n)$和原序列 $x_a(n)$的关系。

解 不论是用式(3.7.14)作理论分析还是通过计算，都会得出

$$x_N(n) = \{10, 8, 6, 5, 4, 3\} \tag{3.7.21}$$

显然，$x_N(0)=x_a(0)+x_a(6)$，$x_N(1)=x_a(1)+x_a(7)$，$x_N(2)=x_a(2)$，…，$x_N(5)=x_a(5)$。这种现象是由于式(3.7.14)的时域周期延拓所造成的。将原来 8 点的序列 $x_a(n)$延拓成周期 $N=6$ 的周期序列，必然会发生时域的混叠。混叠的方式是上一周期的后两点和本周期的前两点相加，即有

8, 7, 6, 5, 4, 3, 2, 1

　　　　　　8, 7, 6, 5, 4, 3, 2, 1

　　　　　　　　　　　　8, 7, 6, 5, 4, 3, 2, 1

$x_N(n)=\{10, 8, 6, 5, 4, 3\}$

即得式(3.7.21)的结果。

例 3.7.5 设 $x_a(t)=a^t u(t)$，$|a|<1$，现用 DFT 对 $x_a(t)$作频谱分析，试讨论在做 DFT 时数据长度 N 的选择对分析结果的影响。

解 将 $x_a(t)$抽样得 $x_a(n)$，即 $x_a(n)=x_a(t)|_{t=nT_s}$，$x_a(n)$的 DTFT 是

$$X_a(\mathrm{e}^{\mathrm{j}\omega}) = \sum_{n=0}^{\infty} a^n \mathrm{e}^{-\mathrm{j}\omega n} = \frac{1}{1-a\mathrm{e}^{-\mathrm{j}\omega}} \tag{3.7.22}$$

现对 $X_a(\mathrm{e}^{\mathrm{j}\omega})$在一个周期内作 N 点均匀抽样，得

$$X_N(k) = X_a(\mathrm{e}^{\mathrm{j}\omega})\big|_{\omega=\frac{2\pi}{N}k} = \frac{1}{1-a\exp\left(-\mathrm{j}\,\frac{2\pi}{N}k\right)}, \quad k=0,1,\cdots,N-1 \tag{3.7.23}$$

对 $X_N(k)$做 IDFT 时所得到的序列记为 $x_N(n)$，则

$$x_N(n)=\frac{1}{N}\sum_{k=0}^{N-1}\frac{\exp\left(\mathrm{j}\,\frac{2\pi}{N}nk\right)}{1-a\exp\left(-\mathrm{j}\,\frac{2\pi}{N}k\right)},\quad n=0,1,\cdots,N-1 \tag{3.7.24}$$

对照式(3.7.22)，现将式(3.7.24)的分母展成泰勒级数形式，则

$$\begin{aligned}x_N(n)&=\frac{1}{N}\sum_{k=0}^{N-1}\exp\left(\mathrm{j}\,\frac{2\pi}{N}nk\right)\left[\sum_{r=0}^{\infty}a^r\exp\left(-\mathrm{j}\,\frac{2\pi}{N}kr\right)\right]\\&=\frac{1}{N}\sum_{r=0}^{\infty}a^r\left\{\sum_{k=0}^{N-1}\exp\left[\mathrm{j}\,\frac{2\pi}{N}(n-r)k\right]\right\},\quad n=0,1,\cdots,N-1\end{aligned}$$

上式中大括弧内只有当 $r=n+mN$ 时才有值，且其值为 N，这样

$$x_N(n)=\sum_{\substack{r=0\\r=n+mN}}^{\infty}a^r,\quad n=0,1,\cdots,N-1 \tag{3.7.25}$$

式中，由于 n 和 r 只取正值，所以 m 也只能取正值。现将上式对 r 的求和改为对 m 的求和，于是有

$$x_N(n)=\sum_{m=0}^{\infty}a^{n+mN}=a^n\sum_{m=0}^{\infty}(a^N)^m$$

即

$$x_N(n)=\frac{a^n}{1-a^N},\quad n=0,1,\cdots,N-1 \tag{3.7.26}$$

这样，对给定的序列 $x_a(n)=a^nu(n)$，我们找到了由 IDFT 求出的 $x_N(n)$ 和原序列 $x_a(n)$ 的关系。在式(3.7.26)中，若 $N\to\infty$，则 $a^N\to 0$，这样，$x_N(n)=a^n=x_a(n)$。若 N 为有限长，那么 $a^N\neq 0$，$x_N(n)$ 在 $n=0,1,\cdots,N-1$ 的范围内近似于 $x_a(n)$。这一近似，表面上看是由于式(3.7.26)的分母不等于 1 所造成的，实际上是由于式(3.7.14)的时域周期延拓所造成的。显然，N 取得越大，混叠越轻，$x_N(n)$ 对 $x_a(n)$ 的近似越好。

由上面的讨论，我们可将 DFT 对 FT 的近似问题概括如下：由于用 DFT 对连续信号做频谱分析的过程中隐含了频域和时域的两个周期延拓，又由于信号时宽和带宽的制约关系，因此，做 DFT 时，$X_N(k)$ 及由 $X_N(k)$ 做 IDFT 得到的 $x_N(n)$ 都是对原 $X_a(\mathrm{j}\Omega)$ 及 $x_a(t)$ 的某种近似。如果 T_s 选得足够小，那么在式(3.7.8)中将避免或大大减轻频域的混叠；如果 N 选得足够大，一方面可以减少式(3.7.9)的窗口效应，另一方面也会减轻式(3.7.14)的时域混叠。在这两个条件均满足的情况下，上述的近似误差将减小到可接受的程度，从而使 $x_N(n)$ 和 $X_N(k)$ 都是 $x_a(t)$ 和 $X_a(\mathrm{j}\Omega)$ 的极好近似。由于 DFT 能在计算机上方便地实现，所以它成了谱分析的一个有力工具。

对于正弦这一特殊的信号，只要抽样频率和作 DFT 时数据点数选得合适，那么 $X_N(k)$ 可完全等于 $X_a(\mathrm{j}\Omega)$ 的抽样，由 $X_N(k)$ 也可无误差地重建 $x_a(t)$。

3.8　二维傅里叶变换

一个二维离散信号 $x(n_1, n_2)$是变量 n_1, n_2 的函数。例如，将一幅黑白图像在水平方向上分成 N_1 个点，在垂直方向上分成 N_2 个点，即 n_1 的取值范围是 $0 \sim N_1-1$，n_2 的取值范围是 $0 \sim N_2-1$，那么，n_1, n_2 的每一对取值(n_1, n_2)都代表了图像上的一个像素，在该点的幅值即 $x(n_1, n_2)$代表了该点的灰度。

一般，n_1, n_2 在 n_1, n_2 平面上的取值范围可以是从$-\infty \sim +\infty$，$x(n_1, n_2)$是定义在这一平面上的三维离散曲面。

从概念上讲，一维(1-D)信号处理中的所有问题都可平行地扩展到二维(2-D)信号处理中来，例如，信号的表示、抽样与变换、系统的分析与综合、快速算法、相关与功率谱估计等。因此，二维信号处理的内容和一维情况一样，都是相当丰富的。

由于 $x(n_1, n_2)$是双变量的函数，因此，将 1-D 信号处理中的理论扩展到 2-D 中来将会遇到一些特殊的问题。

(1) 处理的数据量急剧加大。例如，在语音处理时，抽样率一般取 10kHz，而每秒钟需处理 1 万个数据。但在 2-D 信号处理，例如视频图像处理时，一般每秒钟要取 30 帧图像，每帧约由 512×512 个像素组成。这样，每秒钟将要处理约 800 万个数据，其数量之大是惊人的。这就要求信号处理的设备具有更快的处理速度、更大的存储量，要求信号处理的算法更有效。

(2) 缺少 1-D 信号处理中的数学理论。例如，1-D 连续系统一般由常微分方程来描述，而 2-D 系统要由偏微分方程来描述，目前，常微分方程的理论远比偏微分方程成熟。再例如，二维离散信号的 Z 变换是双变量的 2-D 多项式，2-D 多项式的理论也远少于 1-D 多项式，且不具备 1-D 多项式的许多优点。因此，一维系统的级联形式、极零点分析在 2-D 情况下都很难实现。

(3) 2-D 情况下对因果性的要求不如 1-D 情况下严格。一般，2-D 信号处理主要用于图像处理，对一幅有限大小的图像，可以从底部到顶部，从左至右逐点量化，按序处理，不需要顾及因果性问题。

限于篇幅，本书不准备讨论 2-D 信号处理问题，仅介绍一下和 2-D 傅里叶变换有关的几个基本问题。对 2-D 信号处理有兴趣的读者可参看文献[10,11]。

和 1-D 情况相类似，2-D 情况下也有一些特殊的重要序列。

(1) 单位抽样序列

$$\delta(n_1, n_2)=\begin{cases}1 & n_1=n_2=0\\0 & 其他\end{cases} \tag{3.8.1}$$

记 $\delta(n)$ 为一维的单位抽样序列，则

$$\delta(n_1, n_2)=\delta(n_1)\delta(n_2) \tag{3.8.2}$$

一般，若 $x(n_1, n_2)$ 可写成

$$x(n_1, n_2)=x_1(n_1)x_2(n_2) \tag{3.8.3}$$

的形式，称 $x(n_1, n_2)$ 是可分离的 2-D 序列。

（2）单位阶跃序列

$$u(n_1, n_2)=\begin{cases}1 & n_1\geqslant 0,\ n_2\geqslant 0\\0 & 其他\end{cases} \tag{3.8.4}$$

显然，由于

$$u(n_1, n_2)=u(n_1)u(n_2)$$

2-D 单位阶跃序列是可分离的。$u(n_1, n_2)$ 在 n_1、n_2 平面上的第一象限全不为零，而在第二、第三及第四象限上全为零。

（3）指数序列

$$x(n_1, n_2)=\alpha^{n_1}\beta^{n_2},\quad n_1=-\infty\sim+\infty,\ n_2=-\infty\sim+\infty \tag{3.8.5}$$

显然，指数序列也是可分离的。若

$$\alpha=\mathrm{e}^{\mathrm{j}\omega_1},\quad \beta=\mathrm{e}^{\mathrm{j}\omega_2}$$

则

$$\begin{aligned}x(n_1, n_2)&=\mathrm{e}^{\mathrm{j}\omega_1 n_1}\mathrm{e}^{\mathrm{j}\omega_2 n_2}=\mathrm{e}^{\mathrm{j}(\omega_1 n_1+\omega_2 n_2)}\\&=\cos(\omega_1 n_1+\omega_2 n_2)+\mathrm{j}\sin(\omega_1 n_1+\omega_2 n_2)\end{aligned} \tag{3.8.6}$$

此为二维复正弦序列。如同 1-D 情况一样，称式(3.8.6)的复正弦为 2-D 系统的特征函数。

$x(n_1, n_2)$ 的 Z 变换定义为

$$X(z_1, z_2)=\sum_{n_1=-\infty}^{\infty}\sum_{n_2=-\infty}^{\infty}x(n_1, n_2)z_1^{-n_1}z_2^{-n_2} \tag{3.8.7}$$

其反变换

$$x(n_1, n_2)=\frac{1}{(2\pi\mathrm{j})^2}\oint_{c_1}\oint_{c_2}X(z_1, z_2)z_1^{n_1-1}z_2^{n_2-1}\mathrm{d}z_1\mathrm{d}z_2 \tag{3.8.8}$$

将 $X(z_1, z_2)$ 收敛的 z_1、z_2 的取值范围称为 $X(z_1, z_2)$ 的收敛域，即 ROC。

令 z_1、z_2 都在单位圆上取值，即 $z_1=\mathrm{e}^{\mathrm{j}\omega_1}$，$z_2=\mathrm{e}^{\mathrm{j}\omega_2}$，由上述的 Z 变换可得到 2-D 序列的傅里叶变换(2-D DTFT)，即有

$$X(\mathrm{e}^{\mathrm{j}\omega_1}, \mathrm{e}^{\mathrm{j}\omega_2})=\sum_{n_1=-\infty}^{\infty}\sum_{n_2=-\infty}^{\infty}x(n_1, n_2)\mathrm{e}^{-\mathrm{j}\omega_1 n_1}\mathrm{e}^{-\mathrm{j}\omega_2 n_2} \tag{3.8.9}$$

及

$$x(n_1, n_2) = \frac{1}{(2\pi)^2}\int_{-\pi}^{\pi}\int_{-\pi}^{\pi} X(e^{j\omega_1}, e^{j\omega_2}) e^{j\omega_1 n_1} e^{j\omega_2 n_2} d\omega_1 d\omega_2 \tag{3.8.10}$$

将式(3.8.6)的复正弦输入到一个二维系统 $h(n_1, n_2)$，其输出

$$\begin{aligned} y(n_1, n_2) &= x(n_1, n_2) * h(n_1, n_2) \\ &= \sum_{k_1=-\infty}^{\infty}\sum_{k_2=-\infty}^{\infty} x(k_1, k_2) h(n_1 - k_1, n_2 - k_2) \qquad (3.8.11) \\ &= e^{j\omega_1 n_1} e^{j\omega_2 n_2} \sum_{k_1=-\infty}^{\infty}\sum_{k_2=-\infty}^{\infty} h(k_1, k_2) e^{-j\omega_1 k_1} e^{-j\omega_2 k_2} \end{aligned}$$

令

$$H(e^{j\omega_1}, e^{j\omega_2}) = \sum_{n_1=-\infty}^{\infty}\sum_{n_2=-\infty}^{\infty} h(n_1, n_2) e^{-j\omega_1 n_1} e^{-j\omega_2 n_2} \tag{3.8.12}$$

则

$$y(n_1, n_2) = e^{-j(\omega_1 n_1 + \omega_2 n_2)} H(e^{j\omega_1}, e^{j\omega_2})$$

式(3.8.11)是 2-D 信号的卷积公式，式(3.8.12)的 $H(e^{j\omega_1}, e^{j\omega_2})$ 是 2-D 系统的频率响应。以上这些关系都由 1-D 情况下直接扩展而来。

记 $x(n_1,n_2)$ 的傅里叶变换为 $X(e^{j\omega_1},e^{j\omega_2})$，$y(n_1,n_2)$ 的傅里叶变换为 $Y(e^{j\omega_1},e^{j\omega_2})$，并令"$\mathscr{F}$"表示求傅里叶变换，则 2-D DTFT 的性质可总结如下：

1. 线性

$$\mathscr{F}[\alpha x(n_1, n_2) + \beta y(n_1, n_2)] = \alpha X(e^{j\omega_1}, e^{j\omega_2}) + \beta Y(e^{j\omega_1}, e^{j\omega_2})$$

2. 时域卷积

$$\mathscr{F}[x_1(n_1, n_2) * y(n_1, n_2)] = X(e^{j\omega_1}, e^{j\omega_2}) Y(e^{j\omega_1}, e^{j\omega_2})$$

3. 时域相乘

$$\mathscr{F}[x(n_1, n_2) y(n_1, n_2)] = \frac{1}{4\pi^2}\int_{-\pi}^{\pi}\int_{-\pi}^{\pi} X(e^{j\theta_1}, e^{j\theta_2}) Y(e^{j(\omega_1-\theta_1)}, e^{j(\omega_2-\theta_2)}) d\theta_1 d\theta_2$$

4. 移位

$$\mathscr{F}[x(n_1 - m_1, n_2 - m_2)] = X(e^{j\omega_1}, e^{j\omega_2}) e^{-j\omega_1 m_1} e^{-j\omega_2 m_2}$$

$$\mathscr{F}[e^{j\theta_1 n_1} e^{j\theta_2 n_2} x(n_1, n_2)] = X(e^{j(\omega_1-\theta_1)}, e^{j(\omega_2-\theta_2)})$$

5. 微分

$$\mathscr{F}[-jn_1 x(n_1, n_2)] = \frac{\partial X(e^{j\omega_1}, e^{j\omega_2})}{\partial \omega_1}, \quad \mathscr{F}[-jn_2 x(n_1, n_2)] = \frac{\partial X(e^{j\omega_1}, e^{j\omega_2})}{\partial \omega_2}$$

6. Parseval 定理

$$\sum_{n_1=-\infty}^{\infty}\sum_{n_2=-\infty}^{\infty} |x(n_1, n_2)|^2 = \frac{1}{4\pi^2}\int_{-\pi}^{\pi}\int_{-\pi}^{\pi} |X(e^{j\omega_1}, e^{j\omega_2})|^2 d\omega_1 d\omega_2$$

7. 可分离性

$$\mathscr{F}[x_1(n_1)x_2(n_2)] = X_1(e^{j\omega_1})X_2(e^{j\omega_2})$$

除性质 7 外,其他性质都是 1-D DTFT 所具有的,奇、偶、虚、实性质在此没有列出。

若 $x(n_1, n_2)$的 n_1,n_2 为有限长,即 $n_1=0,\cdots,N_1-1$, $n_2=0,\cdots,N_2-1$,仿照 1-D 情况,可将 DTFT 演变成 DFT,即

$$X(k_1, k_2) = X(e^{j\omega_1}, e^{j\omega_2})\Big|_{\omega_1=\frac{2\pi}{N_1}k_1,\ \omega_2=\frac{2\pi}{N_2}k_2}$$

这样,2-D DFT 定义为

$$X(k_1, k_2) = \sum_{n_1=0}^{N_1-1}\sum_{n_2=0}^{N_2-1} x(n_1, n_2)\exp\left(-j\frac{2\pi}{N_1}n_1k_1\right)\exp\left(-j\frac{2\pi}{N_2}n_2k_2\right) \tag{3.8.13}$$

$$k_1 = 0, \cdots, N_1-1, \quad k_2 = 0, \cdots, N_2-1$$

$$x(n_1, n_2) = \frac{1}{N_1N_2}\sum_{k_1=0}^{N_1-1}\sum_{k_2=0}^{N_2-1} X(k_1, k_2)\exp\left(j\frac{2\pi}{N_1}n_1k_1\right)\exp\left(j\frac{2\pi}{N_2}n_2k_2\right) \tag{3.8.14}$$

$$n_1 = 0, \cdots, N_1-1, \quad n_2 = 0, \cdots, N_2-1$$

这时,实际使用的 $x(n_1, n_2)$是第一象限的有限个值(N_1N_2 个)。和 1-D DFT 一样,使用 2-D DFT,应把 $x(n_1, n_2)$,$X(k_1, k_2)$都视为周期的,且在 n_1、k_1 方向上的周期为 N_1,在 n_2、k_2 方向上的周期为 N_2。

计算式(3.8.13),可以把 $x(n_1, n_2)$想象为一个 $N_1\times N_2$ 维的矩阵,为求出 $X(k_1, k_2)$,可先做行的 DFT,每行 N_1 点,共做 N_2 行,然后再做列的 DFT,每列 N_2 点,共 N_1 列,这样,完成式(3.8.13),共需

$$N_1^2N_2 + N_2^2N_1 = N_1N_2(N_1+N_2) \tag{3.8.15}$$

次复乘,并需要同样数量的复加。但实际上,我们对每一行及每一列,都可以用快速傅里叶变换(FFT)来实现,使乘法与加法次数大大减少,详细内容见第 4 章。

由于 2-D 信号 $x(n_1, n_2)$是一个空域信号,即 n_1,n_2 可能不再是时间 t 的抽样,而是一个二维图像在水平方向与垂直方向上点的距离,因此,频率 ω_1、ω_2 也不再是 1-D 情况下频率的概念,而应理解为空域频率。对 DTFT,ω_1、ω_2 的周期仍为 2π,对 DFT,其周期分别是 N_1、N_2,而 N_1 和 N_2 都对应 2π。

2-D DFT 的性质此处不再列出,和 1-D DFT 类似,2-D DFT 对应的是 2-D 循环卷积。

例 3.8.1 令

$$x(n_1, n_2)=\begin{cases}0.8 & n_1=n_2=0\\ 0.4 & n_1=\pm 1, n_2=0\\ 0.4 & n_1=0, n_2=\pm 1\\ 0 & \text{其他}\end{cases}$$

如图 3.8.1(a)所示,求 $x(n_1, n_2)$的傅里叶变换 $X(e^{j\omega_1}, e^{j\omega_2})$。

解 由式(3.8.9)得

$$\begin{aligned}X(e^{j\omega_1}, e^{j\omega_2}) &= 0.8+0.4(e^{j\omega_1}+e^{-j\omega_1})+0.4(e^{j\omega_2}+e^{-j\omega_2})\\ &= 0.8+0.8\cos\omega_1+0.8\cos\omega_2 \end{aligned} \tag{3.8.16}$$

$X(e^{j\omega_1}, e^{j\omega_2})$的图形如图 3.8.1(b)所示,显然,它具有低通特性。

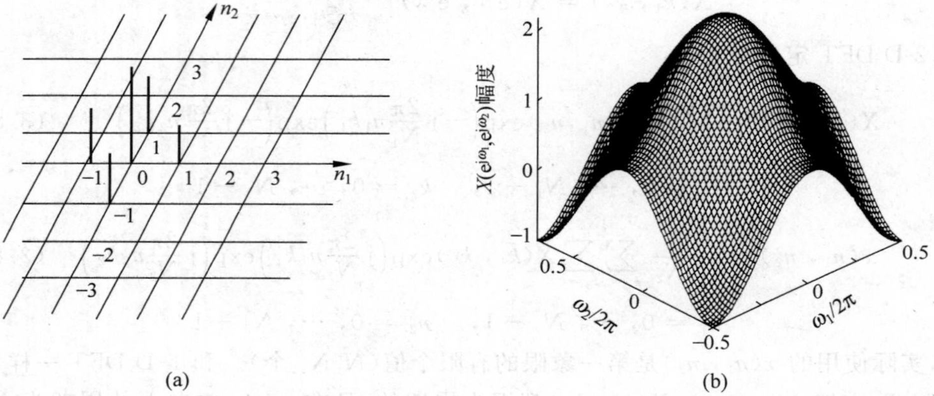

图 3.8.1 例 3.8.1 所给 2-D 序列及 DTFT

(a) $x(n_1, n_2)$; (b) $X(e^{j\omega_1}, e^{j\omega_2})$

例 3.8.2 令

$$x(n_1, n_2)=\begin{cases}1 & 0\leqslant n_1\leqslant N_1-1, 0\leqslant n_2\leqslant N_2-1\\ 0 & \text{其他}\end{cases}$$

求 $X(e^{j\omega_1}, e^{j\omega_2})$。

解 由式(3.8.9)得

$$\begin{aligned}X(e^{j\omega_1}, e^{j\omega_2}) &= \sum_{n_1=0}^{N_1-1}\sum_{n_2=0}^{N_2-1} e^{-j\omega_1 n_1} e^{-j\omega_2 n_2} = \frac{1-e^{-j\omega_1 N_1}}{1-e^{-j\omega_1}}\,\frac{1-e^{-j\omega_2 N_2}}{1-e^{-j\omega_2}}\\ &= e^{-j[\omega_1(N_1-1)+\omega_2(N_2-1)]/2}\,\frac{\sin\left(\frac{\omega_1 N_1}{2}\right)\sin\left(\frac{\omega_2 N_2}{2}\right)}{\sin\left(\frac{\omega_1}{2}\right)\sin\left(\frac{\omega_2}{2}\right)}\end{aligned}$$

从而得

$$\varphi(\omega_1, \omega_2) = -[\omega_1(N_1-1)+\omega_2(N_2-1)]/2$$

$$X_g(e^{j\omega_1}, e^{j\omega_2}) = \frac{\sin\left(\frac{\omega_1 N_1}{2}\right)\sin\left(\frac{\omega_2 N_2}{2}\right)}{\sin\left(\frac{\omega_1}{2}\right)\sin\left(\frac{\omega_2}{2}\right)} \tag{3.8.17}$$

$X_g(e^{j\omega_1}, e^{j\omega_2})$表示了$X(e^{j\omega_1}, e^{j\omega_2})$的“增益”,有正、有负,其图形如图3.8.2所示,它是一个二维的sinc函数。绘此图时,$N_1=N_2=8$,频域2π内分点为64。

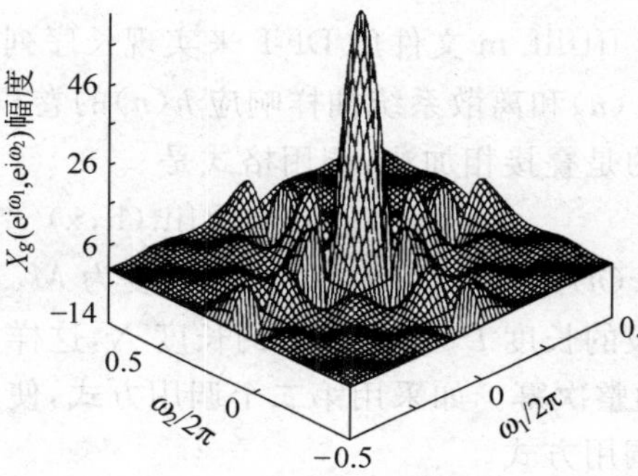

图 3.8.2 例 3.8.2 的 $X_g(e^{j\omega_1}, e^{j\omega_2})$图形

例 3.8.3 窗函数在信号处理中有着广泛的应用(详见第7章)。由一维窗函数$w(n)$构成二维窗的最简单的办法是令

$$w(n_1, n_2) = w(n_1)w(n_2) \tag{3.8.18}$$

现令 $w(n)=0.54-0.46\cos\left(\frac{2\pi}{N}n\right)$, $n=0,1,\cdots,N-1$, $w(n)$称为哈明窗,试由$w(n)$构成二维窗$w(n_1, n_2)$。

解 由式(3.8.18),有

$$w(n_1, n_2) = \left[0.54-0.46\cos\left(\frac{2\pi}{N}n_1\right)\right]\left[0.54-0.46\cos\left(\frac{2\pi}{N}n_2\right)\right]$$

$w(n_1, n_2)$及其频谱$W(e^{j\omega_1}, e^{j\omega_2})$分别如图3.8.3(a)和(b)所示。

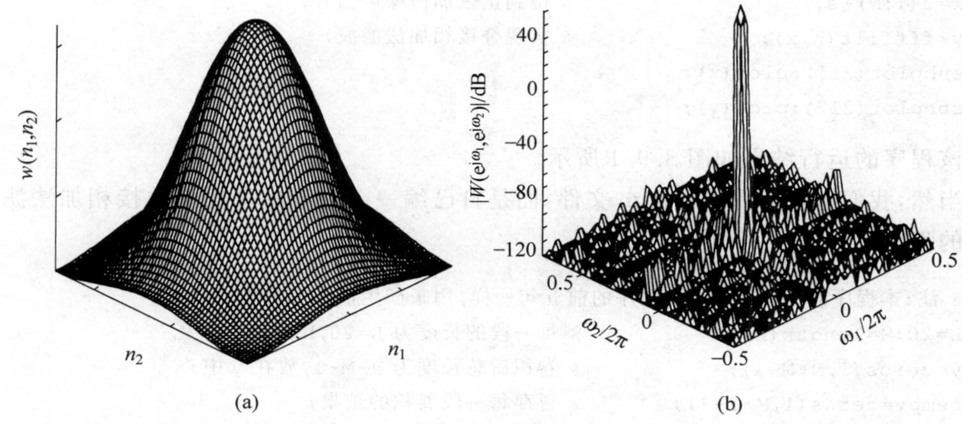

图 3.8.3 2-D 窗函数及其频谱

(a) 二维哈明窗;(b) 二维哈明窗的频谱

3.9 与本章内容有关的 MATLAB 文件

fftfilt.m 文件用 DFT 来实现长序列的卷积。在 3.6.2 节已指出，为了实时实现长序列 $x(n)$ 和离散系统抽样响应 $h(n)$ 的卷积，可采用叠接相加法或叠接相减法。fftfilt.m 采用的是叠接相加法，调用格式是

$$y = \text{fftfilt}(h,x) \quad 或 \quad y = \text{fftfilt}(h,x,N)$$

设 $x(n)$ 的长度为 N_x，$h(n)$ 的长度为 M，若采用第一个调用方式，程序自动地确定对 $x(n)$ 分段的长度 L 及做 FFT 的长度 N，这样分的段数为 N_x/L，显然，N 是最接近 $(L+M)$ 的 2 的整次幂。如采用第二个调用方式，使用者可自己指定做 FFT 的长度。建议使用第一个调用方式。

例 3.9.1　令 $x(n)$ 为一正弦加白噪声信号，长度为 500，$h(n)$ 是用 fir1.m 文件设计出的一个低通 FIR 滤波器，长度为 11。试用 fftfilt 实现长序列的卷积。

下面是相应的程序：

```
h=fir1(10,0.3,hanning(11));   % 设计低通滤波器,得到 h(n);
N=500;p=0.05;f=1/16;          % 设定必要的参数;
u=randn(1,N)*sqrt(p);         % 产生白噪声信号;
s=sin(2*pi*f*[0:N-1]);        % 产生正弦信号;
x=u(1:N)+s;                   % 得到正弦加白噪声信号;
y=fftfilt(h,x);               % 实现叠接相加法滤波;
subplot(211);plot(x);
subplot(212);plot(y);
```

该程序的运行结果如图 3.9.1 所示。

当然，我们也可不用 fftfilt.m 文件，而是自己编一个小程序来实现叠接相加法滤波，下面的程序可实现这一功能：

```
% 注:本程序前五句和上一个程序的前五句一样,用来产生信号 x 和滤波器 h;
L=20;M=length(h);            % 每一段的长度为 L=20,h 的长度为 M,
y=zeros(1,N+M-1);            % 卷积后总长度为 N+M-1,放在 y 中;
tempy=zeros(1,M+L-1);        % 暂存每一段卷积的结果;
tempx=zeros(1,L);            % 暂存每一段的 x;
for k=0:N/L-1
    tempx(1:L)=x(k*L+1:(k+1)*L); % 取每一段的 x;
    tempy=conv(tempx,h);     % 做每一段的卷积;
```

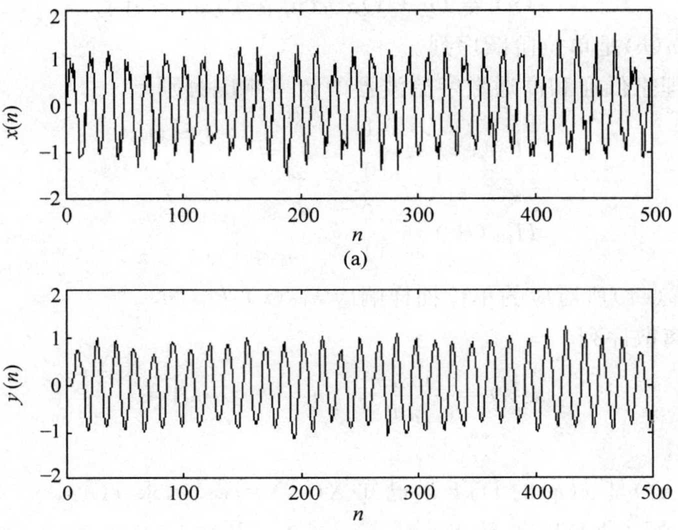

图 3.9.1　fftfilt.m 文件的应用

(a) 原始信号；(b) 滤波后的信号

```
    y=y+[zeros(1,k*L),tempy,zeros(1,N-(k+1)*L)]; % 叠接相加
end
```

习题与上机练习

3.1　求下述序列的傅里叶变换，并分别给出其幅频特性和相频特性。

(1) $x_1(n)=\delta(n-n_0)$

(2) $x_2(n)=3-\left(\frac{1}{3}\right)^n \qquad |n|\leqslant 3$

(3) $x_3(n)=a^n[u(n)-u(n-N)]$

(4) $x_4(n)=a^{|n|}u(n+2) \qquad |a|<1$

3.2　求下述两个序列的傅里叶变换。

(1) $x_1(n)=a^n\cos(\omega_1 n)\,u(n) \qquad |a|<1$

(2) $x_2(n)=a^{|n|}\cos(\omega_2 n) \qquad |a|<1$

3.3　试求序列

$$x(n)=(n+1)a^n u(n),\quad |a|<1$$

的 DTFT，式中 $u(n)$ 是单位阶跃序列。

3.4　已知理想低通和高通数字滤波器的频率响应分别是

$$H_{LP}(e^{j\omega})=\begin{cases}1 & 0\leqslant|\omega|\leqslant\omega_c\\ 0 & \omega_c<|\omega|\leqslant\pi\end{cases}$$

$$H_{HP}(e^{j\omega})=\begin{cases}0 & 0\leqslant|\omega|\leqslant\omega_c\\ 1 & \omega_c<|\omega|\leqslant\pi\end{cases}$$

求 $H_{LP}(e^{j\omega})$，$H_{HP}(e^{j\omega})$ 所对应的单位抽样响应 $h_{LP}(n)$，$h_{HP}(n)$。

3.5　已知离散序列

$$x(n)=\frac{\sin\omega_c n}{\pi n},\quad n=-\infty\sim+\infty$$

求该序列的能量。

3.6　令 $X(e^{j\omega})$ 是 $x(n)$ 的 DTFT，已知 $X(e^{j\omega})=\cos^2\omega$，求 $x(n)$。

3.7　已知 $x(n)$ 的 DTFT 是 $X(e^{j\omega})$，令 $y(n)=x(2n+1)$，求 $Y(e^{j\omega})$。

3.8　$x(n)$ 是一实的有限长序列，$n=0,1,\cdots,N-1$，其傅里叶变换是 $X(e^{j\omega})$，自相关函数是 $r_x(m)$。令

$$P_x(e^{j\omega})=\sum_{M=-(N-1)}^{N-1}r_x(m)e^{-j\omega m}$$

是其自相关函数的傅里叶变换，试证明

$$P_x(e^{j\omega})=\frac{1}{N}|X(e^{j\omega})|^2$$

3.9　研究偶对称序列傅里叶变换的特点。

(1) 令 $x(n)=1,n=-N,\cdots,0,\cdots,N$，求 $X(e^{j\omega})$；

(2) 令 $x_1(n)=1,n=0,1,\cdots,N$，求 $X_1(e^{j\omega})$；

(3) 令 $x_2(n)=1,n=-N,-N+1,\cdots,-1$，求 $X_2(e^{j\omega})$；

(4) 显然，$x(n)=x_1(n)+x_2(n)$，试分析 $X(e^{j\omega})$ 和 $X_1(e^{j\omega})$，$X_2(e^{j\omega})$ 有何关系。

3.10　当 $x(n)$ 是一个纯虚信号时，试导出其 DTFT 的"奇、偶、虚、实"的对称性质，并完成图 3.2.2。

3.11　已知序列 $x(n)=\cos(n\pi/6)$，其中 $n=0,1,\cdots,N-1$，而 $N=12$。

(1) 求 $x(n)$ 的 DTFT $X(e^{j\omega})$；

(2) 求 $x(n)$ 的 DFT $X(k)$；

(3) 若在 $x(n)$ 后补 N 个零得 $x_1(n)$，即 $x_1(n)$ 为 $2N$ 点序列，再求 $x_1(n)$ 的 DFT $X_1(k)$。

此题求解后，对正弦信号抽样及其 DFT 和 DTFT 之间的关系，能总结出什么结论？

3.12 信号 $x(n)$的长度为 $N=1000$,抽样频率 $f_s=20\text{kHz}$,其 DFT 是 $X(k)$,$k=0,\cdots,999$。

(1) 求 $k=150$ 和 $k=700$ 时分别对应的实际频率是多少?

(2) 求圆周频率 ω 是多少?

3.13 已知 $x(n)$的 DTFT 为

$$X(e^{j\omega}) = \sum_{k=-\infty}^{\infty}\delta(\omega-\omega_0+2\pi k)$$

求 $x(n)$。

3.14 令 $x(n)$是一纯正弦信号,幅度等于 A,频率等于 ω_0。将 $x(n)$截短,长度为 N,其中包含了若干个整周期。对 $x(n)$做 DFT,得 $X(k)$。试由 $X(k)$求 $x(n)$的幅度 A。

3.15 已知 $x(n)$为 N 点序列,$n=0, 1, \cdots, N-1$,其 DTFT 为 $X(e^{j\omega})$。现对 $X(e^{j\omega})$在单位圆上等间隔抽样,得 $Y(k)=X(e^{j\frac{2\pi}{M}k})$,$k=0, 1, \cdots, M-1$,且 $M<N$。设 $Y(k)$对应的序列为 $y(n)$,试用 $x(n)$表示 $y(n)$。

3.16 已知 $x(n)$为 N 点序列,$n=0, 1, \cdots, N-1$,而 N 为偶数,其 DFT 为 $X(k)$。

(1) 令

$$y_1(n)=\begin{cases} x\left(\dfrac{n}{2}\right) & n\text{ 为偶数} \\ 0 & n\text{ 为奇数}\end{cases}$$

所以 $y_1(n)$为 $2N$ 点序列。试用 $X(k)$表示 $Y_1(k)$。

(2) 令 $y_2(n)=x(N-1-n)$,$y_3(n)=(-1)^n x(n)$,且 $y_2(n)$,$y_3(n)$都是 N 点序列,N 为偶数,试用 $X(k)$表示 $Y_2(k)$,$Y_3(k)$。

3.17 对离散傅里叶变换,试证明 Parseval 定理

$$\sum_{n=0}^{N-1}|x(n)|^2 = \frac{1}{N}\sum_{k=0}^{N-1}|X(k)|^2$$

3.18 设 $x(n)$,$y(n)$的 DTFT 分别是 $X(e^{j\omega})$和 $Y(e^{j\omega})$,试证明

$$\sum_{n=-\infty}^{\infty}x(n)y^*(n) = \frac{1}{2\pi}\int_{-\pi}^{\pi}X(e^{j\omega})Y^*(e^{j\omega})d\omega$$

这一关系称为两个序列的 Parseval 定理。若 $x(n)$,$y(n)$都是 N 点序列,其 DFT 分别是 $X(k)$和 $Y(k)$,试导出类似的关系。

3.19 设信号 $x(n)=\{1, 2, 3, 4\}$,通过系统 $h(n)=\{4, 3, 2, 1\}$,$n=0, 1, 2, 3$。

(1) 求系统的输出 $y(n)=x(n)*h(n)$;

(2) 试用循环卷积计算 $y(n)$;

(3) 简述通过 DFT 来计算 $y(n)$的思路。

*3.20 进一步研究例 3.1.1 中参数 T 和 τ 对傅里叶系数图形的影响。例如,分别令

$\tau=0.2T$，$0.1T$ 及 $0.05T$，试用 MATLAB 求出并画出类似图 3.1.1 的傅里叶系数图，并分析这些参数变化对图形影响的规律。

*3.21　设有一长序列 $x(n)$，

$$x(n)=\begin{cases} n/5 & 0\leqslant n\leqslant 50 \\ 20-n/5 & 50<n\leqslant 99 \\ 0 & \text{其他} \end{cases}$$

令 $x(n)$ 通过一离散系统，其单位抽样响应

$$h(n)=\begin{cases} 1/2^n & 0\leqslant n\leqslant 2 \\ 0 & \text{其他} \end{cases}$$

试编一主程序用叠接相加法实现该系统对 $x(n)$ 的滤波，并画出输出 $y(n)$ 的图形。

*3.22　关于正弦信号抽样的实验研究。给定信号 $x(t)=\sin(2\pi f_0 t)$，$f_0=50\text{Hz}$，现对 $x(t)$ 抽样，设抽样点数 $N=16$。我们知道正弦信号 $x(t)$ 的频谱是在 $\pm f_0$ 处的 δ 函数，将 $x(t)$ 抽样变成 $x(n)$ 后，若抽样率及数据长度 N 取得合适，那么 $x(n)$ 的 DFT 也应是在 $\pm 50\text{Hz}$ 处的 δ 函数。由 Parseval 定理，有

$$E_t=\sum_{n=0}^{N-1}x^2(n)=\frac{2}{N}\mid X_{50}\mid^2=E_f$$

X_{50} 表示 $x(n)$ 的 DFT $X(k)$ 在 50Hz 处的谱线，若上式不成立，说明 $X(k)$ 在频域有泄漏。给定下述抽样频率：(1) $f_s=100\text{Hz}$；(2) $f_s=150\text{Hz}$；(3) $f_s=200\text{Hz}$。试分别求出 $x(n)$ 并计算其 $X(k)$，然后用 Parseval 定理研究其泄漏情况，请观察得到的 $x(n)$ 及 $X(k)$，总结对正弦信号抽样应掌握的原则。

*3.23　对上机练习题 3.22，当取 $f_s=200\text{Hz}$，$N=16$ 时，在抽样点后再补 N 个零得 $x'(n)$，这时 $x'(n)$ 是 32 点序列，求 $x'(n)$ 的 DFT $X'(k)$，分析对正弦信号补零的影响。

参考文献

1　Oppenheim A V, Schafer R. Discrete-Time Signal Processing. Englewood Cliffs, NJ: Prentice-Hall, 1989

2　Oppenheim A V, Willsky A S, Young I T. Signals and Systems. Englewood Cliffs, NJ: Prentice-Hall, 1983

3　Bracewell R N. The Fourier Transform and its Applications. 2nd ed. New York: McGraw-Hill, 1986

4　Proakis J G, Manolakis D G. Introduction to Digital Signal Processing. New York: Macmillan Publishing Company, 1988

5 Roberts R A, Mullis C T. Digital Signal Processing. Reading, MA: Addison-Wesley Publishing Company, 1987

6 Sophocles J O. Introduction to Signal Processing. Prentice-Hall, 1996；北京：清华大学出版社，1999（影印）

7 Brigham E O. The Fast Fourier Transform and its Applications. Englewood Cliffs, NJ: Prentice-Hall, 1988

8 Papoulis A. Signal Analysis. New York: McGraw-Hill, 1977

9 Marple S L. Digital Spectral Analysis with Applications. Englewood Cliffs, NJ: Prentice-Hall, 1987

10 Dudgeon D E, Mersereau R M. Multidimensional Digital Signal Processing. Englewood Cliffs, NJ: Prentice-Hall, 1983

11 Lim J S. Two-Dimensional Digital Signal Processing. Englewood Cliffs, NJ: Prentice-Hall, 1989

12 Sanjit K M. Digital Signal Processing: A Computer-Based Approach. 2nd ed. New York: McGraw-Hill ,2001

13 郑君里等. 信号与系统. 北京：人民教育出版社，1981

14 胡广书. 数字信号处理——理论、算法与实现. 第二版. 北京：清华大学出版社，2003

第 4 章

快速傅里叶变换

4.1 概 述

离散傅里叶变换(DFT)和线性卷积是信号处理中两个最基本也是最常用的运算，它们涉及信号与系统的分析与综合这一广泛的信号处理领域。由第 3 章可知，卷积可化为 DFT 来实现，实际上其他许多算法，如相关、滤波、谱估计等也都可化为 DFT 来实现。因此，本章重点讨论 DFT 的快速计算方法。

对 N 点序列 $x(n)$，其 DFT 变换对定义为

$$\begin{cases} X(k) = \sum_{n=0}^{N-1} x(n) W_N^{nk} & k = 0,1,\cdots,N-1, \quad W_N = \mathrm{e}^{-\mathrm{j}\frac{2\pi}{N}} \\ x(n) = \frac{1}{N}\sum_{k=0}^{N-1} X(k) W_N^{-nk} & n = 0,1,\cdots,N-1 \end{cases} \tag{4.1.1}$$

显然，求出 N 点 $X(k)$ 需要 N^2 次复数乘法及 $N(N-1)$ 次复数加法。众所周知，实现一次复数乘需要四次实数乘两次实数加，实现一次复数加则需要两次实数加。当 N 很大时，其计算量是相当可观的。例如，若 $N=1\,024$，则需要 1 048 576 次复数乘法，即 4 194 304 次实数乘法。所需时间过长，难于“实时”实现。对于 2-D 图像处理，所需计算量更是大得惊人。

其实，在 DFT 运算中包含有大量的重复运算。观察式(3.5.12)的 $\boldsymbol{W}$ 矩阵，虽然其中有 N^2 个元素，但由于 W_N 的周期性，其中只有 N 个独立的值，即 $W_N^0, W_N^1, \cdots, W_N^{N-1}$，且在这 N 个值中有一部分取极简单的值。简言之，W_N 因子的取值有如下特点：

① $W^0 = 1, W^{N/2} = -1$；

② $W_N^{N+r} = W_N^r, W^{N/2+r} = -W^r$。

例如，对四点 DFT，按式(4.1.1)直接计算需 $4^2 = 16$ 次复数乘，按上述周期性及对称性，可写成如下的矩阵形式

$$\begin{bmatrix} X(0) \\ X(1) \\ X(2) \\ X(3) \end{bmatrix} = \begin{bmatrix} 1 & 1 & 1 & 1 \\ 1 & W^1 & -1 & -W^1 \\ 1 & -1 & 1 & -1 \\ 1 & -W^1 & -1 & W^1 \end{bmatrix} \begin{bmatrix} x(0) \\ x(1) \\ x(2) \\ x(3) \end{bmatrix}$$

将该矩阵的第二列和第三列交换，得

$$\begin{bmatrix} X(0) \\ X(1) \\ X(2) \\ X(3) \end{bmatrix} = \begin{bmatrix} 1 & 1 & 1 & 1 \\ 1 & -1 & W^1 & -W^1 \\ 1 & 1 & -1 & -1 \\ 1 & -1 & -W^1 & W^1 \end{bmatrix} \begin{bmatrix} x(0) \\ x(2) \\ x(1) \\ x(3) \end{bmatrix}$$

由此得出

$$\left.\begin{aligned} X(0) &= [x(0)+x(2)]+[x(1)+x(3)] \\ X(1) &= [x(0)-x(2)]+[x(1)-x(3)]W^1 \\ X(2) &= [x(0)+x(2)]-[x(1)+x(3)] \\ X(3) &= [x(0)-x(2)]-[x(1)-x(3)]W^1 \end{aligned}\right\} \tag{4.1.2}$$

这样，求出四点 DFT 实际上只需要一次复数乘法。问题的关键是如何巧妙地利用 W 因子的周期性及对称性，导出一个高效的快速算法。这一算法最早由 J. W. Cooley 和 J. W. Tukey 于1965 年提出[1]。

Cooley 和 Tukey 提出的快速傅里叶变换算法(fast Fourier transform，FFT)使 N 点 DFT 的乘法计算量由 N^2 次降为$\frac{N}{2}\log_2 N$ 次。仍以 $N=1\,024$ 为例，计算量降为 5 120 次，仅为原来的 4.88%。因此人们公认这一重要发现是数字信号处理发展史上的一个转折点，也可以称之为一个里程碑。以此为契机，加之超大规模集成电路(VLSI)和计算机的飞速发展，使得数字信号处理的理论在过去的近 40 年中获得了飞速的发展，并广泛应用于众多的技术领域，显示了这一学科的巨大生命力。

自 Cooley-Tukey 的算法提出之后，新的算法不断涌现，总的来说，快速傅里叶变换的发展方向有两个，一是针对 N 等于 2 的整数次幂的算法，如基 2 算法、基 4 算法、实因子算法和分裂基算法等，另一个是 N 不等于 2 的整数次幂的算法，它是以 Winograd 为代表的一类算法(素因子算法、Winograd 算法)。

可以证明，式(4.1.2)的四点 DFT 可以不用乘法而只用加法来实现，因此基 4 算法比基 2 算法更有效。1984 年提出的分裂基(split-radix)算法[2]同时使用基 2 和基 4 算法，被认为是目前对 N 等于 2 的整数次幂中各类算法中最为理想的一种。

Winograd 算法(WFTA)和上述算法在理论上有着根本的差别，它是建立在下标映射和数论上的一套完全新颖的算法[3]。在实际应用上，所需乘法次数比 Cooley-Tukey 算法有了明显的减少，因此被认为是对 FFT 算法的一大贡献。但 WFTA 理论上比较复杂，编程也较为困难，数据的长度受到较大的限制，在程序中，数据所占的内存及数据的传递次数也比 Cooley-Tukey 算法增加很多。随着计算机技术的发展，当执行一个乘法指令和执行一个加法指令所需的时间不是相差很多，而且数据的传递时间相对于运算时间也不能忽略不计时，WFTA 是否还具有突出的优点已经受到人们的质疑。

以上对自 1965 年后 FFT 的发展作了一个简要的概述，有兴趣的读者可参看文献[4]，该文对这一问题作了较好的讨论。在这 50 多年发展的过程中，人们对 FFT 及 DFT 的历史渊源也发生了兴趣。这些年的研究成果发现，FFT 算法的历史可追溯到 200 多年之前德国数学家高斯的工作。在这 200 多年的历程中，DFT 及 FFT 经历了一个漫长而又有趣的过程，与之相关联的论文就有 2 400 余篇[5,6]。

本章重点讨论 DFT 的基 2 算法、分裂基算法和使频域细化的 CZT 算法，限于篇幅，Winograd 算法不再讨论。

4.2　时间抽取(DIT)基 2 FFT 算法

4.2.1　算法的推导

对式(4.1.1)，令 $N=2^M$，M 为正整数，可将 $x(n)$ 按奇、偶分成两组，即令 $n=2r$ 及 $n=2r+1$，而 $r=0,1,\cdots,N/2-1$，于是

$$X(k)=\sum_{r=0}^{N/2-1}x(2r)W_N^{2rk}+\sum_{r=0}^{N/2-1}x(2r+1)W_N^{(2r+1)k}$$
$$=\sum_{r=0}^{N/2-1}x(2r)W_{N/2}^{rk}+W_N^k\sum_{r=0}^{N/2-1}x(2r+1)W_{N/2}^{rk} \qquad (4.2.1)$$

式中

$$W_{N/2}=\mathrm{e}^{-\mathrm{j}\frac{2\pi}{(N/2)}}=\mathrm{e}^{-\mathrm{j}4\pi/N}$$

令

$$A(k)=\sum_{r=0}^{N/2-1}x(2r)W_{N/2}^{rk},\qquad k=0,1,\cdots,N/2-1 \qquad (4.2.2\mathrm{a})$$

$$B(k)=\sum_{r=0}^{N/2-1}x(2r+1)W_{N/2}^{rk},\qquad k=0,1,\cdots,N/2-1 \qquad (4.2.2\mathrm{b})$$

那么

$$X(k)=A(k)+W_N^kB(k),\qquad k=0,1,\cdots,N/2-1 \qquad (4.2.3\mathrm{a})$$

$A(k)$，$B(k)$ 都是 $N/2$ 点的 DFT，$X(k)$ 是 N 点 DFT，因此单用式(4.2.3a)表示 $X(k)$ 并不完全。但因

$$X(k+N/2)=A(k)-W_N^kB(k),\quad k=0,1,\cdots,N/2-1 \qquad (4.2.3\mathrm{b})$$

所以用 $A(k)$，$B(k)$ 可完整地表示 $X(k)$。$N=8$ 时，$A(k)$，$B(k)$ 及 $X(k)$ 的关系如图 4.2.1 所示。

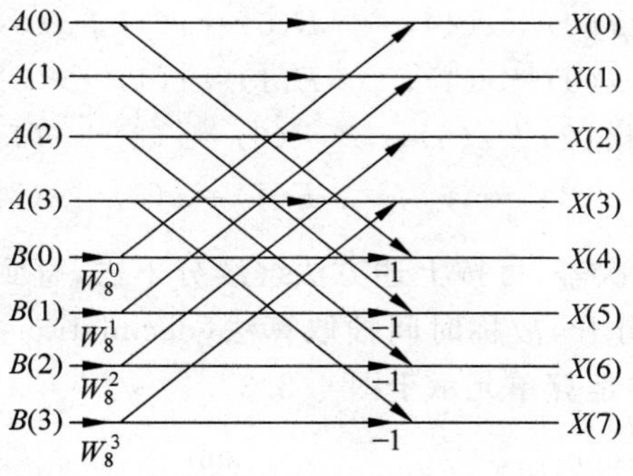

图 4.2.1 $N=8$ 时 $A(k)$,$B(k)$ 及 $X(k)$ 之间的关系

$A(k)$,$B(k)$ 仍是高复合数($N/2$)的 DFT,可按上述方法继续给以分解。分别令 $r=2l$,$r=2l+1$,而 $l=0,1,\cdots,N/4-1$,则 $A(k)$ 可表示为

$$A(k)=\sum_{l=0}^{N/4-1}x(4l)W_{N/2}^{2lk}+\sum_{l=0}^{N/4-1}x(4l+2)W_{N/2}^{(2l+1)k}$$

$$=\sum_{l=0}^{N/4-1}x(4l)W_{N/4}^{lk}+W_{N/2}^{k}\sum_{l=0}^{N/4-1}x(4l+2)W_{N/4}^{lk}$$

令

$$C(k)=\sum_{l=0}^{N/4-1}x(4l)W_{N/4}^{lk},\qquad k=0,1,\cdots,N/4-1\tag{4.2.4a}$$

$$D(k)=\sum_{l=0}^{N/4-1}x(4l+2)W_{N/4}^{lk},\qquad k=0,1,\cdots,N/4-1\tag{4.2.4b}$$

那么

$$A(k)=C(k)+W_{N/2}^{k}D(k),\qquad k=0,1,\cdots,N/4-1\tag{4.2.5a}$$

$$A\left(k+\frac{N}{4}\right)=C(k)-W_{N/2}^{k}D(k),\qquad k=0,1,\cdots,N/4-1\tag{4.2.5b}$$

同理,令

$$E(k)=\sum_{l=0}^{N/4-1}x(4l+1)W_{N/4}^{lk},\qquad k=0,1,\cdots,N/4-1\tag{4.2.6a}$$

$$F(k)=\sum_{l=0}^{N/4-1}x(4l+3)W_{N/4}^{lk},\qquad k=0,1,\cdots,N/4-1\tag{4.2.6b}$$

则

$$B(k)=E(k)+W_{N/2}^{k}F(k),\qquad k=0,1,\cdots,N/4-1\tag{4.2.7a}$$

$$B\left(k+\frac{N}{4}\right)=E(k)-W_{N/2}^{k}F(k),\qquad k=0,1,\cdots,N/4-1\tag{4.2.7b}$$

若 $N=8$,这时 $C(k)$,$D(k)$,$E(k)$,$F(k)$都是二点的 DFT,无须再分,即

$$C(0)=x(0)+x(4),\qquad E(0)=x(1)+x(5)$$
$$C(1)=x(0)-x(4),\qquad E(1)=x(1)-x(5)$$
$$D(0)=x(2)+x(6),\qquad F(0)=x(3)+x(7)$$
$$D(1)=x(2)-x(6),\qquad F(1)=x(3)-x(7)$$

若 $N=16,32$ 或 2 的更高次幂，可按上述方法继续分下去，直到两点的 DFT 为止。以上算法是将时间 n 按奇、偶分开，故称时间抽取算法(decimation in time，DIT)。现将上述过程示于图 4.2.2，其基本运算单元示于图 4.2.3。

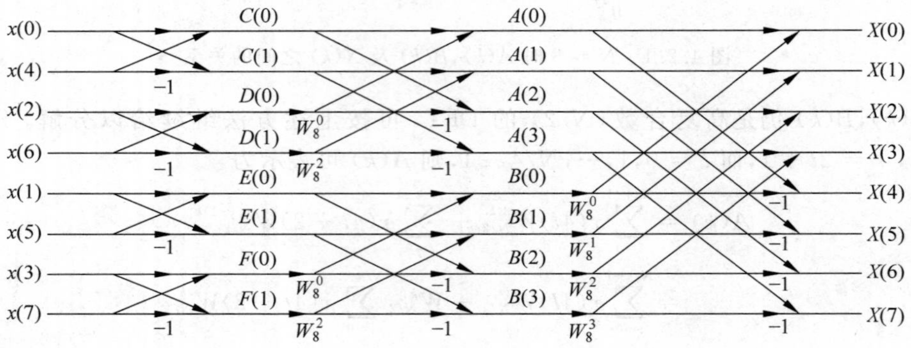

图 4.2.2 8点 FFT 时间抽取算法信号流图

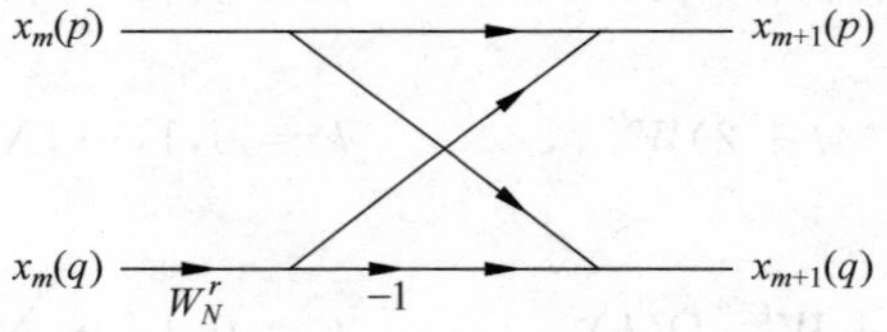

图 4.2.3 第 m 级蝶形单元

4.2.2 算法的讨论

现将 4.2.1 节所述的推导过程作一详细讨论，以期找到 FFT 算法的一般规律。

1. “级”的概念

上述推导过程，将 N 点 DFT 先分成两个 $N/2$ 点 DFT，再是四个 $N/4$ 点 DFT，进而八个 $N/8$ 点 DFT，直至 $N/2$ 个两点 DFT。每分一次，称为一“级”运算。因为 $M=\log_2 N$，所以 N 点 DFT 可分成 M 级，如图 4.2.4 所示。图中 $N=8$，因此 $M=3$，从左至右，依次为 $m=0$ 级，$m=1$ 级，$m=2$ 级。

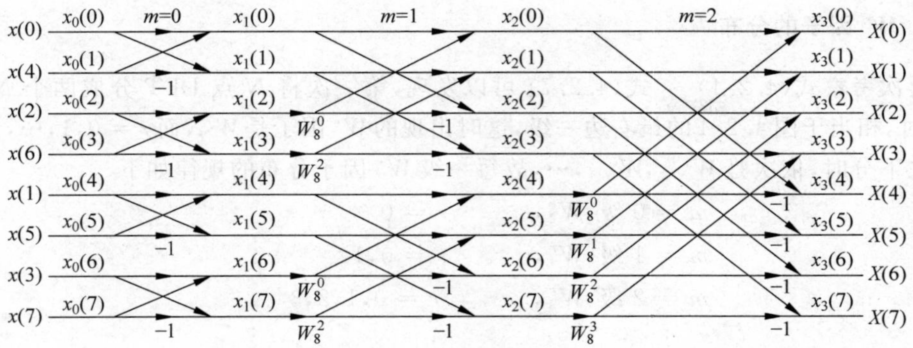

图 4.2.4 8 点 FFT 时间抽取算法信号流图

2. 蝶形单元

在图 4.2.2 中有大量如图 4.2.3 的运算结构，由于该运算结构的几何形状像蝴蝶，故称“蝶形运算单元”，在第 m 级，有

$$\left.\begin{aligned} x_{m+1}(p) &= x_m(p) + W_N^r x_m(q) \\ x_{m+1}(q) &= x_m(p) - W_N^r x_m(q) \end{aligned}\right\} \tag{4.2.8}$$

p,q 是参与本蝶形单元运算的上、下节点的序号。很明显，第 m 级序号为 p,q 的两点只参与这一个蝶形单元的运算，其输出在第 $m+1$ 级，且这一蝶形单元也不再涉及别的点。由于这一特点，在计算机编程时，可将蝶形单元的输出仍放在输入数组中，故称为“同址运算”。

由于每一级都含有 $N/2$ 个蝶形单元，每一个蝶形单元又只需要一次复数乘、两次复数加，因此，完成 $M=\log_2 N$ 级共需要的复数乘法数 M_c 和复数加法数 M_a 分别是

$$M_c = \frac{N}{2}\log_2 N = MN/2 \tag{4.2.9a}$$

$$M_a = N\log_2 N = MN \tag{4.2.9b}$$

将图 4.2.2 改画成图 4.2.4，让每一级的数据自上而下都按自然顺序排列，那么在第 m 级，上、下节点 p,q 之间的距离为

$$q - p = 2^m \tag{4.2.10}$$

3. “组”的概念

由图 4.2.4 可以看出，每一级的 $N/2$ 个蝶形单元可以分成若干组，每一组有着相同的结构及 W^r 因子分布。如 $m=0$ 级分成了四组，$m=1$ 级分成了两组，$m=M-1$ 级分成了一组。因此，第 m 级的组数是 $N/2^{m+1}, m=0,1,\cdots,M-1$。

4. W^r 因子的分布

再次考察式(4.2.1) ~ 式(4.2.7) 可以发现，第一次将 N 点 DFT 分成两个 $N/2$ 点 DFT 时，相当于图 4.2.4 的最右边一级，这时出现的 W^r 因子是 W_N^r，而 $r=0,1,\cdots,N/2-1$。再往下分时，依次是 $W_{N/2}^r, W_{N/4}^r,\cdots$，故每一级 W^r 因子分布的规律如下

$$
\begin{aligned}
&m=0\text{ 级}, W_2^r, && r=0\\
&m=1\text{ 级}, W_4^r, && r=0,1\\
&m=2\text{ 级}, W_8^r, && r=0,1,2,3\\
&\vdots\\
&m=M-1\text{ 级}, W_N^r, && r=0,1,\cdots,N/2-1
\end{aligned}
$$

因此，不难总结出 W^r 因子分布的一般规律

$$
\text{第 } m \text{ 级}, W_{2^{m+1}}^r,\quad r=0,1,\cdots,2^m-1 \tag{4.2.11}
$$

5. 码位倒置

由图 4.2.4 可以看出，变换后的输出序列 $X(k)$ 依照正序排列，但输入序列 $x(n)$ 的次序不再是原来的自然顺序，这正是由于将 $x(n)$ 按奇、偶分开所产生的。对 $N=8$，其自然序号是 0,1,2,3,4,5,6,7。第一次按奇、偶分开，得到两组 $N/2$ 点 DFT，$x(n)$ 的序号是

$$
0,\ 2,\ 4,\ 6 \quad | \quad 1,\ 3,\ 5,\ 7
$$

对每一组再按奇、偶分开，这时应将每一组仍按自然顺序排列，故抽取后得四组，每组的序号是

$$
0,\ 4 \quad | \quad 2,\ 6 \quad | \quad 1,\ 5 \quad | \quad 3,\ 7
$$

这一顺序正是图 4.2.4 输入端序列 $x(n)$ 的排列次序。掌握这一规律，对 N 为 2 的更高次幂，都可得到正确的抽取次序。

如果将 $x(n)$ 的序号 $n=0,1,\cdots,N-1$ 写成二进制，如 $N=8$，那么 $x(0),\cdots,x(7)$ 对应为

$$
x(000),x(001),x(010),x(011),x(100),x(101),x(110),x(111)
$$

将二进制数码翻转，得

$$
x(000),x(100),x(010),x(110),x(001),x(101),x(011),x(111)
$$

它们对应的十进制序号分别是

$$
x(0),x(4),x(2),x(6),x(1),x(5),x(3),x(7)
$$

这也正是按奇、偶抽取所得到的顺序。掌握了这一规律，就可以正确编程，FFT 的软件已是通用程序，读者只要了解排序的规律即可。

4.3 频率抽取(DIF)基 2 FFT 算法

和 DIT 相对应,DIF 算法是将频域 $X(k)$ 的序号 k 按奇、偶分开。对式(4.1.1)的 DFT,先将 $x(n)$ 按序号分成上、下两部分,得

$$\begin{aligned} X(k) &= \sum_{n=0}^{N/2-1} x(n)W_N^{nk} + \sum_{n=N/2}^{N-1} x(n)W_N^{nk} \\ &= \sum_{n=0}^{N/2-1} x(n)W_N^{nk} + \sum_{n=0}^{N/2-1} x(n+N/2)W_N^{nk}W_N^{Nk/2} \\ &= \sum_{n=0}^{N/2-1} [x(n) + W_N^{Nk/2}x(n+N/2)]W_N^{nk} \end{aligned}$$

式中 $W_N^{Nk/2} = (-1)^k$,分别令 $k = 2r, k = 2r+1$,而 $r = 0,1,\cdots,N/2-1$,于是得

$$X(2r) = \sum_{n=0}^{N/2-1} \left[x(n) + x\left(n+\frac{N}{2}\right)\right]W_{N/2}^{nr} \tag{4.3.1a}$$

$$X(2r+1) = \sum_{n=0}^{N/2-1} \left[x(n) - x\left(n+\frac{N}{2}\right)\right]W_{N/2}^{nr}W_N^n$$

$$r = 0,1,\cdots,\frac{N}{2}-1 \tag{4.3.1b}$$

令

$$g(n) = x(n) + x\left(n+\frac{N}{2}\right) \tag{4.3.2a}$$

$$h(n) = \left[x(n) - x\left(n+\frac{N}{2}\right)\right]W_N^n \tag{4.3.2b}$$

则

$$X(2r) = \sum_{n=0}^{N/2-1} g(n)W_{N/2}^{nr} \tag{4.3.3a}$$

$$X(2r+1) = \sum_{n=0}^{N/2-1} h(n)W_{N/2}^{nr} \tag{4.3.3b}$$

这样,就将一个 N 点 DFT 分成了两个 $N/2$ 点的 DFT,分的办法是将 $X(k)$按序号 k 的奇、偶分开。感兴趣的读者可以仿照时间抽取的办法继续分下去,直到得到两点的 DFT。图 4.3.1给出了一个 16 点 DIF 算法流图,以备和其他的算法相比较。由该图可以看出,输入是正序,输出是按奇、偶分开的倒序。

不论是 DIT 算法还是 DIF 算法,都可以看作是将 $N\times N$ 的 $\boldsymbol{W}$ 矩阵作分解来实现的。

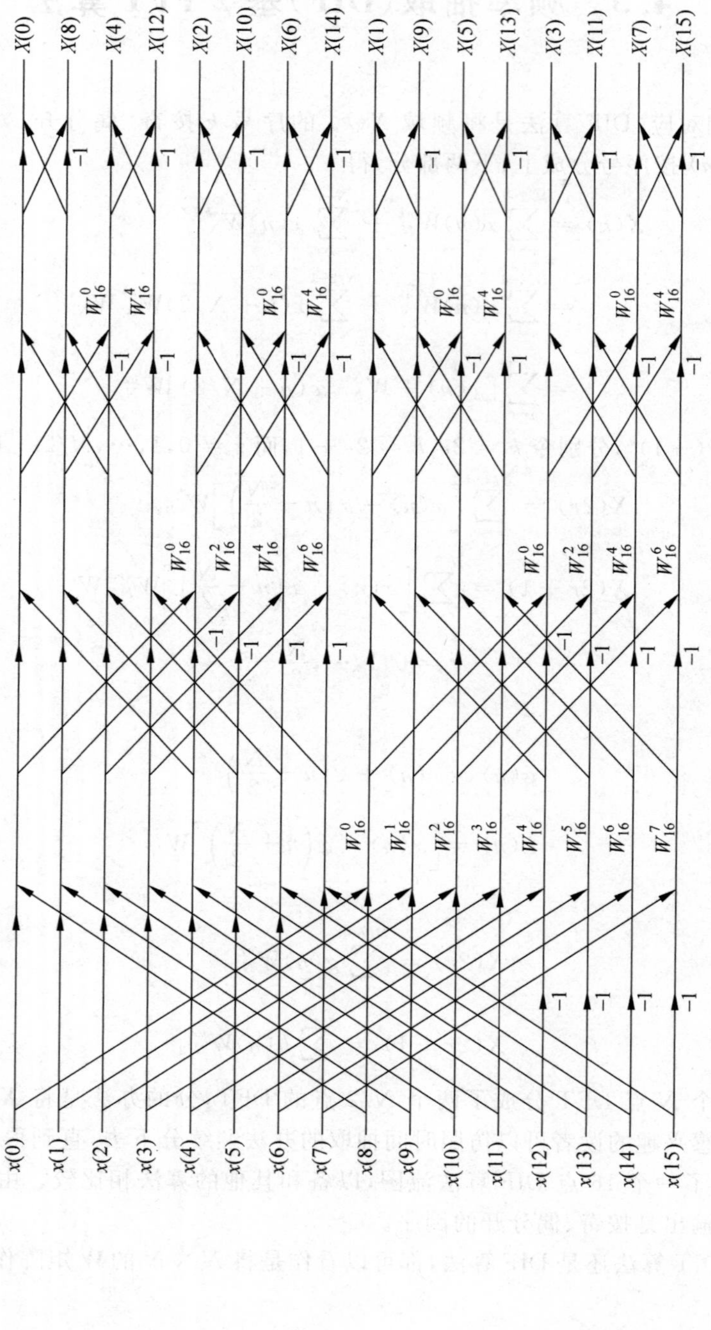

图 4.3.1　16 点 DIF 基 2 FFT 算法

将此留作练习，由读者自行完成。

4.4 进一步减少运算量的措施

在讨论其他算法之前，我们先研究一下，是否可以采取一些措施进一步减少计算量。

4.4.1 多类蝶形单元运算

对 $N=2^M$，共需进行 M 级运算，每级有 $N/2$ 个蝶形单元，而每个蝶形单元需要一次复数乘法，所以总共需要 $MN/2$ 次复数乘法。由式(4.2.11)可知，当 $m=0$ 时，即对第零级，所有的 W 因子的指数全为零，所以 $W^r=1$，这一级不需要乘法。对 $m=1$ 级，$W^r=1$ 或 $W^r=-\mathrm{j}$。我们知道，两个复数相乘时，若一个为纯虚数，则也不需要做乘法。在 DFT 中，W^r 又称旋转因子(twiddle factor)，像 W^0, W_2^1, W_4^1 这样的旋转因子又称无关紧要的旋转因子(trivial twiddle factor)。去掉前两级后，所需的复数乘法次数应是

$$M_c=\frac{N}{2}(M-2) \tag{4.4.1}$$

进一步分析，在 $m=2$ 级，每一组含有 W_8^0，W_8^2 这两个无关紧要的旋转因子，这一级共有 $(N/2^{2+1})=N/8$ 组，故这一级无关紧要的旋转因子数为 $N/4$ 个。依次类推，$m=3$ 时有 $N/8$ 个，最后一级，即 $m=M-1$ 时，有 $N/2^{M-1}$ 个。这样，从 $m=2$ 至最后一级共有

$$\frac{N}{4}+\frac{N}{8}+\cdots+\frac{N}{N/2}=\frac{N}{2}-2 \tag{4.4.2}$$

个无关紧要的旋转因子。这样，式(4.4.1)应改写为

$$M_c=\frac{N}{2}(M-3)+2 \tag{4.4.3}$$

读者可自己验证，所需要的复数加法量是

$$A_c=\frac{3}{2}N(M-1)+2 \tag{4.4.4}$$

前已述及，实现一次复数乘需要四次实数乘、两次实数加，但对 $W_8^1=(1-\mathrm{j})\sqrt{2}/2$ 这样特殊的复数，因为

$$(c+\mathrm{j}c)(x+\mathrm{j}y)=R+\mathrm{j}I$$

其中

$$R=c(x-y)$$

$$I = c(x + y)$$

所以可用两次实数乘、两次实数加来实现。从 $m=2$ 至 $m=M-1$ 级，每一级都包含不同数目的 W_8^1 这样的因子，数量的多少，也如式(4.4.2)。这样，为完成 $N=2^M$ 点 DFT，所需要的实数乘法次数

$$M_R = 4[N(M-3)/2 + 2 - (N/2-2)] + 2(N/2-2)$$

即

$$M_R = N(2M-7) + 12 \tag{4.4.5a}$$

同理可导出所需的实数加法次数是

$$A_R = 3N(M-1) + 4 \tag{4.4.5b}$$

式(4.4.5)通常作为各种算法比较的基础。

一个旋转因子对应一个蝶形单元。若在程序中包含了所有的旋转因子，则称该算法含一类蝶形单元；若去掉 $W^r=\pm 1$，则说含二类蝶形单元；若再去掉 $W^r=\pm \mathrm{j}$，则说含三类；如果再特殊处理 $W^r=(1-\mathrm{j})\sqrt{2}/2$ 这样的蝶形单元，我们则称该算法含有四类蝶形单元。表 4.4.1 给出了 N 在不同值时取不同类型蝶形单元所需要的实数乘和实数加的次数。尽管该方法无根本的突破，但在 N 较大时，乘法的节约也是相当可观的。如 $N=4\ 096$，用三类蝶形单元时的乘法数比仅用一类时节约了 25%。当然，蝶形单元用得多，编程时要稍微复杂些。

表 4.4.1　基 2 FFT 在各种蝶形单元下所需的实数乘法和实数加法的次数

蝶形单元 / N	一类蝶形单元		二类蝶形单元		三类蝶形单元		四类蝶形单元	
	M_1	A_1	M_2	A_2	M_3	A_3	M_4	A_4
2	4	6	0	4	0	4	0	4
8	48	72	20	58	8	52	4	52
32	320	480	196	418	136	388	108	288
128	1 792	2 688	1 284	2 434	1 032	2 308	908	2 308
512	9 216	13 824	7 172	12 802	6 152	12 292	5 644	12 292
2 048	45 056	67 584	36 868	63 490	32 776	61 444	30 732	61 444
4 096	98 304	14 756	81 924	139 266	73 736	135 172	69 644	135 172

4.4.2　W 因子的生成

在 FFT 中，乘法主要来自旋转因子，因为 $W^r=\cos(2\pi r/N)-\mathrm{j}\ \sin(2\pi r/N)$，所以在

对 W^r 相乘时，必须产生相应的正、余弦函数。在编程时，正、余弦函数的产生一般有两个办法，一是在每一步直接产生，二是在程序开始前预先计算出 W^r，将 $r=0, 1, \cdots, N-1$ 这 N 个独立的值存于数组中，等效于建立了一个正、余弦函数“表”，在程序执行时可直接查“表”得到。这样就提高了运算速度，但要占较多的内存。

4.4.3 实输入数据时的 FFT 算法

在实际工作中，输入数据 $x(n)$ 一般都是实序列，通常是把 $x(n)$ 视为一个虚部为零的复序列，这就增加了运算的时间。每提出一种新的 FFT 算法时都相应地讨论在该算法下实数据的变换问题。最早提出的方法是用一个 N 点 FFT 同时计算两个 N 点实序列的 DFT，一个作为实部，另一个作为虚部，计算完后再把输出按奇、偶、虚、实特性加以分离。另一方法是用 $N/2$ 点 FFT 计算一个 N 点序列的 DFT，将该序列的偶序号置为实部，奇序号置为虚部，同样在最后将其分离。理论上讲，这样做可以减少一半的计算量。本书所附光盘中的子程序 relfft 就是用这种办法来计算 N 点实序列的 DFT。

4.5 基 4 算法与分裂基算法

分裂基(split-radix)算法又称基 2/4 算法或混合基算法，它既和 4.2 节～4.4 节的基 2 算法有关，也和基 4 算法有关。为此，本节先简要介绍一下基 4 算法，然后再讨论基 2/4 算法。

4.5.1 频率抽取基 4 FFT 算法

令 $N=4^M$，对 N 点 DFT 可按如下方法作频率抽取

$$X(k)=\sum_{n=0}^{N/4-1}x(n)W_N^{nk}+\sum_{n=N/4}^{N/2-1}x(n)W_N^{nk}+\sum_{n=N/2}^{3N/4-1}x(n)W_N^{nk}+\sum_{n=3N/4}^{N-1}x(n)W_N^{nk} \tag{4.5.1}$$

如按时间抽取，则

$$X(k)=\sum_{l=0}^{3}W_N^{lk}\sum_{n=0}^{N/4-1}x(4n+l)W_{N/4}^{nk}$$

分别令 $k=4r, k=4r+2, k=4r+1$ 及 $k=4r+3$，而 $r=0,1,\cdots,\frac{N}{4}-1$，由式(4.5.1)，有

$$X(4r)=\sum_{n=0}^{\frac{N}{4}-1}\left[\left(x(n)+x\left(n+\frac{N}{2}\right)\right)+\left(x\left(n+\frac{N}{4}\right)+x\left(n+3\frac{N}{4}\right)\right)\right]W_{N/4}^{nr}$$

$$X(4r+2)=\sum_{n=0}^{\frac{N}{4}-1}\left[\left(x(n)+x\left(n+\frac{N}{2}\right)\right)-\left(x\left(n+\frac{N}{4}\right)+x\left(n+3\frac{N}{4}\right)\right)\right]W_N^{2n}W_{N/4}^{nr}$$

$$X(4r+1)=\sum_{n=0}^{\frac{N}{4}-1}\left[\left(x(n)-x\left(n+\frac{N}{2}\right)\right)-\mathrm{j}\left(x\left(n+\frac{N}{4}\right)-x\left(n+3\frac{N}{4}\right)\right)\right]W_N^{n}W_{N/4}^{nr}$$

$$X(4r+3)=\sum_{n=0}^{\frac{N}{4}-1}\left[\left(x(n)-x\left(n+\frac{N}{2}\right)\right)+\mathrm{j}\left(x\left(n+\frac{N}{4}\right)-x\left(n+3\frac{N}{4}\right)\right)\right]W_N^{3n}W_{N/4}^{nr}$$

若 $N=16$,通过上述推导即可把一个 16 点的 DFT 分成四个 4 点的 DFT,其信号流图如图 4.5.1 所示。该图分为 $m=0,m=1$ 两级。最右边的四个 4 点的 DFT,每一个都是基 4 FFT 的基本单元,如图中虚线方框内所示。可以看出,基 4 FFT 的基本单元仅有一个纯虚数 j 需要做乘法。由于基 4 算法使做 FFT 的级数减少一半,故所需的乘法量也相应减少。仿照 4.3.1 节,可得到使用四类蝶形单元时所需的实数乘法及实数加法的次数,即有

$$\left.\begin{aligned}M_{\mathrm{R}}&=\frac{3N}{2}\log_2 N-5N+8\\A_{\mathrm{R}}&=\frac{11N}{4}\log_2 N-13N/6+8/3\end{aligned}\right\}\tag{4.5.2}$$

4.5.2　分裂基算法

仔细观察图 4.3.1 的基 2 频率抽取算法可发现,在每一级中每一组的上半部的输出都没有乘以旋转因子,它们对应偶序号的输出(这一点由式(4.3.1a)也可看出),旋转因子都出现在奇序号的输出中。另外,又由 4.5.1 节所述,基 4 算法比基 2 算法更有效。因此 1984 年文献[2]首先提出了“分裂基”算法,该算法的基本思路是对偶序号输出使用基 2 算法,对奇序号输出使用基 4 算法。由于分裂基算法在目前已知的所有针对 $N=2^M$ 的算法中具有最少的乘法次数和加法次数,并且具有和 Cooley-Tukey 算法同样好的结构,因此被认为是最好的快速傅里叶变换算法。后来的研究表明,该算法最接近理论上所需乘法次数的最小值[10,11]。

1. 算法推导

对 $N=2^M$ 点 DFT,重写式(4.3.1a) 的 DIF 的偶序号输出项,即

$$X(2r)=\sum_{n=0}^{\frac{N}{2}-1}\left[x(n)+x\left(n+\frac{N}{2}\right)\right]W_{N/2}^{nr},\qquad r=0,1,\cdots,\frac{N}{2}-1\tag{4.5.3a}$$

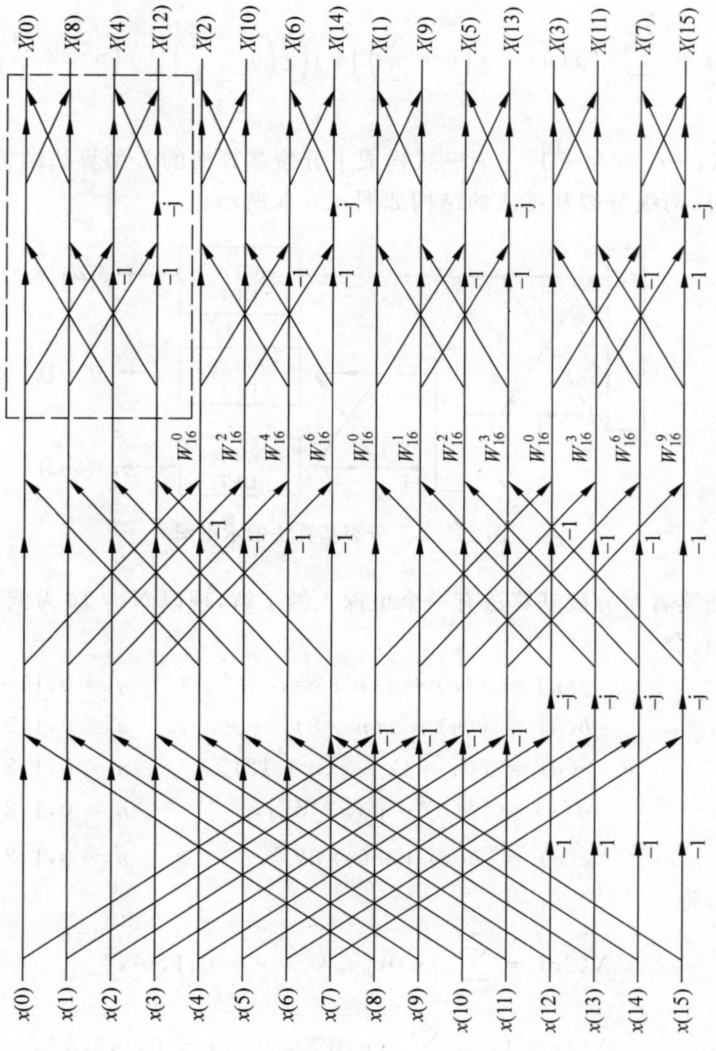

图 4.5.1 16 点基 4 频率抽取信号流图

对 k 的奇序号项用基 4 算法，即

$$X(4r+1)=\sum_{n=0}^{\frac{N}{4}-1}\left[\left(x(n)-x\left(n+\frac{N}{2}\right)\right)-\mathrm{j}\left(x\left(n+\frac{N}{4}\right)-x\left(n+3\ \frac{N}{4}\right)\right)\right]W_N^n W_{N/4}^{nr} \tag{4.5.3b}$$

$$X(4r+3)=\sum_{n=0}^{\frac{N}{4}-1}\left[\left(x(n)-x\left(n+\frac{N}{2}\right)\right)+\mathrm{j}\left(x\left(n+\frac{N}{4}\right)-x\left(n+3\ \frac{N}{4}\right)\right)\right]W_N^{3n} W_{N/4}^{nr} \tag{4.5.3c}$$

式中 $r=0,1,\cdots,N/4-1$。上面三式构成了分裂基算法的 L 型算法结构，如图 4.5.2 所示。$N=16$ 时，两级分裂基算法的结构如图 4.5.3 所示。

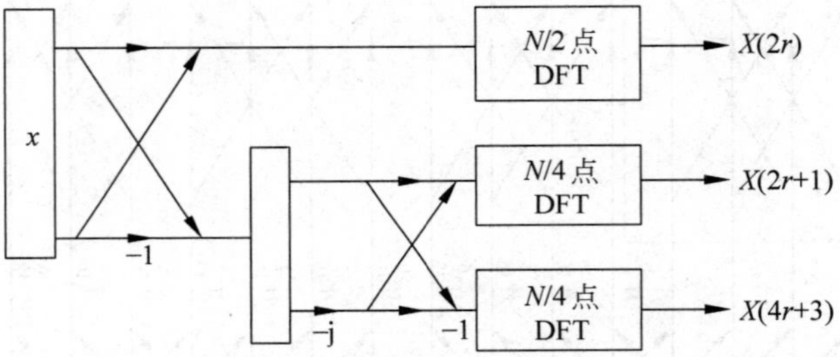

图 4.5.2　分裂基算法的示意图

为了帮助读者对分裂基算法有一个更深入的了解，现以 $N=16$ 为例，推导其算法，并给出信号流图。令

$$\begin{aligned}
a(n)&=x(n)+x(n+8), && n=0,1,\cdots,7\\
b(n)&=x(n)-x(n+8), && n=0,1,2,3\\
c(n)&=x(n+4)-x(n+12), && n=0,1,2,3\\
d(n)&=[b(n)-\mathrm{j}c(n)]W_{16}^{n}, && n=0,1,2,3\\
e(n)&=[b(n)+\mathrm{j}c(n)]W_{16}^{3n}, && n=0,1,2,3
\end{aligned}$$

由式(4.5.3)，得

$$X(2r)=\sum_{n=0}^{7}a(n)W_8^{nr},\qquad r=0,1,\cdots,7 \tag{4.5.4a}$$

$$X(4r+1)=\sum_{n=0}^{3}d(n)W_4^{nr},\qquad r=0,1,2,3 \tag{4.5.4b}$$

$$X(4r+3)=\sum_{n=0}^{3}e(n)W_4^{nr},\qquad r=0,1,2,3 \tag{4.5.4c}$$

式(4.5.4b) 和式(4.5.4c) 已各是 4 点 DFT，不需再分，对式(4.5.4a)，可继续做分裂基算

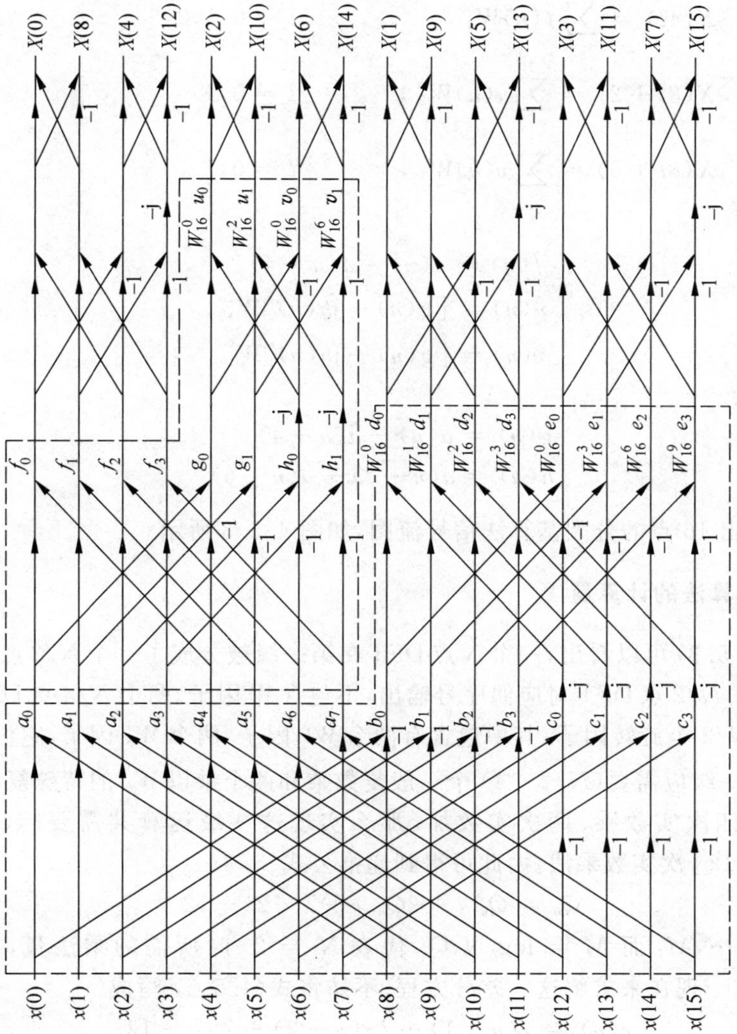

图 4.5.3 16 点分裂基算法信号流图

法。因为

$$X(2r)=\sum_{n=0}^{3}[a(n)+(-1)^r a(n+4)]W_8^{nr}$$

所以，分别令 $r=2l, r=4l+1, r=4l+3$，得

$$X(4l)=\sum_{n=0}^{3}f(n)W_4^{nl},\qquad l=0,1,2,3$$

$$X(8l+2)=\sum_{n=0}^{1}u(n)W_2^{nl},\qquad l=0,1$$

$$X(8l+6)=\sum_{n=0}^{1}v(n)W_4^{nl},\qquad l=0,1$$

以上三式中

$$f(n)=a(n)+a(n+4)$$
$$u(n)=[g(n)-\mathrm{j}h(n)]W_{16}^{2n}$$
$$v(n)=[g(n)+\mathrm{j}h(n)]W_{16}^{6n}$$

其中

$$g(n)=a(n)-a(n+4)$$
$$h(n)=a(n+2)-a(n+6)$$

由此可得出 16 点的分裂基算法信号流图，如图 4.5.3 所示。

2. 分裂基算法的计算量

分析式(4.5.3)可以看出，一个 N 点 DFT 在第一级被分成了一个 $N/2$ 点 DFT 和两个 $N/4$ 点的 DFT。$N/2$ 点 DFT 对应偶序号输出，不包含 W 因子。两个 $N/4$ 点 DFT 对应奇序号输出，共有 $N/2$ 个旋转因子，其中包含有两个 W^0 因子，两个 W_8^1 因子，它们都可以特殊处理，因此，这一级应需要$(N/2-4)$个一般复数乘和两个乘以 W_8^1 的特殊复数乘。若实现一次复数乘需四次实数乘、两次实数加，那么实现这一级运算共需要$[4(N/2-4)+2\times 2=2N-12]$次实数乘法。由此可得到递推公式

$$Q_n=Q_{n-1}+2Q_{n-2}+2\times 2^n-12 \tag{4.5.5}$$

式中 $n=3,4,\cdots,M$，而 $M=\log_2 N$，Q_n 代表 $N=2^n$ 时所需的乘法量，初始条件是 $Q_1=0, Q_2=0$。现在来求解这一差分方程。不妨将式(4.5.5)写成

$$x(n)=x(n-1)+2x(n-2)+2^{n+1}-12 \tag{4.5.6}$$

假定 N 为 ∞，则 M 也为 ∞，此时对上式两边取 Z 变换(注意 n 的值从 3 开始)，得

$$X(z)[1-z^{-1}-2z^{-2}]$$
$$=2\left[\frac{1}{1-2z^{-1}}-(1-2z^{-1}+4z^{-2})\right]-12\left[\frac{1}{1-z^{-1}}-(1+z^{-1}+z^{-2})\right]$$

经整理得

$$X(z)=\frac{4z+8}{(z-1)(z+1)(z-2)^2}$$

作部分分式求解，并求Z反变换，注意到 $n\geqslant 3$，于是有

$$x(n)=\frac{4}{3}n\times 2^n-\frac{38}{9}\times 2^n+6(-1)^n\frac{2}{9}$$

当 $n=M$ 时，有

$$M_R=\frac{4}{3}MN-\frac{38}{9}N+6+(-1)^M\frac{2}{9} \tag{4.5.7}$$

这正是分裂基算法在四类蝶形单元情况下所需的实数乘法次数的计算公式，同理可推出所需实数加法的递推公式为

$$A_R=\frac{8}{3}MN-\frac{16}{9}N+2-(-1)^M\frac{2}{9} \tag{4.5.8}$$

表4.5.1给出了在使用四类蝶形单元情况下 N 取不同值时基2、基4及分裂基算法所需的实数乘与实数加的次数。由该表可以看出，当 $N\geqslant 64$ 时，分裂基算法所需的实数乘的次数约是基2算法的2/3。

表4.5.1 基2、基4及分裂基算法所需实数乘及实数加的次数的比较(输入数据为复数)

算法 \ N	基2		基4		基2/4	
	M_R	A_R	M_R	A_R	M_R	A_R
2	0	4			0	4
4	0	16	0	16	0	16
8	4	52			4	52
16	28	148	24	144	24	144
64	332	964	264	920	248	912
256	2 316	5 380	1 800	5 080	1 656	5 008
1 024	13 324	27 652	10 248	25 944	9 336	25 488
4 096	69 644	135 172	53 256	126 926	48 248	123 792

3. 分裂基算法的特点

在已知的 $N=2^M$ 的各种算法中，分裂基算法所需的乘法数最少，并接近理论上的最小值。文献[11]证明了对长度 $N=2^M$ 的实序列 $x(n)$，其DFT所需的理论上的最少实数

乘法次数是

$$M_R = 2N - M^2 - M - 2 \tag{4.5.9}$$

当然，这一理论上的最小值是很难实现的，因为它需要太多的加法而且算法过于复杂。

分裂基算法有和基 2、基 4 算法一样的规则结构，可以同址运算，这在用 IC 芯片来实现这些算法时是特别重要的。

若把基 2、基 4 和分裂基算法中所有无关紧要的旋转因子（包括图中的 ±j）都考虑在内，那么三者所需的计算量其实是一样的。分裂基算法的特点是合理地安排了算法结构，使无关紧要的旋转因子最大限度地减小。比较基 2、基 4 及分裂基的信号流图（图 4.3.1、图 4.5.1 及图 4.5.3）可以看出，在第一级，若去掉 W^0，基 2 算法有 7 个旋转因子，基 4 有 9 个，分裂基有 6 个。但基 2 算法还有两个 8 点 DFT，可分成四个 4 点 DFT，它们其中还有旋转因子，而基 4 已不用再分。尽管分裂基的 $m=1$ 级还有 8 点要分，但总的旋转因子要少于基 4 算法，更少于基 2 算法。

有关分裂基算法的理论和实现还可参看文献[7～9]。

文献[4]指出，对 $N=2^M$ 的一类 FFT 算法，至少对一维序列而言，分裂基算法的提出已使 FFT 算法比较完善，乘法量难以进一步减少。

4.6　线性调频 Z 变换（CZT）

我们知道，DFT 在时域和频域都是 N 点的周期序列。当数据较短时，计算分辨率较差，即 $\Delta f = f_s/N$ 过大，这时可以在数据后面补零以提高频域的分点数，从而提高计算分辨率。但这样做无疑要增加计算量。另一方面，当数据足够长时，有时候并不需要计算出频域的全部分点，而只要得到某一个频带内的（例如对应低通或带通）就可以了。特别是当信号为一个或几个正弦信号时，我们希望仅在正弦信号的频率处给以“细化”，而在其他分点处可以较疏，甚至不考虑这些点。总之，在用 FFT 去解决一个实际问题时，在输入和输出端都可以进一步简化，以减少计算量。

解决上述问题的方案有两个，一是在前述的基 2 算法的基础上使输入或使输出或使两者同时仅取少数点的算法，该算法称之为“FFT pruning”。二是和 DFT 有较大区别的变换算法，即 CZT。该算法可以用来计算在单位圆上任一段圆弧上的傅里叶变换，并且在做 DFT 时输入的点数 N 和输出的点数 M 可以不相等，从而实现频域“细化”的目的。

限于篇幅，FFT pruning 本书不再讨论。对此有兴趣的读者可参看文献[12～16]，文献[18]对其进行了简要介绍。下面重点讨论 CZT。

4.6.1　CZT的定义

设 $x(n)$ 为已知的时间信号，我们在第2章所定义的 $x(n)$ 的Z变换是

$$X(z)=\sum_{n=0}^{\infty}x(n)z^{-n}$$

式中

$$z=e^{sT_s}=e^{(\sigma+j\Omega)T_s}=e^{\sigma T_s}e^{j\Omega T_s}=Ae^{j\omega}$$

s 为拉普拉斯变量，$A=e^{\sigma T_s}$ 为实数，圆频率 $\omega=\Omega T_s$ 为一角度。现对上式的 z 作一修改。令

$$z_r=AW^{-r}$$

式中

$$A=A_0e^{j\theta_0},\quad W=W_0e^{-j\varphi_0}$$

则

$$z_r=A_0e^{j\theta_0}W_0^{-r}e^{j\varphi_0 r}\tag{4.6.1}$$

A_0,W_0 为任意的正实数，给定 $A_0,W_0,\theta_0,\varphi_0$，当 $r=0,1,\cdots,\infty$ 时，可得到在 z 平面上的一个个点 $z_0,z_1,\cdots,z_\infty$，取这些点上的Z变换，有

$$X(z_r)=\mathrm{CZT}[x(n)]=\sum_{n=0}^{\infty}x(n)z_r^{-n}=\sum_{n=0}^{\infty}x(n)A^{-n}W^{nr}\tag{4.6.2}$$

这正是CZT的定义。现在需要解释 $A_0,W_0,\theta_0,\varphi_0$ 的含义。

由式(4.6.1)可知，当 $r=0$ 时，$z_0=A_0e^{j\theta_0}$，该点(图4.6.1中 P 点)在 z 平面上的幅度为 A_0，幅角为 θ_0，是CZT的起点。当 $r=1$ 时，$z_1=A_0W_0^{-1}e^{j(\theta_0+\varphi_0)}$，$z_1$ 点的幅度变为 $A_0W_0^{-1}$，角度在 θ_0 的基础上有增量 φ_0。不难想象，随着 r 的变化，点 $z_0,z_1,z_2,\cdots$ 构成了CZT变换的路径。因此，对第 $M-1$ 点，即 $Q=z_{M-1}$ 点，该点的极坐标应是

$$Q=A_0e^{j\theta_0}W_0^{-(M-1)}e^{j(M-1)\varphi_0}\tag{4.6.3}$$

如图4.6.1所示。

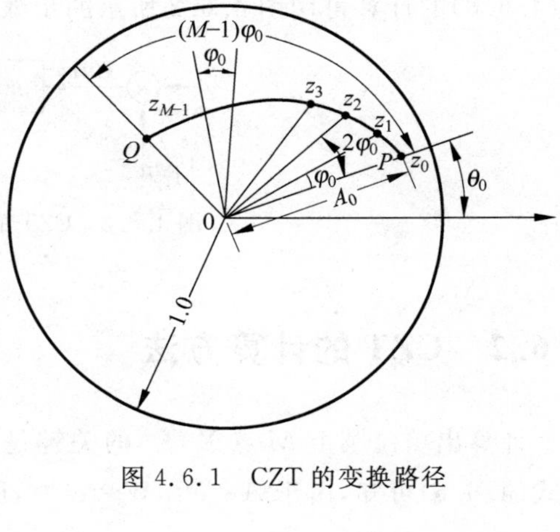

图4.6.1　CZT的变换路径

这样，CZT在 z 平面上的变换路径是一条螺旋线，显然：

① 当 $A_0>1$ 时，螺旋线在单位圆外，反之，在单位圆内。

② 当 $W_0>1$ 时，$A_0W_0^{-1}<A_0$，螺旋线内旋；反之，螺旋线外旋。

③ 当 $A_0=W_0=1$ 时，CZT的变换路径

为单位圆上的一段圆弧，起于 P 点，终于 Q 点，P、Q 之间的分点 M 不一定等于数据的点数 N。

④ 当 $A_0=W_0=1,\theta_0=0,M=N$ 时，CZT 变成了普通的 DFT。

因为我们希望得到的是信号的频谱分析，故应在单位圆上去实现 CZT，因此 A_0、W_0 都应取为 1。$x(n)$ 的长度假定为 $n=0,1,\cdots,N-1$，变换的长度 $r=0,1,\cdots,M-1$，有

$$X(z_r)=\sum_{n=0}^{N-1}x(n)A^{-n}W^{nr} \tag{4.6.4}$$

由于

$$nr=\frac{1}{2}[r^2+n^2-(r-n)^2]$$

所以式(4.6.4)又可写成

$$X(z_r)=\sum_{n=0}^{N-1}x(n)A^{-n}W^{r^2/2}W^{n^2/2}W^{-(r-n)^2/2} \tag{4.6.5}$$

令

$$g(n)=x(n)A^{-n}W^{n^2/2} \tag{4.6.6}$$

$$h(n)=W^{-n^2/2} \tag{4.6.7}$$

则

$$X(z_r)=W^{r^2/2}\sum_{n=0}^{N-1}g(n)h(r-n)$$

$$=W^{r^2/2}[g(r)*h(r)]=W^{r^2/2}y(r) \tag{4.6.8}$$

式中

$$y(r)=g(r)*h(r)=\sum_{n=0}^{N-1}g(n)W^{-\frac{(r-n)^2}{2}},\quad r=0,1,\cdots,M-1 \tag{4.6.9}$$

式(4.6.8)的计算可用图 4.6.2 所示的步骤来实现。

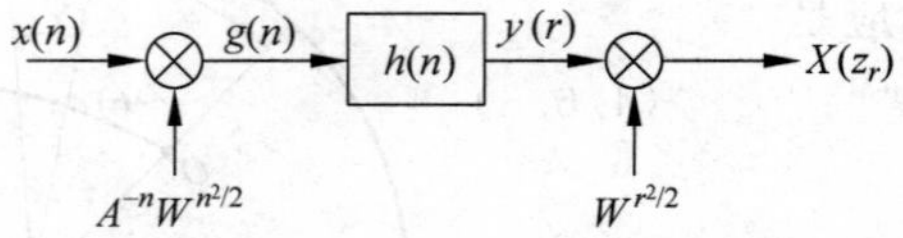

图 4.6.2　CZT 的线性滤波计算步骤

4.6.2　CZT 的计算方法

计算出单位圆上 M 点 $X(z_r)$ 的关键是实现式(4.6.8)中 $g(n)$ 和 $h(n)$ 的线性卷积。由式(4.6.6)可知，由于 $A=e^{j\theta_0}$，$W=e^{-j\varphi_0}$，所以 $h(n)=W^{-n^2/2}$ 应是一无穷长的序列，且是

以 $n=0$ 为偶对称的。同理，$A^{-n}W^{n^2/2}$ 也应是无穷长序列。但因为 $x(n)$ 是 N 点序列，所以由式(4.6.6)可知，$g(n)$ 也应是 N 点序列，即 $n=0,1,\cdots,N-1$。

由上述 $g(n)$、$h(n)$ 的特点，考虑到我们仅需要 M 点的输出序列，且希望用 DFT 来实现 $g(n)$ 和 $h(n)$ 的卷积，这就需要对 $g(n)$、$h(n)$ 的长度作一些处理。具体处理方法和步骤如下。

按式(4.6.6)计算出 $g(n)$，$n=0,1,\cdots,N-1$，然后将 $g(n)$ 补零，使之长度为 L，$L\geqslant N+M-1$，这样得到新序列

$$g'(n)=\begin{cases}g(n) & n=0,1,\cdots,N-1\\ 0 & N\leqslant n\leqslant L-1\end{cases}\tag{4.6.10}$$

将 $h(n)$ 也转换成一个 L 点的新序列 $h'(n)$，如图 4.6.3 所示，图中

$$h'(n)=\begin{cases}h(n) & 0\leqslant n\leqslant M-1\\ 0 & M\leqslant n\leqslant L-N\\ h(L-n) & L-N+1<n\leqslant L-1\end{cases}\tag{4.6.11}$$

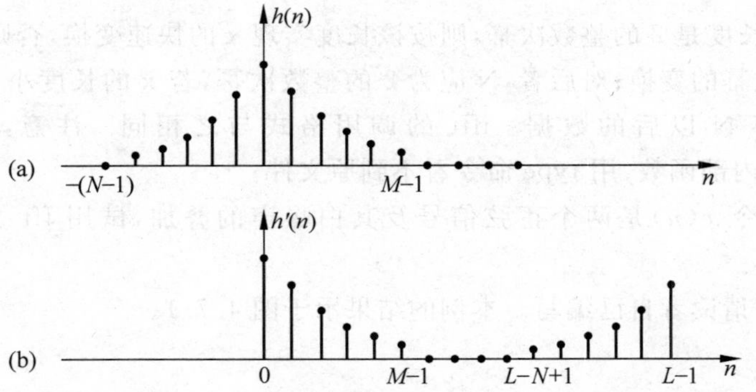

图 4.6.3　$h(n)$ 的选择

因为 $h(n)$ 本是一偶对称无穷长序列，若和 $g(n)$ 直接做线性卷积，且 $g(n)$ 仅 N 点，卷积的结果只要 M 点，所以设想在卷积时是翻转 $h(n)$，那么，翻转后 $h(-n)$ 应有 N 点和 $g(n)$ 对应相乘，且 $h(-n)$ 应可向右移动 M 次。这样 $h(n)$ 应按图 4.6.3(a) 取值，而 $h(n)$ 要转换成周期序列 $h'(n)$，自然应按图 4.6.3(b) 取值。

式(4.6.10)与式(4.6.11)两式中 L 的选择应是在保证 $L\geqslant N+M-1$ 的条件下，取 L 为 2 的整数次幂。

有了 $h'(n)$、$g'(n)$ 之后，先求 $h'(n)$、$g'(n)$ 的 DFT，得 $H'(k)$、$G'(k)$，它们都是 L 点序列。再令 $Y'(k)=H'(k)G'(k)$，并求 $Y'(k)$ 的反变换，得 $y(r)$，仅取 $y(r)$ 中的前 M 个点。然后用 $W^{r^2/2}$ 乘 $y(r)$，则得最后的输出 $X(z_r)$，$r=0,1,\cdots,M-1$。

由上面的讨论可知，CZT 不但可用来计算单位圆上的 Z 变换，而且可计算 z 平面上任

一螺旋线上的 Z 变换。当然，只有在单位圆上的 Z 变换才是傅里叶变换。

在单位圆上，θ_0，φ_0 可任意给定，这样可选择所需要的起始频率及频率分辨率。做 CZT 时，对 N 和 M 的大小没有限制，仅要求 $L \geqslant N+M-1$，且 L 为 2 的整数次幂。

4.7 与本章内容有关的 MATLAB 文件

与本章内容有关的 MATLAB 文件主要是 fft，ifft 和 czt.m。顾名思义，fft 实现快速傅里叶变换，ifft 实现快速傅里叶反变换，czt.m 用来实现 4.6.3 节的线性调频 Z 变换。

1. fft.m

调用格式是

X = fft(x)　　或　　X = fft(x,N)

对前者，若 x 的长度是 2 的整数次幂，则按该长度实现 x 的快速变换，否则，实现的是慢速的非 2 的整数次幂的变换；对后者，N 应为 2 的整数次幂，若 x 的长度小于 N，则补零，若超过 N，则舍弃 N 以后的数据。ifft 的调用格式与之相同。注意，fft 和 ifft 都是 MATLAB 中的内部函数，用 type 命令看不到原文件。

例 4.7.1　令 $x(n)$ 是两个正弦信号及其白噪声的叠加，试用 fft 文件对其作频谱分析。

相应的程序请读者自己编写。本例的结果示于图 4.7.1。

2. czt.m

调用格式是

X = czt(x,M,W,A)

式中 x 是待变换的时域信号 $x(n)$，其长度设为 N，M 是变换的长度，W 确定变换的步长，A 确定变换的起点。若 M＝N，A＝1，则 CZT 变成 DFT。下面的例子说明了 czt.m 的应用。

例 4.7.2　设 $x(n)$ 由三个实正弦所组成，频率分别是 8Hz、8.22Hz 和 9Hz，抽样频率是 40Hz，时域取 128 点。图 4.7.2(a)是用 CZT 计算的 DFT，图 4.7.2(b)是用 FFT 直接求出的 DFT，所以图 4.7.2(a)和(b)是一样的。图中频率分别为 8Hz 和 8.22Hz 的两个正弦的频谱不易分辨。图 4.7.2(c)是在 7～(7＋M×0.05)Hz 这一段频率范围内求出的傅里叶变换，它的分点较细，所以三个正弦的谱线都可分辨出来。实现该例的程序如下：

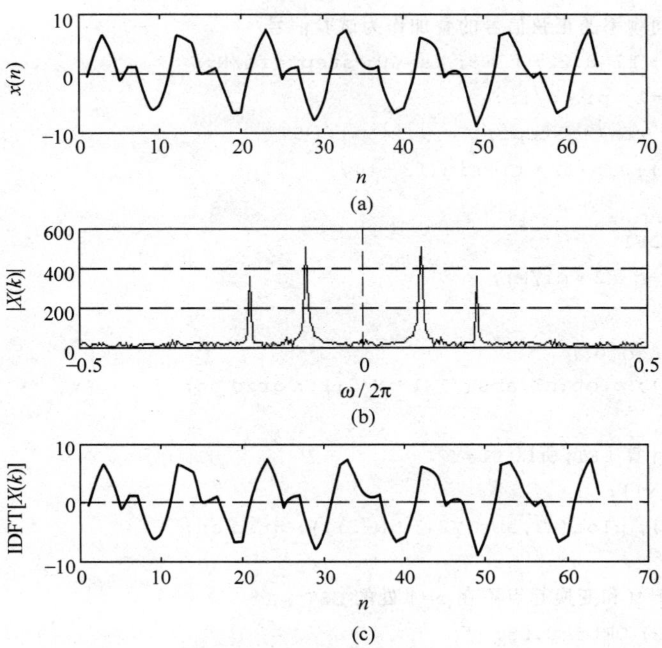

图 4.7.1 fft.m 文件的应用

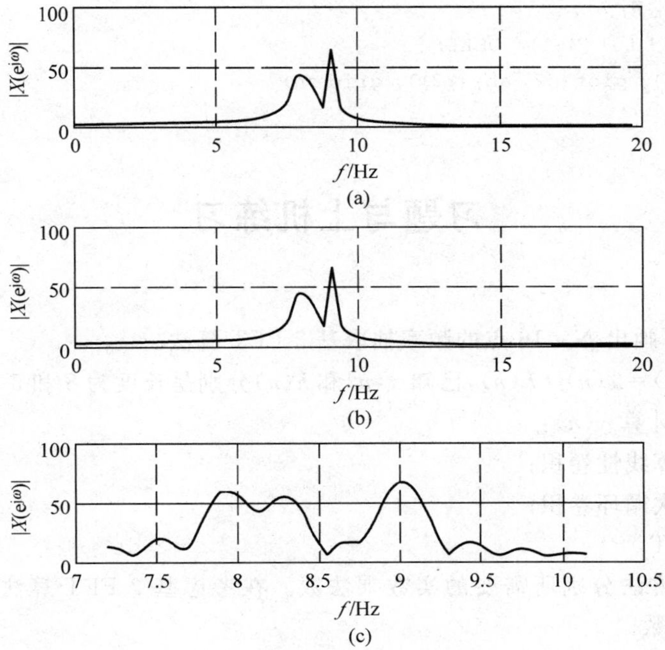

图 4.7.2 czt.m 文件的应用

```
%构造三个不同频率的正弦信号的叠加作为试验信号
N=128; f1=8; f2=8.22; f3=9; fs=40; stepf=fs/N;
n=0:N-1; t=2*pi*n/fs;
n1=0:stepf:fs/2-stepf;
x=sin(f1*t)+sin(f2*t)+sin(f3*t);

%用 CZT 计算 DFT
M=N; W=exp(-j*2*pi/M);
A=1;
Y1=czt(x, M, W, A);
subplot(311); plot(n1,abs(Y1(1:N/2))); grid on;

%直接用 FFT 计算 DFT,所以 Y1=Y2
Y2=abs(fft(x));
subplot(312); plot(n1,abs(Y2(1:N/2))); grid on;

%计算 M 不等于 N 和变换起点不在 z=1 处的 CZT
M=60; f0=7.2; DELf=0.05;
A=exp(j*2*pi*f0/fs); W=exp(-j*2*pi*DELf/fs);
Y3=czt(x, M, W, A);
n2=f0:DELf:f0+(M-1)*DELf;
subplot(313); plot(n2, abs(Y3)); grid on;
```

习题与上机练习

4.1　推导并画出 $N=16$ 点的频率抽取基 2 FFT 算法。

4.2　令 $y(n)=x(n)*h(n)$，已知 $x(n)$和 $h(n)$分别是长度为 8 和 5 的实序列。可通过如下 3 种方法计算 $y(n)$：

(1) 直接计算线性卷积；

(2) 计算一次循环卷积；

(3) 基 2 FFT。

试说明上述三种方法分别所需要的实数乘法数。在考虑基 2 FFT 算法时，不考虑乘以 ± 1 和 $\pm j$ 的乘法数。

4.3　N 点序列的 DFT 可写成矩阵形式 $\boldsymbol{X}=\boldsymbol{W}_N\boldsymbol{E}_N\boldsymbol{x}$，其中 $\boldsymbol{X}$ 和 $\boldsymbol{x}$ 是 $N\times 1$ 按正序排

列的向量，$\boldsymbol{W}_N$ 是由 W 因子形成的 $N\times N$ 矩阵，$\boldsymbol{E}_N$ 是 $N\times N$ 矩阵，用以实现对 $\boldsymbol{x}$ 的码位倒置，所以其元素是 0 和 1。

(1) 若 $N=8$，对 DIT 算法，写出 $\boldsymbol{E}_N$ 矩阵。

(2) FFT 算法实际上是实现对矩阵 $\boldsymbol{W}_N$ 的分解。对 $N=8$，$\boldsymbol{W}_N$ 可分成三个 $N\times N$ 矩阵的乘积，每一个矩阵对应一级运算，即

$$\boldsymbol{W}_N=\boldsymbol{W}_{8T}\boldsymbol{W}_{4T}\boldsymbol{W}_{2T}$$

对照图 4.2.4，试写出 $\boldsymbol{W}_{8T}$，$\boldsymbol{W}_{4T}$ 及 $\boldsymbol{W}_{2T}$。

(3) 若是 8 点 DIF 算法，如何实现上述的矩阵分解？矩阵 $\boldsymbol{E}_N$ 应在什么位置？

4.4 已知一信号 $x(n)$ 的最高频率成分不大于 1.25kHz，现希望用经典的 Cooley-Tukey 基 2 FFT 算法对 $x(n)$ 作频谱分析，因此点数 N 应是 2 的整数次幂，且频率分辨率 $\Delta f\leqslant 5\text{Hz}$，试确定：①信号的抽样频率 f_s；②信号的记录长度 T；③信号的长度 N。

4.5 试导出使用四类蝶形单元时基 4 算法所需的计算量(即 4.5.2 式)。

4.6 假定某台计算机计算一次实乘所需要的时间是 0.2μs，并假定计算加法和数据传递的时间可以忽略不计，对 2048 点的数据块，用不同方法计算，各需要多少计算时间？

(1) 直接计算其 DFT；

(2) 用基 2 FFT 计算；

(3) 用分裂基算法。

4.7 令 $x_1(n)$，$x_2(n)$ 都是 N 点的实序列，其 DFT 分别是 $X_1(k)$ 和 $X_2(k)$。可以通过执行一次 N 点 FFT 同时求出 $X_1(k)$ 和 $X_2(k)$，具体方法是令

$$y(n)=x_1(n)+\mathrm{j}x_2(n)$$

然后求出 $Y(k)$，再从 $Y(k)$ 中分离出 $X_1(k)$ 和 $X_2(k)$。试讨论分离的方法。

4.8 试讨论如何用一次 N 点的 FFT 计算出一个 $2N$ 点的实序列的 DFT。

4.9 令 $x(n)$ 是长度为 $N=N_1N_2$ 的序列，其 DFT 为 $X(k)$。对 n,k 做如下的下标映射

$$n=n_1+N_1n_2\qquad\begin{cases}0\leqslant n_1\leqslant N_1-1\\0\leqslant n_2\leqslant N_2-1\end{cases}$$

$$k=N_2k_1+k_2\qquad\begin{cases}0\leqslant k_1\leqslant N_1-1\\0\leqslant k_2\leqslant N_2-1\end{cases}$$

(1) 试证明，$X(k)$ 可由下式计算

$$\begin{aligned}X(k)&=X(N_2k_1+k_2)\\&=\sum_{n_1=0}^{N_1-1}\left[\left(\sum_{n_2=0}^{N_2-1}x(n_1+N_1n_2)W_{N_2}^{n_2k_2}\right)W_N^{n_1k_2}\right]W_{N_1}^{n_1k_1}\end{aligned}$$

(2) 试说明上式的计算过程。

(3) 试说明按上式计算出 N 点 $X(k)$ 所需要的乘法数。

(4) 试证明，如果 $N_1=2$ 及 $N_2=N/2$，则上述算法等效于基 2 时间抽取(DIT)FFT 算法；如果 $N_1=N/2$ 及 $N_2=2$，则上述算法等效于基 2 频率抽取(DIF)FFT 算法。

*4.10　CZT 算法的研究。给定信号

$$x(t)=\sum_{i=1}^{3}\sin(2\pi f_i t)$$

已知 $f_1=10.8\text{Hz}$，$f_2=11.75\text{Hz}$，$f_3=12.55\text{Hz}$，令 $f_s=40\text{Hz}$，对 $x(t)$ 抽样后得 $x(n)$，又令 $N=64$。

(1) 调用 MATLAB 中的 czt. m，可求出 $X(k)$ 及其幅度谱，这时 $\Delta f=f_s/N=0.625\text{Hz}$，小于 (f_2-f_1) 及 (f_3-f_2)，观察三个谱峰的分辨情况。

(2) 在 $x(n)$ 后分别补 $3N$ 个零、$7N$ 个零、$15N$ 个零，再做 DFT，观察补零的效果。

(3) 调用 MATLAB 中的文件 czt. m，按如下两组参数赋值：

参数 1：$f_s=40\text{Hz}$，$N=64$，$M=50$，$f_0=9\text{Hz}$，$\Delta f=0.2\text{Hz}$；

参数 2：$f_s=40\text{Hz}$，$N=64$，$M=60$，$f_0=8\text{Hz}$，$\Delta f=0.12\text{Hz}$。

分别求 $X(k)$，$k=0,1,\cdots,M-1$，画出其幅度谱，并和(1)，(2)的结果相比较。

参 考 文 献

1 Cooley J W, Tukey J W. An algorithm for the machine computation of complex Fourier series. Mathematics of Computation, 1965, 19(Apr):297～301

2 Duhamel P, Holtmann H. Split-radix FFT algorithm. Electronics Letters, 1984, 20(1):14～16

3 Winograd S. On computing the discrete Fourier transform. Proc. Nat. Acad. Sci. USA, 1976, 73(Apr):1005～1006

4 Duhamael P, Vetterli M. Fast Fourier transform: a tutorial review and a state of the art. Signal Processing, 1990, 19:259～299

5 Heideman M T, Johnson D H, Burrus C S. Gauss and the history of the FFT. IEEE ASSP Magazine, 1984, 1(1):14～21

6 Heideman M T, Burrus C S. A bibliography of fast transform and convolution algoriyhms Ⅱ. Technical Report Number 8402, Electrical Engineering Dept., Rice University, Feb., 1984 TX 1251～1892

7 Sorensen H V, Heideman M T, Burrus C S. On computing the split-radix FFT. IEEE Trans. on ASSP, 1986, 34(2):152～156

8 Duhamel P. Implementation of split-radix on FFT algorithms for complex, real and real-symmetric data. IEEE Trans. on ASSP, 1986, 34(2):285～295

9 Vetterli M, Duhamel P. Split-radix algorithms for length-p^m DFTs. IEEE Trans. on ASSP, 1989, 37(1):57～64

10 Duhamel P. Algorithms meeting the lower bounds on the multiplicative complexity of length-2^n DFTs and their connection with practical algorithms. IEEE Trans. on ASSP, 1990, 38(9):1504～1511

11 Heideman M T. Multiplicative Complexity, Convolution, and the DFT. New York: Springer-Verlag NewYorklne, 1988

12 Markel J D. FFT pruning. IEEE Trans. Audio Electroacoust. 1971, 19(4): 305～311

13 Skinner D P. Pruning the decimation-in-time FFT algorithm. IEEE Trans. on ASSP, 1976, 24(Apr):193～194

14 Sreenivas T V, Rao P V S. FFT algorithm for both input and output pruning. IEEE Trans. on ASSP, 1979, 27(3):291～292

15 Sreenivas T V, Rao P V S. High resolution narrow-band spectra by FFT pruning. IEEE Trans. on ASSP, 1980, 28(2):254～257

16 Nagai K. Pruning the decimation-in-time FFT algorithm with frequency shift. IEEE Trans. on ASSP, 1986, 34(4):1008～1010

17 Rabiner L R, Schafer R W, Rader C M. The chirp Z-transform algorithm. IEEE Trans. Audio Electroacoustics, 1969, 17(June):86～92

18 胡广书. 数字信号处理——理论、算法与实现(第二版). 北京：清华大学出版社，2003

第5章

离散时间系统的相位、结构与逆系统

我们知道,一个实际的物理信号和一个实际的物理系统是密不可分的。信号的产生、传输及处理离不开系统,系统离开了信号也失去了存在的意义。所以,离散时间系统的分析与综合和离散信号的分析与处理都是数字信号处理中的重要内容。为此,在第2章的基础上,本章继续讨论离散系统的分析问题。内容包括离散系统的相频响应、FIR系统的线性相位特点、全通系统与最小相位系统、FIR系统的结构与实现、系统的Lattice结构及逆系统等。这些内容都是在信号处理中经常要涉及的基本问题。本章之后,将用两章的篇幅讨论离散时间系统的综合,即数字滤波器(digital filter, DF)设计问题。

需要指出的是,本书只涉及离散时间信号和离散时间系统的分析、处理与设计等问题,因此,书中"系统"和"滤波器"这两个词是通用的,也即认为二者是同一事物。当然,"系统"是更广泛的概念,而"滤波器",特别是数字滤波器,仅是对离散信号作特定滤波处理的离散时间系统,请读者不要混淆。

5.1 离散时间系统的相频响应

由第2章可知,离散时间系统的频率响应包含了幅频响应和相频响应两部分。幅频响应反映了信号 $x(n)$ 通过该系统后各频率成分衰减的情况,而相频响应反映了 $x(n)$ 中各频率成分通过该系统后在时间上发生的位移情况。一个理想的离散时间系统,除了具有所希望的幅频响应外,最好还能具有线性相位,这在很多应用领域,如语音合成、波形传输等方面都是非常希望的。

设一个离散时间系统的幅频特性等于1,而相频特性具有如下的线性相位

$$\arg[H(e^{j\omega})] = -k\omega \tag{5.1.1}$$

式中 k 为常数。上式表明,该系统的相移和频率成正比。那么,当信号 $x(n)$ 通过该系统后,其输出 $y(n)$ 的频率响应

$$Y(e^{j\omega})=H(e^{j\omega})X(e^{j\omega})=e^{-jk\omega}\mid X(e^{j\omega})\mid e^{j\arg[X(e^{j\omega})]}$$
$$=\mid X(e^{j\omega})\mid e^{j\arg[X(e^{j\omega})]-jk\omega}$$

所以

$$y(n)=x(n-k)$$

这样，输出 $y(n)$ 等于输入在时间上的位移，达到了无失真输出的目的。

$H(e^{j\omega})$ 的更一般的表示形式是 $H(e^{j\omega})=|H(e^{j\omega})|e^{j\varphi(\omega)}$，其中 $|H(e^{j\omega})|$ 是系统的幅频响应，$\varphi(\omega)$ 是系统的相频响应。如果令 $x(n)=A\cos(\omega_0 n+\theta)$，则该系统的输出

$$y(n)=A\mid H(e^{j\omega_0})\mid\cos(\omega_0 n+\varphi(\omega_0)+\theta) \tag{5.1.2}$$

它和输入 $x(n)$ 具有相同的频率，但是增加了一个相位延迟。为简单起见，假定 $A|H(e^{j\omega_0})|=1$，则有

$$y(n)=\cos(\omega_0 n+\varphi(\omega_0)+\theta)=\cos[\omega_0(n+\varphi(\omega_0)/\omega_0)+\theta] \tag{5.1.3}$$

显然，量 $\varphi(\omega_0)/\omega_0$ 表示的是输出相对输入的时间延迟。通常，定义

$$\tau_p(\omega)=-\frac{\varphi(\omega)}{\omega} \tag{5.1.4}$$

为系统的相位延迟(phase delay，PD)。如果输入信号由多个正弦信号所组成，且系统的相频响应不是线性的，那么系统的输出将不再是输入信号作线性移位后的组合，这时，输出将发生失真，下面的例子说明了这一现象。

例 5.1.1 若 $x(n)=\cos(\omega_0 n)+\cos(2\omega_0 n)$，并令 $H(e^{j\omega})=e^{-jk\omega}$，那么 $x(n)$ 通过该系统后

$$y(n)=\cos(\omega_0(n-k))+\cos(2\omega_0(n-k))$$

$x(n)$，$y(n)$ 分别示于图 5.1.1(a)和(b)，二者仅在时间轴上移了 k 个抽样周期。若再次令 $|H(e^{j\omega})|=1$，而令

$$\arg[H(e^{j\omega})]=\begin{cases}-\pi/4 & 0\leqslant\omega\leqslant 3\omega_0/2\\ -\pi & 3\omega_0/2<\omega\leqslant\pi\end{cases}$$

则输出

$$y(n)=\cos(\omega_0 n-\pi/4)+\cos(2\omega_0 n-\pi)$$

示于图 5.1.1(c)，由图可见，波形明显地发生了失真。

由该例可以看出相频响应对信号滤波后的影响及线性相位的重要性。再定义

$$\tau_g(\omega)=-\frac{d\varphi(\omega)}{d\omega} \tag{5.1.5}$$

为系统的群延迟(group delay，GD)。显然，如果系统具有线性相位，即 $\varphi(\omega)=-k\omega$，那么，它的群延迟为一常数 k。因此，群延迟可作为相频响应是否线性的一种度量，同时，它也表示了系统输出的延迟。例如，线性相位 FIR 系统的相频响应一般有 $\varphi(\omega)=-\omega(N-1)/2$ 的形式，式中 N 是 $h(n)$ 的长度，其群延迟为 $(N-1)/2$，它表示了输出相对输入的

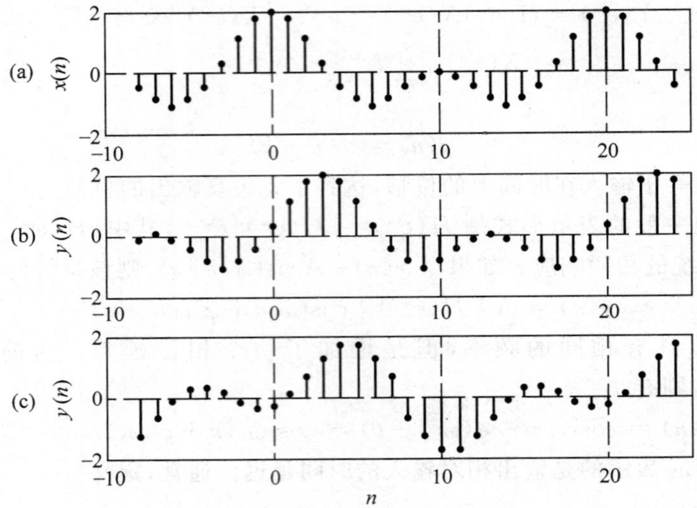

图 5.1.1　系统相频特性对系统输出的影响(图中 $\omega_0=0.1\pi$)

延迟量。

令输入信号 $x(n)=x_a(n)\cos(\omega_0 n)$,式中 $x_a(n)$ 是低频成分,其最高频率 $\omega_c \ll \omega_0$,$\cos(\omega_0 n)$ 是调制分量,又称载波信号。显然,$x(n)$ 是一个窄带信号。可以证明,$x(n)$ 通过一个线性系统后的输出[5,6]

$$y(n)=|H(e^{j\omega_0})|\,x_a(n-\tau_g(\omega_0))\cos(\omega_0(n-\tau_p(\omega_0))) \tag{5.1.6}$$

由该式可以看出,群延迟 $\tau_g(\omega_0)$ 反映了输出信号包络的延迟,而相位延迟 $\tau_p(\omega_0)$ 反映了载波信号的延迟。

本书主要关心的是线性相位问题,有关群延迟和相位延迟的概念不再进一步讨论。顺便指出,若 $\varphi(\omega)=-k\omega+\beta$,其中 β 为一常数,由于其群延迟仍为常数 k,所以也称其为线性相位。

也许有的读者会问,可否设计一个数字系统使其具有零相频响应呢?如果系统的单位抽样响应满足

$$h(n)=h(-n),\quad n=0,1,\cdots,N-1 \tag{5.1.7}$$

那么

$$H(e^{j\omega})=\sum_{n=-(N-1)}^{N-1} h(n)e^{-j\omega n}=h(0)+2\sum_{n=1}^{N-1} h(n)\cos(\omega n) \tag{5.1.8}$$

始终为实数,所以该系统具有零相频响应。但是该系统是非因果系统,即不是物理可实现系统,因此它不可能用于实时的信号处理。当然,对于非实时信号处理,即数据是一个已采集好的数据块时,这样的零相位系统是可用的。

在对信号的滤波方法上采取一些特殊措施也可做到“零相位”滤波,如图 5.1.2 所示,

图中最后输出 $y(n)$的傅里叶变换

$$Y(e^{j\omega})=W^*(e^{j\omega})=[V(e^{j\omega})H(e^{j\omega})]^*=[U^*(e^{j\omega})H(e^{j\omega})]^*$$
$$=U(e^{j\omega})H^*(e^{j\omega})=X(e^{j\omega})H(e^{j\omega})H^*(e^{j\omega})=X(e^{j\omega})|H(e^{j\omega})|^2 \quad (5.1.9)$$

可见输出和输入有着相同的相位。但是,为实现这一点,需要将第一次滤波后的输出做时间反转后再通过同一个滤波器,然后再做一次时间反转。显然,这样做是非常浪费时间的。

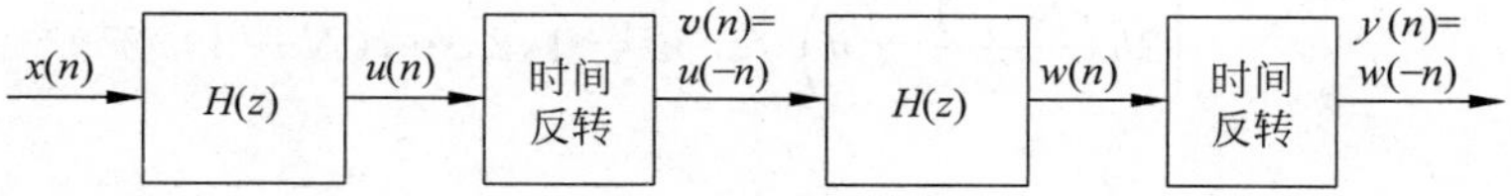

图 5.1.2　零相位滤波的实现

5.2 FIR 系统的线性相位特性

我们在第 2 章给出了 FIR 系统和 IIR 系统的定义及部分性质。由于 FIR 系统是全零点的系统,其单位抽样响应为有限长,因此容易实现某种对称性,从而获得线性相位。而 IIR 系统是极零系统,其单位抽样响应为无限长,很难实现线性相位。因此,今后谈到线性相位时,无例外地指的都是 FIR 系统。

现在来证明,当 FIR 系统的单位抽样响应满足

$$h(n)=\pm h(N-1-n) \quad (5.2.1)$$

时,该系统具有线性相位。由于 $h(n)$有奇、偶对称,而 N 可能取偶数,也可能取奇数,所以式(5.2.1)对应的共有四种情况。

1. $h(n)=h(N-1-n)$,且 N 为奇数

$$H(e^{j\omega})=\sum_{n=0}^{N-1}h(n)e^{-j\omega n}$$
$$=\sum_{n=0}^{(N-3)/2}h(n)e^{-j\omega n}+\sum_{n=(N+1)/2}^{N-1}h(n)e^{-j\omega n}+h\left(\frac{N-1}{2}\right)e^{-j(N-1)\omega/2}$$

对上式中间一项,令 $m=N-1-n$,并利用 $h(n)$的对称性,有

$$H(e^{j\omega})=\sum_{n=0}^{(N-3)/2}h(n)e^{-j\omega n}+\sum_{m=0}^{(N-3)/2}h(N-1-m)e^{-j(N-1-m)\omega}+h\left(\frac{N-1}{2}\right)e^{-j(N-1)\omega/2}$$
$$=e^{-j(N-1)\omega/2}\left\{2\sum_{m=0}^{(N-3)/2}h(m)\cos\left(\frac{N-1}{2}-m\right)\omega+h\left(\frac{N-1}{2}\right)\right\}$$

再令 $n=(N-1)/2-m$，得

$$H(e^{j\omega}) = e^{-j(N-1)\omega/2}\left\{2\sum_{n=1}^{(N-1)/2} h\left(\frac{N-1}{2}-n\right)\cos(\omega n) + h\left(\frac{N-1}{2}\right)\right\} \tag{5.2.2}$$

令

$$a(n) = \begin{cases} h\left(\dfrac{N-1}{2}\right) & n = 0 \\ 2h\left(\dfrac{N-1}{2}-n\right) & n = 1,2,\cdots,(N-1)/2 \end{cases} \tag{5.2.3}$$

则

$$H(e^{j\omega}) = e^{-j(N-1)\omega/2}\sum_{n=0}^{(N-1)/2} a(n)\cos(\omega n) \tag{5.2.4}$$

显然，$H(e^{j\omega})$具有线性相位，即

$$\arg[H(e^{j\omega})] = \varphi(\omega) = -(N-1)\omega/2 \tag{5.2.5}$$

令

$$H_g(e^{j\omega}) = \sum_{n=0}^{(N-1)/2} a(n)\cos(\omega n) \tag{5.2.6}$$

为系统的增益，它是 ω 的实函数，可以取负值，并有 $|H(e^{j\omega})| = |H_g(e^{j\omega})|$。这样，式(5.2.4)又可表示为

$$H(e^{j\omega}) = e^{j\varphi(\omega)} H_g(e^{j\omega})$$

2. $h(n)=h(N-1-n)$，且 N 为偶数

$$\begin{aligned} H(e^{j\omega}) &= \sum_{n=0}^{N-1} h(n)e^{-j\omega n} = \sum_{n=0}^{N/2-1} h(n)e^{-j\omega n} + \sum_{n=N/2}^{N-1} h(n)e^{-j\omega n} \\ &= e^{-j(N-1)\omega/2}\left\{\sum_{n=0}^{N/2-1} h(n)\left[\exp\left[j\left(\frac{N-1}{2}-n\right)\omega\right] + \exp\left[-j\left(\frac{N-1}{2}-n\right)\omega\right]\right]\right\} \\ &= e^{-j(N-1)\omega/2}\sum_{n=0}^{N/2-1} 2h(n)\cos\left[\left(\frac{N-1}{2}-n\right)\omega\right] \end{aligned}$$

令 $m=N/2-n$，然后再把变量换成 n，则上式变成

$$H(e^{j\omega}) = e^{-j(N-1)\omega/2}\sum_{n=1}^{N/2} 2h\left(\frac{N}{2}-n\right)\cos\left[\left(n-\frac{1}{2}\right)\omega\right] \tag{5.2.7}$$

令

$$b(n) = 2h\left(\frac{N}{2}-n\right),\quad n = 1,2,\cdots,\frac{N}{2} \tag{5.2.8}$$

则

$$H(e^{j\omega}) = e^{-j(N-1)\omega/2}\sum_{n=1}^{N/2} b(n)\cos\left[\left(n-\frac{1}{2}\right)\omega\right] \tag{5.2.9}$$

其相频响应仍如式(5.2.5)所示。

3. $h(n)=-h(N-1-n)$,且 N 为奇数

由于这时的 $h(n)$ 以中心 $\left(\frac{N-1}{2}\right)$ 为对称,所以必有 $h\left(\frac{N-1}{2}\right)=0$,仿照式(5.2.2)和式(5.2.7)的导出过程,可得

$$H(\mathrm{e}^{\mathrm{j}\omega}) = \exp\left[\mathrm{j}\left(\frac{\pi}{2}-\frac{N-1}{2}\omega\right)\right]\sum_{n=1}^{(N-1)/2} c(n)\sin(n\omega) \tag{5.2.10a}$$

式中

$$c(n) = 2h\left(\frac{N-1}{2}-n\right), \quad n=1,2,\cdots,\frac{N-1}{2} \tag{5.2.10b}$$

相频特性

$$\arg[H(\mathrm{e}^{\mathrm{j}\omega})] = -(N-1)\omega/2+\pi/2 \tag{5.2.10c}$$

4. $h(n)=-h(N-1-n)$,且 N 为偶数

$$H(\mathrm{e}^{\mathrm{j}\omega}) = \exp\left[\mathrm{j}\left(\frac{\pi}{2}-\frac{N-1}{2}\omega\right)\right]\sum_{n=1}^{N/2} d(n)\sin\left[\left(n-\frac{1}{2}\right)\omega\right] \tag{5.2.11a}$$

式中

$$d(n) = 2h\left(\frac{N}{2}-n\right), \quad n=1,2,\cdots,N/2 \tag{5.2.11b}$$

相频响应仍由式(5.2.10c)给出。

由上面的讨论可知,当 FIR DF 的抽样响应满足对称时,该滤波器具有线性相位。显然,上面 1,2 两种情况 $h(n)$ 满足偶对称,3,4 两种情况 $h(n)$ 满足奇对称。当 $h(n)$ 奇对称时,通过该滤波器的所有频率成分将产生 90°的相移。这相当于将该信号先通过一个 90°的相移器,然后再做滤波。由于其幅频特性是正弦信号的组合,所以 3、4 两种情况的 FIR 滤波器的幅频特性近似于差分器的幅频特性。因此,当设计一般用途的滤波器时,$h(n)$ 多取偶对称,长度 N 也往往取为奇数。

顺便指出,在有的文献中,上述四种类型的滤波器又依次被称为类型Ⅰ、类型Ⅱ、类型Ⅲ及类型Ⅳ滤波器。

5.3 具有线性相位特性的 FIR 系统的零点分布

由 5.2 节讨论的 $h(n)$ 的对称条件可知

$$H(z) = \sum_{n=0}^{N-1} h(n)z^{-n} = \pm\sum_{n=0}^{N-1} h(N-1-n)z^{-n}$$

令 $m=N-1-n$，代入上式，得

$$H(z)=\pm z^{-(N-1)}H(z^{-1}) \tag{5.3.1}$$

式中正号对应偶对称，负号对应奇对称。由上式可以看出，$H(z^{-1})$的零点也是 $H(z)$的零点，反之亦然。若记 $H(z)$的一个零点 $z_k=r_k e^{j\varphi_k}$，则当 r_k、φ_k 取不同值时，z_k 处在不同的位置。例如：

① 当 $\varphi_k\neq 0$ 和 π，且 $r_k<1$ 时，z_k 在单位圆内；

② 当 $\varphi_k=0$ 和 π，且 $r_k<1$ 时，z_k 在实轴上；

③ 当 $\varphi_k\neq 0$ 和 π，且 $r_k=1$ 时，z_k 在单位圆上；

④ 当 $\varphi_k=0$ 和 π，且 $r_k=1$ 时，z_k 在实轴和单位圆的交点上。

在①情况下，$H(z^{-1})$的零点，即 $z_k^{-1}=\frac{1}{r_k}e^{-j\varphi_k}$ 也是 $H(z)$的零点，它和 z_k 是以单位圆为镜像对称的，又因为 $h(n)$一般都是实数，因此，$H(z)$的复数零点应当成对出现，即

$$z_k^*=r_k e^{-j\varphi_k} \tag{5.3.2}$$

也是 $H(z)$的零点，由于镜像对称，所以

$$(z_k^*)^{-1}=\frac{1}{r_k}e^{j\varphi_k} \tag{5.3.3}$$

当然也是 $H(z)$的零点。这就是说，如果 $H(z)$有一个零点 z_k，那么 z_k^{-1}，z_k^*，$(z_k^*)^{-1}$ 也都是 $H(z)$的零点。这四个零点是同时存在的，它们可以构成一个四阶系统，记之为 $H_k(z)$，则

$$H_k(z)=(1-z^{-1}r_k e^{j\varphi_k})(1-z^{-1}r_k e^{-j\varphi_k})\left(1-z^{-1}\frac{1}{r_k}e^{j\varphi_k}\right)\left(1-z^{-1}\frac{1}{r_k}e^{-j\varphi_k}\right)$$

展开后得

$$\begin{aligned}H_k(z)=&1-2\left(\frac{r_k^2+1}{r_k}\right)\cos\varphi_k z^{-1}+\left[r_k^2+\frac{1}{r_k^2}+4\cos^2\varphi_k\right]z^{-2}\\&-2\left(\frac{r_k^2+1}{r_k}\right)\cos\varphi_k z^{-3}+z^{-4}\end{aligned} \tag{5.3.4}$$

在②情况下，$z_k=r_k$，它无共轭零点存在，但有镜像零点 $z_k^{-1}=\frac{1}{r_k}$。所以，它可构成一个二阶系统，记之为 $H_m(z)$，则

$$H_m(z)=(1-z^{-1}r_k)\left(1-z^{-1}\frac{1}{r_k}\right) \tag{5.3.5}$$

在③情况下，$z_k=e^{j\varphi_k}$，它无镜像对称零点，但有共轭零点 $z_k^*=e^{-j\varphi_k}$，也可以构成一个二阶系统，记之为 $H_l(z)$，则

$$H_l(z)=(1-z^{-1}e^{j\varphi_k})(1-z^{-1}e^{-j\varphi_k}) \tag{5.3.6}$$

在④情况下，z_k 既无镜像零点，也无共轭零点。它构成的是最简单的一阶系统，记之

为 $H_n(z)$，显然 $H_n(z)=(1\pm z^{-1})$。这样，一个具有线性相位的FIR数字滤波器，其转移函数可表为上述各式的级联，即

$$H(z)=\left[\prod_k H_k(z)\right]\left[\prod_m H_m(z)\right]\left[\prod_l H_l(z)\right]\left[\prod_n H_n(z)\right] \tag{5.3.7}$$

这些一阶、二阶、四阶子系统（见式(5.3.4)）都有对称的系数，因此它们也都是具有线性相位的子系统，这样就为实现 $H(z)$ 提供了方便。图5.3.1画出了 $H(z)$ 零点位置示意图。

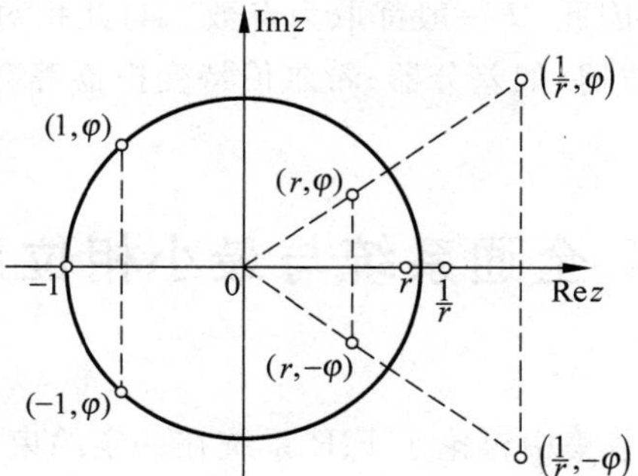

图5.3.1　线性相位FIR滤波器零点位置示意图

一个FIR系统，如果其零点具有图5.3.1所示的对称性或满足式(5.3.1)，我们称这样的 $H(z)$ 为镜像对称的多项式(mirror-image polynomial, MIP)。现在进一步分析一下这些MIP在 $z=1$ 或 $z=-1$ 处幅频响应的特点。

对类型Ⅰ滤波器，由于 N 为奇数，故 $(N-1)$ 为偶数，由式(5.3.1)，当 $z=1$ 和 -1 时，

$$H(1)=(1)^{-(N-1)}H(1^{-1})=H(1)$$

$$H(-1)=(-1)^{-(N-1)}H((-1)^{-1})=H(-1)$$

所以，无论 $z=1$ 还是 $z=-1$ 都会保证式(5.3.1)成立。若 $H(z)|_{z=1}=0$，那么该系统将具有高通或带通型的幅频特性；若 $H(z)|_{z=-1}=0$，那么该系统将具有低通或带通型的幅频特性。

对类型Ⅱ滤波器，由于 N 为偶数，故 $(N-1)$ 为奇数，类似上述情况，有

$$H(1)=H(1)$$

$$H(-1)=(-1)^{-(N-1)}H((-1)^{-1})=-H(-1)$$

所以，z 可以为1，但不能为 -1。也就是说，$H(z)$ 在 $z=-1$ 处一定要有零点以保证 $H(-1)=0$，即 $H(e^{j\pi})=0$。因此，该系统可以具有低通或带通型的幅频特性，但不能具有高通或带阻型的幅频特性。

对类型Ⅲ滤波器，$(N-1)$ 为偶数，有

$$H(1)=-1^{-(N-1)}H(1^{-1})=-H(1)$$

$$H(-1)=-(-1)^{-(N-1)}H((-1)^{-1})=-H(-1)$$

所以，这种类型的滤波器在 $z=1$ 和 $z=-1$ 处都要有零点；同理，对类型Ⅳ滤波器，它在 $z=1$处也一定要有零点。

由式(5.2.2)和式(5.2.9)可知，类型Ⅰ，Ⅱ滤波器的幅频特性是 $\cos(\omega n)$的线性组合，它是 ω 的偶函数，且在 $\omega=0$ 时的值为1，这两种情况下的 $h(n)$也都是偶对称的，因此，它们适合我们通常所说的低通、高通、带通和带阻型滤波器。由于类型Ⅱ滤波器在设计高通和带阻滤波器时的限制，因此 N 一般都取为奇数。与此相对比，类型Ⅲ，Ⅳ滤波器只适用于一些特殊意义上的滤波器，如差分器、希尔伯特变换器等。

5.4　全通系统与最小相位系统

我们在 5.2 节与 5.3 节集中讨论了 FIR 系统在一定约束条件下的线性相位性质，本节则集中讨论一些特殊的 IIR 系统以及它们相应的相位性质。

5.4.1　全通系统

如果一个因果系统的幅频响应对所有的频率都等于 1 或一个常数，即

$$|H_{\mathrm{ap}}(\mathrm{e}^{\mathrm{j}\omega})|=1,\quad 0\leqslant|\omega|<\pi \tag{5.4.1}$$

我们称该系统 $H_{\mathrm{ap}}(z)$为全通系统。一个最简单的全通系统是 $H_{\mathrm{ap}}(z)=z^{-k}$，由该系统得到的输出信号是输入信号的简单延迟。另一个简单的全通系统为

$$H_{\mathrm{ap}}(z)=\frac{1-\lambda^{-1}z^{-1}}{1-\lambda z^{-1}},\quad |\lambda|<1 \tag{5.4.2}$$

这是一个一阶的全通系统。它的极点在 $z=\lambda$ 处，而零点在 $z=1/\lambda$ 处，极点和零点是以单位圆为镜像对称的。很容易证明，该系统的幅频响应与相频响应分别是

$$|H_{\mathrm{ap}}(z)|^2=H_{\mathrm{ap}}(z)H_{\mathrm{ap}}(z^{-1})=\lambda^{-2}\quad 或\quad |H_{\mathrm{ap}}(\mathrm{e}^{\mathrm{j}\omega})|^2=\lambda^{-2} \tag{5.4.3a}$$

$$\arg[H_{\mathrm{ap}}(\mathrm{e}^{\mathrm{j}\omega})]=\arctan\left[\frac{-(\lambda-\lambda^{-1})\sin\omega}{2-(\lambda+\lambda^{-1})\cos\omega}\right] \tag{5.4.3b}$$

一个二阶全通系统的转移函数为

$$H_{\mathrm{ap}}(z)=\frac{(1-\lambda^{-1}z^{-1})(1-(\lambda^{-1})^*z^{-1})}{(1-\lambda z^{-1})(1-\lambda^*z^{-1})} \tag{5.4.4}$$

式中 λ 为复数，且 $|\lambda|<1$。显然，它有一对位于单位圆内的共轭极点，一对共轭零点和极点以单位圆为镜像对称。一般而言，一个高阶的全通系统可表示为

$$H_{\mathrm{ap}}(z)=\pm\prod_{k=1}^{N}\left[\frac{z^{-1}-\lambda_k^*}{1-\lambda_k z^{-1}}\right],\quad |\lambda_k|<1 \tag{5.4.5}$$

一个 N 阶全通系统的转移函数也可表示为[6,7]

$$H_{\mathrm{ap}}(z)=\pm\frac{a_N+a_{N-1}z^{-1}+\cdots+a_1 z^{-(N-1)}+z^{-N}}{1+a_1 z^{-1}+a_2 z^{-2}+\cdots+a_N z^{-N}} \tag{5.4.6}$$

式中系数 $a_1,a_2,\cdots,a_N$ 均为实数。若定义上式的分母多项式为 $A(z)$，则

$$H_{\mathrm{ap}}(z)=\pm\frac{z^{-N}A(z^{-1})}{A(z)} \tag{5.4.7}$$

所以全通系统的分子分母多项式是互为镜像的多项式。读者不难证明

$$H_{\mathrm{ap}}(\mathrm{e}^{\mathrm{j}\omega})H_{\mathrm{ap}}^*(\mathrm{e}^{\mathrm{j}\omega})=|H_{\mathrm{ap}}(\mathrm{e}^{\mathrm{j}\omega})|^2=1 \tag{5.4.8}$$

式(5.4.5)和式(5.4.6)都是全通系统的表达形式，一个是一阶系统的级联形式，一个是高阶有理多项式的形式。应注意，式(5.4.5)的幅平方响应不一定等于1。

由式(5.4.5)和式(5.4.6)，可总结出全通系统的一些特点：

① 全通系统是IIR系统(不考虑 $H_{\mathrm{ap}}(z)=z^{-k}$ 这样最简单的形式)；

② 全通系统的极点数和零点数相等；

③ 为保证系统稳定，所有的极点都应在单位圆内，因此，所有的零点都在单位圆外；

④ 极点和零点是以单位圆镜像对称的；

⑤ 由于全通系统的每一对极零点都是镜像对称的，且零点在单位圆外，因此，当 ω 由零变到 π 时，相频响应 $\varphi(\omega)$ 是单调递减的；

⑥ 由式(5.1.5)关于群延迟的定义及特点⑤可知，全通系统的群延迟始终为正值。

我们在5.3节已指出，由于IIR系统的单位抽样响应无限长，因此无法使其具有对称性，这样，IIR系统无法做到线性相位。在实际工作中，可以用一个全通系统和已设计好的IIR系统相级联，在不改变幅频响应的情况下对相频响应做某种矫正，使其尽可能地接近线性相位或常数相位。

例5.4.1 图5.4.1和图5.4.2分别是一阶和三阶全通系统的极零图、幅频响应、相频响应和单位抽样响应。对图5.4.1，极点位置 $\lambda=-0.8$；对图5.4.2，三个极点位置分别是 $0.8\mathrm{e}^{\mathrm{j}\pi/4}$，$0.8\mathrm{e}^{-\mathrm{j}\pi/4}$ 及 -0.8。从这两个图可以看到全通系统极点和零点的镜像对称关系、幅频响应的不变及相频响应的单调下降等特点。

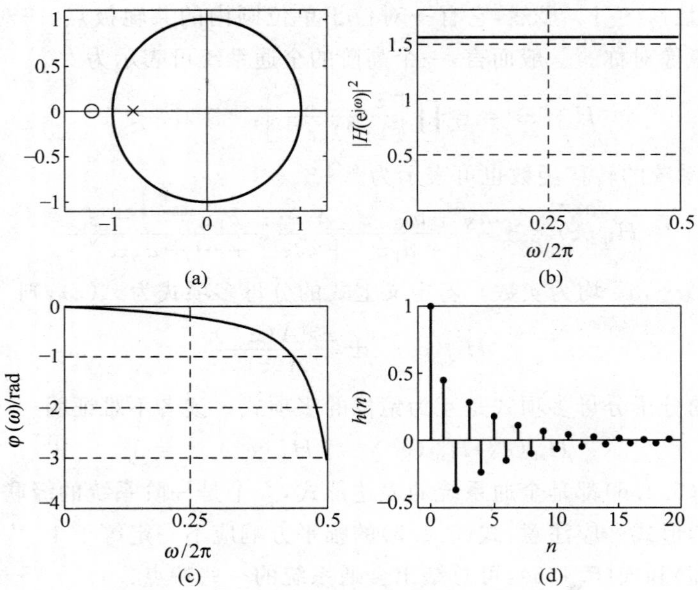

图 5.4.1 例 5.4.1 的一阶全通系统

(a) 极零图；(b) 幅频响应；(c) 相频响应；(d) 单位抽样响应 $h(n)$

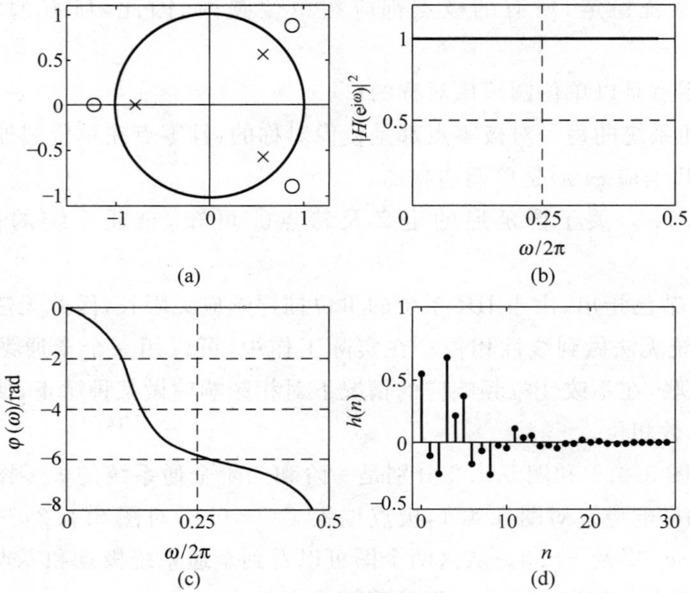

图 5.4.2 例 5.4.1 的三阶全通系统

(a) 极零图；(b) 幅频响应；(c) 相频响应；(d) 单位抽样响应 $h(n)$

5.4.2 最小相位系统

一个因果的、稳定的离散时间系统，其极点必须位于单位圆内，而对零点没有特殊的要求，它可以在单位圆内、单位圆上，也可以在单位圆外。如果一个离散系统的 $H(z)$的极点与零点全都在单位圆内，则称该系统为最小相位系统。与之相对照，若零点全部在单位圆外，则称该系统为最大相位系统；若在单位圆内和圆外都有零点，则称该系统为混合相位系统。因此，对于给定的幅频响应，其相频响应可以不唯一。最小相位系统有下列几个重要的性质[1]。

性质 1 在一组具有相同幅频响应的因果的且是稳定的滤波器集合中，最小相位滤波器对于 ω 轴（即零相位）具有最小的相位偏移。

由第 2 章的极零图分析可以很容易地得到这一结论。

性质 2 令 $h(n)$为所有具有相同幅频响应的离散时间系统的单位抽样响应，$h_{\min}(n)$是其中最小相位离散系统的单位抽样响应，并定义单位抽样响应的累积能量

$$E(M)=\sum_{n=0}^{M}h^2(n),\quad 0\leqslant M<\infty$$

则

$$\sum_{n=0}^{M}h_{\min}^2(n)\geqslant\sum_{n=0}^{M}h^2(n)\tag{5.4.9}$$

由 Parseval 定理，因为频域幅频响应相同，所以时域的总能量也应相同。该性质指出，最小相位系统的单位抽样响应的能量集中在 n 为较小值的范围内，即在所有具有相同幅频响应的离散系统中，最小相位离散系统的单位抽样响应 $h(n)$具有最小的延迟。因此 $h_{\min}(n)$也称为最小延迟序列。

例 5.4.2 系统

$$H_1(z)=\frac{z-b}{z-a}=\frac{1-bz^{-1}}{1-az^{-1}},\qquad |a|<1,\ |b|<1\tag{5.4.10a}$$

和系统

$$H_2(z)=\frac{bz-1}{z-a}=\frac{b-z^{-1}}{1-az^{-1}},\qquad |a|<1,\ |b|<1\tag{5.4.10b}$$

具有相同的幅频响应，即

$$H_1(z)H_1(z^{-1})=\left(\frac{z-b}{z-a}\right)\left(\frac{z^{-1}-b}{z^{-1}-a}\right)=\frac{1-b(z+z^{-1})+b^2}{1-a(z+z^{-1})+a^2}\tag{5.4.11a}$$

$$H_2(z)H_2(z^{-1})=\left(\frac{bz-1}{z-a}\right)\left(\frac{bz^{-1}-1}{z^{-1}-a}\right)=\frac{1-b(z+z^{-1})+b^2}{1-a(z+z^{-1})+a^2}\tag{5.4.11b}$$

但是，$H_1(z)$为最小相位系统，$H_2(z)$为最大相位系统。请注意在式(5.4.10a)和式(5.4.10b)中为保证 $H_1(z)$和 $H_2(z)$具有相同的幅频响应，它们的分子多项式在表示方法上的区别。图 5.4.3 给出了这两个系统($a=0.8,b=0.5$)的幅频响应、相频响应及单

位抽样响应的曲线。由该图可以看出，系统 1 的相频曲线比系统 2 的相频曲线更靠近相频为零的水平轴，且其单位抽样响应的能量更集中在 n 为较小值的范围内。

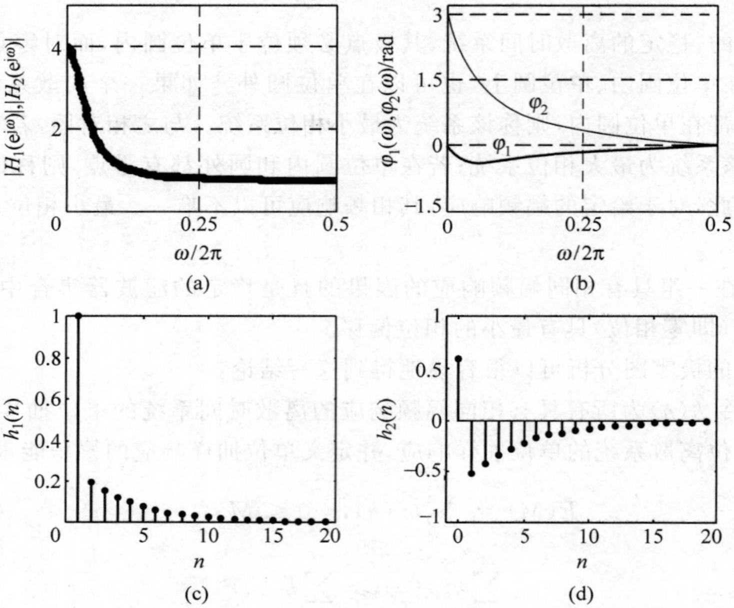

图 5.4.3　例 5.4.2 所给两个系统的幅频、相频响应曲线及 $h(n)$

例 5.4.3　给定三个稳定的因果系统，其极零图分别如图 5.4.4(a)、(b)、(c)所示。由图可见它们有同样的极点，即 $p_1=-0.9$，$p_2=+0.9$，零点分别在单位圆内和单位圆外，以单位圆为镜像对称。令 $r=0.5$，$\varphi=\pi/3$，显然系统 1 是最小相位系统，系统 2 是混合相位系统，系统 3 是最大相位系统。为保证三者具有相同的幅频响应，其转移函数可写为

$$H_1(z)=\frac{(1-0.5e^{j\pi/3}z^{-1})^2(1-0.5e^{-j\pi/3}z^{-1})^2}{1-0.81z^{-2}}$$

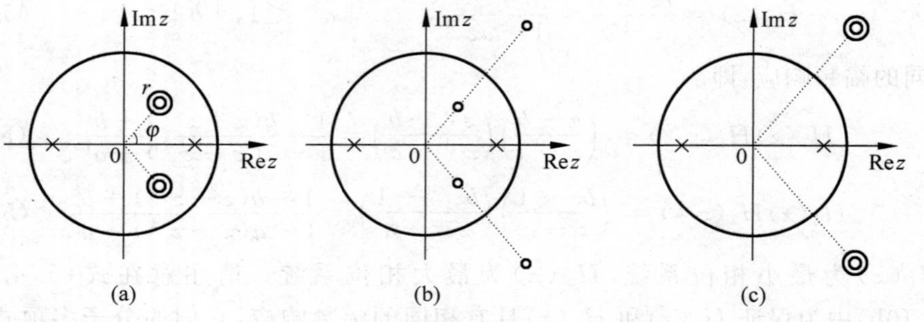

图 5.4.4　最小、最大及混合系统的极零图

$$H_2(z)=\frac{(1-0.5\mathrm{e}^{-\mathrm{j}\pi/3}z^{-1})(1-0.5\mathrm{e}^{\mathrm{j}\pi/3}z^{-1})(0.5\mathrm{e}^{-\mathrm{j}\pi/3}-z^{-1})(0.5\mathrm{e}^{\mathrm{j}\pi/3}-z^{-1})}{1-0.81z^{-2}}$$

$$H_3(z)=\frac{(0.5\mathrm{e}^{\mathrm{j}\pi/3}-z^{-1})^2(0.5\mathrm{e}^{-\mathrm{j}\pi/3}-z^{-1})^2}{1-0.81z^{-2}}$$

图 5.4.5 分别给出了这三个系统的单位抽样响应、幅频响应、相频响应及累计能量曲线。可以看出，系统 1 在三者之中具有最小的相位偏移。如果上述三个系统都把极点去掉，即全变成 FIR 系统，那么 $H_2(z)$将具有线性相位。

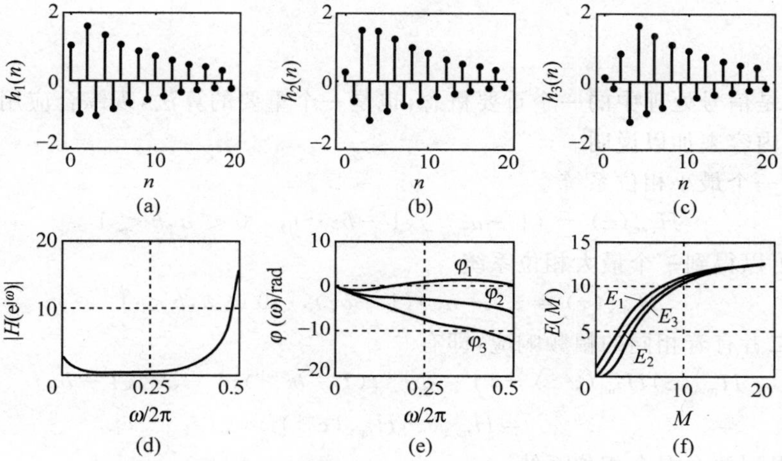

图 5.4.5 例 5.4.3 中最小、最大及混合相位系统性能比较

(a) $h_1(n)$；(b) $h_2(n)$；(c) $h_3(n)$；(d)三个系统的幅频响应；

(e) 三个系统的相频响应；(f) 三个系统 $h(n)$的累计能量曲线

性质 3 给定一个稳定的因果系统 $H(z)=N(z)/D(z)$，定义其逆系统

$$H_{\mathrm{IV}}(z)=1/H(z)=D(z)/N(z) \tag{5.4.12}$$

当且仅当 $H(z)$是最小相位系统时，$H_{\mathrm{IV}}(z)$才是稳定的、因果的，亦即物理可实现的。

性质 4 任何一个非最小相位的因果系统的转移函数 $H(z)$均可由一个最小相位系统 $H_{\min}(z)$和一个全通系统 $H_{\mathrm{ap}}(z)$级联而成，即

$$H(z)=H_{\min}(z)H_{\mathrm{ap}}(z) \tag{5.4.13}$$

设系统 $H(z)$有一个零点在单位圆之外，即 $z=1/z_0$，$|z_0|<1$，其余的极、零点均在单位圆内，那么 $H(z)$可表为

$$H(z)=H_1(z)(z^{-1}-z_0) \tag{5.4.14}$$

$H_1(z)$是最小相位的，上式又可表为

$$H(z)=H_1(z)(z^{-1}-z_0)\frac{1-z_0^*z^{-1}}{1-z_0^*z^{-1}}$$

$$=H_1(z)(1-z_0^*z^{-1})\frac{z^{-1}-z_0}{1-z_0^*z^{-1}}=H_{\min}(z)\frac{z^{-1}-z_0}{1-z_0^*z^{-1}}$$

由于$|z_0|<1$，所以$H_{\min}(z)=H_1(z)(1-z_0^* z^{-1})$是最小相位的，而$(z^{-1}-z_0)/(1-z_0^* z^{-1})$是全通的。上述做法的结果是把$H(z)$在单位圆外$z=1/z_0$处的零点反射到单位圆内$z=z_0^*$处，使之成为$H_{\min}(z)$的零点，同时，$H(z)$和$H_{\min}(z)$具有相同的幅频响应。这就为我们提供了一个如何由非最小相位系统构成最小相位系统的方法。

5.5 谱　分　解

谱分解是信号处理中的一个重要概念，也是一个重要的算法，现综合应用我们在前几节讨论过的内容来加以说明。

如果有一个最小相位系统

$$H_{\min}(z)=(1-az^{-1})(1-bz^{-1}),\quad 0<a,b<1$$

由该系统，可以得到一个最大相位系统

$$H_{\max}(z)=(1-az)(1-bz),\quad 0<a,b<1$$

不难证明，二者有着相同的幅频响应，即有

$$\begin{aligned}H_{\min}(z)H_{\min}(z^{-1})&=(1-az^{-1})(1-bz^{-1})(1-az)(1-bz)\\&=H_{\max}(z)H_{\max}(z^{-1})\end{aligned}\tag{5.5.1}$$

同理，还可得到两个混合相位系统

$$H_{\text{mix}\,1}(z)=(1-az)(1-bz^{-1}),\quad 0<a,b<1$$

$$H_{\text{mix}\,2}(z)=(1-az^{-1})(1-bz),\quad 0<a,b<1$$

它们和$H_{\min}(z)$、$H_{\max}(z)$也有着相同的幅频响应，即式(5.5.1)。

假定定义

$$P(z)=H(z)H(z^{-1})\tag{5.5.2}$$

显然，$P(z)$的零点是以单位圆为镜像对称的，如果它有复零点，那么，它的零点又是共轭对称的。由5.3节关于线性相位系统零点分布的特点，我们断定$P(z)$一定具有线性相位，或是零相位。

上面的讨论可以引导出在信号处理中经常遇到的一个问题，即：若已知一个线性相位系统，能否由该系统得到一个最小相位系统，或最大相位系统，或混合相位系统？下面，我们来回答这一问题。

首先要明确的是，并不是每一个具有线性相位的系统都可以分解为两个具有相同幅频响应的系统。若线性相位系统$P(z)$在单位圆上没有零点，那么它可以作式(5.5.2)的分解；如果$P(z)$在单位圆上有零点，只有当这些零点是偶数倍的重零点时，才能保证$P(z)$作式(5.5.2)的分解。

以上结论成立的理由是非常明显的。若 $P(z)$在单位圆上有一对共轭零点,只要其他零点是共轭镜像对称的,那么 $P(z)$可保证是线性相位的。但是,当对 $P(z)$作式(5.5.2)的分解时,若将单位圆上的这一对共轭零点赋给 $H(z)$,那么,$H(z^{-1})$将比 $H(z)$少一对零点,因此,二者的幅频响应不会一样。若这一对零点是重零点,那么,$H(z)$和 $H(z^{-1})$可各分到一对,即它们的零点数相等,这样才有可能做到幅频响应相同。

在信号处理中,有时需要将线性相位系统 $P(z)$作

$$P(z) = H_0(z)H_1(z) \tag{5.5.3}$$

的分解。该式和式(5.5.2)的区别在于 $H_0(z)$和 $H_1(z)$的零点不再是互为镜像对称的,因此,二者的幅频响应也不会相同。至于 $P(z)$的零点如何分配,那要视信号处理任务的需要而定。显然,这种分解总是可以实现的。

总之,若 $P(z)$是线性相位的,那么,我们可对 $P(z)$作式(5.5.3)或式(5.5.2)的谱分解。若将单位圆内的零点都赋给 $H_0(z)$,那么 $H_0(z)$是最小相位的,而 $H_1(z)$便是最大相位的;若 $H_0(z)$是混合相位的,那么 $H_1(z)$也是混合相位的。

例 5.5.1 令 $p(n)=\{1.0000,4.0500,8.1000,14.9956,27.7248,43.2996,51.1831,43.2996,27.7248,14.9956,8.1000,4.0500,1.0000\}$。显然,该系统具有线性相位。经分解,共得到 12 个零点

$$-0.8,\ -1/0.8,\ -0.6,\ -1/0.6,\ e^{\pm j2\pi/3},\ e^{\pm j2\pi/3},\ 0.6e^{\pm j\pi/3},\ e^{\pm j\pi/3}/0.6$$

图 5.5.1 是对 $P(z)$按式(5.5.2)作谱分解的结果,即 $H_0(z)=H(z)$,$H_1(z)=H(z^{-1})$。

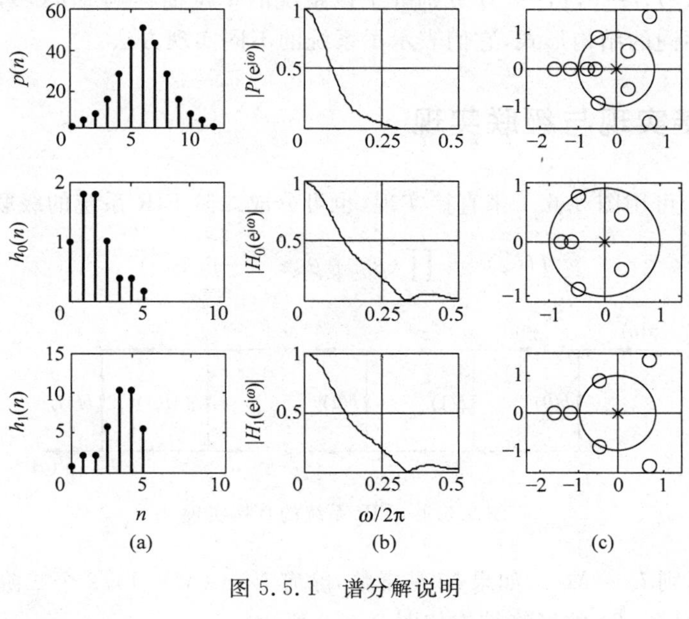

图 5.5.1 谱分解说明

图 5.5.1(a),(b),(c)分别是 $P(z)$,$H_0(z)$及 $H_1(z)$的单位抽样响应、幅频响应及极零图,图(b)中三个幅频响应均用各自的最大值作了归一化。可以看出,分解后的两个系统具有相同的幅频响应。

以上我们考虑的是具有线性相位系统的谱分解,因此所涉及的系统都是 FIR 的。实际上,谱分解的概念同样可用于 IIR 系统,这时,应用领域多是系统的辨识及信号的建模问题。

5.6 FIR 系统的结构

FIR 系统可由差分方程

$$y(n) = \sum_{r=0}^{M} b(r) x(n-r) \tag{5.6.1a}$$

或转移函数

$$H(z) = \sum_{r=0}^{M} b(r) z^{-r} \tag{5.6.1b}$$

来描述,显然,$b(r)$,$r=0,1,\cdots,M$ 分别等于该系统的单位抽样响应 $h(r)$,$r=0,1,\cdots,M$。FIR 系统也有不同的结构形式,它们表示了系统的不同实现方法。

5.6.1 直接实现与级联实现

式(5.6.1b)可用图 5.6.1 来直接实现,也可分成二阶 FIR 系统的级联形式,即

$$H(z) = \prod_{k=1}^{L} (\beta_{0k} + \beta_{1k} z^{-1} + \beta_{2k} z^{-2}) \tag{5.6.2}$$

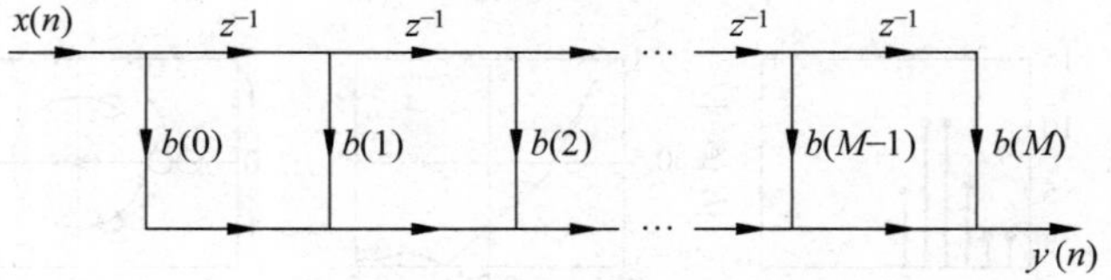

图 5.6.1　FIR 系统的直接实现

如果 M 是偶数,则 $L=M/2$;如果 M 是奇数,除有 $L=(M-1)/2$ 个二阶系统外,还有一个一阶系统。式(5.6.2) 的网络结构如图 5.6.2 所示。

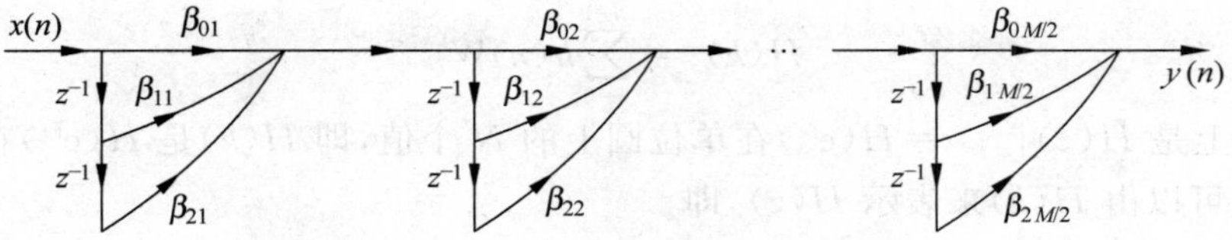

图 5.6.2 FIR 系统的级联实现(M 为偶数)

5.6.2 具有线性相位的 FIR 系统的结构

5.2 节已经证明,当 $h(n)=\pm h(M-n)$ 时,对应的FIR系统具有线性相位,当 M 分别为奇数(对应式(5.2.9),N 为偶数) 和偶数(对应式(5.2.4),N 为奇数) 时,其网络结构可分别用图 5.6.3(a) 和(b) 的信号流图来实现。由该信号流图可以看出,线性相位结构比图 5.6.1 的 直接实现形式少用 $M/2$ 个乘法器(或乘法运算)。

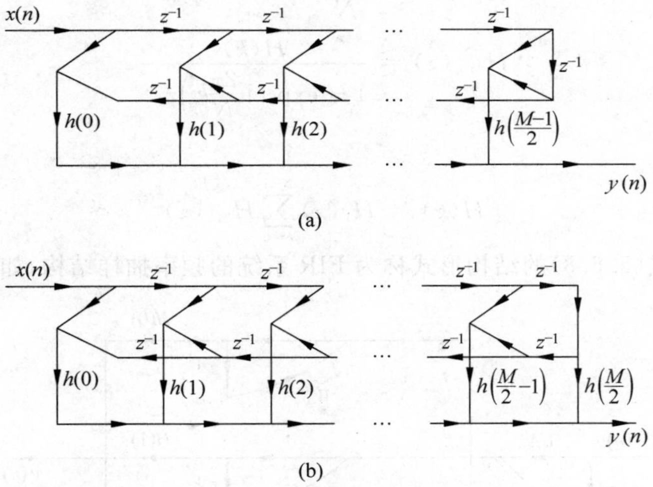

图 5.6.3 具有线性相位的 FIR 系统的结构

(a) M 为奇数; (b) M 为偶数

5.6.3 FIR 系统的频率抽样实现

给定一个 FIR 系统的单位抽样响应 $h(n)$, $n=0, 1, \cdots, N-1$,其转移函数和 DFT 分别是

$$H(z)=\sum_{n=0}^{N-1}h(n)z^{-n} \tag{5.6.3}$$

$$H(k)=\sum_{n=0}^{N-1}h(n)W_N^{nk} \tag{5.6.4}$$

$H(k)$实际上是 $H(z)|_{z=e^{j\omega}}=H(e^{j\omega})$在单位圆上的 N 个值，即 $H(k)$是 $H(e^{j\omega})$在频域的抽样。显然，可以由 $H(k)$来表示 $H(z)$，即

$$\begin{aligned}H(z)&=\sum_{n=0}^{N-1}\left[\frac{1}{N}\sum_{k=0}^{N-1}H(k)W_N^{-nk}\right]z^{-n}\\&=\frac{1}{N}\sum_{k=0}^{N-1}H(k)\frac{1-z^{-N}}{1-\exp\left(\mathrm{j}\,\frac{2\pi}{N}k\right)z^{-1}}\\&=\frac{1-z^{-N}}{N}\sum_{k=0}^{N-1}\frac{H(k)}{1-\exp\left(\mathrm{j}\,\frac{2\pi}{N}k\right)z^{-1}}\end{aligned} \tag{5.6.5}$$

令

$$H_1(z)=\frac{1-z^{-N}}{N} \tag{5.6.6}$$

$$H_{2,k}(z)=\frac{H(k)}{1-\exp\left(\mathrm{j}\,\frac{2\pi}{N}k\right)z^{-1}} \tag{5.6.7}$$

则

$$H(z)=H_1(z)\sum_{k=0}^{N-1}H_{2,k}(z) \tag{5.6.8}$$

把式(5.6.5)～式(5.6.8)的结构形式称为 FIR 系统的频率抽样结构，如图 5.6.4 所示。

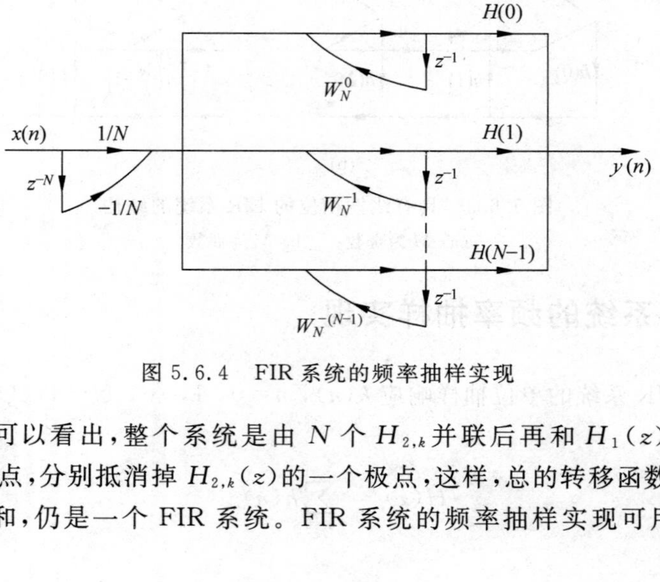

图 5.6.4　FIR 系统的频率抽样实现

由图 5.6.4 可以看出，整个系统是由 N 个 $H_{2,k}$ 并联后再和 $H_1(z)$相级联的结果。$H_1(z)$有 N 个零点，分别抵消掉 $H_{2,k}(z)$的一个极点，这样，总的转移函数是 N 个$(N-1)$阶 z^{-1}多项式的和，仍是一个 FIR 系统。FIR 系统的频率抽样实现可用于设计 FIR 滤

波器。

当用硬件来实现图 5.6.4 式的结构时，由于多种误差的存在，$H_1(z)$ 的零点和 $H_{2,k}(z)$ 的极点不一定能完全抵消，这样，在单位圆上存在极点将使系统不稳定。为了克服可能存在的不稳定问题，可以通过在半径为 $r(r<1$，但 r 接近于 1) 的圆上对 $H(z)$ 进行抽样来实现，即用 rz^{-1} 来代替式(5.6.5)～式(5.6.8)中的 z^{-1}，得

$$H(z)=(1-r^N z^{-N})\frac{1}{N}\sum_{k=0}^{N-1}\frac{H(k)}{1-rW_N^{-k}z^{-1}} \tag{5.6.9}$$

然后将图 5.6.4 中的 z^{-1} 都换成 rz^{-1}，即可消除可能出现的不稳定问题。

5.7 离散时间系统的 Lattice 结构

至此，我们已分别讨论了 FIR 系统和 IIR 系统的各种结构形式。对 IIR 系统，它们是直接实现、级联实现与并联实现。对 FIR 系统，它们是 5.6 节刚讨论过的四种实现形式，这些实现形式各有自己的应用背景和优缺点。

1973 年，Gay 和 Markel 提出了一种新的系统结构形式，即 Lattice 结构（又称格形结构）[2]。事实证明，这是一种很有用的结构，在功率谱估计、语音处理、自适应滤波等方面已得到了广泛的应用。现分别讨论全零点系统、全极点系统及极零系统的 Lattice 结构。

5.7.1 全零点系统(FIR)的 Lattice 结构

一个 M 阶的 FIR 系统的转移函数 $H(z)$ 可写为

$$H(z)=B(z)=\sum_{i=0}^{M}b(i)z^{-i}=1+\sum_{i=1}^{M}b_M^{(i)}z^{-i} \tag{5.7.1}$$

系数 $b_M^{(i)}$ 表示 M 阶 FIR 系统的第 i 个系数，式中假定 $H(z)=B(z)$ 的首项系数等于 1，该系统的 Lattice 结构如图 5.7.1 所示。

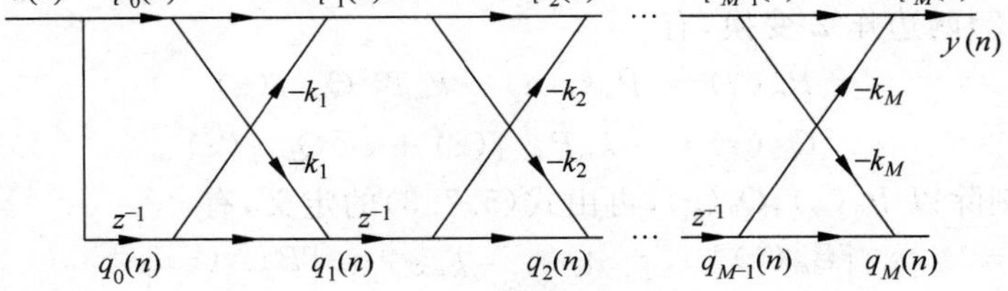

图 5.7.1 FIR 系统的 Lattice 结构

由该信号流图可以总结出 Lattice 结构的一些重要特点：

① $H(z)$的直接实现形式有 M 个参数，即 $b(1)$，$b(2)$，…，$b(M)$，共需 M 次乘法，M 次延迟(见图 5.6.1)；$H(z)$的 Lattice 结构也有 M 个参数，它们是 k_1，k_2，…，k_M，共需 $2M$ 次乘法，M 次延迟。

② 信号的传递是从左至右，中间没有反馈回路，所以这是一个 FIR 系统。若输入是 $\delta(n)$，则 $\delta(n)$通过信号流图的上部将立即出现在输出端，使 $y(0)=h(0)=1$。$\delta(n)$通过下部时，分别经过一次延迟、二次延迟，直到 M 次延迟后出现在输出端，所以 $y(n)$(即 $h(n)$)的值是$y(1)$，…，$y(M)$。

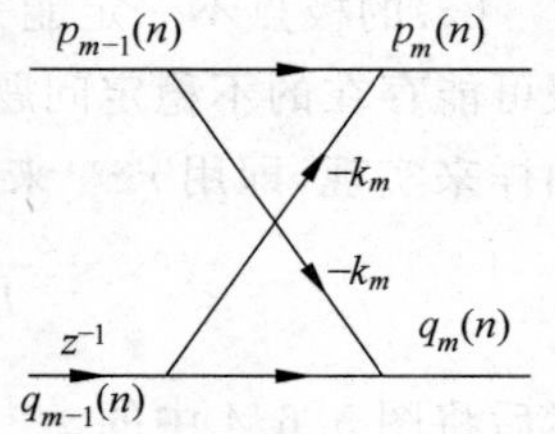

图 5.7.2　FIR 系统 Lattice 结构的基本单元

③ 信号流图中的基本单元如图 5.7.2 所示，它们有如下的关系

$$p_m(n)=p_{m-1}(n)-k_m q_{m-1}(n-1) \tag{5.7.2a}$$

$$q_m(n)=-k_m p_{m-1}(n)+q_{m-1}(n-1),\quad m=1,2,\cdots,M \tag{5.7.2b}$$

并且

$$p_0(n)=q_0(n)=x(n) \tag{5.7.2c}$$

$$y(n)=p_M(n) \tag{5.7.2d}$$

$p_{m-1}(n)$、$q_{m-1}(n)$分别是第 m 个基本单元的上、下端的输入序列，$p_m(n)$、$q_m(n)$则是该基本单元的上、下端输出序列。该基本单元的形状类似 FFT 中的蝶形单元。

④ 若定义

$$B_m(z)=P_m(z)/P_0(z)=1+\sum_{i=1}^{m}b_m^{(i)}z^{-i},\quad m=1,2,\cdots,M \tag{5.7.3a}$$

$$\widetilde{B}_m(z)=Q_m(z)/Q_0(z),\qquad m=1,2,\cdots,M \tag{5.7.3b}$$

那么 $B_m(z)$，$\widetilde{B}_m(z)$分别是由输入端 $x(n)$至第 m 个基本单元后所对应系统的转移函数，$B_m(z)$对应上端输出，$\widetilde{B}_m(z)$对应下端输出。当 $m=M$ 时，$B_m(z)=B(z)$。显然，$B_m(z)$是 $B_{m-1}(z)$再级联上一个如图 5.7.2 所示的基本单元后所构成的较高一级的 FIR 系统。由此可见，Lattice 结构有着非常规则的结构形式。

下面讨论如何由给定的系数 $b(1)$，$b(2)$，…，$b(M)$求出 Lattice 的参数 k_1，k_2，…，k_M。

对式(5.7.2)两边作 Z 变换，有

$$P_m(z)=P_{m-1}(z)-k_m z^{-1}Q_{m-1}(z) \tag{5.7.4a}$$

$$Q_m(z)=-k_m P_{m-1}(z)+z^{-1}Q_{m-1}(z) \tag{5.7.4b}$$

将上述两式分别除以 $P_0(z)$，$Q_0(z)$，再由式(5.7.3)的定义，有

$$\begin{bmatrix} B_m(z) \\ \widetilde{B}_m(z) \end{bmatrix}=\begin{bmatrix} 1 & -k_m z^{-1} \\ -k_m & z^{-1} \end{bmatrix}\begin{bmatrix} B_{m-1}(z) \\ \widetilde{B}_{m-1}(z) \end{bmatrix} \tag{5.7.5}$$

及

$$\begin{bmatrix} B_{m-1}(z) \\ \widetilde{B}_{m-1}(z) \end{bmatrix} = \begin{bmatrix} 1 & k_m \\ zk_m & z \end{bmatrix} \begin{bmatrix} B_m(z) \\ \widetilde{B}_m(z) \end{bmatrix} \Big/ (1-k_m^2) \tag{5.7.6}$$

上面两式给出了在 Lattice 结构中的由低阶到高一阶或由高阶到低一阶转移函数的递推关系,但这种递推中同时包含有 $B(z)$ 和 $\widetilde{B}(z)$。

由式(5.7.3)的定义,有 $B_0(z)=\widetilde{B}_0(z)=1$,显然

$$B_1(z) = B_0(z) - k_1 z^{-1}\widetilde{B}_0(z) = 1 - k_1 z^{-1}$$

$$\widetilde{B}_1(z) = -k_1 B_0(z) + z^{-1}\widetilde{B}_0(z) = -k_1 + z^{-1}$$

即

$$\widetilde{B}_1(z) = z^{-1}B_1(z^{-1})$$

令 $m=2,3,\cdots,M$,不难推出

$$\widetilde{B}_m(z) = z^{-m}B_m(z^{-1}) \tag{5.7.7}$$

将该式分别代入式(5.7.5)和式(5.7.6),有

$$B_m(z) = B_{m-1}(z) - k_m z^{-m} B_{m-1}(z^{-1}) \tag{5.7.8a}$$

$$B_{m-1}(z) = [B_m(z) + k_m z^{-m} B_m(z^{-1})]/(1-k_m^2) \tag{5.7.8b}$$

这样,我们分别得到了由高阶至低阶,或从低阶到高阶转移函数的递推关系,这种递推关系中仅含有 $B(z)$。

下面再给出 k_m 及滤波器系数之递推关系。

将式(5.7.3a)关于 $B_m(z)$、$B_{m-1}(z)$ 的定义分别代入式(5.7.8a)及式(5.7.8b),利用待定系数法,可得到如下两组递推关系

$$\left.\begin{aligned} b_m^{(m)} &= -k_m \\ b_m^{(i)} &= b_{m-1}^{(i)} - k_m b_{m-1}^{(m-i)} \end{aligned}\right\} \tag{5.7.9}$$

$$\left.\begin{aligned} k_m &= -b_m^{(m)} \\ b_{m-1}^{(i)} &= (b_m^{(i)} + k_m b_m^{(m-i)})/(1-k_m^2) \end{aligned}\right\} \tag{5.7.10}$$

在上面两式中,$i=1,2,\cdots,m-1$,而 $m=1,2,\cdots,M$。

在实际工作中,一般是首先给出 $H(z)=B(z)=B_m(z)$,这样,可按如下步骤求出 $k_1,\cdots,k_M$:

步骤 1 由上述关系式,首先得到

$$k_M = -b_M^{(M)} \tag{5.7.11}$$

步骤 2 由式(5.7.10)的系数 k_M 及系数 $b_M^{(1)},b_M^{(2)},\cdots,b_M^{(M)}$ 求出 $B_{M-1}(z)$ 的系数 $b_{M-1}^{(1)},b_{M-1}^{(2)},\cdots,b_{M-1}^{(M-1)}$,或者由式(5.7.8b)直接求出 $B_{M-1}(z)$,那么 $k_{M-1}=-b_{M-1}^{(M-1)}$;

步骤 3 重复步骤 2 后,$k_M,k_{M-1},\cdots,k_1,B_{M-1}(z),\cdots,B_1(z)$ 可全部求出。

例 5.7.1　一个 FIR 系统的零点分别在 $0.9e^{\pm j\frac{\pi}{3}}$ 及 0.8 处，求其 Lattice 结构。

解

$$H(z) = B(z) = (1 - 0.9z^{-1}e^{j\pi/3})(1 - 0.9z^{-1}e^{-j\pi/3})(1 - 0.8z^{-1})$$
$$= 1 - 1.7z^{-1} + 1.53z^{-2} - 0.648z^{-3}$$

得

$$b_3^{(1)} = -1.7,\quad b_3^{(2)} = 1.53,\quad b_3^{(3)} = -0.648,\quad k_3 = -b_3^{(3)} = 0.648$$

由

$$b_2^{(1)} = (b_3^{(1)} + k_3 b_3^{(2)})/(1 - k_3^2) = -1.221\,453$$
$$b_2^{(2)} = (b_3^{(2)} + k_3 b_3^{(1)})/(1 - k_3^2) = 0.738\,498$$

得

$$B_2(z) = 1 - 1.221\,453z^{-1} + 0.738\,498z^{-2}$$

及

$$k_2 = -0.738\,498$$

再由

$$b_1^{(1)} = (b_2^{(1)} + k_2 b_2^{(1)})/(1 - k_2^2) = -0.702\,59$$

得

$$B_1(z) = 1 - 0.702\,59z^{-1}$$

及

$$k_1 = 0.702\,59$$

图 5.7.3 给出了该系统的 Lattice 结构。

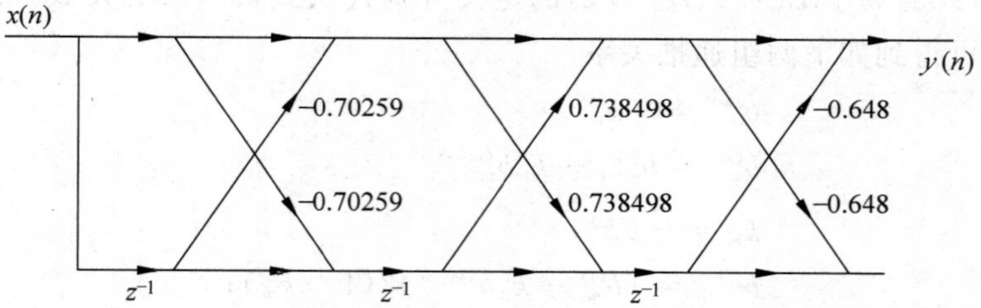

图 5.7.3　例 5.7.1 中的 Lattice 结构

5.7.2　全极点系统(IIR)的 Lattice 结构

对图 5.7.2 的 FIR 系统的 Lattice 基本单元，可重写式(5.7.2a)及式(5.7.2b)，得

$$p_{m-1}(n) = p_m(n) + k_m q_{m-1}(n-1) \qquad (5.7.12a)$$
$$q_m(n) = -k_m p_{m-1}(n) + q_{m-1}(n-1) \qquad (5.7.12b)$$

这样，可把图 5.7.2 改成如图 5.7.4 的形式。

这时，$p_m(n)$是上支路的输入信号，$p_{m-1}(n)$是输出信号；对下支路，$q_{m-1}(n)$是输入信号，$q_m(n)$是输出信号。设所给系统仍是 M 阶的多项式，并令 $x(n)=p_M(n)$，$p_0(n)=q_0(n)=y(n)$，把图5.7.4 作为基本单元，可得到如图 5.7.5 的 Lattice 结构。

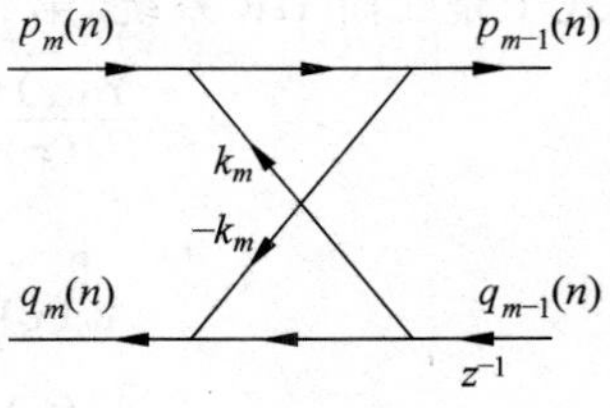

图 5.7.4　图 5.7.2 基本单元的逆形式

现在，利用 5.7.1 节的方法来导出图5.7.5 所对应的转移函数及参数 $k_1,k_2,\cdots,k_m$ 的求解方法。在图 5.7.4 中，若令 $M=1$，即对应一阶的 Lattice 结构，由式(5.7.12)，有

$$p_0(n)=p_1(n)+k_1q_0(n-1) \tag{5.7.13a}$$

$$q_1(n)=-k_1p_0(n)+q_0(n-1) \tag{5.7.13b}$$

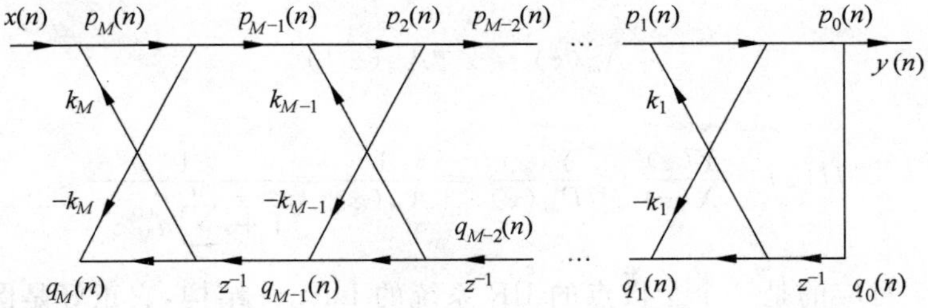

图 5.7.5　全极点系统的 Lattice 结构

由于 $p_0(n)=q_0(n)=y(n)$，$p_1(n)=x(n)$，所以上式又可写成

$$y(n)=p_1(n)+k_1y(n-1)=x(n)+k_1y(n-1) \tag{5.7.14a}$$

$$q_1(n)=-k_1y(n)+y(n-1) \tag{5.7.14b}$$

这样，式(5.7.14a)表示 $x(n)$为输入、$y(n)$为输出的一阶 IIR 系统，式(5.7.14b)则表示 $q_1(n)$为输出、$y(n)$（即 $q_0(n)$）为输入时的一阶 FIR 系统。若令

$$\frac{Y(z)}{P_1(z)}=\frac{1}{1-k_1z^{-1}}=\frac{1}{A_1(z)}$$

由式(5.7.14)可得

$$\frac{Q_1(z)}{Y(z)}=-k_1+z^{-1}=z^{-1}(1-k_1z)=z^{-1}A_1(z^{-1})=\tilde{A}_1(z)$$

若令 $M=2$，则

$$p_1(n)=p_2(n)+k_2q_1(n-1)$$

$$q_2(n)=-k_2p_1(n)+q_1(n-1)$$

这时，$p_2(n)=x(n)$，再由式(5.7.13)，有

$$y(n)=k_1(1-k_2)y(n-1)+k_2y(n-2)+x(n) \tag{5.7.15a}$$

$$q_2(n)=-k_2y(n)-k_1(1-k_2)y(n-1)+y(n-2) \tag{5.7.15b}$$

第一个式子是二阶 IIR 系统，第二个式子为二阶 FIR 系统，再令

$$\frac{Y(z)}{P_2(z)}=\frac{1}{A_2(z)},\quad \frac{Q_2(z)}{Y(z)}=\widetilde{A}_2(z)$$

则

$$A_2(z)=1-k_1(1-k_2)z^{-1}-k_2z^{-2}$$

$$\widetilde{A}_2(z)=-k_2-k_1(1-k_2)z^{-1}+z^{-2}$$

显然$\widetilde{A}_2(z)=z^{-2}A_2(z^{-1})$。

由此类推，若定义

$$\frac{1}{A_m(z)}=\frac{Y(z)}{P_m(z)},\qquad \widetilde{A}_m(z)=\frac{Q_m(z)}{Y(z)} \tag{5.7.16}$$

则

$$\widetilde{A}_m(z)=z^{-m}A_m(z^{-1}) \tag{5.7.17}$$

且

$$H(z)=\frac{Y(z)}{X(z)}=\frac{Y(z)}{P_M(z)}=\frac{1}{A_M(z)}=\frac{1}{1+\sum_{i=1}^{M}a_M^{(i)}z^{-i}} \tag{5.7.18}$$

这样，图 5.7.5 对应的是一个全极点的 IIR 系统的 Lattice 结构，它正好是图 5.7.1 的逆过程。由于两个结构的最基本的差分方程（式(5.7.2)及式(5.7.12)）是一样的，所以系数 $k_1,k_2,\cdots,k_M$ 及 $a_m^{(i)}$ ($i=1,2,\cdots,m$，而 $m=1,2,\cdots,M$)的求解方法同 FIR 系统 Lattice 结构的计算方法是一样的，区别只是将多项式的系数 $b_m^{(i)}$ 换成 $a_m^{(i)}$。

例 5.7.2　一个全极点系统的转移函数为

$$H(z)=\frac{1}{A(z)}=\frac{1}{1-1.7z^{-1}+1.53z^{-2}-0.648z^{-3}}$$

求其 Lattice 结构。

解　由上述讨论及例 5.7.1 的结果，可求出 $k_3=0.648$，$k_2=-0.738\,498$，$k_1=0.702\,59$，其 Lattice 结构如图 5.7.6 所示。

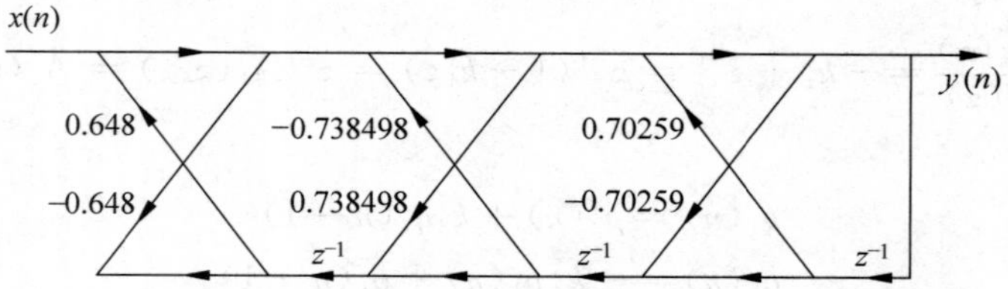

图 5.7.6　例 5.7.2 的 Lattice 结构

5.7.3 极零系统的 Lattice 结构

一个既有极点又有零点的 IIR 系统

$$H(z)=\frac{B(z)}{A(z)}=\frac{\sum_{r=0}^{N} b_r z^{-r}}{1+\sum_{k=1}^{N} a_k z^{-k}} \tag{5.7.19}$$

的 Lattice 结构如图 5.7.7 所示。分析该图，可以看出：若 $c_1=c_2=\cdots=c_N=0$，而 $c_0=1$，那么图 5.7.7 和图 5.7.5 的全极系统的 Lattice 结构完全一样；若 $k_1=k_2=\cdots=k_N=0$，那么图 5.7.7 变成一个 N 阶 FIR 系统的直接实现形式(见图 5.6.1)。由此可见，图 5.7.7 的上半部对应全极系统 $1/A(z)$，下半部对应全零系统 $B(z)$。但下半部对上半部无任何反馈，这样参数 $k_1,k_2,\cdots,k_N$ 仍可按全极系统的方法求出。由于上半部对下半部有影响，所以 c_i 和 b_i 不会完全相同。现在的任务是如何求出 $c_i, i=0,1,2,\cdots,N$。

由式(5.7.16)及式(5.7.17)，有

$$\tilde{A}_m(z)=Q_m(z)/Q_0(z)=Q_m(z)/Y(z)$$

所以

$$Q_m(z)=Y(z)\tilde{A}_m(z),\quad m=1,2,\cdots,N \tag{5.7.20}$$

$\tilde{A}_m(z)$是由 $q_0(n)$至 $q_m(n)$之间的转移函数，令$\tilde{H}_m(z)$为由 $x(n)$至 $q_m(n)$之间的转移函数，那么

$$\tilde{H}_m(z)=Q_m(z)/X(z)=\tilde{A}_m(z)Y(z)/X(z)$$

或

$$\tilde{H}_m(z)=\tilde{A}_m(z)/A(z) \tag{5.7.21}$$

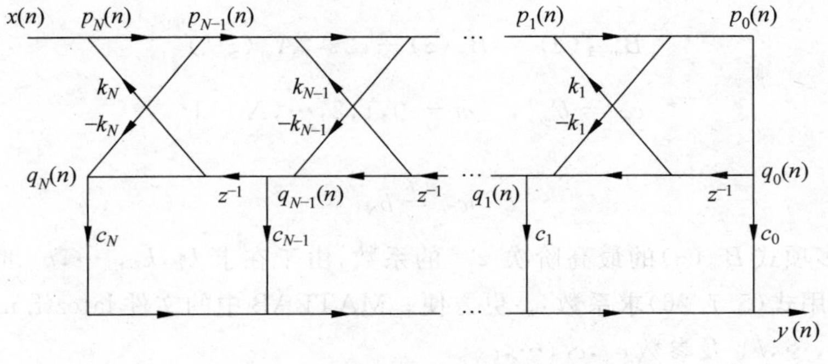

图 5.7.7 极零系统的 Lattice 结构

由图 5.7.7 可知，整个系统的转移函数应是$\tilde{H}_0(z)$，$\tilde{H}_1(z)$，…，$\tilde{H}_N(z)$加权后的并联，即

$$H(z) = \sum_{m=0}^{N} c_m \tilde{H}_m(z) = \sum_{m=0}^{N} \frac{c_m \tilde{A}_m(z)}{A(z)} = \frac{B(z)}{A(z)} \tag{5.7.22}$$

式中$\tilde{A}_m(z)=z^{-m}A_m(z^{-1})$。在求解 $k_1,k_2,\cdots,k_N$ 时将同时产生出 $A_m(z)$和$\tilde{A}_m(z)$。

式(5.7.22)提供了两个求解参数 $c_0,c_1,\cdots,c_N$ 的方法。

方法 1　以 $N=3$ 为例，$B(z)=b_0+b_1z^{-1}+b_2z^{-2}+b_3z^{-3}$，则

$$c_0 z^{-0} A_0(z^{-1}) + c_1 z^{-1} A_1(z^{-1}) + c_2 z^{-2} A_2(z^{-1}) + c_3 z^{-3} A(z^{-1}) = B(z)$$

令等式两边同次幂的系数相等，有

$$\begin{aligned} c_0 + c_1 a_1^{(1)} + c_2 a_2^{(2)} + c_3 a_3^{(3)} &= b_0 \\ c_1 + c_2 a_2^{(1)} + c_3 a_3^{(2)} &= b_1 \\ c_2 + c_3 a_3^{(1)} &= b_2 \\ c_3 &= b_3 \end{aligned}$$

因此由下向上可依次得到 c_3,c_2,c_1 及 c_0，即有

$$c_k = b_k - \sum_{m=k+1}^{N} c_m a_m^{(m-k)}, \quad k = 0,1,\cdots,N \tag{5.7.23}$$

方法 2　由式(5.7.22)，有

$$B(z) = \sum_{m=0}^{N} c_m \tilde{A}_m(z) = B_N(z) \tag{5.7.24}$$

再定义

$$B_{N-1}(z) = \sum_{m=0}^{N-1} c_m \tilde{A}_m(z)$$

那么

$$B_{N-1}(z) = B_N(z) - c_N \tilde{A}_N(z) \tag{5.7.25}$$

依次类推，有

$$B_{m-1}(z) = B_m(z) - c_m z^{-m} A_m(z^{-1}) \tag{5.7.26}$$

则

$$c_m = b_m^{(m)}, \quad m = 0,1,2,\cdots,N-1 \tag{5.7.27a}$$

初始条件是

$$c_N = b_N \tag{5.7.27b}$$

式中 $b_m^{(m)}$ 是多项式 $B_m(z)$的最高阶次 z^{-m} 的系数，由于在求 $k_1,k_2,\cdots,k_N$ 时$\tilde{A}_m(z)$已逐次产生，因此用式(5.7.26)求系数 c_m 更方便。MATLAB 中的文件 latcztf.m 可以用来求出参数 $k_1,k_2,\cdots,k_N$ 及参数 $c_0,c_1,\cdots,c_N$。

例 5.7.3　令

$$H(z)=\frac{1+0.8z^{-1}-z^{-2}-0.8z^{-3}}{1-1.7z^{-1}+1.53z^{-2}-0.648z^{-3}}$$

求该系统的 Lattice 结构。

解　由例 5.7.1 可求出 $k_1=0.70259$，$k_2=-0.738498$，$k_3=0.648$ 及 $a_2^{(1)}=-1.221453$，$a_2^{(2)}=0.738498$，$a_1^{(1)}=-0.70259$。由所给 $H(z)$，有 $a_3^{(1)}=-1.7$，$a_3^{(2)}=1.53$，$a_3^{(3)}=-0.648$。由式(5.7.23)，可求出

$$c_3=b_3=-0.8$$
$$c_2=b_2-c_3a_3^{(1)}=-2.36$$
$$c_1=b_1-c_2a_2^{(1)}-c_3a_3^{(2)}=-0.85862908$$
$$c_0=b_0-c_1a_1^{(1)}-c_2a_2^{(2)}-c_3a_3^{(3)}=1.6211906$$

其 Lattice 结构如图 5.7.8 所示。请读者用式(5.7.26)及式(5.7.27)来求解系数 $c_0,\cdots,c_3$，其结果应是一样的。有关 Lattice 结构还可参看文献[3]和[4]。

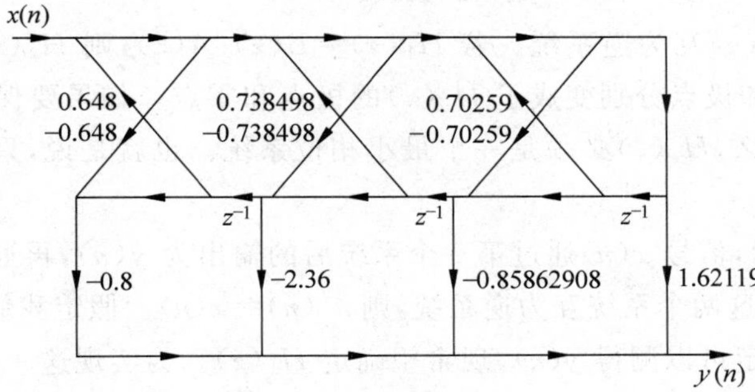

图 5.7.8　例 5.7.3 的 Lattice 结构

5.8　逆　系　统

我们在前面有关系统分析的讨论中，都是假定在系统的输入、系统的单位抽样响应(或系统的转移函数)是已知的情况下，去求系统的输出。这一过程称为系统分析的正问题。对 LSI 系统，系统的输出简单地等于系统输入和单位抽样响应的卷积。

在实际工作中经常会出现系统的输入是未知的，或系统的抽样响应(或转移函数)是未知的，或二者都是未知的情况，而知道的往往是系统的输出。这是因为系统的输出通常比较容易测得。由系统的输出反求系统输入的过程称为系统分析的逆问题，又称反卷积

(deconvolution)。由系统的输入、输出求解系统的抽样响应(或转移函数)的过程称为系统的辨识(system identification)。无论是反卷积还是系统的辨识，它们在实际工作中都有着广泛的应用。

例如，当我们在医院做心电图(ECG)时，在体表所测得的心电信号实际上是心脏的心肌细胞的电活动通过人体传到体表后的总体体现。若把人体看作一个系统，把体表心电信号看作系统的输出，那么，该系统的输入即是心肌细胞的电活动。由体表心电信号反过来求解心脏电活动规律的问题称为心电逆问题，这是一个极具挑战性的研究课题。此外，系统分析的逆问题在石油勘探、地球物理、海洋工程、通信系统、电磁理论、图像的恢复以及生物医学工程等领域也都有着重要的应用。

在反卷积和系统辨识中都要用到逆系统的概念。考虑两个系统的级联，若

$$h_1(n) * h_2(n) = \delta(n)$$

则

$$H_1(z)H_2(z) = 1 \tag{5.8.1}$$

我们称 $H_1(z)$和 $H_2(z)$互为逆系统。若 $H_1(z)=B(z)/A(z)$，则 $H_2(z)=A(z)/B(z)$。显然，$H_1(z)$的零点和极点分别变成了 $H_2(z)$的极点和零点。如果要保证 $H_2(z)$是一个稳定的因果系统，那么，$H_1(z)$必须是一个最小相位系统。也就是说，只有最小相位系统才有逆系统。

如图 5.8.1 所示，信号 $x(n)$通过第一个系统后的输出为 $y(n)$，再通过第二个系统后的输出为 $x'(n)$。若这两个系统互为逆系统，则 $x'(n)=x(n)$。假定我们不知道第一个系统的转移函数，并假定可以测得 $y(n)$，现希望确定 $H_1(z)$。为实现这一目的，我们可以先设计一个系统，令其输入为 $y(n)$，记录其输出，并逐步调整该系统的参数使其接近或等于 $x(n)$。一旦这一步实现，那么所设计的系统就应当是图 5.8.1 中的 $H_2(z)$。这样，由逆系统的性质，我们有 $H_1(z)=1/H_2(z)$，从而确定了未知系统 $H_1(z)$。这样做的前提是 $x(n)$已知，若 $x(n)$未知，我们可以简单地令 $x(n)=\delta(n)$，那么，$x'(n)$也应接近等于 $\delta(n)$。

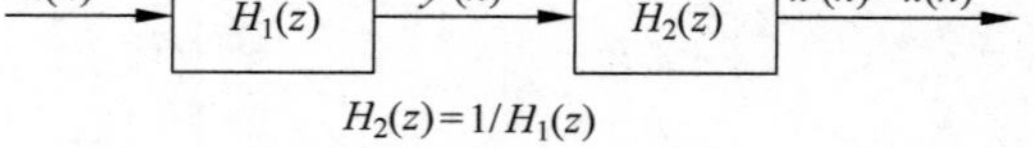

图 5.8.1　两个互为逆系统的输入输出关系

例 5.8.1　令 $H(z)$是一 FIR 系统，其转移函数 $H(z)=1-0.729z^{-3}$。显然，该系统在 $z=0.9$ 处有三个重零点，其逆系统存在，且其转移函数

$$H_{IV}(z) = \frac{1}{H(z)} = \frac{1}{1-0.729z^{-3}}$$

这样，其逆系统变成了一个 IIR 系统，它在 $z=0.9$ 处有三个重极点，因此该逆系统是稳定

的。若令 $H(z)$ 的输入为 $\delta(n)$，其输出自然就是 $h(n)$，若将 $h(n)$ 再送入 $H_{\mathrm{IV}}(z)$，则 $H_{\mathrm{IV}}(z)$ 的输出必然是 $\delta(n)$，如图 5.8.2 所示。

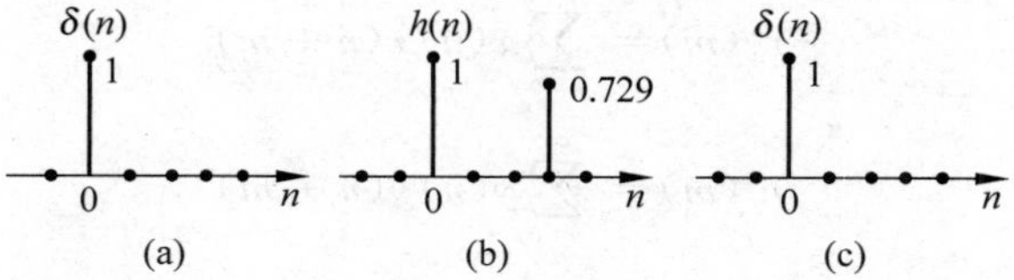

图 5.8.2 逆系统

(a) $H(z)$ 的输入；(b) $H(z)$ 的输出；(c) $H_{\mathrm{IV}}(z)$ 的输出

令 LSI 系统 $H(z)$ 的输入是 $x(n)$，输出是 $y(n)$，则该系统输入、输出的关系是我们所熟知的线性卷积关系，即

$$y(n)=x(n)*h(n)=\sum_{k=-\infty}^{\infty}x(k)h(n-k)$$

$$=\sum_{k=0}^{n}x(k)h(n-k),\quad n\geqslant 0 \tag{5.8.2}$$

若已知 $h(n)$ 和 $y(n)$，那么可用递推的方法求解 $x(n)$，即

$$y(0)=x(0)h(0),\ x(0)=y(0)/h(0)$$

$$y(1)=x(0)h(1)+x(1)h(0),\ x(1)=[y(1)-x(0)h(1)]/h(0)$$

$$\vdots$$

$$y(n)=x(n)h(0)+\sum_{k=0}^{n-1}x(k)h(n-k)$$

$$x(n)=\left[y(n)-\sum_{k=0}^{n-1}x(k)h(n-k)\right]\Big/h(0)\quad n\geqslant 1 \tag{5.8.3}$$

上式是求解反卷积问题的基本公式。

由式(5.8.2)，有 $X(z)=Y(z)/H(z)$。式中 $X(z)$，$H(z)$ 及 $Y(z)$ 都是 z^{-1} 的多项式。因此，我们也可通过多项式的长除法来确定 $X(z)$。MATLAB 中的 deconv.m 就是按此思路编写的求反卷积的程序。

若系统的输入、输出已知，可以用类似式(5.8.3)的方法求出系统的单位抽样响应，即有

$$h(n)=\left[y(n)-\sum_{k=0}^{n-1}x(k)h(n-k)\right]\Big/x(0),\ n\geqslant 1 \tag{5.8.4}$$

前面已指出，由输入、输出求系统的过程称为系统辨识，比较式(5.8.3)和式(5.8.4)可以看出，反卷积和系统辨识有着非常类似的地方。因此，deconv.m 文件也可用来求

解 $H(z)$。

系统辨识问题也可以从频域来求解。令

$$r_x(m)=\sum_{n=0}^{\infty}x(n)x(n+m)$$

$$r_y(m)=\sum_{n=0}^{\infty}y(n)y(n+m)$$

$$r_{xy}(m)=\sum_{n=0}^{\infty}x(n)y(n+m)$$

分别为 $x(n)$，$y(n)$的自相关函数及 $x(n)$和 $y(n)$的互相关函数，令 $P_x(e^{j\omega})$，$P_y(e^{j\omega})$分别为 $x(n)$和 $y(n)$的功率谱，它们分别是 $r_x(m)$，$r_y(m)$的傅里叶变换。令 $P_{xy}(e^{j\omega})$为 $x(n)$和 $y(n)$的互功率谱，它是 $r_{xy}(m)$的傅里叶变换。对 LSI 系统 $H(z)$，可证明如下关系存在[8]

$$P_y(e^{j\omega})=|H(e^{j\omega})|^2P_x(e^{j\omega}) \tag{5.8.5a}$$

及

$$P_{xy}(e^{j\omega})=H(e^{j\omega})P_x(e^{j\omega}) \tag{5.8.5b}$$

对应 Z 变换，有

$$P_y(z)=H(z)H(z^{-1})P_x(z) \tag{5.8.6a}$$

及

$$P_{xy}(z)=H(z)P_x(z) \tag{5.8.6b}$$

假定输入信号的功率谱为一平的谱，即 $P_x(e^{j\omega})=1/K$ 为一常数，那么

$$H(e^{j\omega})=KP_{xy}(e^{j\omega}),\ H(z)=KP_{xy}(z) \tag{5.8.7}$$

及

$$P_y(e^{j\omega})=K|H(e^{j\omega})|^2,\ P_y(z)=KH(z)H(z^{-1}) \tag{5.8.8}$$

如果能求出系统输入、输出的互相关函数，那么由式(5.8.7)可确定系统的频率响应或转移函数。若知道的是系统输出的自相关函数，那么由式(5.8.8)可确定系统的频率响应或转移函数。使用式(5.8.8)时要用到我们在 5.5 节讨论过的谱分解技术。

以上我们给出了逆系统的基本概念及反卷积和系统辨识的基本方法。应该指出的是，上述方法都是假定系统是线性、移不变的，并且是因果的和稳定的，输入和输出信号都是确定性的。因此，所用的方法都是基于卷积公式的各种运算。实际情况要比上述情况复杂得多。例如，系统不一定满足 LSI 条件，系统可能是多输入、多输出系统，对输出的观察(即求出 $y(n)$)可能带有噪声，等等。所有这些都将使反卷积问题及系统辨识问题复杂化，因此求解这一类问题也就相当复杂。有关这方面的论述可参看文献[6]，此处不再讨论。

5.9 与本章内容有关的 MATLAB 文件

1. filtfilt. m

本文件实现零相位滤波，零相位滤波的原理见图 5.1.2 及式(5.1.9)，文件的调用格式是

y = filtfilt (B, A, x)

式中 B 是 $H(z)$的分子多项式，A 是分母多项式，x 是待滤波信号，y 是滤波后的信号。下面的例子说明了该文件的应用。

例 5.9.1 令 $x(n)$为两个正弦信号的叠加，其圆频率分别是 0.1π 和 0.2π，已知

$$H(z)=\frac{B(z)}{A(z)}=\frac{0.06745+0.1349z^{-1}+0.6745z^{-2}}{1-1.143z^{-1}+0.4128z^{-2}} \tag{5.9.1}$$

为一低通滤波器，现用 $H(z)$对 $x(n)$作零相位滤波。相应的结果如图 5.9.1 所示。显然，$y(n)$相对 $x(n)$的延迟为零。

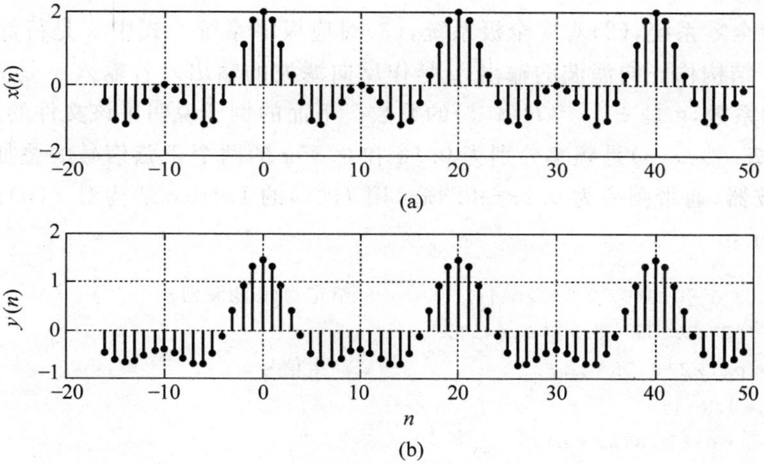

图 5.9.1 零相位滤波说明

(a) $x(n)$；(b) $y(n)$

2. grpdelay. m

本文件用于求一个系统的群延迟。其调用格式是

[gd w] = grpdelay(B, A, N) 或 [gd F] = grpdelay(B, A, N, FS)

式中 B 和 A 仍是 $H(z)$的分子、分母多项式；gd 是求出的群延迟，w 及 F 是频率分点，前者单位为 rad，后者单位为 Hz，二者的长度均为 N；FS 为抽样频率，单位为 Hz。

3. tf2latc. m

4. latc2tf. m

以上两个实现转移函数和 Lattice 系数之间的相互转换。tf2latc 的调用格式是

(1) k = tf2latc(b), (2) k = tf2latc(1,a), (3) [k,c] = tf2latc(b,a)

其中(1)对应全零系统，(2)对应全极系统，(3)对应极零系统。latc2tf 的调用格式和 tf2latc 正好相反。需要说明的是，tf2latc 求出的 Lattice 系数 k 和本书求出的 k 差一个负号，这是由于我们在图 5.7.1 中标的是 $-k$。

5. latcfilt. m

本文件用来实现 Lattice 结构下的信号滤波，其调用格式是

(1) [y,g] = latcfilt (k,x)

(2) [y,g]=latcfilt (k,1,x)

(3) [y,g]=latcfilt (k,c,x)

其中(1)对应全零系统，(2)对应全极系统，(3)对应极零系统。式中 x 是待滤波的信号，y 是用 Lattice 结构作正向滤波的输出，g 是作反向滤波的输出。若输入 x 是 $\delta(n)$，则输出 y 是 $H(z)$的系数，g 是 $z^{-(N-1)}H(z^{-1})$的系数。下面的例子说明了该文件的应用。

例 5.9.2　令 $x(n)$是频率分别为 0.1π 和 0.35π 的两个正弦信号的叠加，$H(z)$是一 IIR 带通滤波器，通带频率为 0.2π～0.4π。用 $H(z)$的 Lattice 结构对 $x(n)$滤波，相应的程序如下所示：

```
B=[0.0201 0 -0.0402 0 0.0201];          % 给定 IIR 滤波器；
A=[1 -1.637 2.237 -1.307 0.641];
w1=0.1*pi;w2=0.35*pi;                    % 产生信号 x；
N=100;n=0:N-1;
x=cos(w1*n)+cos(w2*n);
y1=filter(B,A,x);                        % 直接滤波；
[k,c]=tf2latc(B,A);                      % 求出 lattice 系数；
[y2,g]=latcfilt(k,c,x);                  % 用 lattice 系数滤波；
subplot(411);plot(x(10:N-1));grid on;
subplot(412);plot(y1(10:N-1));grid on;
subplot(413);plot(y2(10:N-1));grid on;
subplot(414);plot(g(10:N-1));grid on;
```

请读者自己运行该程序,并分析输出结果中4个图的含义。

6. deconv.m

本文件实现系统的反卷积,其调用格式是

$$[q,r]=\text{deconv}(b,a)$$

式中各个量之间的关系是

$$b=\text{conv}(a,q)+r$$

这两个式子的含义是:b是向量a和另一个向量h卷积的结果,由b对a做反卷积,得到的应该是h,现得到的是向量q,并有一个余向量r。如果r=0,则h=q;若r≠0,则h≈q。

例 5.9.3 令h={1,1,1,1},x={1,2,3,4,5,6,7,8},b=x*h;调用deconv,可求出q={1,1,1,1},于是r=0,即q=h。

习题与上机练习

5.1 对类型Ⅲ,Ⅳ滤波器,即$h(n)=-h(N-1-n)$,推导式(5.2.10a)~式(5.2.11b)。

5.2 试说明:对线性相位滤波器,若设计高通和带阻滤波器,为什么滤波器的长度N不能取偶数。

5.3 试证明:如果一个离散时间系统是线性相位的,则它不可能是最小相位的。

5.4 若一个最小相位的FIR系统的单位抽样响应为$h_1(n)$,$n=0,1,\cdots,N-1$,另一个FIR系统的单位抽样响应$h_2(n)$和$h_1(n)$有如下关系:

$$h_2(n)=h_1(N-1-n),\quad n=0,1,\cdots,N-1$$

试证明:

(1) 系统2和系统1有着同样的幅频响应;

(2) 系统2是最大相位系统。

5.5 给定一个线性相位的FIR滤波器,试说明如何将它转换成一个最小相位系统而不改变其幅频响应。

5.6 一个离散时间系统的转移函数是

$$H(z)=(1-0.95\mathrm{e}^{\mathrm{j}0.3\pi}z^{-1})(1-0.95\mathrm{e}^{-\mathrm{j}0.3\pi}z^{-1})\times(1-1.4\mathrm{e}^{\mathrm{j}0.4\pi}z^{-1})(1-1.4\mathrm{e}^{-\mathrm{j}0.4\pi}z^{-1})$$

通过移动其零点,保证:①新系统和$H(z)$具有同样的幅频响应;②新系统的单位抽样响应仍为实值且和原系统同样长。试讨论:

(1) 可得到几个不同的系统?

(2) 哪一个是最小相位的？哪一个是最大相位的？

(3) 对所得到的系统，求 $h(n)$，计算 $E(M)=\sum_{n=0}^{M}h^2(n)$，$M\leqslant 4$，并比较各个系统的能量累积情况。

5.7　已知一线性相位系统有一对零点在 $\sqrt{0.5}\mathrm{e}^{\pm \mathrm{j}\pi/4}$ 处，求该系统的转移函数。

5.8　如果 $H(z)$，$G(z)$ 都是最小相位的，试判断并说明下面三个系统是否是最小相位的。

(1) $H(z)G(z)$；(2) $H(z)+G(z)$；(3) $H(z)/G(z)$

5.9　因果序列 $x(n)$ 的 Z 变换为

$$X(z)=\frac{\left(1-\frac{3}{2}z^{-1}\right)\left(1+\frac{1}{3}z^{-1}\right)\left(1+\frac{5}{3}z^{-1}\right)}{(1-z^{-1})^2\left(1-\frac{1}{4}z^{-1}\right)}$$

令 $y(n)=a^n x(n)$，求常数 a 为何值时，$Y(z)$ 具有最小相位？

5.10　两个滤波器分别具有形式

$$H_1(z)=G(z)(1+\alpha z^{-1}),\quad H_2(z)=G(z)(\alpha+z^{-1}),\quad 0<\alpha<1$$

(1) 试证明两者有着相同的幅频响应；

(2) 哪一个滤波器有较小的相位延迟？为什么？

5.11　令

$$H_1(z)=1-0.6z^{-1}-1.44z^{-2}+0.864z^{-3}$$
$$H_2(z)=1-0.98z^{-1}+0.9z^{-2}-0.898z^{-3}$$
$$H_3(z)=H_1(z)/H_2(z)$$

(1) 分别画出 $H_1(z)$，$H_2(z)$ 及 $H_3(z)$ 直接实现的信号流图；

(2) 分别将 $H_1(z)$，$H_2(z)$ 及 $H_3(z)$ 转换成对应的 Lattice 结构，计算滤波器系数并画出 Lattice 结构的信号流图。

5.12　令 $y(n)$ 是一线性移不变系统 $H(z)$ 的输出，假定对应的输入信号的功率谱恒等于1，若已知 $y(n)$ 的功率谱 $P_y(\mathrm{e}^{\mathrm{j}\omega})=(\cos\omega+1.45)/(\cos\omega+2.6)$，试确定 $H(z)$（注：要求 $H(z)$ 是最小相位系统）。

参考文献

1　Roman Kue. Introduction to Digital Signal Processing. New York: McGraw-Hill, 1988

2　Gray A H, Markel J D. Digital lattice and ladder filter synthesis. IEEE Trans. on Audio and

Electroacoustics，1973，21(6)：491～500

3 Oppenheim A V，Schafer R. Discrete-Time Signal Processing. Englewood Cliffs，NJ：Prentice-Hall，1989

4 Proakis J G，Manolakis D G. Introduction to Digital Signal Processing. New York：Macmillan Publishing Company，1988

5 Papoulis A. Signal Analysis. New York：McGraw-Hill，1977

6 Sanjit K M. Digital Signal Processing：A Computer-Based Approach. 2nd ed. McGraw-Hill，2001

7 Manolakis Dimitris G et al. Statistical and Adaptive Signal Processing. McGraw-Hill，2000

8 胡广书.数字信号处理——理论、算法与实现.第二版.北京：清华大学出版社，2003

第6章 无限冲激响应数字滤波器设计

我们在2.9节初步讨论了滤波的基本概念，并强调指出，滤波器在实际的信号处理中起到了重要的作用，它是去除信号中噪声的基本手段，因此，滤波运算是信号处理中的基本运算。当然，滤波器的设计问题也是数字信号处理中的基本问题。数字滤波器的设计又称为离散时间系统的综合。我们在本章集中讨论 IIR 滤波器的设计问题，在下一章集中讨论 FIR 滤波器及一些特殊形式的滤波器的设计问题。

6.1 滤波器的基本概念

6.1.1 滤波器的分类

滤波器的种类很多，分类方法也不同，比如可以从功能上分，也可以从实现方法上分，或从设计方法上来分，等等。但总的来说，滤波器可分为两大类，即经典滤波器和现代滤波器。经典滤波器是假定输入信号 $x(n)$ 中的有用成分和希望去除的成分各自占有不同的频带，如图2.9.1所示。这样，当 $x(n)$ 通过一个线性系统（即滤波器）后可将欲去除的成分有效地去除。如果信号和噪声的频谱相互重叠，那么经典滤波器将无能为力。

现代滤波器理论研究的主要内容是从含有噪声的数据记录（又称时间序列）中估计出信号的某些特征或信号本身。一旦信号被估计出，那么估计出的信号的信噪比将比原信号的高。现代滤波器把信号和噪声都视为随机信号，利用它们的统计特征（如自相关函数、功率谱等）导出一套最佳的估值算法，然后用硬件或软件予以实现。现代滤波器理论源于维纳在20世纪40年代及其以后的工作，因此维纳滤波器便是这一类滤波器的典型代表。此外还有卡尔曼滤波器、线性预测器、自适应滤波器等。文献[1]把基于特征分解的频率估计及奇异值分解算法都归入现代滤波器的范畴。

经典滤波器从功能上总的可分为四种，即低通（LP）、高通（HP）、带通（BP）、带阻（BS）滤波器，当然，每一种又有模拟滤波器（AF）和数字滤波器（DF）两种形式。图6.1.1

和图 6.1.2 分别给出了 AF 及 DF 的四种滤波器的理想幅频响应。图中所给的滤波器的幅频特性都是理想情况，在实际上是不可能实现的。例如，对低通滤波器，它们的抽样响应 $h(n)$（或冲激响应 $h(t)$）是 sinc 函数，从 $-\infty$ 至 $+\infty$ 都有值，因此是非因果的。在实际工作中，我们设计出的滤波器都是在某些准则下对理想滤波器的近似，但这保证了滤波器是物理可实现的，且是稳定的。

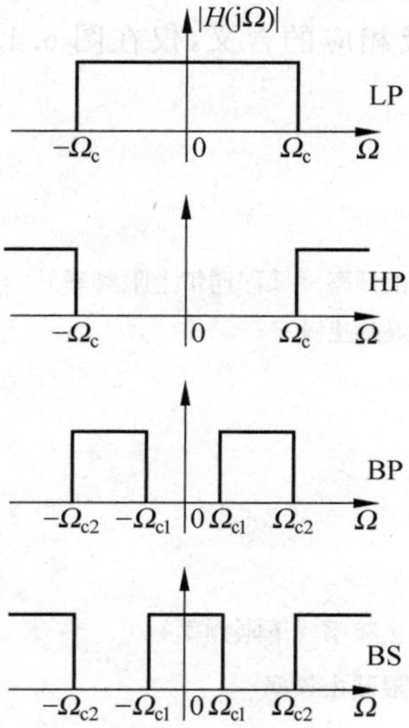

图 6.1.1　模拟滤波器的四种类型

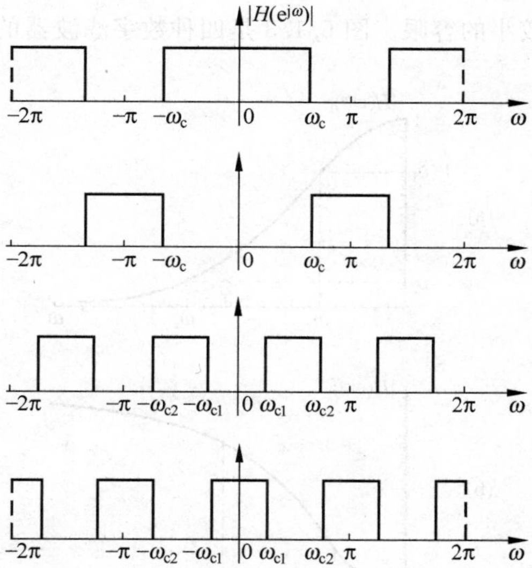

图 6.1.2　数字滤波器的四种类型

对数字滤波器，从实现方法上，有 IIR 滤波器和 FIR 滤波器之分，IIR DF 的转移函数是

$$H(z)=\frac{\sum_{r=0}^{M} b_r z^{-r}}{1+\sum_{k=1}^{N} a_k z^{-k}} \tag{6.1.1}$$

FIR DF 的转移函数是

$$H(z)=\sum_{n=0}^{N-1} h(n) z^{-n} \tag{6.1.2}$$

这两类滤波器无论是在性能上还是在设计方法上都有很大的区别。FIR 滤波器可以对给定的频率特性直接进行设计，而 IIR 滤波器目前最通用的方法是利用已经很成熟的模拟滤波器的设计方法来进行设计。而模拟滤波器的设计方法又有 Butterworth 滤波器、Chebyshev（Ⅰ型、Ⅱ型）滤波器、椭圆滤波器等不同的设计方法。

本章及第 7 章所讨论的滤波器都是经典滤波器，在叙述中不再一一说明。

6.1.2 滤波器的技术要求

6.1.1 节指出，图 6.1.1 及图 6.1.2 的理想滤波器物理上是不可实现的，其根本原因是频率响应从一个频率带到另一个频率带之间有突变。为了物理上可实现，从一个带到另一个带之间应设置一个过渡带，且频率响应在通带和止带内也不应该严格为 1 或 0，应给以较小的容限。图 6.1.3 是四种数字滤波器的技术要求及相应的含义，仅在图 6.1.3(a)

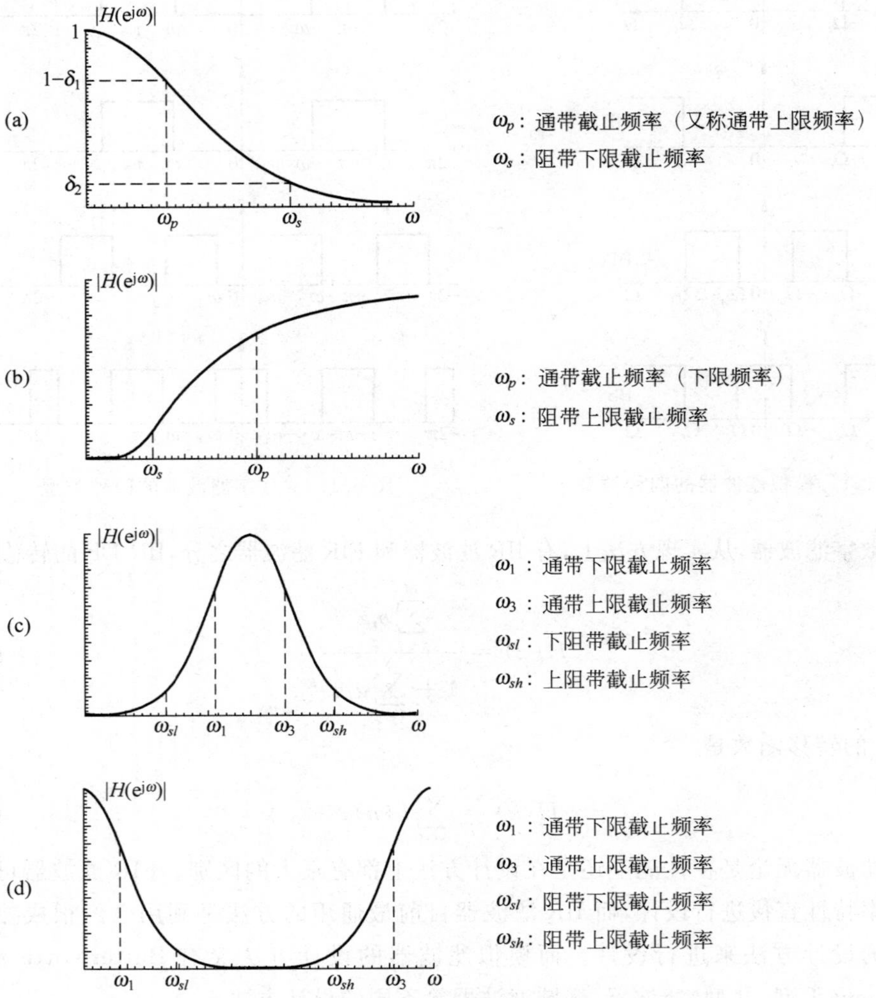

图 6.1.3　四种滤波器的技术要求及含义

(a) 低通滤波器；(b) 高通滤波器；(c) 带通滤波器；(d) 带阻滤波器

中给出的 δ_1、δ_2 分别是通带、阻带的容限，但具体技术指标往往由通带允许的最大衰减 α_p 及阻带应达到的最小衰减 α_s 给出。

通带及阻带的衰减 α_p、α_s 分别定义为

$$\alpha_p = 20\ \lg \frac{|H(e^{j0})|}{|H(e^{j\omega_p})|} = -20\ \lg |H(e^{j\omega_p})| \tag{6.1.3a}$$

$$\alpha_s = 20\ \lg \frac{|H(e^{j0})|}{|H(e^{j\omega_s})|} = -20\ \lg |H(e^{j\omega_s})| \tag{6.1.3b}$$

式中均假定 $|H(e^{j0})|$ 已被归一化为 1。例如，当 $|H(e^{j\omega})|$ 在 ω_p 处下降为 0.707 时，$\alpha_p=3\text{dB}$，在 ω_s 处降到 0.01 时，$\alpha_s=40\text{dB}$。

由于在 DF 中 ω 是用弧度表示的，而实际上给出的频率要求往往是实际频率 f（单位为 Hz），因此在数字滤波器的设计中还应给出抽样频率 f_s。

不论是 IIR 滤波器还是 FIR 滤波器的设计都包括三个步骤：

① 给出所需要的滤波器的技术指标；

② 设计一个 $H(z)$ 使其逼近所需要的技术指标；

③ 实现所设计的 $H(z)$，其中步骤②是本章和下一章所讨论的主要内容。

前已指出，目前 IIR 数字滤波器设计的最通用的方法是借助于模拟滤波器的设计方法。模拟滤波器设计已经有了一套相当成熟的方法，它不但有完整的设计公式，而且还有较为完整的图表供查询，因此，充分利用这些已有的资源将会给数字滤波器的设计带来很大方便。IIR 数字滤波器的设计步骤是：

① 按一定规则将给出的数字滤波器的技术指标转换为模拟低通滤波器的技术指标；

② 根据转换后的技术指标设计模拟低通滤波器 $G(s)$[①]；

③ 再按一定规则将 $G(s)$ 转换成 $H(z)$。

若所设计的数字滤波器是低通的，那么上述设计工作可以结束，若所设计的是高通、带通或带阻滤波器，那么还有步骤④。

④ 将高通、带通或带阻数字滤波器的技术指标先转化为低通模拟滤波器的技术指标，然后按上述步骤②设计出低通 $G(s)$，再将 $G(s)$ 转换为所需的 $H(z)$。

本章首先简要讨论模拟滤波器的设计问题，有了这个基本工具后即可方便地讨论数字滤波器的设计问题。

---

① 为了防止混淆，本章将模拟低通滤波器的转移函数记为 $G(s)$，对应的还有 $G(j\Omega)$ 及 $g(t)$，数字滤波器仍用 $H(z)$、$H(e^{j\omega})$ 及 $h(n)$。

6.2 模拟低通滤波器的设计

6.2.1 概述

给定模拟低通滤波器的技术指标 α_p、Ω_p、α_s、Ω_s，其中 α_p 为通带允许的最大衰减，α_s 为阻带应达到的最小衰减，α_p、α_s 的单位为 dB、Ω_p 为通带上限角频率，Ω_s 为阻带下限角频率。现希望设计一个低通滤波器 $G(s)$ 为

$$G(s)=\frac{d_0+d_1 s+\cdots+d_{N-1}s^{N-1}+d_N s^N}{c_0+c_1 s+\cdots+c_{N-1}s^{N-1}+c_N s^N} \tag{6.2.1}$$

使其对数幅频响应 $10\lg|G(\mathrm{j}\Omega)|^2$ 在 Ω_p、Ω_s 处分别达到 α_p、α_s 的要求。

α_p、α_s 都是 Ω 的函数，它们的大小取决于 $|G(\mathrm{j}\Omega)|$ 的形状，为此，我们定义一个衰减函数 $\alpha(\Omega)$，即

$$\alpha(\Omega)=10\ \lg\left|\frac{X(\mathrm{j}\Omega)}{Y(\mathrm{j}\Omega)}\right|^2=10\ \lg\frac{1}{|G(\mathrm{j}\Omega)|^2} \tag{6.2.2}$$

或

$$|G(\mathrm{j}\Omega)|^2=10^{-\alpha(\Omega)/10} \tag{6.2.3}$$

显然

$$\alpha_p=\alpha(\Omega_p)=-10\ \lg|G(\mathrm{j}\Omega_p)|^2,\quad \alpha_s=\alpha(\Omega_s)=-10\ \lg|G(\mathrm{j}\Omega_s)|^2$$

这样，式(6.2.2)把低通模拟滤波器的四个技术指标和滤波器的幅平方特性联系了起来。我们所设计的滤波器的冲激响应一般都为实数，所以又有

$$G(s)G^*(s)=G(s)G(-s)|_{s=\mathrm{j}\Omega}=|G(\mathrm{j}\Omega)|^2 \tag{6.2.4}$$

这样，如果能由 α_p、Ω_p、α_s、Ω_s 求出 $|G(\mathrm{j}\Omega)|^2$，那么由 $|G(\mathrm{j}\Omega)|^2$ 就很容易得到所需要的 $G(s)$。由此可见，幅平方特性 $|G(\mathrm{j}\Omega)|^2$ 在模拟滤波器的设计中起到了重要的作用。

由式(6.2.1)，因为 $G(\mathrm{j}\Omega)$ 的分子与分母都是 Ω 的有理多项式，所以 $|G(\mathrm{j}\Omega)|^2$ 的分子与分母也是 Ω^2 的有理多项式。目前，人们已给出了几种不同类型的 $|G(\mathrm{j}\Omega)|^2$ 的表达式，它们代表了几种不同类型的滤波器。

(1) 巴特沃思(Butterworth)滤波器

$$|G(\mathrm{j}\Omega)|^2=\frac{1}{1+C^2(\Omega^2)^N} \tag{6.2.5}$$

C 为待定常数，N 为待定的滤波器阶次。

(2) 切比雪夫(Chebyshev) Ⅰ型滤波器:定义

$$C_n^2(\Omega) = \cos^2(n\arccos\Omega) \tag{6.2.6a}$$

有

$$|G(\mathrm{j}\Omega)|^2 = \frac{1}{1+\varepsilon^2 C_n^2(\Omega)} \tag{6.2.6b}$$

(3) 切比雪夫Ⅱ型滤波器

$$|G(\mathrm{j}\Omega)|^2 = \frac{1}{1+\varepsilon^2\left[\frac{C_n^2(\Omega_s)}{C_n^2(\Omega_s/\Omega)}\right]^2} \tag{6.2.7}$$

(4) 椭圆滤波器[6]

$$|G(\mathrm{j}\Omega)|^2 = \frac{1}{1+\varepsilon^2 U_n^2(\Omega)} \tag{6.2.8}$$

式中 $U_n^2(\Omega)$是雅可比(Jacobian)椭圆函数。

本节将以式(6.2.5)及式(6.2.6)为基础讨论巴特沃思和切比雪夫Ⅰ型滤波器的设计方法。切比雪夫Ⅱ型及椭圆滤波器的设计问题已超出本书的范围,有兴趣的读者可参看文献[2]。

由于每一个滤波器的频率范围将直接取决于设计者所应用的目的,因此必然是千差万别。为了使设计规范化,需要将滤波器的频率参数做归一化处理。设所给的实际频率为 Ω(或 f),归一化后的频率为 λ,对低通模拟滤波器,令

$$\lambda = \Omega/\Omega_p \tag{6.2.9a}$$

显然,$\lambda_p=1$,$\lambda_s=\Omega_s/\Omega_p$。又令归一化复数变量为 p,$p=\mathrm{j}\lambda$,显然

$$p = \mathrm{j}\lambda = \mathrm{j}\Omega/\Omega_p = s/\Omega_p \tag{6.2.9b}$$

6.2.2 巴特沃思模拟低通滤波器的设计

巴特沃思低通滤波器的设计可按以下三个步骤来进行。

(1) 将实际频率 Ω 归一化。得归一化幅平方特性

$$|G(\mathrm{j}\lambda)|^2 = \frac{1}{1+C^2\lambda^{2N}} \tag{6.2.10}$$

由此可以看出,在$|G(\mathrm{j}\lambda)|^2$(或$|G(\mathrm{j}\Omega)|^2$)中只有两个参数 C 和 N,N 是滤波器的阶次。

(2) 求 C 和 N。由式(6.2.2)及式(6.2.3)得

$$\alpha(\lambda) = 10\lg(1+C^2\lambda^{2N})$$

则
$$C^2\lambda^{2N} = 10^{\alpha(\lambda)/10}-1$$

即
$$C^2\lambda_p^{2N} = 10^{\alpha_p/10}-1$$

$$C^2\lambda_s^{2N} = 10^{\alpha_s/10} - 1$$

因为 $\lambda_p = 1$，所以

$$C^2 = 10^{\alpha_p/10} - 1 \tag{6.2.11}$$

$$N = \lg\sqrt{\frac{10^{\alpha_s/10}-1}{10^{\alpha_p/10}-1}}\Big/\lg\lambda_s \tag{6.2.12}$$

这样 C 和 N 可求。

若令 $\alpha_p = 3\text{dB}$，则 $C = 1$，这样巴特沃思滤波器的设计就只剩下一个参数 N，这时

$$|G(\mathrm{j}\lambda)|^2 = \frac{1}{1+\lambda^{2N}} = \frac{1}{1+(\Omega/\Omega_p)^{2N}} \tag{6.2.13}$$

现利用该式，简单讨论一下巴特沃思滤波器幅频响应的一些特点：

① 当 $\Omega = 0$ 时，$\lambda = 0$，$|G(\mathrm{j}\lambda)|^2 = 1$，$\alpha(0) = 0$，即在 $\Omega = 0$ 处无衰减。

② 当 $\Omega = \Omega_p$，即 $\lambda_p = 1$ 时，$|G(\mathrm{j}\lambda_p)|^2 = 0.5$，$|G(\mathrm{j}\lambda)| = 0.707$，$\alpha_p = 3\text{dB}$。

③ 当 λ 由 0 增加到 1 时，由式(6.2.13)，$|G(\mathrm{j}\lambda)|^2$ 单调减小，$\alpha(\Omega)$ 单调增加，N 越大，$|G(\mathrm{j}\lambda)|^2$ 减小得越慢，即在通带内 $|G(\mathrm{j}\lambda)|^2$ 越平。

④ 当 $\Omega > \Omega_p$，即 $\lambda_p > 1$ 时，$|G(\mathrm{j}\lambda)|^2$ 也是随 λ 的增加而单调减少，但因 $\lambda > 1$，所以这时比通带内衰减速度加快，N 越大，衰减速度越大，当 $\lambda = \lambda_s$ 时，$\alpha(\Omega) = \alpha_s$。$|G(\mathrm{j}\lambda)|^2$ 随 N 取不同值时的曲线示于图 6.2.1。

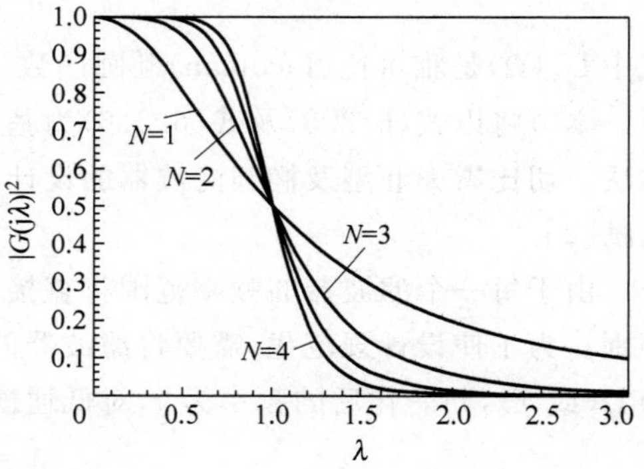

图 6.2.1　不同 N 时的 $|G(\mathrm{j}\lambda)|^2$

⑤ 可以证明，$|G(\mathrm{j}\Omega)|^2$ 在 $\Omega = 0$ 处对 Ω^2 的一阶、二阶直至 $N-1$ 阶导数皆为 0，即

$$\left.\frac{\mathrm{d}^i\,|G(\mathrm{j}\Omega)|^2}{\mathrm{d}(\Omega^2)^i}\right|_{\Omega=0} = 0,\quad i = 1,2,\cdots,N-1$$

因此巴特沃思滤波器又称“最平”的幅频响应滤波器，而且它也是最简单的滤波器。

(3) 确定 $G(s)$。因为 $p=\mathrm{j}\lambda$，由式(6.2.13)，有

$$G(p)G(-p) = \frac{1}{1+(p/j)^{2N}} = \frac{1}{1+(-1)^N p^{2N}} \tag{6.2.14}$$

由

$$1+(-1)^N p^{2N} = 0$$

解得

$$p_k = \exp\left(\mathrm{j}\,\frac{2k+N-1}{2N}\pi\right),\quad k = 1,2,\cdots,2N \tag{6.2.15}$$

这样，$G(p)G(-p)$的 $2N$ 个极点等分在 s 平面半径为 1 的圆上，相距为(π/N)rad。$N=3$ 和 $N=4$ 时极点 p_k 的分布分别如图 6.2.2(a)和(b)所示。

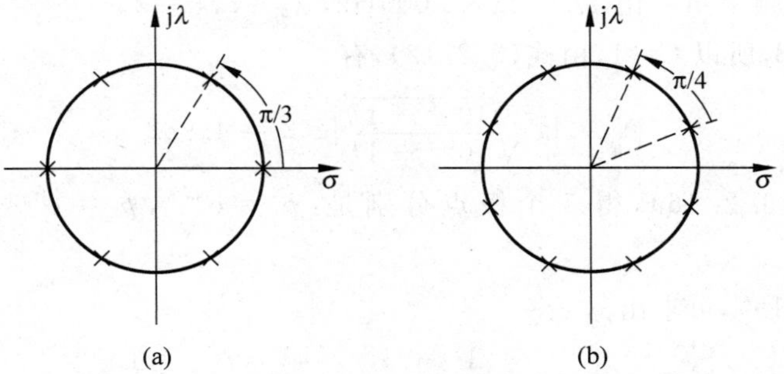

图 6.2.2 N 取不同值时 p_k 的分布

为了保证所设计的滤波器是稳定的，应把左半平面的极点赋予 $G(p)$，即

$$p_k = \exp\left(\mathrm{j}\,\frac{2k+N-1}{2N}\pi\right),\quad k=1,2,\cdots,N \tag{6.2.16}$$

这样

$$G(p) = \frac{1}{(p-p_1)(p-p_2)\cdots(p-p_N)} \tag{6.2.17}$$

若 N 为偶数，如图 6.2.2(b)所示，$G(p)$的极点皆是成对共轭出现，即

$$p_k,\ p_{N+1-k},\quad 1 \leqslant k \leqslant N/2 \tag{6.2.18}$$

这一对共轭极点构成一个二阶系统，即

$$G_k(p) = \frac{1}{(p-p_k)(p-p_{N+1-k})} = \frac{1}{p^2 - 2p\cos\left(\frac{2k+N-1}{2N}\pi\right)+1} \tag{6.2.19}$$

总的转移函数应是 $N/2$ 个这样二阶系统的级联，即

$$G(p) = \prod_{k=1}^{N/2} G_k(p),\quad N\text{ 为偶数} \tag{6.2.20}$$

若 N 为奇数，如图 6.2.2(a)所示，它将由一个一阶系统和$(N-1)/2$ 个二阶系统相级联，即

$$G(p) = \frac{1}{p+1}\prod_{k=1}^{(N-1)/2} G_k(p),\quad N\text{ 为奇数} \tag{6.2.21}$$

这样，就得到了归一化的转移函数 $G(p)$。因为

$$p = \mathrm{j}\lambda = \mathrm{j}\Omega/\Omega_p = s/\Omega_p \tag{6.2.22}$$

所以，在求得 $G(p)$后，用 s/Ω_p 代替变量 p，即得实际需要的 $G(s)$。现举例说明上述设计的全过程。

例 6.2.1　试设计一模拟低通巴特沃思滤波器，要求截止频率 $f_p=5\,000\text{Hz}$，通带最大衰减 $\alpha_p=3\text{dB}$，阻带起始频率 $f_s=10\,000\text{Hz}$，阻带最小衰减 $\alpha_s=30\text{dB}$。

解　首先，将频率归一化，$\Omega_p=2\pi\times5\,000\text{Hz}$，$\lambda_p=1$，$\lambda_s=2$。

因为 $\alpha_p=3\text{dB}$，所以 $C=1$，由式(6.2.12)，有

$$N=\lg\sqrt{\frac{10^{3.0}-1}{10^{0.3}-1}}\Big/\lg 2=4.982$$

取 $N=5$。由式(6.2.16)，得 5 个极点分别是：$p_1=\mathrm{e}^{\mathrm{j}3\pi/5}$，$p_2=\mathrm{e}^{\mathrm{j}4\pi/5}$，$p_3=-1$，$p_4=\mathrm{e}^{\mathrm{j}6\pi/5}$，$p_5=\mathrm{e}^{\mathrm{j}7\pi/5}$。

再由式(6.2.19)，可求出

$$G_1(p)=\frac{1}{p^2-2p\cos(3\pi/5)+1}=\frac{1}{p^2+0.618p+1}$$

$$G_2(p)=\frac{1}{p^2-2p\cos(4\pi/5)+1}=\frac{1}{p^2+1.618p+1}$$

总的归一化转移函数应是 $G_1(p)$，$G_2(p)$ 和 $G_3(p)=1/(p+1)$ 的级联，即

$$G(p)=\frac{1}{(p+1)(p^2+0.618p+1)(p^2+1.618p+1)}$$

最后

$$G(s)=G(p)\big|_{p=\frac{s}{\Omega_p}}=\frac{10^{20}\pi^5}{(s+10^4\pi)(s^2+0.618\pi\times10^4 s+10^8\pi^2)}\times\frac{1}{s^2+1.618\pi\times10^4 s+10^8\pi^2}$$

6.2.3　切比雪夫Ⅰ型模拟低通滤波器的设计

式(6.2.6b)给出了切比雪夫Ⅰ型模拟低通滤波器的幅频特性，即

$$|G(\mathrm{j}\Omega)|^2=\frac{1}{1+\varepsilon^2C_n^2(\Omega)}\tag{6.2.23}$$

式中 $C_n(\Omega)$ 是 Ω 的切比雪夫多项式，它定义为

$$C_n(\Omega)=\cos(n\arccos\Omega),\quad |\Omega|\leqslant 1\tag{6.2.24}$$

为了看清 $C_n(\Omega)$ 的特点，令 $\arccos\Omega=\varphi$，则 $\Omega=\cos\varphi$，于是

$$C_n(\Omega)=\cos(n\varphi)\tag{6.2.25}$$

并且有

$$C_{n+1}(\Omega)=\cos(n+1)\varphi=\cos(n\varphi)\cos\varphi-\sin(n\varphi)\sin\varphi$$

$$C_{n-1}(\Omega)=\cos(n-1)\varphi=\cos(n\varphi)\cos\varphi+\sin(n\varphi)\sin\varphi$$

于是得

$$\begin{aligned} C_{n+1}(\Omega) &= 2C_n(\Omega)\Omega - C_{n-1}(\Omega) \\ C_n(\Omega) &= 2C_{n-1}(\Omega)\Omega - C_{n-2}(\Omega) \end{aligned} \tag{6.2.26}$$

令 $n=0,1,\cdots,4$，有

$$\begin{aligned} C_0(\Omega) &= \cos 0 = 1 \\ C_1(\Omega) &= \cos\varphi = \Omega \\ C_2(\Omega) &= 2C_1(\Omega)\Omega - C_0(\Omega) = 2\Omega^2 - 1 \\ C_3(\Omega) &= 2C_2(\Omega)\Omega - C_1(\Omega) = 4\Omega^3 - 3\Omega \\ C_4(\Omega) &= 2C_3(\Omega)\Omega - C_2(\Omega) = 8\Omega^4 - 8\Omega^2 + 1 \\ &\vdots \end{aligned}$$

所以 $C_n(\Omega)$ 确实是 Ω 的多项式，其首项系数为 2^{n-1}，而且 $C_n(\Omega)$ 在 $|\Omega|\leqslant 1$ 的区间内还是正交多项式，该多项式在滤波器设计中也有着重要的应用。

6.2.2 节指出，巴特沃思滤波器在通带和阻带内都是单调下降的，给出的技术指标是在 Ω_p 处的允许最大衰减 α_p 及 Ω_s 处必须达到的最小衰减 α_s，因此在通带和阻带内的衰减都是不均匀的。一般，为达到 α_p、α_s 的技术指标，阶次 N 要取得较大。自然，人们希望在通带和阻带内的衰减最好是均匀的。

将切比雪夫多项式用于滤波器设计，式(6.2.24)的自变量应换成归一化的频率 λ，这样，$C_n(\lambda)=\cos(n\arccos\lambda)$。当 $\Omega\leqslant\Omega_p$，即 $\lambda\leqslant\lambda_p=1$ 时，保证了切比雪夫多项式自变量的取值要求。读者自行给定 n 值，可以画出 $C_n(\lambda)$ 的曲线，将会发现，$C_n(\lambda)$ 在 ± 1 范围内是作等纹波振荡的，它的极值点(取 ± 1)共有 $n+1$ 个，因此过零点共有 n 个。这样 $|G(\mathrm{j}\lambda)|^2=1/[1+\varepsilon^2 C_n^2(\lambda)]$ 在通带内也是呈等纹波振荡的，保证了通带内的衰减呈等纹波均匀分布。

当 $\Omega>\Omega_p$，且 $\lambda>\lambda_p=1$ 时，切比雪夫多项式不能再按式(6.2.24)来定义，为此，定义

$$C_n(\lambda) = \cosh(n\,\mathrm{arcosh}\lambda), \quad \lambda > 1 \tag{6.2.27}$$

仍有

$$\varphi = \mathrm{arcosh}(\lambda), \lambda = \cosh(\varphi), \quad 且 \quad \cosh\varphi = (\mathrm{e}^{\varphi} + \mathrm{e}^{-\varphi})/2 \tag{6.2.28}$$

当 λ 从 1 无限增加时，$C_n(\lambda)$ 也单调地增至无穷，这时 $G(\mathrm{j}\lambda)$ 单调地下降。因此，$G(\mathrm{j}\lambda)$ 在通带内呈等纹波振荡，在通带外呈单调下降。图 6.2.3(a) 给出了 $n=3\sim 6$ 时的 $C_n(\lambda)$ 曲线，图 6.2.3(b) 给出了 $|G(\mathrm{j}\lambda)|^2$ 曲线。

切比雪夫滤波器的设计和巴特沃思滤波器的一样，也分为三个步骤进行。

① 将频率归一化，得归一化的幅平方特性，即

$$|G(\mathrm{j}\lambda)|^2 = \frac{1}{1+\varepsilon^2 C_n^2(\lambda)} \tag{6.2.29}$$

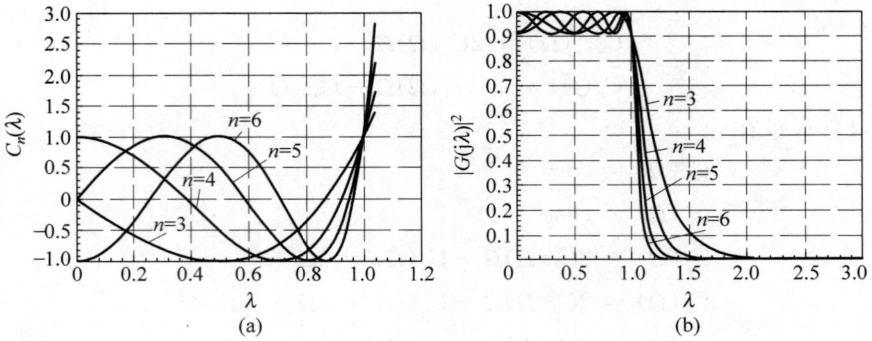

图 6.2.3　切比雪夫滤波器

(a) $n=3\sim6$ 时切比雪夫多项式曲线；(b) $n=3\sim6$ 时切比雪夫滤波器的 $|G(\mathrm{j}\lambda)|^2$ 曲线，$\varepsilon=0.1$

② 求 ε 和 N。由式(6.2.2)和式(6.2.3)，有

$$\alpha(\lambda)=10\ \lg[1+\varepsilon^2C_n^2(\lambda)]$$

$$\varepsilon^2C_n^2(1)=10^{\alpha_p/10}-1$$

$$\varepsilon^2C_n^2(\lambda_s)=10^{\alpha_s/10}-1=\varepsilon^2\cosh^2(n\operatorname{arcosh}\lambda_s)$$

由于 $C_n^2(1)=1$，所以

$$\varepsilon^2=10^{\alpha_p/10}-1 \tag{6.2.30a}$$

$$\cosh^2(n\operatorname{arcosh}\lambda_s)=\frac{10^{\alpha_s/10}-1}{10^{\alpha_p/10}-1}=a^2$$

则

$$n=\frac{\operatorname{arcosh}a}{\operatorname{arcosh}\lambda_s} \tag{6.2.30b}$$

③ 确定 $G(s)$。因为 $p=\mathrm{j}\lambda$，所以归一化的转移函数 $G(p)$ 与 $G(-p)$ 之积

$$G(p)G(-p)=\frac{1}{1+\varepsilon^2C_n^2(p/\mathrm{j})} \tag{6.2.31}$$

的极点 p_k 应是多项式 $1+\varepsilon^2C_n^2(p/\mathrm{j})=0$ 的根。上式又可写成

$$\cos[n\arccos(-\mathrm{j}p)]=\pm\mathrm{j}\,\frac{1}{\varepsilon}$$

为求解该方程，定义

$$\varphi=\arccos(-\mathrm{j}p),\quad 即\quad p=\mathrm{j}\cos\varphi \tag{6.2.32}$$

显然，φ 应是复数，为此，令 $\varphi=\varphi_1+\mathrm{j}\varphi_2$，由三角恒等式及欧拉公式，有

$$p=\mathrm{j}\cos(\varphi_1+\mathrm{j}\varphi_2)=\sin\varphi_1\sinh\varphi_2+\mathrm{j}\cos\varphi_1\cosh\varphi_2 \tag{6.2.33a}$$

及

$$\cos(n\varphi)=\cos(n\varphi_1)\cosh(n\varphi_2)-\mathrm{j}\sin(n\varphi_1)\sinh(n\varphi_2)=\pm\mathrm{j}\,\frac{1}{\varepsilon} \tag{6.2.33b}$$

令式(6.2.33b)等号两侧实部与实部相等,虚部与虚部相等,得

$$\cos(n\varphi_1)\cosh\varphi_2 = 0 \tag{6.2.34a}$$

及

$$\sin(n\varphi_1)\sinh\varphi_2 = \pm 1/\varepsilon \tag{6.2.34b}$$

因此有

$$\cos(n\varphi_1) = 0$$

由上式得

$$n\varphi_1 = \frac{(2k-1)\pi}{2} \quad 或 \quad \varphi_1 = \frac{(2k-1)\pi}{2n}$$

将 $n\varphi_1$ 代入式(6.2.34b),有

$$\sinh\varphi_2 \sin\left[\frac{(2k-1)\pi}{2}\right] = \pm\frac{1}{\varepsilon}$$

因为 $\sin\left[(2k-1)\frac{\pi}{2}\right]=\pm 1$,所以

$$\sinh(n\varphi_2) = \frac{1}{\varepsilon}$$

由上式得

$$n\varphi_2 = \operatorname{arcsinh}\left(\frac{1}{\varepsilon}\right) \quad 或 \quad \varphi_2 = \frac{1}{n}\operatorname{arcsinh}\left(\frac{1}{\varepsilon}\right)$$

将 φ_1,φ_2 代入式(6.2.33a),得到 $G(p)G(-p)$ 的极点,即

$$p_k = \sin\left[\frac{(2k-1)\pi}{2n}\right]\sinh\varphi_2 + \mathrm{j}\cos\left[\frac{(2k-1)\pi}{2n}\right]\cosh\varphi_2,$$
$$k = 1,2,\cdots,2n \tag{6.2.34c}$$

如果令 $p_k=\sigma_k+\mathrm{j}\lambda_k$,很容易证明

$$\left(\frac{\sigma_k}{\sinh\varphi_2}\right)^2 + \left(\frac{\lambda_k}{\cosh\varphi_2}\right)^2 = 1 \tag{6.2.35}$$

这是一个椭圆方程,它说明切比雪夫滤波器的极点的实部和虚部满足椭圆方程,即 p_k 落在椭圆圆周上,如图 6.2.4 所示。

由式(6.2.34)求出的 $2n$ 个极点 p_k,一半属于 $G(p)$,一半属于 $G(-p)$。当然应把左半平面的极点赋予 $G(p)$,规定 $\varphi_2>0$,$k=1,2,\cdots,n$, 那么

$$p_k = -\sin\left(\frac{2k-1}{2n}\pi\right)\sinh\varphi_2 + \mathrm{j}\cos\left(\frac{2k-1}{2n}\pi\right)\cosh\varphi_2,$$
$$k = 1,2,\cdots,n \tag{6.2.36}$$

的实部小于零,即这 n 个极点属于 $G(p)$。考虑到切比雪夫多项式首项系数的特点,最后有

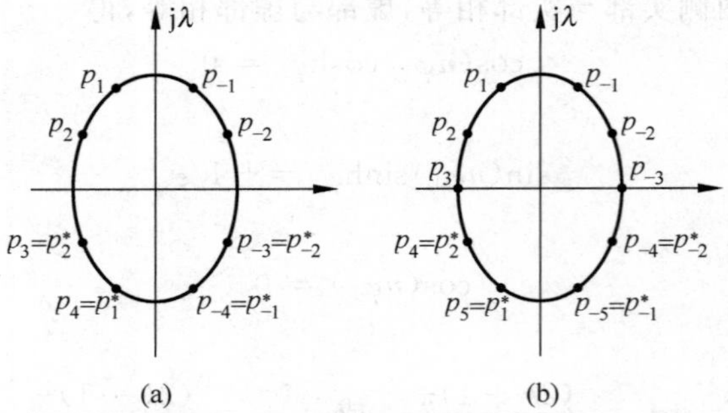

图 6.2.4 低通切比雪夫滤波器转移函数极点的分布

(a) $n=4$；(b) $n=5$

$$G(p)=\frac{1}{\varepsilon\times 2^{n-1}\prod_{k=1}^{n}(p-p_k)} \tag{6.2.37}$$

实际的转移函数为

$$G(s)=G(p)\Big|_{p=\frac{s}{\Omega_p}}=\frac{\Omega_p^n}{\varepsilon\times 2^{n-1}\prod_{k=1}^{n}(s-p_k\Omega_p)} \tag{6.2.38}$$

例 6.2.2 给定通带最高频率 $f_p=3\text{MHz}$，阻带起始频率[①] $f_s=12\text{MHz}$，通带衰减要求小于 0.1dB，阻带衰减要大于 60dB，试用切比雪夫滤波器实现之。

解 ① 将频率归一化，得 $\lambda_p=1,\lambda_s=4$。

② 求阶次 n 和常数 ε。由式(6.2.30a)，得 $\varepsilon^2=10^{0.1/10}-1=0.023\ 292\ 992,\varepsilon=0.152\ 62$；由式(6.2.30b)，得 $n=\text{arcosh}a/\text{arcosh}\lambda_s=4.6$，取 $n=5$。

③ 求 $G(p)$。由式(6.2.32)～式(6.2.34)可求得极点 p_k，此处不再计算，直接给出结果，即

$$G(p)=\frac{1}{2^4\varepsilon(p+0.538\ 9)(p^2+0.333\ 1p+1.194\ 9)(p^2+0.871\ 98p+0.635\ 92)}$$

④ 最后求 $G(s)$，得

$$\begin{aligned}G(s)&=G(p)\Big|_{p=\frac{s}{\Omega_p}}\\&=\frac{0.974\ 852\times 10^{36}}{(s+1.015\ 80\times 10^{7})(s^2+6.278\ 79\times 10^{6}s+4.245\ 9\times 10^{14})}\\&\quad\times\frac{1}{s^2+1.643\ 68\times 10^{7}s+2.259\ 46\times 10^{14}}\end{aligned}$$

---

① 注意阻带频率 f_s(下标 s 斜体)与抽样频率 f_{s}(下标 s 正体)符号之区别。

巴特沃思及切比雪夫滤波器各参数及归一化转移函数的极点都已制成表格和曲线，设计时可以直接查，无须再一步步计算，请参考文献[2]。

切比雪夫Ⅰ型滤波器在通带内呈等纹波振荡，在阻带内仍是单调下降的。切比雪夫Ⅱ型在阻带内是等纹波的，在通带内却是单调下降的。椭圆滤波器可以实现在通带和阻带内都是等纹波的，且有最窄的过渡带。$C_n^2(\Omega)$ 是 Ω 的多项式，而 $U_n^2(\Omega)$ 是 Ω 的有理式，这样椭圆滤波器的转移函数不但有极点，而且在 jΩ 轴上还有零点，可见椭圆滤波器的设计也较为复杂。

6.3 模拟高通、带通及带阻滤波器的设计

在 6.2 节我们较为详细地讨论了巴特沃思和切比雪夫模拟低通滤波器的设计方法，并指出这两种低通滤波器的设计已有了完整的计算公式及图表。因此，高通、带通和带阻滤波器的设计应尽量地利用这些已有的资源，无须再各搞一套计算公式与图表。

目前，模拟高通、带通及带阻滤波器的设计方法都是先将要设计的滤波器的技术指标（主要是 Ω_p、Ω_s）通过某种频率转换关系转换成模拟低通滤波器的技术指标，并依据这些技术指标设计出低通滤波器的转移函数，然后再依据频率转换关系变成所要设计的滤波器的转移函数。设计流程如图 6.3.1 所示。

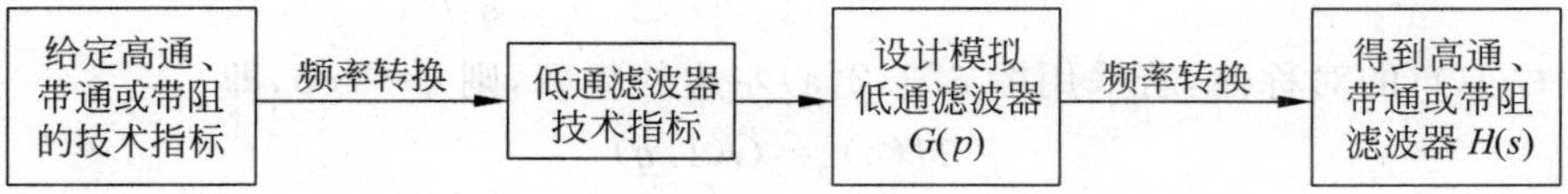

图 6.3.1 模拟高通、带通、带阻滤波器设计流程

为了防止符号上混淆，仍记低通滤波器为 $G(s)$，$G(\mathrm{j}\Omega)$，归一化频率为 λ，$p=\mathrm{j}\lambda$，记高通、带通及带阻滤波器为 $H(s)$，$H(\mathrm{j}\Omega)$，归一化频率为 η，$\eta=\Omega/\Omega_p$，且复值变量 $q=\mathrm{j}\eta$，因此相应归一化的转移函数、频率特性分别为 $H(q)$ 及 $H(\mathrm{j}\eta)$。λ 和 η 之间的关系 $\lambda=f(\eta)$ 称为频率变换关系。

6.3.1 模拟高通滤波器的设计

由于滤波器的幅频特性都是频率的偶函数，所以可分别画出低通滤波器 $G(\mathrm{j}\lambda)$ 和高通滤波器 $H(\mathrm{j}\eta)$ 的幅频特性曲线如图 6.3.2(a) 和(b) 所示。比较图 6.3.2(a) 和(b)，可得

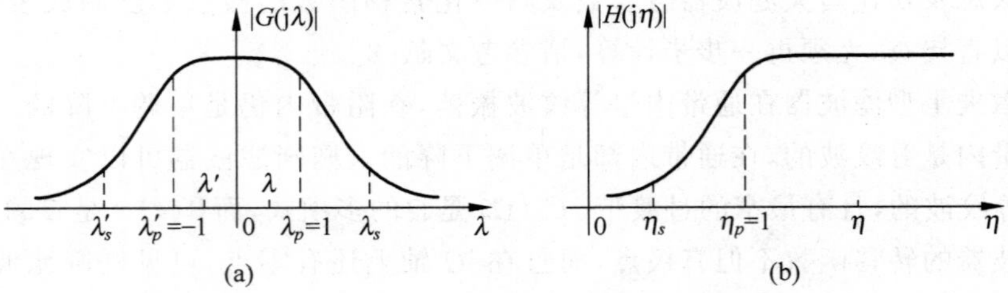

图 6.3.2　高通到低通的转换

出 λ 和 η 轴上各主要频率点的对应关系，如表 6.3.1 所示，从而有

$$\lambda'\eta = -1$$

或

$$\lambda\eta = 1 \tag{6.3.1}$$

因此，通过式(6.3.1)可将高通滤波器的频率 η 转换成低通滤波器的频率 λ，通带与阻带衰减 α_p、α_s 保持不变。这样可设计出模拟低通滤波器的转移函数 $G(p)$。由

表 6.3.1　λ 和 η 的对应关系

λ	η
$\lambda' = -\lambda$	η
0	∞
$\lambda'_p = -1$	$\eta_p = 1$
$-\lambda'_s$	η_s
$-\infty$	0

$$q = \mathrm{j}\eta = \mathrm{j}\,\frac{1}{\lambda} = -\frac{1}{p}$$

得

$$H(q) = G(p)\Big|_{p=-\frac{1}{q}} = G\left(-\frac{1}{q}\right)$$

考虑到 $|G(\mathrm{j}\lambda)|$ 的对称性，若采用图 6.3.2(a)左边的频率，则 $q=1/p$，即

$$H(q) = G(1/q)$$

又由于

$$q = \mathrm{j}\eta = \mathrm{j}\,\frac{\Omega}{\Omega_p} = \frac{s}{\Omega_p}$$

所以

$$H(s) = G(p)\Big|_{p=\Omega_p/s} \tag{6.3.2}$$

这样即得到模拟高通滤波器的转移函数。

例 6.3.1　用巴特沃思滤波器设计一高通模拟滤波器，要求 $f_p = 100\text{Hz}$，$\alpha_p = 3\text{dB}$，$f_s = 50\text{Hz}$，$\alpha_s = 30\text{dB}$。

解　① 先将频率归一化，得 $\eta_p = 1$，$\eta_s = 0.5$。

② 作频率转换，得 $\lambda_p = 1$，$\lambda_s = 2$，仍有 $\alpha_p = 3\text{dB}$，$\alpha_s = 30\text{dB}$。

③ 设计低通巴特沃思滤波器。由例 6.2.1 可知，$C=1$，$N=5$，因而得归一化转移函

数为

$$G(p)=\frac{1}{(p+1)(p^2+0.618p+1)(p^2+1.618p+1)}$$

④ 求高通滤波器的转移函数 $H(s)$。令 $p=\Omega_p/s=200\pi/s$，并代入上式，即可得高通滤波器的转移函数 $H(s)$。

6.3.2 模拟带通滤波器的设计

模拟带通滤波器的4个频率参数是 Ω_{sl}、Ω_1、Ω_3、Ω_{sh}，其中 Ω_1、Ω_3 分别是通带的下限与上限频率，Ω_{sl} 是下阻带的上限频率，Ω_{sh} 是上阻带的下限频率，现首先要将它们作归一化处理。

定义 $\Omega_{BW}=\Omega_3-\Omega_1$ 为通带的带宽，并以此为参考频率对 Ω 轴作归一化处理，即

$$\eta_{sl}=\Omega_{sl}/\Omega_{BW},\quad \eta_{sh}=\Omega_{sh}/\Omega_{BW},\quad \eta_1=\Omega_1/\Omega_{BW},\quad \eta_3=\Omega_3/\Omega_{BW}$$

再定义 $\Omega_2^2=\Omega_1\Omega_3$ 为通带的中心频率，归一化的 $\eta_2^2=\eta_1\eta_3$，其归一化的幅频特性 $|H(\mathrm{j}\eta)|$ 示于图 6.3.3(a)，归一化的低通幅频特性 $|G(\mathrm{j}\lambda)|$ 示于图 6.3.3(b)。由图 6.3.3(a)和(b)，可得出 η 和 λ 的一些主要对应关系，现列于表 6.3.2。在 $\eta_2\sim\eta_3$ 之间找一点 η，它在 λ 轴上对应的点应在 $0\sim\lambda_p$ 之间，由于 $\eta_3=\eta_2^2/\eta_1$，那么 η 在 η 轴上对应的点应是 η_2^2/η，而 λ 在 λ 轴上对应的点应是 $-\lambda$。这样，又可找到 η 与 λ 的转换关系为

$$\frac{\eta-\eta_2^2/\eta}{\eta_3-\eta_1}=\frac{2\lambda}{2\lambda_p}$$

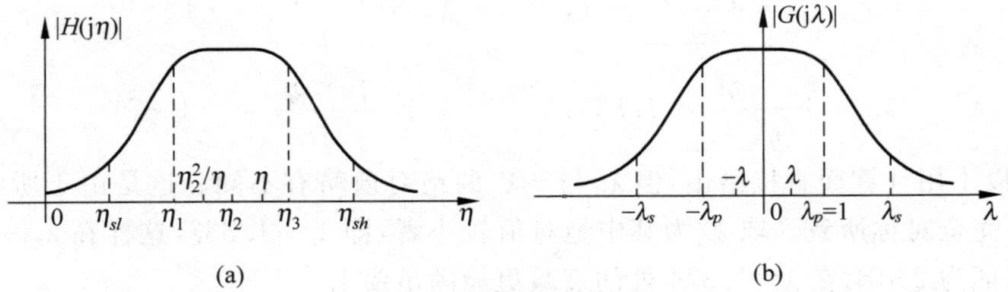

图 6.3.3 带通到低通的转换

表 6.3.2 η 和 λ 的对应关系

λ	$-\infty$	$-\lambda_s$	$-\lambda_p$	0	λ_p	λ_s	∞
η	0	η_{sl}	η_1	η_2	η_3	η_{sh}	∞

由于 $\eta_3-\eta_1=1$，$\lambda_p=1$，所以有

$$\lambda=\frac{\eta^2-\eta_2^2}{\eta}\tag{6.3.3}$$

从而实现了频率转换。利用所得到的低通滤波器的技术指标 $\lambda_p, \lambda_s, \alpha_p, \alpha_s$，可设计出低通滤波器的转移函数 $G(p)$。由

$$p = \mathrm{j}\lambda = \mathrm{j}\,\frac{\eta^2 - \eta_2^2}{\eta} = \mathrm{j}\,\frac{(q/\mathrm{j})^2 - \eta_2^2}{(q/\mathrm{j})} = \frac{q^2 + \eta_2^2}{q}$$

$$= \frac{\left(\dfrac{S}{\Omega_{BW}}\right)^2 + \dfrac{\Omega_1\Omega_3}{\Omega_{BW}^2}}{s/\Omega_{BW}} = \frac{s^2 + \Omega_1\Omega_3}{s(\Omega_3 - \Omega_1)} \tag{6.3.4}$$

可得

$$H(s) = G(p)\Big|_{p=\frac{s^2+\Omega_1\Omega_3}{s(\Omega_3-\Omega_1)}} \tag{6.3.5}$$

这样，所需带通滤波器的转移函数可以求出。注意，N 阶的低通滤波器转换到带通后，阶次变为 $2N$。

例 6.3.2　试设计一切比雪夫带通滤波器，要求带宽为 200Hz，中心频率等于 1 000Hz，通带内衰减不大于 3dB，在频率小于 830Hz 或大于 1 200Hz 处的衰减不小于 25dB。

解　由题意知，$\Omega_{BW} = 2\pi\times 200$，$\Omega_2 = 2\pi\times 1\,000$，$\alpha_p = 3\text{dB}$，$\Omega_{sl} = 2\pi\times 830$，$\Omega_{sh} = 2\pi\times 1\,200$，$\alpha_s = 25\text{dB}$。

① 将频率归一化，有 $\eta_2^2 = 25$，$\eta_{sl} = 4.15$，$\eta_{sh} = 6$，由 $\eta_3 - \eta_1 = 1$，$\eta_2^2 = \eta_1\eta_3$，可求出 $\eta_1 = 4.525$，$\eta_3 = 5.525$。

② 求低通滤波器的技术指标。由图 6.3.2 及式(6.3.3)，有

$$\lambda_p = \frac{\eta_3^2 - \eta_2^2}{\eta_3} = 1, \qquad -\lambda_p = \frac{\eta_1^2 - \eta_2^2}{\eta_1} = -1$$

$$\lambda_s = \frac{\eta_{sh}^2 - \eta_2^2}{\eta_{sh}} = 1.833, \qquad -\lambda_s = \frac{\eta_{sl}^2 - \eta_2^2}{\eta_{sl}} = -1.874$$

$\lambda_p = 1$ 可以不用计算而直接给出，但 λ_s 与 $-\lambda_s$ 的绝对值略有不同。这是由于所给的技术要求并不完全对称所致。取 λ_s 为其中绝对值较小者，即 $\lambda_s = 1.833$，这样在 $\lambda_s = 1.833$ 处的衰减保证为 25dB，在 $\lambda = 1.874$ 处的衰减更能满足要求。

③ 设计低通切比雪夫滤波器 $G(p)$。由技术参数 $\alpha_p = 3\text{dB}$，$\alpha_s = 25\text{dB}$，$\lambda_p = 1$，$\lambda_s = 1.833$，得

$$\varepsilon^2 = 0.995\,262\,3, \qquad n = 3$$

$$G(p) = \frac{1}{\varepsilon\times 2^2(p + 0.298\,6)(p^2 + 0.298\,6p + 0.839\,2)}$$

④ 求带通转移函数 $H(s)$，即有

$$H(s) = G(p)\Big|_{p=\frac{s^2+\Omega_1\Omega_3}{s(\Omega_3-\Omega_1)}} = G(p)\Big|_{p=\frac{s^2+4\pi^2\times 1\,000^2}{s\times 2\pi\times 200}}$$

6.3.3 模拟带阻滤波器的设计

模拟带阻滤波器的4个频率参数分别是Ω_1，Ω_{sl}，Ω_{sh}，Ω_3。其中Ω_1、Ω_3分别是两个通带的截止频率，Ω_{sl}、Ω_{sh}是阻带的下限、上限频率。同带通滤波器情况一样，定义通带带宽$\Omega_{BW}=\Omega_3-\Omega_1$，阻带中心频率$\Omega_2=\Omega_1\Omega_3$，并用$\Omega_{BW}$作为参考频率将频率归一化，得

$$\eta_1=\Omega_1/\Omega_{BW},\quad \eta_3=\Omega_3/\Omega_{BW},\quad \eta_{sl}=\Omega_{sl}/\Omega_{BW},\quad \eta_{sh}=\Omega_{sh}/\Omega_{BW},\quad \eta_2^2=\eta_1\eta_3$$

归一化频率的带阻滤波器幅频特性$|H(\mathrm{j}\eta)|$如图6.3.4(a)所示，低通滤波器的幅频特性$|G(\mathrm{j}\lambda)|$如图6.3.4(b)所示。

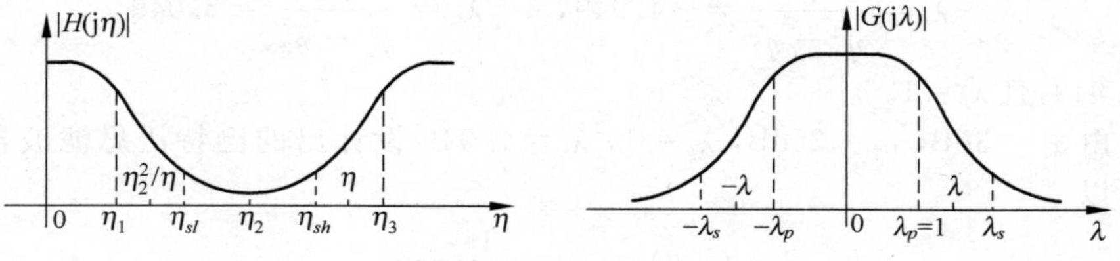

图6.3.4 带阻到低通的转换

表6.3.3给出了η与λ的对应关系。在η_{sh}和η_3之间任找一点η，η在λ轴上对应的点应在$-\lambda_s$和$-\lambda_p$之间，η在η轴上以η_2为对称的点应在η_1至η_{sl}之间，该点的坐标应为η_2^2/η，$-\lambda$在λ轴上的对称点应在λ_p至λ_s之间，大小为λ。根据对称关系，有

$$\frac{\eta-\eta_2^2/\eta}{\eta_3-\eta_1}=\frac{2\lambda_p}{2\lambda}$$

表6.3.3 η和λ对应关系

λ	$-\infty$	$-\lambda_s$	$-\lambda_p$	0	0	λ_p	λ_s	∞
η	η_2	η_{sh}	η_3	$+\infty$	0	η_1	η_{sl}	η_2

由于$\eta_3-\eta_1=1$，$\lambda_p=1$，于是有

$$\lambda=\frac{\eta}{\eta^2-\eta_2^2}\tag{6.3.6}$$

对照式(6.3.3)及式(6.3.4)的推导过程，很容易得到$G(p)$中的p和$H(s)$中s之间的对应关系，即

$$p=\frac{s(\Omega_3-\Omega_1)}{s^2+\Omega_1\Omega_3}\tag{6.3.7}$$

因此，当依照式(6.3.6)完成由带阻到低通的频率转换后，可设计出低通滤波器的归一化

转移函数 $G(p)$，再利用式(6.3.7)的变量代换，就可得到所要设计的带阻滤波器的转移函数 $H(s)$，即有

$$H(s) = G(p)\Big|_{p=\frac{s(\Omega_3-\Omega_1)}{s^2+\Omega_1\Omega_3}} \tag{6.3.8}$$

例 6.3.3　给定模拟带阻滤波器的技术指标：$\Omega_1=2\pi\times 905$，$\Omega_{sl}=2\pi\times 980$，$\Omega_{sh}=2\pi\times 1\,020$，$\Omega_3=2\pi\times 1\,105$，$\alpha_p=3\text{dB}$，$\alpha_s=25\text{dB}$，试设计巴特沃思带阻滤波器。

解　(1) $\Omega_{BW}=\Omega_3-\Omega_1=2\pi\times 200$，$\Omega_2^2=\Omega_1\times\Omega_3=4\pi^2\times 104\,975$

$\eta_1=4.525$，$\eta_3=5.525$，$\eta_{sl}=4.9$，$\eta_{sh}=5.1$，$\eta_2^2=\eta_1\eta_3=25$，$\eta_3-\eta_1=1$

(2) 由式(6.3.6)，有

$$-\lambda_s=\frac{\eta_{sl}}{\eta_{sl}^2-\eta_2^2}=-4.949,\qquad \lambda_s=\frac{\eta_{sh}}{\eta_{sl}^2-\eta_2^2}=5.049$$

取 $\lambda_s=4.949$，且 $\lambda_p=1$。

(3) 由 $\alpha_p=3\text{dB}$，$\alpha_s=25\text{dB}$，$\lambda_p=1$，$\lambda_s=4.949$ 设计出的巴特沃思滤波器的阶次 $N=2$，所以

$$G(p)=\frac{1}{p^2+\sqrt{2}p+1}$$

(4) 将

$$p=\frac{s(\Omega_3-\Omega_1)}{s^2+\Omega_1\Omega_3}=\frac{s\times 400\pi}{s^2+4\pi^2\times 104\,975}$$

代入上式，即得所设计的带阻滤波器的转移函数 $H(s)$。

6.4　用冲激响应不变法设计 IIR 数字低通滤波器

我们在 6.2 节和 6.3 节讨论了模拟低通滤波器 $G(s)$ 的设计方法及利用 $G(s)$ 设计模拟高通、带通及带阻滤波器 $H(s)$ 的方法。本节与下节要讨论如何将数字滤波器的技术指标转化为模拟滤波器的技术指标及由 s 转换为 z 的方法。

由第 2 章所讨论的由 s 平面到 z 平面的映射关系可知，$z=e^{sT_s}$ 或 $s=(1/T_s)\ln z$，并有 $\omega=\Omega T_s$。因此，若给出了数字滤波器的技术指标为 ω_p、ω_s、α_p、α_s，那么相应模拟滤波器的技术指标为 $\Omega_p=\omega_p/T_s$，$\Omega_s=\omega_s/T_s$ 及 α_p、α_s。显然，ω 和 Ω 之间是一种线性转换关系。暂时假定滤波器是低通的，由上节的方法，我们可得到模拟低通滤波器的转移函数 $G(s)$。将 $G(s)$ 转换为 $H(z)$ 的一个最直接的方法是

$$H(z)=G(s)\Big|_{s=\frac{1}{T_s}\ln z} \tag{6.4.1}$$

但这样做的结果将使 $H(z)$中的 z 以对数形式出现，使 $H(z)$的分子分母不再是 z 的有理多项式，这将给系统的分析和实现带来困难。因此式(6.4.1)的关系不好直接运用，需要加以改造。

设模拟滤波器 $G(s)$的单位冲激响应为 $g(t)$，令所对应的数字系统的单位抽样响应

$$h(nT_s) = g(t)\mid_{t=nT_s} = g(t)\sum_{n=0}^{\infty}\delta(t-nT_s) \tag{6.4.2}$$

那么 $h(nT_s)$所对应的数字系统的转移函数及频率响应分别是

$$H(z) = \sum_{n=0}^{\infty} h(nT_s) z^{-n} \tag{6.4.3}$$

$$H(e^{j\omega}) = \frac{1}{T_s}\sum_{k=-\infty}^{\infty} G(j\Omega - jk\Omega_s) \tag{6.4.4}$$

例如，若 $G(s)=A/(s+\alpha)$，则 $g(t)=Ae^{-\alpha t}$，$h(nT_s)=Ae^{-\alpha nT_s}$，那么

$$H(z) = \frac{A}{1-e^{-\alpha T_s}z^{-1}} \tag{6.4.5}$$

若 $G(s)=\beta/[(s-\alpha)^2+\beta^2]$，这时 $G(s)$为一个二阶系统，$g(t)=e^{\alpha t}\sin(\beta t)u(t)$，则

$$H(z) = \frac{z e^{\alpha T_s}\sin(\beta T_s)}{z^2 - z[2e^{\alpha T_s}\cos(\beta T_s)] + e^{2\alpha T_s}} \tag{6.4.6}$$

上述由 $G(s)$到 $H(z)$的转换方法都是令 $h(n)$等于 $g(t)$的抽样，因此该转换方法被称为"冲激响应不变法"，由此方法可得到一阶系统最基本的转换关系是

$$\frac{1}{s+\alpha} \Rightarrow \frac{1}{1-e^{-\alpha T_s}z^{-1}} \tag{6.4.7}$$

因为 $G(s)$总可以分成一阶和二阶系统的并联或级联，所以由式(6.4.6)及式(6.4.7)可实现由 $G(s)$到 $H(z)$的转换，该转换所遵循的基本关系仍是 $z=e^{sT_s}$。

冲激响应不变法保证了把稳定的 $G(s)$转换为稳定的 $H(z)$，这一点很容易证明，又因 ω 和 Ω 之间也是线性的，因此用此方法设计数字滤波器是很简单的，其步骤如下：

① 利用 $\omega=\Omega T_s$ 将 ω_p、ω_s 转换为 Ω_p、Ω_s，而 α_p、α_s 不变；

② 设计低通模拟滤波器 $G(s)$；

③ 利用式(6.4.6)和式(6.4.7)将 $G(s)$转换为 $H(z)$。

由式(6.4.4)可知，$H(e^{j\omega})$是 $G(j\Omega)$按 Ω_s 作周期延拓后的叠加。若 $G(j\Omega)$不是带限的，或是抽样频率不够高，那么在 $H(e^{j\omega})$中将发生混叠失真。这是冲激响应不变法的一个严重缺点，现以一个具体的例子来说明混叠失真的影响。

例 6.4.1 图 6.4.1(a)是一个简单的一阶 R-C 电路，令 $\alpha=1/RC$，不难求出

$$G(s) = \frac{\alpha}{s+\alpha}, \qquad g(t) = \alpha e^{-\alpha t}$$

注意到式(6.4.4)中 $H(e^{j\omega})$和 $G(j\Omega)$之间有一定标因子 T_s^{-1}，为了去掉这一定标因子，可令

$$h(nT_s)=T_s g(t)\big|_{t=nT_s} \tag{6.4.8}$$

对本例，有

$$h(nT_s)=T_s\alpha e^{-\alpha nT_s},\quad H(e^{j\omega})=\frac{T_s\alpha}{1-e^{-\alpha T_s}e^{-j\omega}},\quad H(z)=\frac{T_s\alpha}{1-e^{-\alpha T_s}z^{-1}}$$

与图 6.4.1(a)相对应，图 6.4.1(b)给出了 $H(z)$的信号流图，图 6.4.2(a)和(b)分别给出了$g(t)$ 与 $h(nT_s)$的曲线。

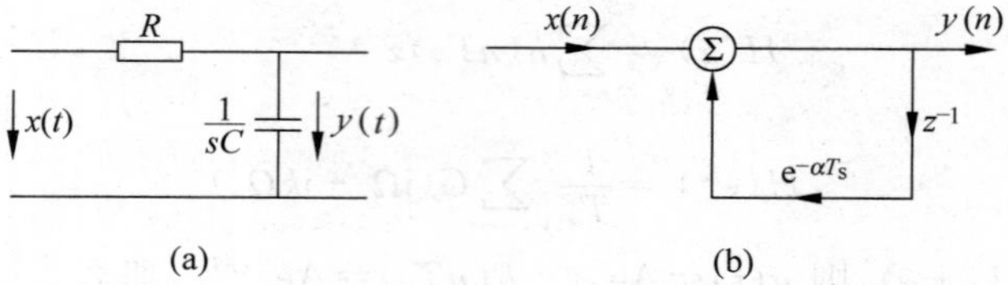

图 6.4.1　模拟系统与数字系统的对应关系

(a) 一阶 R-C 电路；(b) 对应的一阶数字系统

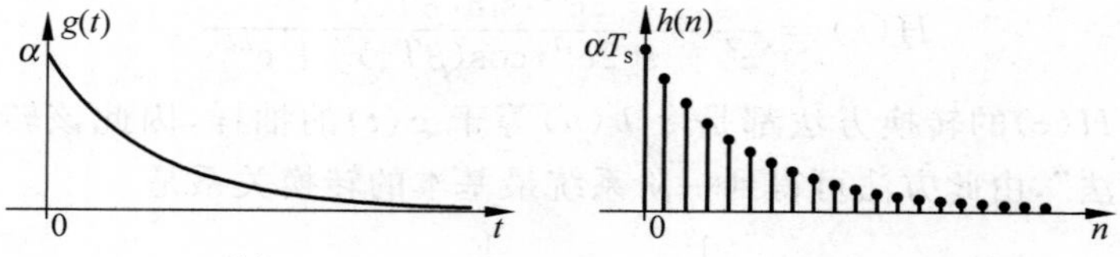

图 6.4.2　单位冲激响应 $g(t)$和单位抽样响应 $h(n)$的对应关系

(a) $g(t)$；(b) $g(t)$的抽样 $h(nT_s)$

现令 $\alpha=1\,000$，且分别令 $T_s=0.001$s，$T_s=0.000\,1$s，$T_s=0.000\,05$s，计算

$$|G(j\Omega)|=\left(\frac{\alpha^2}{\alpha^2+\Omega^2}\right)^{1/2},\quad 0\leqslant\Omega=\omega/T_s\leqslant\pi/T_s$$

$$|H(e^{j\omega})|=\left(\frac{T_s^2\alpha^2}{1-2\cos\omega e^{-\alpha T_s}+e^{-2\alpha T_s}}\right)^{1/2},\quad 0\leqslant\omega\leqslant\pi$$

相应的幅频响应曲线示于图 6.4.3(a)，(b)和(c)。

显然，图 6.4.3(a)中的$|H(e^{j\omega})|$相对$|G(j\Omega)|$有了较大的失真，这是因为 T_s 较大($T_s=0.001$s)的原因，随着 T_s 的减小，$|H(e^{j\omega})|$对$|G(j\Omega)|$的近似也越来越好，如图 6.4.3(b)和(c)所示。但由于本例中的 $G(j\Omega)$不是带限的，所以 $H(e^{j\omega})$的混叠总还是存在。由计算可知，当 $T_s=0.001$s 时，$|G(j0)|=1$，$|H(e^{j0})|=1.582$，$|H(e^{j0})|$正是由 $G(j0)$，$G(j2\,000\pi)$，$G(-j2\,000\pi)$等叠加而成。

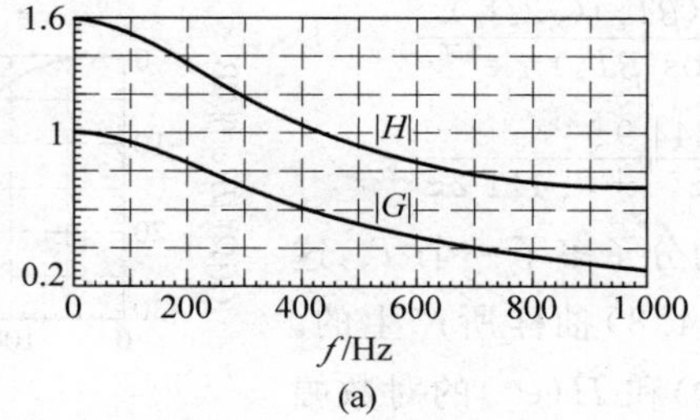

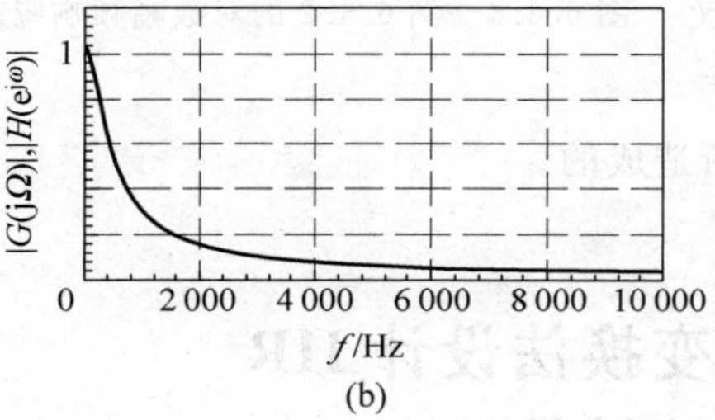

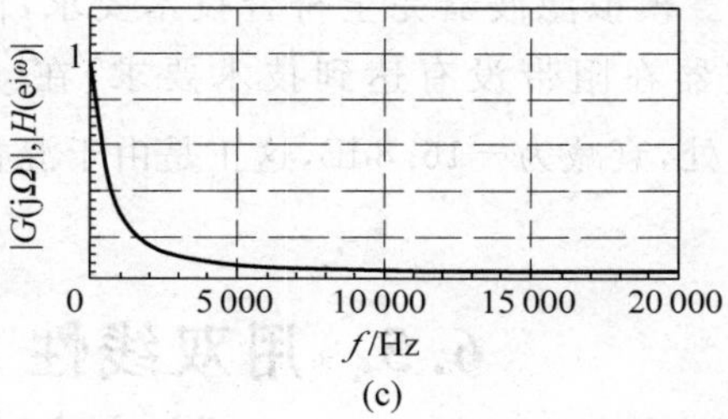

图 6.4.3 $|G(\mathrm{j}\Omega)|$ 和 $|H(\mathrm{e}^{\mathrm{j}\omega})|$ 曲线($\alpha=1000$)

(a) $T_s=0.001\mathrm{s}$; (b) $T_s=0.0001\mathrm{s}$; (c) $T_s=0.00005\mathrm{s}$

由图 6.1.2 可知,高通、带阻滤波器不是带限的,因此不能用冲激响应不变法实现 $G(s)$ 到 $H(z)$的转换。对于低通和带通滤波器,当 T_s 足够小时,冲激响应不变法可给出较为满意的结果。例 6.4.2 说明了用冲激响应不变法设计 IIR 滤波器的过程。

例 6.4.2 试设计一低通数字滤波器,要求在通带 $0\sim0.2\pi$ 内衰减不大于 3dB,在阻带 $0.6\pi\sim\pi$ 内衰减不小于 20dB,给定 $T_s=0.001\mathrm{s}$。

解 (1) 将数字滤波器技术要求转化为模拟滤波器技术要求。由 $\omega=\Omega T_s$,得 $\Omega_p=\omega_p/T_s=200\pi$,$\Omega_s=\omega_s/T_s=600\pi$,仍有 $\alpha_p=3\mathrm{dB}$,$\alpha_s=20\mathrm{dB}$。

(2) 设计模拟低通滤波器 $G(s)$。令 $\lambda=\Omega/\Omega_p$,得 $\lambda_p=1$,$\lambda_s=3$,求得 $N=2$ 及

$$G(p)=\frac{1}{p^2+\sqrt{2}p+1}$$

$$G(s)=G(p)\Big|_{p=\frac{s}{\Omega_p}}=\frac{\Omega_p^2}{s^2+\sqrt{2}\Omega_p s+\Omega_p^2}$$

$$=\frac{\sqrt{2}\Omega_p(\Omega_p/\sqrt{2})}{\left[s-\left(-\frac{\sqrt{2}}{2}\Omega_p\right)\right]^2+\left(-\frac{\Omega_p}{\sqrt{2}}\right)^2}$$

(3) 将 $G(s)$转换为数字滤波器 $H(z)$。由式(6.4.6),令 $\alpha=-\frac{\sqrt{2}}{2}\Omega_p$,$\beta=\Omega_p/\sqrt{2}$,$\alpha T_s=-0.444$,$\beta T_s=0.444$,则

$$H(z)=\frac{zT_s e^{\alpha T_s}\sin(\beta T_s)(\sqrt{2}\Omega_p)}{z^2-z2e^{\alpha T_s}\cos(\beta T_s)+e^{2\alpha T_s}}$$

$$=\frac{0.244\,9z^{-1}}{1-1.158\,0z^{-1}+0.411\,2z^{-2}}$$

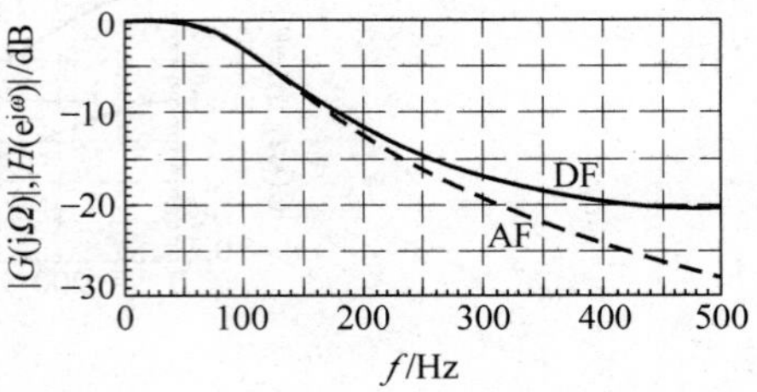

图 6.4.4　例 6.4.2 的对数幅频响应曲线

上式的分子比式(6.4.6)的分子多了一个 T_s，这是由于 $h(nT_s)$ 是按式(6.4.8)抽样所产生的。图 6.4.4 同时给出了 $G(j\Omega)$ 和 $H(e^{j\omega})$ 的对数幅频曲线。模拟滤波器完全符合技术要求，但数字滤波器在阻带没有达到技术要求，在 $f_s=300$Hz 处，衰减为 -16.8dB，这正是由于混叠所造成的。

6.5　用双线性 Z 变换法设计 IIR 数字低通滤波器

由 $z=e^{sT_s}$ 这一基本关系得到的 $\omega=\Omega T_s$ 的频率映射关系使得 $j\Omega$ 轴上每隔 $2\pi/T_s$ 便映射到单位圆上一周，引起了频域的混叠，这是冲激响应不变法的一个缺点。因此，希望能找到由 s 平面到 z 平面的另外的映射关系，这种关系应保证：

① s 平面的整个 $j\Omega$ 轴只映射为 z 平面的单位圆一周；

② 若 $G(s)$ 是稳定的，由 $G(s)$ 映射得到的 $H(z)$ 也应该是稳定的；

③ 这种映射是可逆的，既能由 $G(s)$ 得到 $H(z)$，也能由 $H(z)$ 得到 $G(s)$；

④ 如果 $G(j0)=1$，那么 $H(e^{j0})$ 也应等于 1。

满足以上 4 个条件的映射关系为

$$s=\frac{2}{T_s}\frac{z-1}{z+1} \tag{6.5.1}$$

此关系称为双线性 Z 变换，由此关系不难求出

$$z=\frac{1+(T_s/2)s}{1-(T_s/2)s} \tag{6.5.2}$$

及

$$j\Omega=\frac{2}{T_s}\frac{e^{j\omega/2}(e^{j\omega/2}-e^{-j\omega/2})}{e^{j\omega/2}(e^{j\omega/2}+e^{-j\omega/2})}=j\frac{2}{T_s}\frac{\sin(\omega/2)}{\cos(\omega/2)}$$

即

$$\Omega = \frac{2}{T_s}\tan(\omega/2) \tag{6.5.3}$$

$$\omega = 2\arctan(\Omega T_s/2) \tag{6.5.4}$$

这样，式(6.5.1)及式(6.5.2)给出了 s 和 z 之间的映射关系，式(6.5.3)及式(6.5.4)给出了 Ω 和 ω 的映射关系，注意到这是一种非线性的映射关系。当 ω 由 $0\sim\pi$ 时，$\tan(\omega/2)$ 由 0 变至 $+\infty$，当 ω 由 0 至 $-\pi$ 时，Ω 由 0 变至 $-\infty$，也即整个 Ω 轴只映射到单位圆一周。这种频率映射关系利用了正切函数的非线性特点，把整个 $\mathrm{j}\Omega$ 轴压缩到了单位圆的一周上，如图 6.5.1 所示。

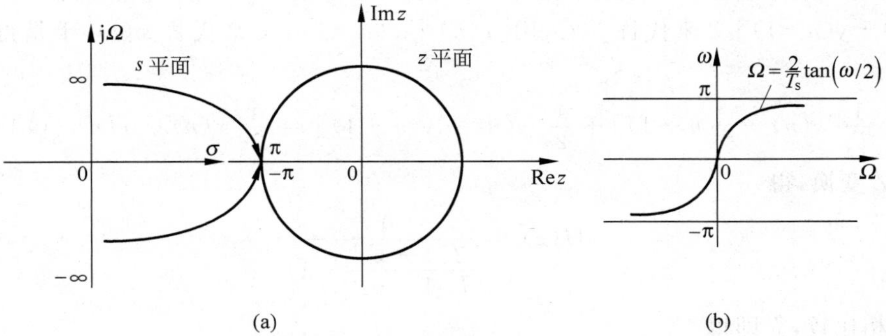

图 6.5.1 Ω 与 ω 之映射关系

(a) 整个 Ω 轴映射到单位圆上一周；(b) $\Omega=\frac{2}{T_s}\tan(\omega/2)$

这样，当给定了数字滤波器的技术指标 ω_p、ω_s、α_p、α_s 后，依照式(6.5.3)，有

$$\Omega_p = \frac{2}{T_s}\tan(\omega_p/2),\quad \Omega_s = \frac{2}{T_s}\tan(\omega_s/2),\quad \lambda_p = 1,\quad \lambda_s = \tan(\omega_s/2)/\tan(\omega_p/2)$$

于是可以设计出模拟滤波器 $G(p)$。由 $G(p)$ 转为 $G(s)$，再由 $G(s)$ 转为 $H(z)$ 时，有

$$G(s) = G(p)\Big|_{p=\frac{s}{\Omega_p}},\quad H(z) = G(s)\Big|_{s=\frac{2}{T_s}\frac{z-1}{z+1}}$$

注意到

$$p = \frac{s}{\Omega_p} = \frac{T_s}{2}\frac{1}{\tan(\omega_p/2)}\frac{2}{T_s}\frac{z-1}{z+1} = \frac{1}{\tan(\omega_p/2)}\frac{z-1}{z+1}$$

因此，无论是在设计模拟滤波器还是由模拟滤波器转换为数字滤波器的过程，系数 $2/T_s$ 均被约掉，因此在式(6.5.1)～式(6.5.4)给出的第一组双线性 Z 变换的定义中，可将其省去，即有

$$s = \frac{z-1}{z+1} \tag{6.5.5}$$

$$z = \frac{1+s}{1-s} \tag{6.5.6}$$

$$\Omega = \tan\left(\frac{\omega}{2}\right) \tag{6.5.7}$$

$$\omega = 2\arctan\Omega \tag{6.5.8}$$

式(6.5.5)～式(6.5.8)给出的第二组定义与第一组定义给出的结果是一样的，因此都可以用来设计 IIR DF，但第一组有着如下的背景。

例如，对一阶系统 $G(s)=A/(s+\lambda)$，其时域方程是

$$\frac{\mathrm{d}y(t)}{\mathrm{d}t} + \lambda y(t) = Ax(t)$$

当用数字系统来实现这一微分方程时，可用 $[y(n)-y(n-1)]/T_s$ 来代替 $\mathrm{d}y(t)/\mathrm{d}t$，用 $[y(n)+y(n-1)]/2$ 来代替 $y(t)$，用 $[x(n)+x(n-1)]/2$ 来代替 $x(t)$，于是得到差分方程

$$\frac{1}{T_s}[y(n)-y(n-1)] + \frac{\lambda}{2}[y(n)+y(n-1)] = \frac{A}{2}[x(n)+x(n-1)]$$

两边取 Z 变换，得

$$H(z) = \frac{A}{\dfrac{2}{T_s}\dfrac{1-z^{-1}}{1+z^{-1}} + \lambda}$$

与 $G(s)$ 相比较，立即得

$$H(z) = G(s)\Big|_{s=\frac{2}{T_s}\frac{1-z^{-1}}{1+z^{-1}}}$$

此即式(6.5.1)所给出的 s 和 z 的关系。关于这两组定义的区别在下面的例中给以说明。

例 6.5.1　试用双线性 Z 变换法设计一低通数字滤波器，给定技术指标是 $f_p=100\text{Hz}$，$f_s=300\text{Hz}$，$\alpha_p=3\text{dB}$，$\alpha_s=20\text{dB}$，抽样频率 $f_s=1\,000\text{Hz}$。

解　首先应得到角频率 ω，因为 2π 对应 f_s，所以 $\omega_p=0.2\pi$，$\omega_s=0.6\pi$，这即为例 6.4.2 给出的技术指标。

(1) 将数字滤波器的技术要求转化为模拟滤波器的技术要求。由式(6.5.7)，有

$$\Omega_p = \tan\left(\frac{\omega_p}{2}\right) = 0.324\,9,\quad \Omega_s = \tan\left(\frac{\omega_s}{2}\right) = 1.376\,38$$

仍有 $\alpha_p=3\text{dB}$，$\alpha_s=20\text{dB}$。

(2) 设计低通滤波器 $G(s)$。令 $\lambda=\Omega/\Omega_p$，得 $\lambda_p=1$，$\lambda_s=4.236\,3$，求得 $N=1.59$，取 $N=2$，于是

$$G(p) = \frac{1}{p^2+\sqrt{2}p+1}$$

$$G(s) = G(p)\Big|_{p=\frac{s}{\Omega_p}} = \frac{0.324\,9^2}{s^2+0.459\,5s+0.324\,9^2} \tag{6.5.9}$$

(3) 由 $G(s)$ 求 $H(z)$。由式(6.5.5)有

$$H(z)=G(s)\Big|_{s=\frac{z-1}{z+1}}=\frac{0.067\,45+0.134\,9z^{-1}+0.067\,45z^{-2}}{1-1.143z^{-1}+0.412\,8z^{-2}}$$

图6.5.2同时给出了 $G(\mathrm{j}\Omega)$ 和 $H(\mathrm{e}^{\mathrm{j}\omega})$ 的对数幅频曲线，由图可以看出，数字滤波器的幅频曲线完全满足技术要求，而模拟滤波器的幅频曲线没有完全达到技术要求，如在阻带边缘300Hz处的衰减是-18.6dB，而不是要求的-20dB。而且在 $f>f_p$ 后，数字滤波器幅频响应的衰减远比模拟滤波器来得快，当然这正是我们所希望的。

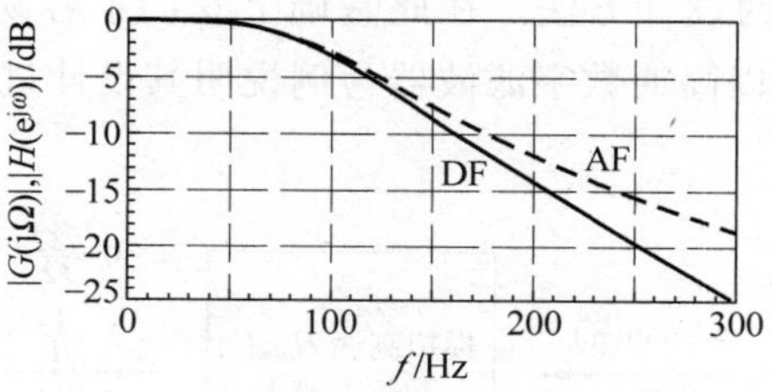

图6.5.2　例6.5.1的对数幅频响应曲线

产生这一现象的原因正是来自于双线性Z变换中 ω 和 Ω 的非线性关系。由式(6.5.3)，有

$$\tan\left(\frac{\omega}{2}\right)=\frac{\Omega T_{\mathrm{s}}}{2}$$

而 ω 和 Ω 的基本关系是

$$\frac{\omega}{2}=\frac{\Omega T_{\mathrm{s}}}{2}$$

由图6.5.1(b)可以看出，当 ω 较小时，ω 和 Ω 之间有近似的线性关系，所以这时通带内两个幅频响应接近一致，当 $f>f_p$，即 ω 变大时，非线性严重，保证了 $|H(\mathrm{e}^{\mathrm{j}\omega})|$ 的技术要求，$|G(\mathrm{j}\Omega)|$ 就很难完全满足。但最终目的是设计 $H(z)$，所以对 $G(s)$ 是否完全满足技术指标并不强求。

顺便指出，本例使用的是第二组双线性Z变换的定义，求出的 $H(z)$ 及 $|H(\mathrm{e}^{\mathrm{j}\omega})|$ 和使用第一组完全一样。但在使用第二组定义时，在中间过程中若想同时求出真正的 $G(s)$ 和 $G(\mathrm{j}\Omega)$，那么式(6.5.9)是无法实现的。因为在该式中，缺少对 Ω 的定标 $T_{\mathrm{s}}/2$，所以要想真正给出 $|G(\mathrm{j}\Omega)|$ 曲线，那么式(6.5.9)应改成

$$G(s)=G(p)\Big|_{p=\frac{s}{\Omega_p}},\quad \Omega_p=\frac{2}{T_{\mathrm{s}}}\tan\left(\frac{\omega_p}{2}\right)$$

由图6.5.2也可看出，使用双线性Z变换消除了在冲激响应不变法中的频域混叠现象。

6.6　数字高通、带通及带阻滤波器的设计

至今我们已较为详细地讨论了：①模拟低通滤波器的设计方法(巴特沃思及切比雪夫Ⅰ型)；②基于 s 域频率变换的模拟高通、带通、带阻滤波器的设计方法；③基于双线性Z变换的数字低通滤波器的设计方法。在此基础上我们很容易得到高通、带通及带阻数字滤波器的设计方法。现以高通数字滤波器为例说明其设计过程，如图 6.6.1 所示，其步骤如下。

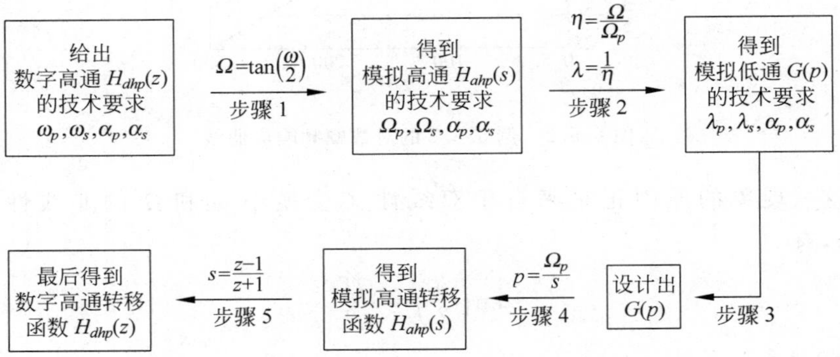

图 6.6.1　数字高通滤波器设计步骤

步骤 1　将数字高通滤波器 $H_{dhp}(z)$ 的技术指标 ω_p、ω_s，通过 $\Omega=\tan(\omega/2)$ 转变为模拟高通 $H_{ahp}(s)$ 的技术指标 Ω_p、Ω_s，作归一化处理后得 $\eta_p=1$，$\eta_s=\Omega_s/\Omega_p$；

步骤 2　利用频率变换关系 $\lambda\eta=1$，将模拟高通 $H_{ahp}(s)$ 的技术指标转换为归一化的低通滤波器 $G(p)$ 的技术指标，并有 $p=\mathrm{j}\lambda$；

步骤 3　设计模拟低通滤波器 $G(p)$；

步骤 4　将 $G(p)$ 转换为模拟高通滤波器的转移函数 $H_{ahp}(s)$，$p=\Omega_p/s$；

步骤 5　将 $H_{ahp}(s)$转换成数字高通滤波器的转移函数 $H_{dhp}(z)$，$s=(z-1)/(z+1)$。

以上 5 个步骤同样适用于数字带通、数字带阻滤波器的设计。只是在步骤 2，步骤 3 及步骤 4 中频率转换的方法不同。现以三个具体例子说明数字高通、带通及带阻滤波器的设计过程。

例 6.6.1　试设计一个数字高通滤波器，要求通带下限频率 $\omega_p=0.8\pi$，阻带上限频率为 0.44π，通带衰减不大于 3dB，阻带衰减不小于 20dB。

解 由步骤1得

$$\Omega_p = \tan\left(\frac{\omega_p}{2}\right) = 3.077\,68, \quad \Omega_s = \tan\left(\frac{\omega_s}{2}\right) = 0.827\,27$$

$$\eta_p = 1, \quad \eta_s = \frac{\Omega_s}{\Omega_p} = 0.268\,8$$

由步骤2得

$$\lambda_p = 1, \quad \lambda_s = \frac{1}{\eta_s} = 3.720\,28$$

由步骤3，设计低通滤波器 $G(p)$，求得

$$N = \frac{1}{2}\lg\left(\frac{10^{\alpha_s/10}-1}{10^{\alpha_p/10}-1}\right)\Big/\lg(\lambda_s) = 1.749$$

取 $N=2$，有

$$G(p) = \frac{1}{p^2+\sqrt{2}p+1}$$

将步骤4和步骤5合并为一步，得数字高通滤波器转移函数

$$H_{dhp}(z) = H_{ahp}(s)\Big|_{s=\frac{z-1}{z+1}} = G(p)\Big|_{p=\Omega_p\frac{z+1}{z-1}}$$

将 $\Omega_p=3.077\,68$ 的具体数值代入上式，最后得

$$H_{ahp}(z) = \frac{0.067\,45(1-z^{-1})^2}{1+1.143z^{-1}+0.412\,8z^{-2}} \tag{6.6.1}$$

例 6.6.2 一个数字系统的抽样频率 $f_s=2\,000\text{Hz}$，试设计一个为此系统使用的带通数字滤波器 $H_{dbp}(z)$，希望采用巴特沃思滤波器。要求：(1)通带范围为300～400Hz，在带边频率处的衰减不大于3dB，(2)在200Hz以下和500Hz以上衰减不小于18dB。

解 首先，应将实际频率转换为角频率 ω，由 $\omega=2\pi f/f_s$，得 $\omega_{sl}=0.2\pi$，$\omega_1=0.3\pi$，$\omega_3=0.4\pi$，$\omega_{sh}=0.5\pi$。由步骤1，应将数字带通滤波器的频率转换为模拟带通滤波器的频率，得

$$\Omega_{sl} = \tan\left(\frac{\omega_{sl}}{2}\right) = \tan(0.1\pi) = 0.324\,92, \quad \Omega_{sh} = \tan\left(\frac{\omega_{sh}}{2}\right) = \tan(0.25\pi) = 1$$

$$\Omega_1 = \tan\left(\frac{\omega_1}{2}\right) = \tan(0.15\pi) = 0.509\,53, \quad \Omega_3 = \tan\left(\frac{\omega_3}{2}\right) = \tan(0.2\pi) = 0.726\,54$$

根据6.3.2节模拟带通滤波器的设计方法，还需求出

$$\Omega_2^2 = \Omega_1\Omega_3 = 0.370\,20, \quad \Omega_{BW} = \Omega_3 - \Omega_1 = 0.217\,01$$

式中 Ω_2 为中心频率，Ω_{BW} 为通带带宽。以 Ω_{BW} 为参考频率将 Ω 归一化，得

$$\eta_1 = \Omega_1/\Omega_{BW} = 2.347\,96, \quad \eta_3 = \Omega_3/\Omega_{BW} = 3.347\,96$$

$$\eta_{sl} = \Omega_{sl}/\Omega_{BW} = 1.497\,26, \quad \eta_{sh} = \Omega_{sh}/\Omega_{BW} = 4.608\,08$$

显然

$$\eta_{BW}=\eta_3-\eta_1=1,\quad \eta_2^2=\eta_1\eta_3=7.86088$$

归一化后的频率 $\eta_1,\eta_2,\eta_3,\eta_{sl}$ 及 η_{sh} 见图 6.3.3。

根据步骤 2，由式(6.3.3)，即 $\lambda=(\eta^2-\eta_2^2)/\eta$，将 η 转换为低通滤波器 $G(p)$ 的归一化频率 λ，不必计算就可知 $\lambda_p=1$，但 λ_s 不唯一，即

$$-\lambda_s=\frac{\eta_{sl}^2-\eta_2^2}{\eta_{sl}}=-3.75292,\quad \lambda_s=\frac{\eta_{sh}^2-\eta_2^2}{\eta_{sh}}=2.90219$$

由 η_{sl}、η_{sh} 求出的两个 λ_s 差别较大，这是由于 $\Omega=\tan(\omega/2)$ 的非线性关系所引起的，为了保证滤波器的衰减特性，应取 $|\lambda_s|$ 为最小者，故取 $\lambda_s=2.9$。

由步骤 3，根据 $\lambda_p=1,\lambda_s=2.9,\alpha_p=3\text{dB},\alpha_s=18\text{dB}$，设计 $G(p)$，求得 $N=2$，因此

$$G(p)=\frac{1}{p^2+\sqrt{2}p+1}\tag{6.6.2}$$

将步骤 4 和步骤 5 合起来，由式(6.3.5)，$p=(s^2+\Omega_1\Omega_3)/s(\Omega_3-\Omega_1)$，而 $s=(z-1)/(z+1)$，这样可得到带通情况下 p 和 z 之间的转换关系，即

$$p=\frac{(z-1)^2+\Omega_2^2(z+1)^2}{\Omega_{BW}(z^2-1)}\tag{6.6.3}$$

将 Ω_2^2,Ω_{BW} 代入式(6.6.3)，得

$$p=\frac{6.314z^2-5.8043z+6.314}{z^2-1}\tag{6.6.4}$$

再将式(6.6.4)代入式(6.6.2)即可得到所要的数字带通滤波器的转移函数，即

$$H_{dbp}(z)=\frac{0.0201(1-2z^{-2}+z^{-4})}{1-1.637z^{-1}+2.237z^{-2}-1.307z^{-3}+0.641z^{-4}}$$

例 6.6.3　一个数字系统的抽样频率为 1 000Hz，已知该系统受到频率为 100Hz 的噪声的干扰，现设计一陷波滤波器 $H_{dbs}(z)$ 去掉该噪声。要求 3dB 的带边频率为 95Hz 和 105Hz，阻带衰减不小于 14dB。

解　此滤波器是一个阻带很窄的陷波器，题中没有给出过渡带要求，为了设计的方便，令阻带的下边和上边频率分别为 99Hz 和 101Hz。现直接由步骤 1 至步骤 5 给出下面的计算过程，请参考 6.3.3 节有关模拟带阻滤波器的设计方法。

由题意可求出：$\omega_1=0.19\pi$，$\omega_{sl}=0.198\pi$，$\omega_{sh}=0.202\pi$，$\omega_3=0.21\pi$。

(1) 将 $H_{dbs}(z)$ 的频率 ω 转变为 $H_{abs}(s)$ 的频率 Ω，$\Omega=\tan(\omega/2)$，得

$$\Omega_1=0.3076,\quad \Omega_{sl}=0.3214,\quad \Omega_{sh}=0.3284,\quad \Omega_3=0.3424$$

及

$$\Omega_{BW}=\Omega_3-\Omega_1=0.03478,\quad \Omega_2^2=\Omega_1\Omega_3=0.1010$$

由 $\eta=\Omega/\Omega_{BW}$ 作频率归一，得

$$\eta_1=8.8442,\quad \eta_{sl}=9.2409,\quad \eta_{sh}=9.4422,\quad \eta_3=9.8447,\quad \eta_2^2=87.069$$

(2) 将 $H_{abs}(s)$归一化频率转变成低通模拟滤波器 $G(p)$的归一化频率 λ。由式(6.3.6)，即 $\lambda=\eta/(\eta^2-\eta_2^2)$，可求出 $\lambda_p=1$，及

$$-\lambda_s=\eta_{sl}/(\eta_{sl}^2-\eta_2^2)=-5.517,\quad \lambda_s=\eta_{sh}/(\eta_{sh}^2-\eta_2^2)=4.526$$

取 $\lambda_s=4.526$。

(3) 设计低通滤波器 $G(p)$。由 $\lambda_p=1,\lambda_s=4.526,\alpha_p=3\text{dB},\alpha_s=14\text{dB}$，求出，$N=1.054$，取 $N=1$，则

$$G(p)=\frac{1}{p+1} \tag{6.6.5}$$

(4) 由式(6.3.7)，有

$$p=\frac{s\Omega_{BW}}{s^2+\Omega_2^2}$$

而

$$s=\frac{z-1}{z+1}$$

所以

$$p=\frac{\Omega_{BW}(z^2-1)}{(z-1)^2+\Omega_2^2(z+1)^2} \tag{6.6.6}$$

则

$$H_{dbs}(z)=H_{abs}(s)\Big|_{s=\frac{z-1}{z+1}}=G(p)\Big|_{p=\frac{\Omega_{BW}(z^2-1)}{(z-1)^2+\Omega_2^2(z+1)^2}} \tag{6.6.7}$$

将 Ω_{BW}，Ω_2^2 代入式(6.6.6)，再将该式代入式(6.6.5)，最后得到所要的数字带阻滤波器的转移函数，即

$$H_{dbs}(z)=\frac{0.969(1-1.633z^{-1}+z^{-2})}{1-1.583z^{-1}+0.939z^{-2}}$$

由例 6.6.2 及例 6.6.3 可以看出，数字带通及带阻滤波器的阶次是原低通滤波器阶次的两倍。

图 6.6.2(a)，(b)和(c)分别给出了本节所设计的三个滤波器的幅频响应。可以看出，它们满足了技术要求。

最后需要指出，不同的教科书上给出了由数字滤波器的技术要求到模拟低通滤波器 $G(p)$之间转换的不同方法，当然，由 $G(p)$转成 $H(z)$的方法也就不相同，本书所给的方法易于理解和计算机编程。

IIR 数字滤波器的设计方法除了以上所述的借助于模拟滤波器的设计方法外，人们还提出了计算机辅助设计的方法，但计算量偏大，相对以上设计方法并无太多优点，此处不再讨论。

有关滤波器设计的进一步讨论可参看文献[2]，[3]和[5]。

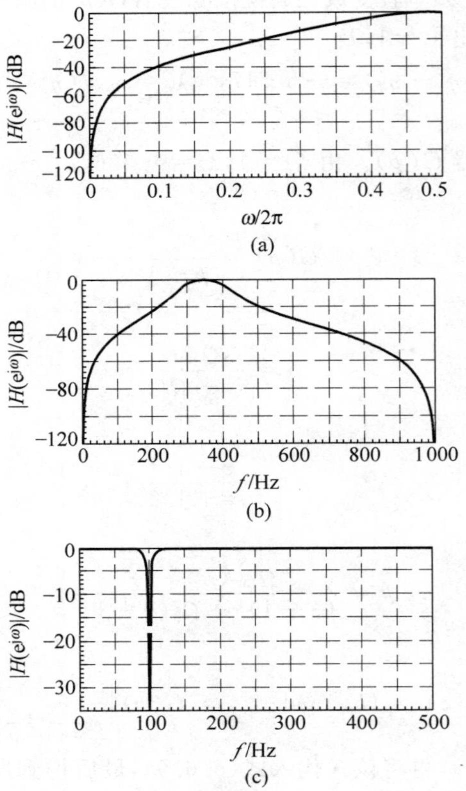

图 6.6.2　例 6.6.1～例 6.6.3 的结果

(a) 例 6.6.1 的高通滤波器的对数幅频特性；(b) 例 6.6.2 的带通滤波器的对数幅频特性；(c) 例 6.6.3 的带阻滤波器的对数幅频特性

6.7　与本章内容有关的 MATLAB 文件

本章集中讨论的是 IIR 数字滤波器的设计问题。目前，设计 IIR 数字滤波器的通用方法是先设计相应的低通原型模拟滤波器，然后再通过双线性变换和频率变换得到所要的数字滤波器。模拟滤波器从功能上分有低通、高通、带通及带阻四种，从类型上分有巴特沃思(Butterworth)滤波器、切比雪夫(Chebyshev)Ⅰ型滤波器、切比雪夫Ⅱ型滤波器、椭圆(Elliptic)滤波器及贝塞尔(Bessel)滤波器等。与本章内容有关的 MATLAB 文件用来实现上述功能。鉴于相应的MATLAB文件较多，此处仅以巴特沃思和切比雪夫Ⅰ型滤波器的设计为例来说明这些文件的应用。

如图6.6.1所示，设计一个高通的巴特沃思数字滤波器$H(z)$，其步骤包括ω到Ω的频率转换、模拟低通原型$G(p)$的设计、$G(p)$到模拟高通$H(s)$的转换、$H(s)$到数字高通滤波器$H(z)$的转换。为实现这一过程，MATLAB给出了如下的相应文件。

1. buttord.m

本文件用来确定数字低通或模拟低通滤波器的阶次，其调用格式分别是

(1) [N, Wn] = buttord(Wp, Ws, Rp, Rs);

(2) [N, Wn] = buttord(Wp, Ws, Rp, Rs,'s')。

格式(1)对应数字滤波器，式中Wp、Ws分别是通带和阻带的截止频率，实际上它们是归一化频率，其值在0～1之间，1对应抽样频率的一半。对低通和高通滤波器，Wp、Ws都是标量，对带通和带阻滤波器，Wp、Ws都是1×2的向量。Rp、Rs分别是通带和阻带的衰减，单位为dB。N是求出的相应低通滤波器的阶次，Wn是求出的3dB频率，它和Wp稍有不同。格式(2)对应模拟滤波器，式中各个变量的含义和格式(1)相同，但Wp、Ws及Wn的单位为rad/s，因此，它们实际上是频率Ω。

2. buttap.m

本文件用来设计模拟低通原型滤波器$G(p)$，其调用格式是

[z, p, k] = buttap(N)

N是欲设计的低通原型滤波器的阶次，z、p、k分别是设计出的$G(p)$的极点、零点及增益。

3. lp2lp.m

4. lp2hp.m

5. lp2bp.m

6. lp2bs.m

从文件名可以看出，上述4个文件的功能分别是将模拟低通原型滤波器$G(p)$转换为实际的低通、高通、带通及带阻滤波器，其调用格式分别是

(1) [B, A] = lp2lp(b, a, Wo)　　或　[B, A] = lp2hp(b, a, Wo)

(2) [B, A] = lp2bp(b, a, Wo, Bw)　或　[B, A] = lp2bs(b, a, Wo, Bw)

式中b、a分别是模拟低通原型滤波器$G(p)$的分子、分母多项式的系数向量，B、A分别是转换后的$H(s)$的分子、分母多项式的系数向量；在(1)中，Wo是低通或高通滤波器的截止频率；在(2)中，Wo是带通或带阻滤波器的中心频率，Bw是其带宽。

7. bilinear. m

本文件实现双线性变换，即由模拟滤波器 $H(s)$ 得到数字滤波器 $H(z)$，而 s 和 z 的关系由式(6.5.1)给出。其调用格式是

$$[Bz, Az] = bilinear(B, A, Fs)$$

式中 B、A 分别是 $H(s)$ 的分子、分母多项式的系数向量，Bz、Az 分别是 $H(z)$ 的分子、分母多项式的系数向量，Fs 是抽样频率。现举例说明上述文件的应用。

例 6.7.1　用上述的 MATLAB 文件设计例 6.5.1 的数字低通滤波器。

相应的程序如下所示：

```
fp=100;fs=300;Fs=1000;                 % 给定要设计的低通滤波器的设计频率；
rp=3;rs=20;                            % 给定需要的衰减，单位为 dB；
wp=2*pi*fp/Fs;
ws=2*pi*fs/Fs;Fs=Fs/Fs;                % 令 Fs=1
wap=tan(wp/2);was=tan(ws/2);           % 实现由数字滤波器的频率到模拟滤波器的频率的转换；
[n,wn]=buttord(wap,was,rp,rs,'s');     % 求模拟滤波器的阶次；
[z,p,k]=buttap(n);                     % 设计模拟低通巴特沃斯滤波器，得到极零点；
[bp,ap]=zp2tf(z,p,k);                  % 由极零点得到滤波器分子分母多项式的系数；
[bs,as]=lp2lp(bp,ap,wap);              % 归一化低通到实际低通的转换；
[bz,az]=bilinear(bs,as,Fs/2);          % 实现 s 到 z 的转换；
[h,w]=freqz(bz,az,256,Fs*1000);        % 求出滤波器的频率响应；
plot(w,abs(h));grid on;
```

运行该程序，给出如下结果：

```
bp=[1,0,0],ap=[1,1.414,1],bs=[0.1056,0,0],as=[1,0.4595,0.1056]
bz=[0.0675,0.1349,0.06745], az=[1,-1.143,0.4128]
```

这和例 6.5.1 给出的结果是一样的。

读者可能已注意到，该程序在实现由 ω 至 Ω 的转换及由 s 至 z 的转换时，用的是式(6.5.5)及式(6.5.7)，即省去了 $T_s/2$。这时调用文件 bilinear，输入参量为 Fs/2。

8. butter. m

本文件可用来直接设计巴特沃思数字滤波器，实际上它把 buttord，buttap，lp2lp 及 bilinear 等文件都包含了进去，从而使设计过程更简捷。其调用格式是

(1) [B,A]= butter(N,Wn)；

(2) [B,A]= butter(N,Wn,'high')；

(3) [B,A]= butter(N,Wn,'stop')；

(4) [B,A]= butter(N,Wn,'s')。

格式(1)～(3)用来设计数字滤波器,所以B、A分别是$H(z)$的分子、分母多项式的系数向量,Wn是通带截止频率,范围在0～1之间,1对应抽样频率的一半。若Wn是标量,则格式(1)用来设计低通数字滤波器,若Wn是1×2的向量,则格式(1)用来设计数字带通滤波器;格式(2)用来设计数字高通滤波器;格式(3)用来设计数字带阻滤波器,显然,这时的Wn是1×2的向量;格式(4)用来设计模拟滤波器。

现继续讨论例6.7.1,即使用文件butter.m来设计例6.5.1的低通数字滤波器。相应的程序如下所示:

```
wp=.2*pi;ws=.6*pi;Fs=1000;rp=3;rs=20;
[n,wn]=buttord(wp/pi,ws/pi,rp,rs);
[bz,az]=butter(n,wp/pi); [bz1,az1]=butter(n,wn);  % 一步设计出所需要的数字低
                                                   % 通滤波器;
[h,w]=freqz(bz,az,128,Fs);[h1,w1]=freqz(bz1,az1,128,Fs);
plot(w,abs(h),w1,abs(h1),'g.');grid on;
```

在该程序中,分别用两个截止频率求出了两个数字滤波器,一个截止频率是例题所要求的wp=0.2π,对应$H(z)$;另一个是利用文件buttord得到的"自然"截止频率wn,对应$H_1(z)$。对低通滤波器,一般,wn>wp,所以$H(z)$和$H_1(z)$不相同。运行该程序可知,$H(z)$和例6.5.1给出的结果是一样的。并且,$H(z)$的幅频在100Hz处的衰减为3dB,在300Hz处的衰减为25dB,而$H_1(z)$的幅频在100Hz处的衰减为1.234dB,在300Hz处的衰减为20dB。应该说,两个滤波器都满足了技术要求。不过,从求出的滤波器的一致性考虑,推荐使用原始的截止频率wp。

例6.7.2 用MATLAB文件设计例6.6.2的数字带通滤波器。

完成本例题的程序如下所示:

```
fp=[300 400];fs=[200 500];                % 给定要设计的带通滤波器的设计频率;
rp=3;rs=18;                               % 给定需要的衰减,单位为dB;
Fs=2000;wp=fp*2*pi/Fs;ws=fs*2*pi/Fs;
[n,wn]=buttord(wp/pi,ws/pi,rp,rs);% 求模拟滤波器的阶次;
[b,a]=butter(n,wp/pi);                    % 一步设计出所需要的数字带通滤波器;
[h,w]=freqz(b,a,256,Fs);h=20*log10(abs(h));
plot(w,h);grid;ylabel('Bandpass DF');xlabel('Hz');
```

9. cheb1ord.m

用于求切比雪夫Ⅰ型滤波器的阶次。

10. cheb1ap. m

用来设计原型低通切比雪夫Ⅰ型模拟滤波器。

11. cheby1. m

用来直接设计数字切比雪夫Ⅰ型滤波器。

以上三个文件的调用格式和对应的巴特沃思滤波器的文件类似,此处不再一一讨论,现举例说明之。

例 6.7.3　一个数字系统的抽样频率 Fs＝2 000Hz,欲设计一个数字切比雪夫Ⅰ型带通滤波器,具体技术指标是:fsl＝200Hz,fsh＝600Hz, f1＝300Hz,f3＝500Hz,通带衰减不大于 0.1dB,阻带衰减不小于 30dB。

完成本例题的程序如下所示:

```
f1=300;f3=500;fsl=200;fsh=600;Fs=2000;
rp=0.1;rs=30;
wp1=2*pi*f1/Fs;wp3=2*pi*f3/Fs;wsl=2*pi*fsl/Fs;wsh=2*pi*fsh/Fs;
wp=[wp1 wp3];ws=[wsl wsh];
[n,wn]=cheb1ord(ws/pi,wp/pi,rp,rs);  % 求出切比雪夫滤波器的阶次;
[bz1,az1]=cheby1(n,rp,wp/pi);         % 设计切比雪夫带通数字滤波器;
[h,w]=freqz(bz1,az1,256,Fs);
h=20*log10(abs(h)+0.0000001);plot(w,h);grid on;
```

以上我们较为详细地讨论了 MATLAB 中有关巴特沃思和切比雪夫Ⅰ型滤波器设计的一系列文件。类似地,切比雪夫Ⅱ型、椭圆及贝塞尔滤波器也有一套相应的文件,这些文件是:

12. cheb2ord. m

13. ellipord. m

14. cheb2ap. m

15. ellipap. m

16. besselap. m

17. cheby2. m

18. ellip. m

19. besself. m

掌握了有关巴特沃思和切比雪夫Ⅰ型滤波器设计的 MATLAB 文件的应用，对上述 8 个文件也就融会贯通了，此处不再一一讨论。

此外，与本章内容有关的 MATLAB 文件还有如下三个：

20. impinvar. m

用冲激响应不变法实现 ω 到 Ω 及 s 到 z 的转换。

21. maxflat. m

设计广义巴特沃思低通滤波器。

22. yulewalk. m

利用最小平方方法设计 Yule-Walker 滤波器。

这三个文件应用并不广泛，此处也不再一一讨论。

习题与上机练习

6.1　一模拟滤波器 $H(s)$ 的通带截止频率 $\Omega_p=1\text{kHz}$，阻带截止频率 $\Omega_s=5\text{kHz}$，要求通带衰减不大于 1dB，阻带衰减不小于 40dB。现欲设计一通带最平的滤波器，试决定满足此要求的最小滤波器阶次 N。

6.2　试用双线性变换法设计一个一阶的巴特沃思低通数字滤波器，已知其截止频率 $\omega_c=0.25\pi$，求其转移函数 $H(z)$。

*6.3　现希望设计一个巴特沃思低通数字滤波器，其 3dB 带宽为 0.2π，阻带边缘频率为 0.5π，阻带衰减大于 30dB。给定抽样间隔 $T_s=10\mu\text{s}$。

先用冲激响应不变法设计该低通数字滤波器，再用双线性变换法设计该低通数字滤波器。分别给出它们的 $H(z)$ 及对数幅频响应，并比较二者的幅频特性是否有差异。

*6.4　给定待设计的数字高通和带通滤波器的技术指标如下：

(1) HP：$f_p=400\text{Hz}$，$f_s=300\text{Hz}$，$f_s=1\,000\text{Hz}$，$\alpha_p=3\text{dB}$，$\alpha_s=35\text{dB}$。

(2) BP：$f_{sl}=200\text{Hz}$，$f_1=300\text{Hz}$，$f_2=400\text{Hz}$，$f_{sh}=500\text{Hz}$，$f_s=2\,000\text{Hz}$，$\alpha_p=3\text{dB}$，$\alpha_s=40\text{dB}$。

试用双线性 Z 变换法分别设计满足上述要求的巴特沃思滤波器和切比雪夫滤波器，给出其转移函数、对数幅频及相频曲线。

*6.5　一个数字系统的抽样频率 $f_s=1\,000\text{Hz}$，试设计一个 50Hz 陷波器。要求下通

带是 0～44Hz，阻带在 47Hz，上通带与之对称；又要求通带衰减为 3dB，阻带衰减为 50dB。试用双线性 Z 变换法设计一个 50Hz 的切比雪夫数字陷波器来满足上述技术要求。

参考文献

1　Haykin S. Modern Filters. New York：Macmillan Publishing Company，1989

2　Taylor R J. Digital Filter Design Handbook. New York：Marcel Dekker，Inc. ，1983

3　Hamming R W，Digital Filters. 3rd ed. Englewood Cliffs，NJ：Prentice Hall，1988

4　Stearns S D，David R A. Signal Processing Algorithms. Englewood Cliffs，NJ：Prentice Hall，1988

5　Schussler H W，Steffen P. Some advanced topics in filter design. In：Lim J S，Oppenheim A V，ed. Advanced Topics in Signal Processing，Englewood Cliffs，NJ：Prentice Hall，1988

6　Gray A H，Markel J D. A computer program for designing digital elliptic filters. IEEE Trans. on ASSP，1976，24(Dec)：529～538

第 7 章 有限冲激响应数字滤波器设计

一个离散时间系统 $H(z)=B(z)/A(z)$，若分母多项式 $A(z)$ 的系数 $a_1=\cdots=a_N=0$，那么该系统就变成 FIR 系统，即

$$H(z)=b_0+b_1z^{-1}+\cdots+b_Mz^{-M}=\sum_{n=0}^{M}b_nz^{-n}$$

显然，系数 $b_0,\ b_1,\ \cdots,\ b_M$ 即为该系统的单位抽样响应 $h(0),\ h(1),\ \cdots,\ h(M)$，且当 $n>M$ 时，$h(n)\equiv 0$。

由于 FIR 系统只有零点，因此这一类系统不像 IIR 系统那样易取得比较好的通带与阻带衰减特性。要取得好的衰减特性，一般要求 $H(z)$ 的阶次要高，也即 M 要大。但 FIR 系统有自己突出的优点，其一是系统总是稳定的，其二是易实现线性相位，其三是允许设计多通带（或多阻带）滤波器。后两项都是 IIR 系统不易实现的。

由上一章的讨论可知，IIR DF 的设计方法主要是借助于模拟滤波器的设计方法，但这些面向极点系统的设计方法不适用于仅包含零点的 FIR 系统。目前，FIR DF 的设计方法主要是建立在对理想滤波器频率特性作某种近似的基础上的。这些近似方法有窗函数法、频率抽样法及最佳一致逼近法。本章将较为详细地讨论窗函数法和最佳一致逼近法，此外，还讨论一些常用的特殊形式的滤波器。

7.1 FIR 数字滤波器设计的窗函数法

考虑图 7.1.1 的理想低通数字滤波器，其频率特性为 $H_d(e^{j\omega})$，现假定其幅频特性 $|H_d(e^{j\omega})|=1$，相频特性 $\varphi(\omega)=0$，那么，该滤波器的单位抽样响应

$$h_d(n)=\frac{1}{2\pi}\int_{-\pi}^{\pi}H_d(e^{j\omega})e^{j\omega n}d\omega=\frac{1}{2\pi}\int_{-\omega_c}^{\omega_c}e^{j\omega n}d\omega=\frac{\sin(\omega_c n)}{\pi n}\qquad(7.1.1)$$

是以 $h_d(0)$ 为对称的 sinc 函数，$h_d(0)=\omega_c/\pi$。我们早已指出，这样的系统是非因果的，因此是物理不可实现的。但是，如果将 $h_d(n)$ 截短，例如仅取 $h_d\left(-\frac{M}{2}\right),\cdots,h_d(0),\cdots,$

$h_d\left(\frac{M}{2}\right)$，并将截短后的 $h_d(n)$移位，得

$$h(n) = h_d\left(n - \frac{M}{2}\right), \quad n = 0,1,\cdots, M \tag{7.1.2}$$

那么 $h(n)$是因果的，且为有限长，长度为 $M+1$，令

$$H(z) = \sum_{n=0}^{M} h(n) z^{-n} \tag{7.1.3}$$

可得所设计的滤波器的转移函数。$H(z)$ 的频率响应将近似 $H_d(e^{j\omega})$，且是线性相位的。以上的讨论给我们提供了一个设计 FIR DF 的思路。

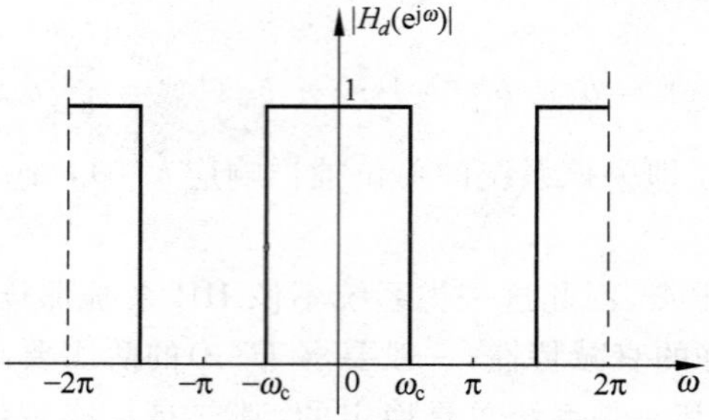

图 7.1.1　理想低通 DF

如果在指定 $H_d(e^{j\omega})$ 的相频响应 $\varphi(\omega)$ 时，不是令其为 0，而是令 $\varphi(\omega) = -\frac{M\omega}{2}$，即 $\varphi(\omega)$ 具有线性相位，那么式(7.1.1) 可改为

$$h_d(n) = \frac{1}{2\pi}\int_{-\omega_c}^{\omega_c} e^{-j\frac{M\omega}{2}} e^{+j\omega n} d\omega = \frac{\sin\left(n - \frac{M}{2}\right)\omega_c}{\pi\left(n - \frac{M}{2}\right)} \tag{7.1.4}$$

这样，$h_d(n)$是以 $n=M/2$ 为对称的，为此，可取

$$h(n) = h_d(n), \quad n = 0,1,\cdots,M \tag{7.1.5}$$

那么由 $h(n)$构成的 $H(z)$和式(7.1.3)是一样的。现举例说明上述设计方法的应用及所存在的问题。

例 7.1.1　设计一 FIR 低通滤波器，所希望的频率响应 $H_d(e^{j\omega})$在 $0 \leqslant |\omega| \leqslant 0.25\pi$ 之间为 1，在 $0.25\pi < |\omega| \leqslant \pi$ 之间为 0，分别取 $M=10$、20、40，观察其幅频响应的特点。

由此例要求，可以给出

$$H_d(e^{j\omega}) = \begin{cases} e^{-jM\omega/2} & 0 \leqslant |\omega| \leqslant 0.25\pi \\ 0 & 0.25\pi < |\omega| \leqslant \pi \end{cases} \tag{7.1.6}$$

由式(7.1.4)得

$$h_d(n)=\frac{\sin\left[\left(n-\frac{M}{2}\right)\times 0.25\pi\right]}{\pi\left(n-\frac{M}{2}\right)} \tag{7.1.7}$$

当 $M=10$ 时，求得

$h(0)=h(10)=-0.045$，　$h(1)=h(9)=0$，　$h(2)=h(8)=0.075$

$h(3)=h(7)=0.1592$，　$h(4)=h(6)=0.2251$，　$h(5)=0.25$

显然，$h(n)=h(M-n)$，$M=10$，满足对称关系。但是，按式(7.1.7)直接求出的这些 $h(n)$ 的和，即 $\sum_{n=0}^{M}h(n)=1.0786\neq 1$，因此求出的 $H(e^{j0})\neq 1$。对低通滤波器，我们希望在 $\omega=0$ 处的值为1，因此习惯上要将求出的 $h(n)$ 归一化，即都除以 $\sum_{n=0}^{M}h(n)$ 。对高通、带通及带阻滤波器，一般也要将系数归一化。MATLAB 文件 fir1.m 给出的结果已经进行了归一化处理。

图7.1.2(a)给出了 $M=10$ 时归一化的 $h(n)$，图7.1.2(b)分别给出了 $M=10$，$M=20$ 及 $M=40$ 时的 $H(e^{j\omega})$ 的幅频特性曲线。由图7.1.2(b)可以看出，当 M 取不同值时，$H(e^{j\omega})$ 都在不同程度上近似于 $H_d(e^{j\omega})$。M 过小时，通频带过窄，且阻带内纹波较大，过渡带较宽。当 M 增大时，$H(e^{j\omega})$ 近似 $H_d(e^{j\omega})$ 的程度越来越好，即通频带接近 0.25π，阻带纹波减小，过渡带变窄。

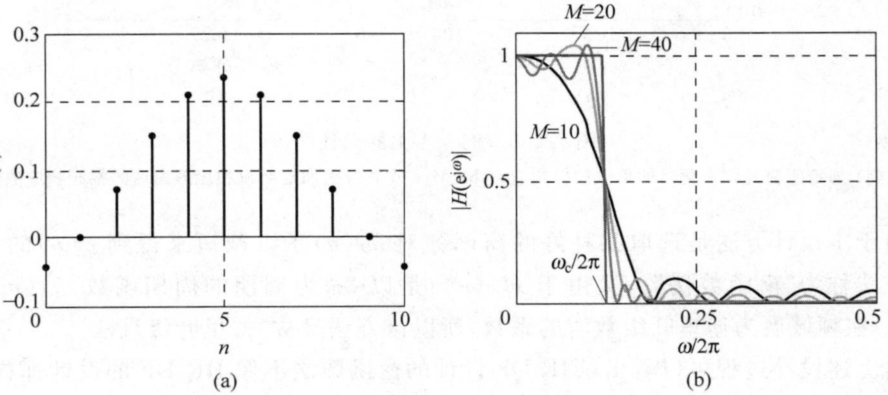

图7.1.2　例7.1.1的设计结果

(a) 加矩形窗并归一化后的单位抽样响应；(b) $M=10,20,40$ 时的幅频响应曲线

由该图也可发现，当 M 增大时，通带内出现了纹波，随着 M 的继续增大，这些纹波并不消失，只是最大的上冲越来越接近于间断点(在本例中，$\omega_c=0.25\pi$)。这种现象称作吉布斯(Gibbs)现象。经计算，振荡的最大过冲值约为8.95%，最大欠冲值约为4.86%[8]。

吉布斯现象的产生是由于对 $h_d(n)$ 突然截短的结果。将无穷长的 $h_d(n)$ 仅取长为 $0\sim M$，等于在 $h_d(n)$ 上施加了长为 $(M+1)$ 的矩形窗口。加窗的结果，等于 $H_d(\mathrm{e}^{\mathrm{j}\omega})$ 和矩形窗频谱的卷积。$H_d(\mathrm{e}^{\mathrm{j}\omega})$ 如图 7.1.1 所示，矩形窗频谱 $D(\mathrm{e}^{\mathrm{j}\omega})$ 为 sinc 函数，它有着较大的边瓣，正是这些边瓣在和 $H_d(\mathrm{e}^{\mathrm{j}\omega})$ 卷积时产生了吉布斯现象。

本例所讨论的内容和在 3.2.3 小节及例 3.2.1 所讨论的关于 DTFT 的收敛问题是一致的。实际上，在对 $h_d(n)$ 自然截短时，$H(\mathrm{e}^{\mathrm{j}\omega})$ 是对 $H_d(\mathrm{e}^{\mathrm{j}\omega})$ 在最小平方意义上的逼近。

为了减少吉布斯现象，应选取边瓣较小的窗函数，如用下一节要介绍的汉宁窗或哈明窗来代替矩形窗。图 7.1.3(a) 表示使用哈明窗后滤波器的单位抽样响应，图 7.1.3(b) 给出了 $M=10$ 时，分别用哈明窗（曲线①）和矩形窗（曲线②）所得到的幅频特性。由图 7.1.3(b) 可以看出，使用哈明窗后，通带内的振荡基本消失，阻带内的纹波也大大减小。读者可对 $|H(\mathrm{e}^{\mathrm{j}\omega})|$ 取对数，会发现，使用矩形窗时，阻带内最大纹波是 -22dB，加哈明窗时，阻带最大纹波降为 -60dB。从这一点上说，滤波器的性能得到了改善，但这是以过渡带的加宽为代价的。

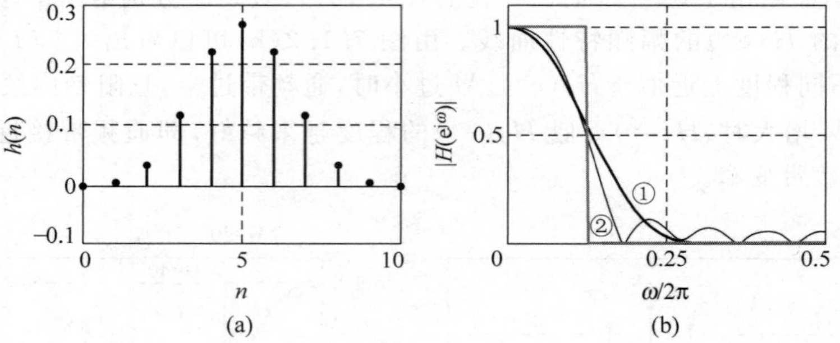

图 7.1.3　例 7.1.1 的设计结果

(a) 加哈明窗并归一化后的单位抽样响应；(b) $M=10$ 时分别加哈明窗和矩形窗后的幅频响应曲线

由于本设计方法是选取某种好的窗函数对 $h_d(n)$ 予以截短来得到 $h(n)$ 的，所以该设计方法称为“窗函数法”。又由于 $H_d(\mathrm{e}^{\mathrm{j}\omega})$ 是以 2π 为周期的周期函数，$h_d(n)$ 可看作 $H_d(\mathrm{e}^{\mathrm{j}\omega})$ 在频域展为傅里叶级数时的系数，所以该方法又称“傅里叶级数法”。

由上述设计过程可以看出，FIR DF 设计的窗函数法不像 IIR DF 的设计那样能精确指定通带、阻带的边缘频率 ω_p、ω_s，也不能精确地给定在这两个带内的衰减 α_p、α_s，而是仅给出通带截止频率 ω_c（即 ω_p），其他几个参数是靠 $h(n)$ 的长度 M 及所使用的窗函数的性能来决定的。选定了窗函数后，可以不断地变化 M，以检查通带、阻带是否达到了希望的技术要求，直到满意时为止。这些工作在计算机上是极易实现的。

以上设计的是低通数字滤波器，若希望设计高通、带通、带阻数字滤波器，只需改变式(7.1.4)积分的上、下限，现分别予以介绍。

(1) 高通数字滤波器的设计。令

$$H_d(\mathrm{e}^{\mathrm{j}\omega})=\begin{cases}\mathrm{e}^{-\mathrm{j}\omega M/2} & \omega_c\leqslant|\omega|\leqslant\pi\\ 0 & 0\leqslant|\omega|<\omega_c\end{cases}\tag{7.1.8}$$

则

$$h_d(n)=\frac{1}{2\pi}\int_{-\pi}^{-\omega_c}\mathrm{e}^{\mathrm{j}(n-M/2)\omega}\mathrm{d}\omega+\frac{1}{2\pi}\int_{\omega_c}^{\pi}\mathrm{e}^{\mathrm{j}(n-M/2)\omega}\mathrm{d}\omega$$

求得

$$h_d(n)=\frac{\sin\left[\pi\left(n-\frac{M}{2}\right)\right]-\sin\left[\left(n-\frac{M}{2}\right)\omega_c\right]}{\pi\left(n-\frac{M}{2}\right)}\tag{7.1.9}$$

(2) 带通数字滤波器的设计。令

$$H_d(\mathrm{e}^{\mathrm{j}\omega})=\begin{cases}\mathrm{e}^{-\mathrm{j}\omega M/2} & \omega_l\leqslant|\omega|\leqslant\omega_h\\ 0 & \text{其他}\end{cases}\tag{7.1.10}$$

则

$$h_d(n)=\frac{1}{2\pi}\int_{-\omega_h}^{-\omega_l}\mathrm{e}^{\mathrm{j}(n-M/2)\omega}\mathrm{d}\omega+\frac{1}{2\pi}\int_{\omega_l}^{\omega_h}\mathrm{e}^{\mathrm{j}(n-M/2)\omega}\mathrm{d}\omega$$

求出

$$h_d(n)=\frac{\sin\left[\left(n-\frac{M}{2}\right)\omega_h\right]-\sin\left[\left(n-\frac{M}{2}\right)\omega_l\right]}{\pi\left(n-\frac{M}{2}\right)}\tag{7.1.11}$$

(3) 带阻数字滤波器的设计。令

$$H_d(\mathrm{e}^{\mathrm{j}\omega})=\begin{cases}\mathrm{e}^{-\mathrm{j}\omega M/2} & |\omega|\leqslant\omega_l,\ |\omega|\geqslant\omega_h\\ 0 & \text{其他}\end{cases}\tag{7.1.12}$$

则

$$h_d(n)=\frac{1}{2\pi}\int_{-\pi}^{-\omega_h}\mathrm{e}^{\mathrm{j}\left(n-\frac{M}{2}\right)\omega}\,\mathrm{d}\omega+\frac{1}{2\pi}\int_{-\omega_l}^{\omega_l}\mathrm{e}^{\mathrm{j}\left(n-\frac{M}{2}\right)\omega}\,\mathrm{d}\omega+\frac{1}{2\pi}\int_{\omega_h}^{\pi}\mathrm{e}^{\mathrm{j}\left(\frac{n-M}{2}\right)\omega}\,\mathrm{d}\omega$$

求出

$$h_d(n)=\frac{\sin\left[\left(n-\frac{M}{2}\right)\omega_l\right]+\sin\left[\left(n-\frac{M}{2}\right)\pi\right]-\sin\left[\left(n-\frac{M}{2}\right)\omega_h\right]}{\pi\left(n-\frac{M}{2}\right)}\tag{7.1.13}$$

比较式(7.1.4)、式(7.1.9)、式(7.1.11)及式(7.1.13)可以看出，一个高通滤波器相当于用一个全通滤波器减去一个低通滤波器；一个带通滤波器相当于两个低通滤波器相减，其中一个截止频率在ω_h，另一个在ω_l。一个带阻滤波器相当于一个低通滤波器加上一个高通滤波器，低通滤波器的截止频率在ω_l，高通在ω_h。

选取一个满意的窗函数 $w(n)$，令

$$h(n) = w(n)h_d(n), \quad n = 0,1,\cdots,M \tag{7.1.14}$$

则 $h(n)$ 即为要设计的滤波器的频率响应。按以上方法设计出的滤波器，由于满足了 $h(n)=\pm h(M-n)$ 的对称关系，因此都具有线性相位。

FIR DF 设计的窗函数法不但可以用来设计普通的 LP、HP、BP 及 BS 滤波器，也可以用来设计一些特殊的滤波器，例如差分滤波器、希尔伯特滤波器等。

例 7.1.2　试设计一个数字差分器，逼近理想差分器的频率响应

$$H_d(e^{j\omega}) = j\omega, \quad |\omega| \leqslant \pi \tag{7.1.15}$$

取 $M=24$。

解　$H_d(e^{j\omega})$ 是一个纯虚函数，且是 ω 的奇函数，由 $H_d(e^{j\omega})$ 可求得

$$h_d(n) = \frac{1}{2\pi}\int_{-\pi}^{\pi} j\omega\, e^{j\omega n}\, d\omega = -\frac{1}{2\pi}\int_{-\pi}^{\pi} \omega \sin(n\omega)\, d\omega$$

令 $n\omega = x$，则

$$h_d(n) = \frac{1}{2\pi n^2}\int_{-n\pi}^{n\pi} x\sin x\, dx$$

求得

$$h_d(n) = \frac{1}{n}(-1)^n \tag{7.1.16}$$

注意，$h_d(n)$ 是以 $n=0$ 为奇对称的，因此 $h_d(0)=0$。令

$$h(n) = h_d(n-M/2)w(n) = \frac{(-1)^{n-M/2}}{n-M/2}w(n), \quad n = 0,1,\cdots,M \tag{7.1.17}$$

即可得到所设计的差分滤波器的抽样响应。图 7.1.4 给出了 $w(n)$ 为矩形窗（曲线①）及哈明窗（曲线②）时的 $|H_d(e^{j\omega})|$ 曲线，可以看出，它们在 $0\sim\pi$ 内近似理想差分器的幅频特性，即 $|H_d(e^{j\omega})|=\omega$。

由于 $H_d(e^{j\omega})=j\omega$，所以理想差分器的相频特性是

$$\varphi_d(\omega) = \begin{cases} \pi/2 & 0 < \omega < \pi \\ -\pi/2 & -\pi < \omega < 0 \end{cases} \tag{7.1.18}$$

所设计的 $H(e^{j\omega})$ 的相频率特性由于有了 $-M\omega/2$ 的线性延迟，所以其相频特性是

$$\varphi(\omega) = \begin{cases} \pi/2 - M\omega/2 & 0 < \omega < \pi \\ -\pi/2 - M\omega/2 & -\pi < \omega < 0 \end{cases} \tag{7.1.19}$$

$\varphi_d(\omega)$ 及 $\varphi(\omega)$ 如图 7.1.5 所示，显然，它们都是线性相位的。

例 7.1.3　试设计一个 90°移相器，逼近理想的频率响应

$$H_d(e^{j\omega}) = \begin{cases} -j & 0 < \omega < \pi \\ j & -\pi < \omega < 0 \end{cases} \tag{7.1.20}$$

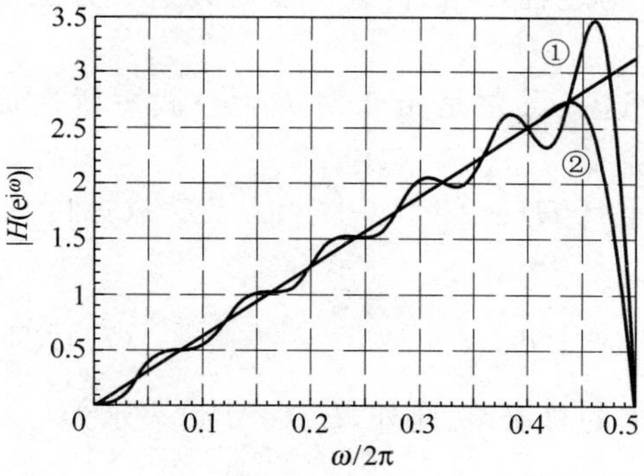

图 7.1.4　差分滤波器的幅频特性

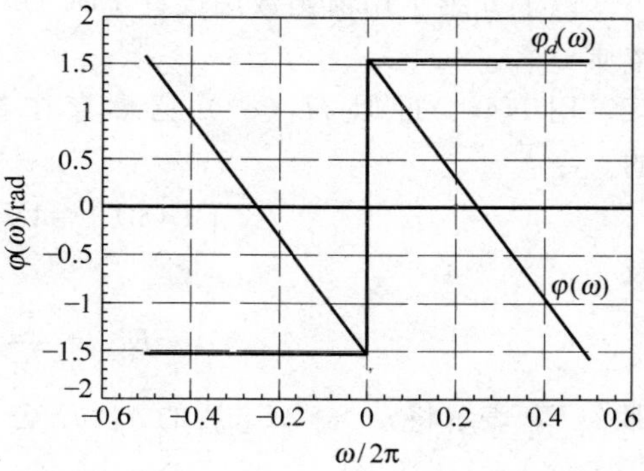

图 7.1.5　差分滤波器相频特性($M=2$)

该系统称为希尔伯特变换器,它对应的单位抽样响应是

$$h_d(n)=\frac{1-(-1)^n}{n\pi}=\begin{cases}0 & n\text{ 为偶数}\\ \dfrac{2}{n\pi} & n\text{ 为奇数}\end{cases}\tag{7.1.21}$$

取 $M=14$,则

$$h(n)=h_d(n-M/2)w(n)=\frac{2}{(n-7)\pi}w(n),\quad n\text{ 为偶数}\tag{7.1.22}$$

当 $w(n)$为矩形窗时,得

$$h(0)=-h(14)=-2/7\pi,\quad h(2)=-h(12)=-2/5\pi$$
$$h(4)=-h(10)=-2/3\pi,\quad h(6)=-h(8)=-2/\pi$$
$$h(1)=h(3)=h(5)=h(7)=h(9)=h(11)=h(13)=0$$

图 7.1.6 给出了使用不同窗函数时的 90°移相器的幅频特性曲线。

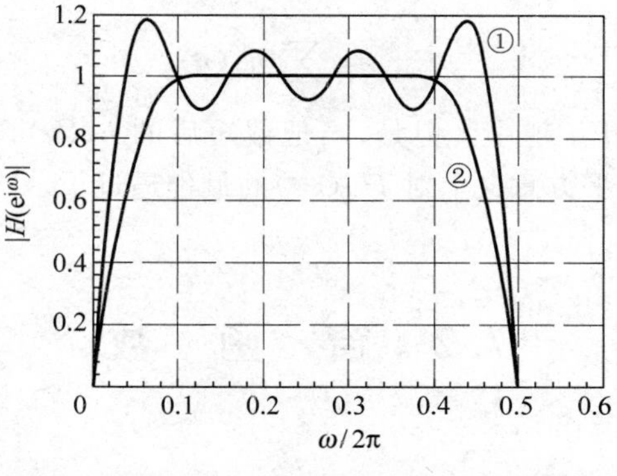

图 7.1.6　使用矩形窗(曲线①)和哈明窗(曲线②)时 90°相移器频率响应曲线

以上介绍了用窗函数法设计 FIR DF 的原理与过程，现在再进一步研究这一方法的本质。

用 $H(\mathrm{e}^{\mathrm{j}\omega})$ 近似 $H_d(\mathrm{e}^{\mathrm{j}\omega})$，必然存在着误差，这一误差是由于对 $h_d(n)$ 截短所造成的。令

$$|E(\omega)| = |H_d(\mathrm{e}^{\mathrm{j}\omega})| - |H(\mathrm{e}^{\mathrm{j}\omega})| \tag{7.1.23}$$

及

$$E_M^2 = \frac{1}{2\pi}\int_{-\pi}^{\pi} |E(\omega)|^2 \mathrm{d}\omega \tag{7.1.24}$$

那么 E_M^2 表示将 $n > |M|$ 后的 $h_d(n)$ 舍去后带来的总误差。此外，$H_d(\mathrm{e}^{\mathrm{j}\omega})$ 可表示为

$$H_d(\mathrm{e}^{\mathrm{j}\omega}) = \frac{a_0}{2} + \sum_{n=1}^{\infty} a_n \cos(n\omega) + \sum_{n=1}^{\infty} b_n \sin(n\omega) \tag{7.1.25}$$

式中，$a_0 = 2h_d(0)$，$a_n = h_d(n) + h_d(-n)$，$b_n = \mathrm{j}[h_d(-n) - h_d(n)]$。如果 $H(\mathrm{e}^{\mathrm{j}\omega})$ 是由对 $h_d(n)$ 截短所产生的，假定

$$H(\mathrm{e}^{\mathrm{j}\omega}) = \frac{A_0}{2} + \sum_{n=1}^{M} A_n \cos(n\omega) + \sum_{n=1}^{M} B_n \sin(n\omega) \tag{7.1.26}$$

并且当 $|n| > M$ 时，$A_n = B_n = 0$。那么把式(7.1.25)及式(7.1.26)两式代入式(7.1.24)，利用三角函数的正交性，有

$$E_M^2 = \frac{(a_0 - A_0)^2}{2} + \sum_{n=1}^{M} (a_n - A_n)^2 + \sum_{n=1}^{M} (b_n - B_n)^2 + \sum_{n=M+1}^{\infty} (a_n^2 + b_n^2) \tag{7.1.27}$$

由于上式中每一项都是非负的，所以，只有当 $A_0 = a_0$，$A_n = a_n$，$B_n = b_n$，$n = 1, 2, \cdots, M$ 时，E_M^2 才最小。当我们利用 $H(\mathrm{e}^{\mathrm{j}\omega})$ 来近似 $H_d(\mathrm{e}^{\mathrm{j}\omega})$ 时，欲使近似误差为最小，$H(\mathrm{e}^{\mathrm{j}\omega})$ 的单位抽样响应必须是 $H_d(\mathrm{e}^{\mathrm{j}\omega})$ 的傅里叶系数。这也说明，有限项傅里叶级数是在最小平方意义上对原信号的最佳逼近，其逼近误差是

$$E_M^2 = \sum_{n=M+1}^{\infty} h_d^2(n) \tag{7.1.28}$$

自然，M 取得越大，误差 E_M^2 越小。但是，当把截短后的 $h_d(n)$ 再乘以非矩形窗 $w(n)$ 以后，$H(\mathrm{e}^{\mathrm{j}\omega})$ 已不是在最小平方意义上对 $H_d(\mathrm{e}^{\mathrm{j}\omega})$ 的最佳逼近了。

7.2 窗　函　数

在信号处理中不可避免地要遇到数据截短问题。例如，在应用 DFT 时，数据 $x(n)$ 总是有限长，在 7.1 节的滤波器设计中遇到了对理想滤波器抽样响应 $h_d(n)$ 的截短问题，在

功率谱估计中也要遇到对自相关函数的截短问题。总之,我们在实际工作中所能处理的离散序列总是有限长,把一个长序列变成有限长的短序列不可避免地要用到窗函数。因此,窗函数本身的研究及应用是信号处理中的一个基本问题[6]。

设 $x(n)$ 为一长序列,$w(n)$ 是长度为 N 的窗函数,$n=0,1,\cdots,N-1$,用 $w(n)$ 乘 $x(n)$ 得

$$x_N(n)=x(n)w(n) \tag{7.2.1}$$

x_N 为 N 点序列,其 DTFT 是

$$X_N(\mathrm{e}^{\mathrm{j}\omega})=\frac{1}{2\pi}\int_{-\pi}^{\pi}X(\mathrm{e}^{\mathrm{j}\theta})W(\mathrm{e}^{\mathrm{j}(\omega-\theta)})\mathrm{d}\theta \tag{7.2.2}$$

由此可以看出,窗函数 $w(n)$ 不仅影响原来信号在时域的形状,也影响了其在频域的形状。若 $w(n)$ 为矩形窗,即 $w(n)=1,n=0,1,\cdots,N-1$,那么其频谱

$$\begin{aligned}W(\mathrm{e}^{\mathrm{j}\omega})&=\sum_{n=0}^{N-1}w(n)\mathrm{e}^{-\mathrm{j}\omega n}\\&=\mathrm{e}^{-\mathrm{j}(N-1)\omega/2}\sin\left(\frac{\omega N}{2}\right)\Big/\sin\left(\frac{\omega}{2}\right)\end{aligned} \tag{7.2.3}$$

由例 3.2.6 可知,$|\omega|\leqslant 2\pi/N$ 的部分称为窗函数的主瓣,在 $|\omega|>2\pi/N$ 后的部分称为窗函数的边瓣。主瓣宽度决定了被截短以后所得序列的频域分辨率,而边瓣峰值有可能湮没信号频谱分量中较小的成分。因此我们不难想到,对窗函数总的要求是,希望它频谱的主瓣尽量地窄,边瓣峰值尽量地小,使频域的能量能主要集中在主瓣内。归一化 $|W(\mathrm{e}^{\mathrm{j}\omega})|$ 如图 7.2.1 所示(注:归一化 $|W(\mathrm{e}^{\mathrm{j}\omega})|=20\lg|W(\mathrm{e}^{\mathrm{j}\omega})/W(\mathrm{e}^{\mathrm{j}0})|$),我们在该图中给出了三个频域指标以定量地比较各种窗函数的性能。

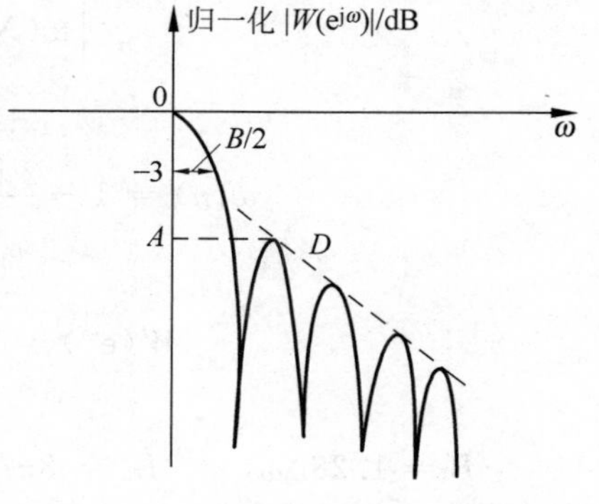

图 7.2.1 窗函数频谱中几个参数的定义

① 3dB 带宽 B,它是主瓣归一化的幅度下降到 -3dB 时的带宽。当数据长度为 N 时,矩形窗主瓣两个过零点之间的宽度为 $4\pi/N$,有的教科书上也用 $B_0=4\pi/N$ 表示矩形窗主瓣的宽度。若令 $\Delta\omega=2\pi/N$,则 B 的单位可以是 $\Delta\omega$,本书同时给出了不同窗函数的 B 和 B_0。

② 最大边瓣峰值 A(dB)。

③ 边瓣谱峰渐近衰减速度 D(dB/oct)。

一个理想的窗函数，应该具有最小的 B 和 A 及最大的 D。除以上三个指标外，我们对窗函数还有一些共同的要求：

① $w(n)$应是非负的实偶函数，且 $w(n)$从对称中心开始，应是非递增的。在实际工作中，有时需要 $w(n)$以 $n=N/2$ 为对称，这时 $n=0,1,\cdots,N-1$；有时需要 $w(n)$以 $n=0$ 为对称，这时 $n=-N/2,\cdots,0,\cdots,N/2$。本书同时给出了这两种情况的数学表达式。

② 由式(7.2.2)可知，若 $X(e^{j\omega})$恒为正，那么，若 $W(e^{j\omega})$有正有负，则 $X_N(e^{j\omega})$将有正有负。因为功率谱总是正的，因此，我们希望 $W(e^{j\omega})$也尽可能是正的，但实际上很多窗函数满足不了这一要求。

③ 窗函数的频谱应满足

$$w(0)=\frac{1}{2\pi}\int_{-\pi}^{\pi}W(e^{j\omega})\,d\omega=1 \tag{7.2.4}$$

下面给出几种常用的窗函数。

(1) 矩形窗

$$B=0.89\Delta\omega,\quad B_0=4\pi/N,\quad A=-13\text{dB},\quad D=-6\text{dB/oct}$$

(2) 三角窗(又称 Bartlett 窗)

$$w(n)=\begin{cases}\dfrac{2n}{N} & n=0,1,\cdots,\dfrac{N}{2}\\[2ex] w(N-n) & n=\dfrac{N}{2},\cdots,N-1\end{cases}$$

或

$$w(n)=1-\frac{2\,|\,n\,|}{N},\quad n=-\frac{N}{2},\cdots,0,\cdots,\frac{N}{2}$$

$$W(e^{j\omega})=\frac{2}{N}e^{-j\left(\frac{N}{2}-1\right)\omega}\left[\frac{\sin\left(\dfrac{\omega N}{4}\right)}{\sin\left(\dfrac{\omega}{2}\right)}\right]^2$$

$$B=1.28\Delta\omega,\qquad B_0=8\pi/N,\qquad A=-27\text{dB},\qquad D=-12\text{dB/oct}$$

(3) 汉宁(Hanning)窗

$$w(n)=0.5-0.5\cos\left(\frac{2\pi n}{N}\right),\quad n=0,1,\cdots,N-1,$$

或

$$w(n)=0.5+0.5\cos\left(\frac{2\pi n}{N}\right),\quad n=-\frac{N}{2},\cdots,0,\cdots,\frac{N}{2}$$

$$W(e^{j\omega})=0.5U(\omega)+0.25\left[U\left(\omega-\frac{2\pi}{N}\right)+U\left(\omega+\frac{2\pi}{N}\right)\right]$$

式中

$$U(\omega)=\mathrm{e}^{\mathrm{j}\omega/2}\sin\left(\frac{\omega N}{2}\right)\Big/\sin\left(\frac{\omega}{2}\right)$$

$$B=1.44\Delta\omega,\qquad B_0=8\pi/N,\qquad A=-32\mathrm{dB},\qquad D=-18\mathrm{dB/oct}$$

(4) 哈明(Hamming)窗

$$w(n)=0.54-0.46\cos\left(\frac{2\pi n}{N}\right),\quad n=0,1,\cdots,N-1$$

或

$$w(n)=0.54+0.46\cos\left(\frac{2\pi n}{N}\right),\quad n=-\frac{N}{2},\cdots,0,\cdots,\frac{N}{2}$$

$$W(\mathrm{e}^{\mathrm{j}\omega})=0.54U(\omega)+0.23U\left(\omega-\frac{2\pi}{N}\right)+0.23U\left(\omega+\frac{2\pi}{N}\right)$$

$$B=1.3\Delta\omega,\qquad B_0=\frac{8\pi}{N},\qquad A=-43\mathrm{dB},\qquad D=-6\mathrm{dB/oct}$$

(5) 布莱克曼(Blackman)窗

$$w(n)=0.42-0.5\cos\left(\frac{2\pi n}{N}\right)+0.08\cos\left(\frac{4\pi n}{N}\right),\quad n=0,1,\cdots,N-1$$

或

$$w(n)=0.42+0.5\cos\left(\frac{2\pi n}{N}\right)+0.08\cos\left(\frac{4\pi n}{N}\right),\quad n=-\frac{N}{2},\cdots,0,\cdots,\frac{N}{2}$$

$$W(\mathrm{e}^{\mathrm{j}\omega})=0.42U(\omega)+0.25\left[U\left(\omega-\frac{2\pi}{N}\right)+U\left(\omega+\frac{2\pi}{N}\right)\right]$$
$$+0.04\left[U\left(\omega-\frac{4\pi}{N}\right)+U\left(\omega+\frac{4\pi}{N}\right)\right]$$

$$B=1.68\Delta\omega,\qquad B_0=\frac{12\pi}{N},\qquad A=-58\mathrm{dB},\qquad D=-18\mathrm{dB/oct}$$

图 7.2.2(a)～(e)给出了 5 个窗函数的 $w(n)$($n=-16\sim16$)及归一化对数幅频响应 $20\lg\left|\frac{W(\mathrm{e}^{\mathrm{j}\omega})}{W(\mathrm{e}^{\mathrm{j}0})}\right|$ 的图形。

随着信号处理的发展,迄今提出的各种窗函数已有几十种。除以上 5 个外,比较有名的还有凯塞(Kaiser)窗、切比雪夫窗、高斯窗等。限于篇幅,本书不再列出,有兴趣的读者可参考文献[6]和[7]。

比较窗函数(1)～(5),可以看到,矩形窗具有最窄的主瓣 B,但也有最大的边瓣峰值 A 和最慢的衰减速度 D。哈明窗和汉宁窗的主瓣稍宽,但有较小的边瓣和较大的衰减速度,是较为常用的窗函数。

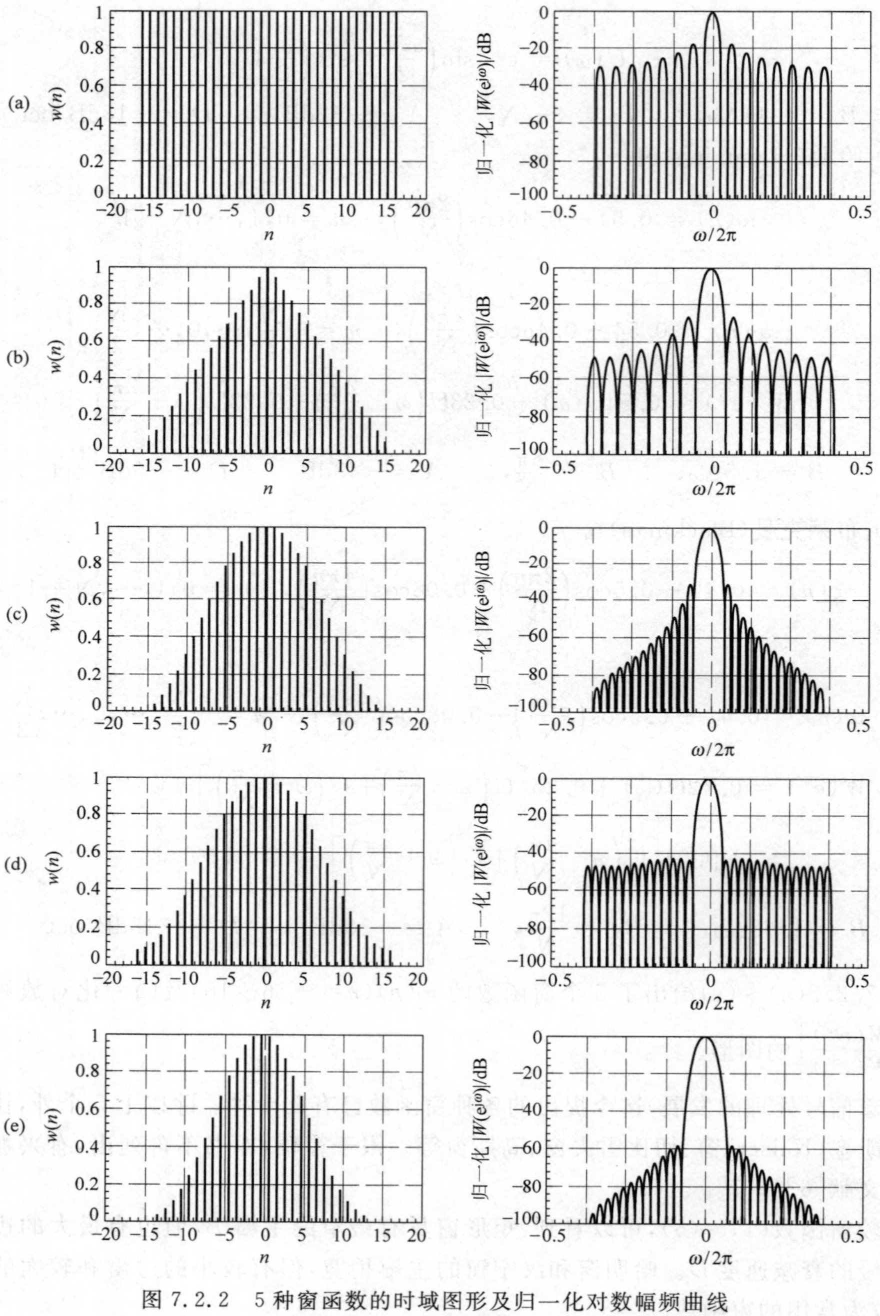

图 7.2.2　5 种窗函数的时域图形及归一化对数幅频曲线

(a) 矩形窗；(b) 三角窗；(c) 汉宁窗；(d) 哈明窗；(e) 布莱克曼窗

7.3 FIR 数字滤波器设计的切比雪夫逼近法

在 7.1 节我们介绍了 FIR 数字滤波器设计的傅里叶级数法(窗函数法),用这种方法设计出的滤波器的频率特性是在最小平方意义上对所给理想频率特性 $H_d(e^{j\omega})$ 的逼近。从数值逼近的理论来看,对某个函数 $f(x)$ 的逼近一般有三种方法:①插值法;②最小平方逼近法;③最佳一致逼近法。

所谓插值,即寻找一 n 阶多项式(或三角多式项式) $p(x)$,使它在 $n+1$ 个点 x_0, $x_1,\cdots,x_n$ 处满足

$$p(x_k) = f(x_k), \quad k = 0,1,\cdots,n$$

而在非插值点上,$p(x)$ 是 $f(x_k)$ 的某种组合。当然,在非插值点上,$p(x)$ 和 $f(x)$ 存在有一定的误差。频率抽样法可以看做插值法,它在抽样点 ω_k 上保证了 $H(e^{j\omega_k}) = H_d(e^{j\omega_k})$,而在非抽样点上,$H(e^{j\omega})$ 是插值函数 $S(\omega, k)$ 的线性组合,其权重是 $H_d(e^{j\omega_k})$。这种设计方法的缺点是通带和阻带的边缘不易精确地确定。

最小平方逼近是在所需要的范围内,如区间 $[a, b]$,使积分 $\int_a^b [p(x)-f(x)]^2 \mathrm{d}x$ 为最小。这种设计方法是着眼于使整个区间 $[a, b]$ 内的总误差为最小,但它并不一定能保证在每个局部位置误差都最小。实际上,在某些位置上,有可能存在着较大的误差。在 7.1 节中已指出,傅里叶级数法就是一种最小平方逼近法。该方法在间断点处出现了较大的过冲(Gibbs 现象)。为了减小这种过冲和欠冲,采用了加窗口的方法,当然,加窗以后的设计法,已不再是最小平方逼近。

最佳一致逼近法,是着眼于在所需要的区间 $[a, b]$ 内,使误差函数

$$E(x) = | p(x) - f(x) |$$

较均匀一致,并且通过合理地选择 $p(x)$,使 $E(x)$ 的最大值 E_n 达到最小。切比雪夫逼近理论解决了 $p(x)$ 的存在性、唯一性及如何构造等一系列问题。

McClellan J. H, Parks T. W 和 Rabiner L. R 等人[3~5] 应用切比雪夫逼近理论,提出了一种 FIR 数字滤波器的计算机辅助设计方法。这种设计方法由于是在一致意义上对 $H_d(e^{j\omega})$ 作最佳逼近,因而获得了较好的通带和阻带性能,并能准确地指定通带和阻带的边缘,是一种有效的设计方法。为了使读者能更好地理解该方法的理论基础,本节先简要介绍一下切比雪夫最佳一致逼近理论的基本内容,然后详细介绍该方法的算法。

7.3.1　切比雪夫最佳一致逼近原理

切比雪夫最佳一致逼近的基本思想是，对于给定区间$[a, b]$上的连续函数 $f(x)$，在所有 n 次多项式的集合 $\mathscr{P}_n$ 中，寻找一多项式 $\hat{p}(x)$，使它在$[a, b]$上对 $f(x)$ 的偏差和其他一切属于 $\mathscr{P}_n$ 的多项式 $p(x)$ 对 $f(x)$ 的偏差相比是最小的，即

$$\max_{a \leqslant x \leqslant b} |\hat{p}(x) - f(x)| = \min\{\max_{a \leqslant x \leqslant b} |p(x) - f(x)|\}$$

切比雪夫逼近理论指出，这样的多项式 $\hat{p}(x)$是存在的，且是唯一的，并指出了构造这种最佳一致逼近多项式的方法，这就是有名的“交错点组定理”，该定理可描述如下：

设 $f(x)$是定义在$[a, b]$上的连续函数，$p(x)$为 $\mathscr{P}_n$ 中一个阶次不超过 n 的多项式，并令

$$E_n = \max_{a \leqslant x \leqslant b} |p(x) - f(x)|$$

及

$$E(x) = p(x) - f(x)$$

$p(x)$是 $f(x)$最佳一致逼近多项式的充要条件是，$E(x)$在$[a, b]$上至少存在 $n+2$ 个交错点 $a \leqslant x_1 < x_2 < \cdots < x_{n+2} \leqslant b$，使得

$$E(x_i) = \pm E_n, \quad i = 1, 2, \cdots, n+2$$

且

$$E(x_i) = -E(x_{i+1}) \quad i = 1, 2, \cdots, n+2$$

这 $n+2$ 个点即是“交错点组”，显然 $x_1, x_2, \cdots, x_{n+2}$是 $E(x)$的极值点。

n 阶切比雪夫多项式

$$C_n(x) = \cos(n\arccos x), \quad -1 \leqslant x \leqslant 1$$

在区间$[-1, 1]$上存在 $n+1$ 个点 $x_k = \cos\left(\frac{\pi}{n}k\right)$，$k = 0, 1, \cdots, n$，轮流使得 $C_n(x)$ 取得最大值 $+1$ 和最小值 -1。$C_n(x)$ 是 x 的多项式，且最高项 x^n 的系数是 2^{n-1}，可以证明，在所有 n 阶多项式中，多项式 $C_n(x)/2^{n-1}$ 和 0 的偏差为最小。这样，如果我们在寻找 $p(x)$ 时，能使误差函数为某一个 $C_n(x)$，那么，这样的 $p(x)$ 将是对 $f(x)$ 的最佳一致逼近。

7.3.2　利用切比雪夫逼近理论设计 FIR 数字滤波器

设所希望的理想频率响应是

$$H_d(e^{j\omega}) = \begin{cases} 1 & 0 \leqslant \omega \leqslant \omega_p \\ 0 & \omega_s \leqslant \omega \leqslant \pi \end{cases} \tag{7.3.1}$$

式中 ω_p 为通带频率，ω_s 为阻带频率。现在的任务是，寻找一 $H(e^{j\omega})$，使其在通带和阻带

内最佳地一致逼近 $H_d(e^{j\omega})$。图 7.3.1 给出了对理想频率响应逼近的示意图,图中,δ_1 为通带纹波峰值,δ_2 为阻带纹波峰值。这样,对设计的低通数字滤波器 $H(e^{j\omega})$,共提出了 5 个参数,即 ω_p,ω_s,δ_1,δ_2 和相应的单位抽样响应的长度 N。根据上述交错点组定理,可以想象,如果 $H(e^{j\omega})$是对 $H_d(e^{j\omega})$的最佳一致逼近,那么 $H(e^{j\omega})$在通带和阻带内应具有如图 7.3.1 的等纹波性质,所以最佳一致逼近有时又称等纹波逼近。

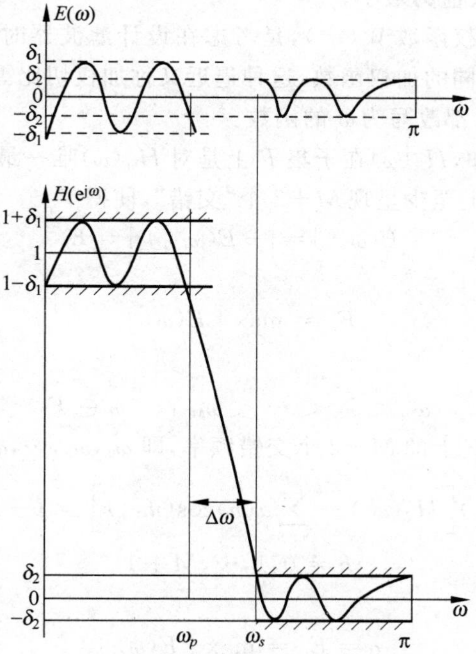

图 7.3.1 低通数字滤波器的一致逼近

为了保证设计出的 $H(e^{j\omega})$具有线性相位,在此仍要遵守在 5.2 节提出的对 $h(n)$的约束条件。为了讨论方便,现在先假设 $h(n)$为偶对称,N 为奇数,则

$$H(e^{j\omega}) = e^{-j(N-1)\omega/2} H_g(e^{j\omega}) \tag{7.3.2}$$

式中

$$H_g(e^{j\omega}) = \sum_{n=0}^{M} a(n)\cos(n\omega), \quad M = (N-1)/2 \tag{7.3.3}$$

$a(n)$和 $h(n)$的关系见式(5.2.3)。

令 B_p 代表通带($0\sim\omega_p$)上的频率,B_s 代表阻带($\omega_s\sim\pi$)上的频率。并令 $F=B_p\cup B_s$,代表定义在频率范围($0\sim\pi$)上的频率集合的一个子集,再定义加权函数

$$W(e^{j\omega}) = \begin{cases} 1/k & 0\leqslant\omega\leqslant\omega_p,\ k=\delta_1/\delta_2 \\ 1 & \omega_s\leqslant\omega\leqslant\pi \end{cases} \tag{7.3.4}$$

记误差函数

$$E(e^{j\omega})=W(e^{j\omega})[H_g(e^{j\omega})-H_d(e^{j\omega})]$$
$$=W(e^{j\omega})\left[\sum_{n=0}^{M}a(n)\cos(n\omega)-H_d(e^{j\omega})\right] \tag{7.3.5}$$

这样，用 $H_g(e^{j\omega})$一致逼近 $H_d(e^{j\omega})$的问题可表述为：寻求系数 $a(n)$，$n=0,1,\cdots,M$，使加权误差函数 $E(e^{j\omega})$的最大值为最小。

式(7.3.5)中使用加权函数 $W(e^{j\omega})$，是考虑在设计滤波器时对通带和阻带常要求不同的逼近精度，故乘以不同的加权函数，这种逼近又称加权切比雪夫一致逼近。为了书写的方便，下面把 $e^{j\omega}$的函数都改写为 ω 的函数。

由交错点组定理可知，$H_g(\omega)$在子集 F 上是对 $H_d(\omega)$唯一最佳一致逼近的充要条件是，误差函数 $E(\omega)$在 F 上至少呈现 $M+2$ 个“交错”，使得

$$|E(\omega_i)|=|-E(\omega_{i+1})|=E_n$$

其中

$$E_n=\max_{\omega\in F}|E(\omega)|$$

且

$$\omega_0<\omega_1<\cdots<\omega_{M+1},\quad \omega\in F$$

如果已经知道了在 F 上的 $M+2$ 个交错频率，即 $\omega_0,\omega_1,\cdots,\omega_{M+1}$，由式(7.3.5)，有

$$W(\omega_k)\left[H_d(\omega_k)-\sum_{n=0}^{M}a(n)\cos(n\omega_k)\right]=(-1)^k\rho,$$
$$k=0,1,\cdots,M+1 \tag{7.3.6}$$

式中

$$\rho=E_n=\max_{\omega\in F}|E(\omega)|$$

式(7.3.6)可写成矩阵形式，并将 $a(n)$写成 a_n，则有

$$\begin{bmatrix} 1 & \cos\omega_0 & \cos(2\omega_0) & \cdots & \cos(M\omega_0) & \dfrac{1}{W(\omega_0)} \\ 1 & \cos\omega_1 & \cos(2\omega_1) & \cdots & \cos(M\omega_1) & \dfrac{-1}{W(\omega_1)} \\ 1 & \cos\omega_2 & \cos(2\omega_2) & \cdots & \cos(M\omega_2) & \dfrac{1}{W(\omega_2)} \\ \vdots & \vdots & \vdots & \vdots & \vdots & \vdots \\ 1 & \cos\omega_M & \cos(2\omega_M) & \cdots & \cos(M\omega_M) & \dfrac{(-1)^M}{W(\omega_M)} \\ 1 & \cos\omega_{M+1} & \cos(2\omega_{M+1}) & \cdots & \cos(M\omega_{M+1}) & \dfrac{(-1)^{M+1}}{W(\omega_{M+1})} \end{bmatrix}\begin{bmatrix} a_0 \\ a_1 \\ a_2 \\ \vdots \\ a_M \\ \rho \end{bmatrix}=\begin{bmatrix} H_d(\omega_0) \\ H_d(\omega_1) \\ H_d(\omega_2) \\ \vdots \\ H_d(\omega_M) \\ H_d(\omega_{M+1}) \end{bmatrix} \tag{7.3.7}$$

上式的系数矩阵是 $(M+2)\times(M+2)$ 的方阵，它是非奇异的。解此方程组，可唯一地求出系数 $a_0, a_1, \cdots, a_M$ 及偏差 ρ，这样最佳滤波器 $H(e^{j\omega})$ 便可构成。

但是，这样做在实际上存在着两个困难。一是交错点组 $\omega_0, \omega_1, \cdots, \omega_M$ 事先并不知道，当然也就无法求解式(7.3.7)，要确定一组交错点组并非易事，即使对于较小的 M 也是如此。二是直接求解方程组(7.3.7)比较困难。为此，J. H. McClallan 等人利用数值分析中的 Remez 算法，靠一次次的迭代来求得一组交错点组，而且在每一次迭代过程中避免直接求解式(7.3.7)。现把该算法的步骤归纳如下。

第一步，首先在频率子集 F 上等间隔地取 $M+2$ 个频率 ω_0、ω_1、…、ω_{M+1}，作为交错点组的初始猜测位置，然后按公式

$$\rho = \frac{\sum_{k=0}^{M+1} \alpha_k H_d(\omega_k)}{\sum_{k=0}^{M+1} (-1)^k \alpha_k / W(\omega_k)} \tag{7.3.8a}$$

计算 ρ，式中

$$\alpha_k = (-1)^k \prod_{i=0,\ i\neq k}^{M+1} \frac{1}{\cos\omega_i - \cos\omega_k} \tag{7.3.8b}$$

把 ω_0、ω_1、…、ω_{M+1} 代入上式，可求出 ρ，它是相对第一次指定的交错点组所产生的偏差，实际上就是 δ_2。求出 ρ 以后，利用重心形式的拉格朗日插值公式，可以在不求出 a_0、…、a_M 的情况下，得到一个 $H_g(\omega)$，即

$$H_g(\omega) = \frac{\sum_{k=0}^{M} \left(\frac{\beta_k}{\cos\omega - \cos\omega_k}\right) C_k}{\sum_{k=0}^{M} \frac{\beta_k}{\cos\omega - \cos\omega_k}} \tag{7.3.8c}$$

式中

$$C_k = H_d(\omega_k) - (-1)^k \frac{\rho}{W(\omega_k)}, \quad k = 0, 1, \cdots, M \tag{7.3.8d}$$

$$\beta_k = (-1)^k \prod_{i=0,\ i\neq k}^{M} \frac{1}{\cos\omega_i - \cos\omega_k} \tag{7.3.8e}$$

把 $H_g(\omega)$ 代入式(7.3.5)，可求得误差函数 $E(\omega)$。如果在子集 F 上，对所有的频率 ω，都有 $|E(\omega)| \leqslant |\rho|$，这说明，$\rho$ 是纹波的极值，初始猜定的 ω_0、ω_1、…、ω_{M+1} 恰是交错点组。这时，设计工作即可结束。当然，对第一次猜测的位置，不会恰好如此。一般，在某些频率处，总有 $E(\omega) > |\rho|$，这说明，需要交换上次猜测的交错点组中的某些点，得到一组新的交错点组。

第二步，对上次确定的交错点组 ω_0、ω_1、…、ω_{M+1} 中的每一个点，都在其附近检查是否在某一个频率处有 $|E(\omega)|>\rho$，如若有，再在该点附近找出局部极值点，用这一局部极值点代替原来的点。待这 $M+2$ 个点都检查过后，便得到一组新的交错点组 ω_0、ω_1、…、ω_{M+1}，再次利用式(7.3.8)求出 ρ、$H_g(\omega)$ 和 $E(\omega)$，这样就完成一次迭代，也即完成了一次交错点组的交换。通过交换算法，使得这一次的交错点组中的每一个 ω_i 都是由上一次的交错点组所产生的 $E(\omega)$ 的局部极值频率点，因此，用这次的交错点组求出的 ρ 将增大。

第三步，利用和第二步相同的方法，把在各频率处使 $|E(\omega)|>\rho$ 的点作为新的局部极值点，从而又得到一组新的交错点组。

重复上述步骤。因为新的交错点组的选择都是作为每一次求出的 $E(\omega)$ 的局部极值点，因此，在迭代中，每次的 $|\rho|$ 都是递增的。ρ 最后收敛到自己的上限，也即 $H_g(\omega)$ 最佳地一致逼近 $H_d(\omega)$ 的解。因此，若再迭代一次，新的误差曲线 $E(\omega)$ 的峰值将不会大于 $|\rho|$，这时迭代即可结束。由最后的交错点组可按式(7.3.8c)得到 $H_g(\omega)$，将 $H_g(\omega)$ 再附上式(7.3.2)的线性相位后作逆变换，便可得到单位抽样响应 $h(n)$。

由于按式(7.3.4)定义了 $W(\omega)$，因此最后求出的 ρ 即是阻带的峰值偏差 δ_2，而 $k\delta_2$ 便是通带的峰值偏差。由上面的讨论可以看出，交错点数 ω_0、ω_1、…、ω_{M+1} 是限制在通带和阻带内的。因而，上述方法是在通带和阻带内对 $H_d(\omega)$ 的最佳一致逼近，而对过渡带 $\omega_p\sim\omega_s$ 内的逼近偏差没提出要求。过渡带内的 $H_g(\omega)$ 曲线是由通带和阻带内的交错点组插值产生的。对通带和阻带内的逼近误差 δ_1、δ_2 不需事先指定，而是由切比雪夫最佳一致逼近理论保证了逼近的最大偏差为最小。由 7.4.3 节的讨论可知，ω_p 和 ω_s 在每一次的迭代过程中都始终是对应的极值频率点，所以这种设计方法仅需指定 N、k、ω_p 和 ω_s 这 4 个参数，因而通带和阻带的边缘可准确地确定。图 7.3.2 给出了上述算法的流程图。

7.3.3　误差函数 $E(\omega)$ 的极值特性

前文已指出，为保证 $H_g(\omega)$ 是对 $H_d(\omega)$ 的最佳一致逼近，误差函数 $E(\omega)$ 必须呈现 $M+2$ 个“交错”，即 $E(\omega)$ 至少必须有 $M+2$ 个极值，且交替改变符号。由于 $E(\omega)=W(\omega)|H_g(\omega)-H_d(\omega)|$，而 $W(\omega)$ 和 $H_d(\omega)$ 都是常数，所以 $E(\omega)$ 的极值也是 $H_g(\omega)$ 的极值。讨论一下 $H_g(\omega)$ 的极值特性对于我们理解前述算法是很有帮助的。式(7.3.3)的 $H_g(\omega)$ 经展开后可写成幂级数的形式，即

$$H_g(\omega)=\sum_{n=0}^{M}a(n)(\cos\omega)^n \tag{7.3.9}$$

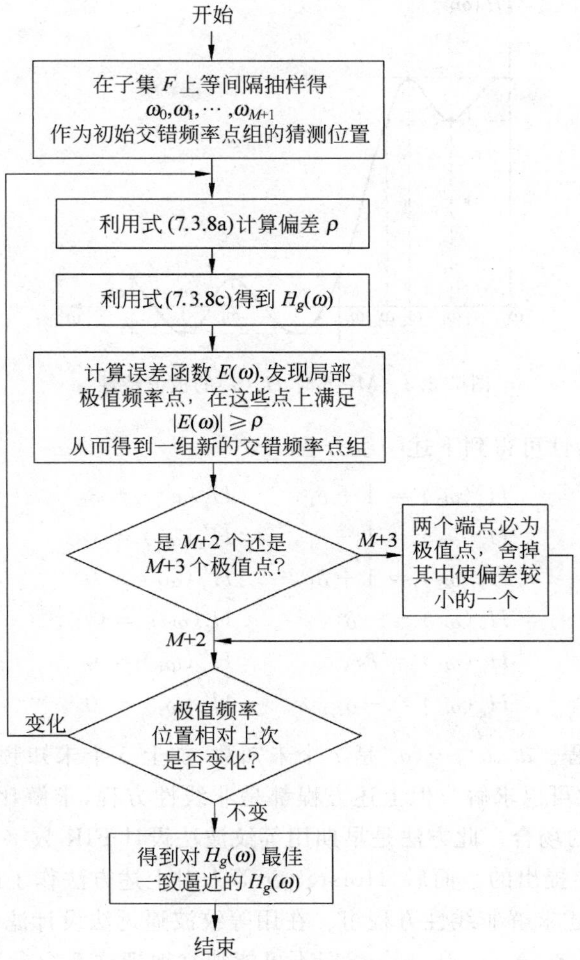

图 7.3.2 Remez 算法流程图

对上式求导，得

$$H'_g(\omega) = -\sin\omega \sum_{n=0}^{M} a(n)n(\cos\omega)^{n-1} \tag{7.3.10}$$

显然，在 $\omega=0$ 和 $\omega=\pi$ 处，$H_g(\omega)$必取极大值或极小值。这样，在闭区间$[0, \pi]$上，$H_g(\omega)$至多有 $M+1$ 个极值。如令 $N=13$，则 $M=6$，$H_g(\omega)$的极值点如图 7.3.3 所示。图中，$\omega_0=0$，$\omega_6=\pi$，显然，若不包括 ω_p 和 ω_s，最多可有 $M+1=7$ 个极值频率，包括 ω_p 和 ω_s 时，最多可有 $M+3=9$ 个极值频率。

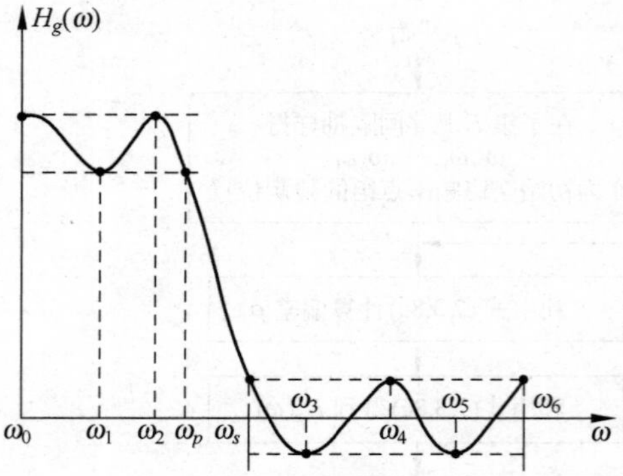

图 7.3.3　$M=6$ 时 $H_g(\omega)$的极值特性

利用上述极值特性可得到下述一组方程

$$
\begin{aligned}
H_g(\omega_0) &= 1+\delta_1, & H_g(e^{j\pi}) &= \delta_2 \\
H_g(\omega_1) &= 1-\delta_1, & H'_g(\omega_1) &= 0 \\
H_g(\omega_2) &= 1+\delta_1, & H'_g(\omega_2) &= 0 \\
H_g(\omega_3) &= -\delta_2, & H_g(\omega_3) &= 0 \\
H_g(\omega_4) &= \delta_2, & H'_g(\omega_4) &= 0 \\
H_g(\omega_5) &= -\delta_2, & H'_g(\omega_5) &= 0
\end{aligned}
$$

这里总共有 12 个方程。a_0、a_1、…、a_6 是 7 个未知数，加上 5 个未知频率 ω_1、ω_2、…、ω_5，总共 12 个未知数，因此可以求解。但上述方程都是非线性方程，求解比较困难，因此，这种方法仅用于 M 较小的场合。此方法是早期用等纹波法设计 FIR 数字滤波器的思路，是由 Herrmann 于 1970 年提出的。而后，Hofstetter 等人对上述方法作了改进，用迭代方法确定极值频率，代替上述求解非线性方程组。在用等纹波逼近法设计滤波器时，有 5 个待定的参数，即 M(或 N)、δ_1、δ_2、ω_p 和 ω_s。我们不可能独立地把这 5 个参数全部给定，而只能指定其中的几个，留下其余的几个在迭代中确定。Herrmann 和 Hofstetter 的算法是给定 M、δ_1 和 δ_2，而 ω_p 和 ω_s 是可变的，这样就有一个缺点，即滤波器通带和阻带的边缘频率不能精确地确定。这两种方法都要求解包括端点[0, π]在内的 $M+1$ 个极值频率。

前面讨论的 J. H. McClallan 的算法是指定 M、ω_p 和 ω_s，而把 δ_1 和 δ_2 当作可变的，在迭代中最佳地确定。根据通带和阻带的定义，应有

$$H(e^{j\omega_p}) = 1-\delta_1$$

$$H(e^{j\omega_s}) = \delta_2$$

即 ω_p 和 ω_s 也是极值频率点。这样，对于低通滤波器来说，指定 ω_p 和 ω_s 作为极值频率后，最多将会有 $M+3$ 个极值频率。但利用交错定理时，只需要 $M+2$ 个极值频率。因

此，在每一次迭代过程中，若出现有 $M+3$ 个极值频率，则在 $\omega=0$ 或 $\omega=\pi$ 处，选取其中呈现最大误差的一个作为极值频率点，形成新的交错点组。出现 $M+3$ 个极值频率的情况称之为“超纹波”，用 Herrmann 和 Hofstetter 方法设计出的滤波器也称之为“超纹波滤波器”。图 7.3.3 中的 ω_p、ω_s 和 0、π 处都是极值频率，因此这是一种“超纹波”的情况[5,3]。

7.3.4 设计举例

例 7.3.1 利用本节所讨论的切比雪夫一致逼近法设计一低通滤波器，要求通带边缘频率 $\omega_p=0.6\pi$，阻带边缘频率 $\omega_s=0.7\pi$，并讨论参数选择对滤波器性能的影响。

解 MATLAB 中用以实现切比雪夫一致逼近的 m 文件是 remez，有关 remez.m 的调用格式及使用说明见 7.7 节。在保证频率分点（即频率向量 F）的情况下，在 remez 中能调整的参数是所设计的滤波器的长度（$N+1$）和通带与阻带内的加权（向量 W）。

表 7.3.1 给出了在不同参数下所设计出的滤波器的性能，图 7.3.4(a)～(d)给出了其对数幅频响应曲线。

表 7.3.1 给定不同 nfilt 及 wtx 所得到的滤波器的性能

序号	输入参数及输出结果					图号（幅频响应）
	$N+1$	通带加权 $W(1)$	阻带加权 $W(2)$	通带纹波及衰减	阻带纹波及衰减	
1	33	1	10	$\delta_1=0.058\,2$ 0.491 6dB	$\delta_2=0.005\,82$ −44.7dB	7.3.4(a)
2	33	10	1	$\delta_1=0.006\,515$ 0.056 41dB	$\delta_2=0.065\,15$ −23.67dB	7.3.4(b)
3	33	1	1	$\delta_1=0.018\,3$ 0.157 5dB	$\delta_2=0.018\,3$ −34.75dB	7.3.4(c)
4	43	1	1	$\delta_1=0.007\,98$ 0.069dB	$\delta_2=0.007\,98$ −41.96dB	7.3.4(d)

由表 7.3.1 及图 7.3.4 可以看出，在相同的滤波器抽样响应长度下，如果在某一个带内赋给了大的加权，那么在这个带内将获得大的衰减。因此，通过调整加权值，可得到不同需要的衰减。在第 3 种情况下，通带和阻带内赋给了同样的加权，因此在这两个带内将具有同样的纹波。计算结果是：$\delta_1=\delta_2=0.018\,3$。这样，通带衰减 $=20\lg(1+0.018\,3)=0.157\,5$dB，阻带衰减 $=20\lg(0.018\,3)=-34.75$dB，在通带和阻带内都具有较好的性能。

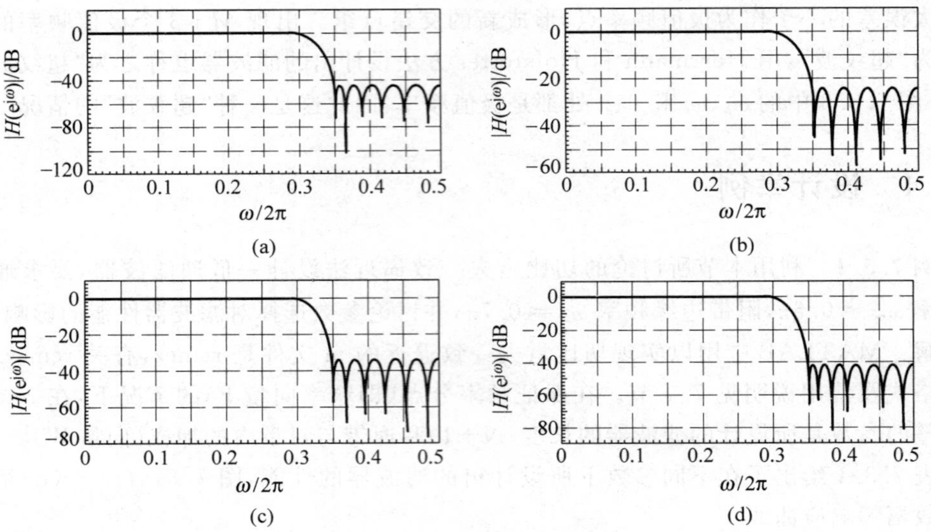

图 7.3.4　例 7.3.1 的结果

(a) 表 7.3.1 中序号 1 所对应的幅频响应曲线；(b) 表 7.3.1 中序号 2 所对应的幅频响应曲线；
(c) 表 7.3.1 中序号 3 所对应的幅频响应曲线；(d) 表 7.3.1 中序号 4 所对应的幅频响应曲线

在相同的加权条件下，若增加滤波器单位抽样响应的长度，自然会得到更好的结果。在第 4 种情况，当 N+1 由 33 增至 43 时，这时 $\delta_1=\delta_2=0.007\ 98$，比第 3 种情况减少了一半。

例 7.3.2　一个数字系统的抽样频率为 500Hz，现希望设计一个多阻带陷波器，以去掉工频信号(50Hz)及二次、三次谐波(100Hz 及 150Hz)的干扰。

解　按设计要求，该滤波器有三个阻带，归一化中心频率分别是 0.1，0.2 及 0.3，这样，该滤波器共有七个带，取 $h(n)$ 的长度 N+1=65。

例 7.7.3 已给出了设计本例滤波器的 MATLAB 程序。从程序中可以看出幅度向量 A 和频率向量 F 的指定方法。为了比较加权对滤波器性能的影响。首先，令通带加权为 8，阻带加权为 1，这时四个通带纹波 δ_1 都是0.017 825，衰减为0.153dB，三个阻带内的纹波都是0.142 6，衰减为−16.92dB，其抽样响应 $h(n)$ 及幅频响应如图 7.3.5(a)和(b)所示。

然后再令通带和阻带内的加权均为 1，这时，四个通带和三个阻带内的纹波 δ_1 及 δ_2 都是 0.054 38，通带衰减为 0.46dB，阻带为−25.29dB，其抽样响应和幅频响应分别如图 7.3.5(c)和(d)所示。在这种情况下，阻带和通带的性能都较为满意。

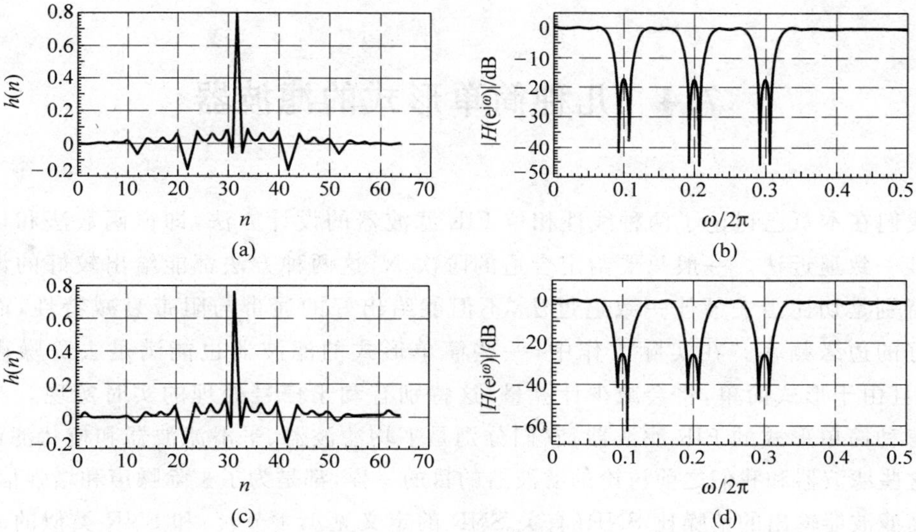

图 7.3.5 例 7.3.2 的结果

(a) 通带加权为 8、阻带加权为 1 时所设计的陷波器的单位抽样响应；

(b) 通带加权为 8、阻带加权为 1 时所设计的陷波器的幅频响应；

(c) 通带和阻带加权都为 1 时所设计的陷波器的单位抽样响应；

(d) 通带和阻带加权都为 1 时所设计的陷波器的幅频响应

7.3.5 滤波器阶次的估计

由例 7.3.1 与例 7.3.2 可以看出，滤波器的阶次($N-1$)或长度 N，与通带及阻带的衰减有关，同时和过渡带的宽度有关。显然，通带越平、阻带衰减越大以及过渡带越窄，那么 N 就必然增大，反之，N 就减小。文献[8]给出了一个估计 N 的方法，即

$$N=\frac{2}{3}\lg\left(\frac{1}{10\delta_1\delta_2}\right)\frac{1}{b} \tag{7.3.11}$$

式中 δ_1 是通带纹波，δ_2 是阻带纹波，$b=(\omega_s-\omega_p)/2\pi$，为过渡带的宽度。

例如，对例 7.3.1 的第 1 种情况，即 $\delta_1=0.0582$，$\delta_2=0.00582$，$b=0.35-0.3=0.05$，将其代入式(7.3.11)，求出 $N=33$，这正是给定的阶次。

文献[5]给出了另一个类似的阶次估计的公式，即

$$N=\frac{-20\lg\sqrt{\delta_1\delta_2}-13}{14.6b}+1 \tag{7.3.12}$$

读者若用表 7.3.1 的数据分别代入这两个公式，可知它们给出的结果基本上是一样的，但式(7.3.12)给出的阶次 N 比所需要的稍低一点。

7.4 几种简单形式的滤波器

我们在本章已讨论了两种线性相位 FIR 滤波器的设计方法，即窗函数法和切比雪夫最佳一致逼近法。一般只要给定合适的阶次 N，这两种方法都能给出较好的设计结果。特别是切比雪夫最佳一致逼近法，不但能给出好的通带与阻带衰减特性，而且能给出好的边缘频率。在实际工作中，一些简单形式的滤波器也能满足去除噪声的要求，而且由于形式简单，将会减少计算量，这特别有利于信号处理的实时实现。本节将介绍三种简单形式的 FIR 滤波器，它们分别是平均滤波器、平滑滤波器和梳状滤波器。

这些滤波器和我们之前讨论的滤波器的目的一样，都是为了去除噪声和增强信号，也即提高滤波器输出的信噪比 SNR（有关 SNR 的定义见 1.4 节）。和 SNR 类似的一个指标是噪声减少比（noise reduction ratio，NRR）[9]。假定滤波器的输入 $x(n)=s(n)+u(n)$，$s(n)$是所要的信号，$u(n)$是要去除的噪声。设滤波器的输出 $y(n)=y_s(n)+y_u(n)$，其中 $y_s(n)$是由 $s(n)$引起的输出，$y_u(n)$是由 $u(n)$引起的输出。若 $s(n)$和 $u(n)$的频谱没有交叠，且 $H(\mathrm{e}^{\mathrm{j}\omega})$在噪声所在的频带内为零，那么，$y_u(n)=0$，即彻底去除了噪声。当然，一般情况下 $y_u(n)$不会为零。定义

$$\sigma_u^2 = E\{u^2(n)\}$$

$$\sigma_{y_u}^2 = E\{y_u^2(n)\}$$

分别是输入、输出噪声的功率，则 NRR 可定义为

$$\mathrm{NRR} = \sigma_{y_u}^2/\sigma_u^2 \tag{7.4.1a}$$

式中 $E\{\}$表示求均值运算。很容易证明

$$\mathrm{NRR} = \frac{1}{2\pi}\int_{-\pi}^{\pi} |H(\mathrm{e}^{\mathrm{j}\omega})|^2 \mathrm{d}\omega = \sum_{n=0}^{N-1} h^2(n) \tag{7.4.1b}$$

如果 $H(\mathrm{e}^{\mathrm{j}\omega})$是一理想的滤波器，即$|H(\mathrm{e}^{\mathrm{j}\omega})|$在通带内恒为 1，在阻带内恒为 0，并设其截止频率为 ω_c，则

$$\mathrm{NRR} = \omega_c/\pi \tag{7.4.1c}$$

定义滤波器输入、输出的信噪比分别为

$$\mathrm{SNR}_x = E\{s^2(n)\}/E\{u^2(n)\} \tag{7.4.2a}$$

$$\mathrm{SNR}_y = E\{y_s^2(n)\}/E\{y_u^2(n)\} \tag{7.4.2b}$$

如果滤波器的输出保证有 $y_s(n)=s(n)$，那么，输入、输出信噪比和 NRR 有如下关系

$$\mathrm{SNR}_y/\mathrm{SNR}_x = 1/\mathrm{NRR} \tag{7.4.3}$$

这样，NRR 越小，输出的信噪比越大。我们下面将利用 NRR 来比较所讨论的简单滤波器的性能。

7.4.1 平均滤波器

考虑如下形式的滤波器

$$h(n)=\begin{cases}1/N & n=0,1,\cdots,N-1\\ 0 & \text{其他}\end{cases} \tag{7.4.4}$$

显然，该系统的转移函数是

$$H(z)=\frac{1}{N}\sum_{n=0}^{N-1}z^{-n}=\frac{1}{N}\frac{1-z^{-N}}{1-z^{-1}} \tag{7.4.5}$$

对应的时域差分方程是

$$y(n)=\frac{1}{N}\sum_{k=0}^{N-1}x(n-k)=\frac{1}{N}[x(n)+x(n-1)+\cdots+x(n-N+1)] \tag{7.4.6}$$

对比例 2.1.2，可知该系统是一个 N 点的平均器，因此，我们称式(7.4.4)～式(7.4.6)对应的系统为平均滤波器。

由式(7.4.5)，仿佛该系统是一 IIR 系统，其实不然。令

$$H_1(z)=\frac{1-z^{-N}}{N} \tag{7.4.7a}$$

$$H_2(z)=\frac{1}{1-z^{-1}} \tag{7.4.7b}$$

则 $H(z)=H_1(z)H_2(z)$。$H_1(z)$的 N 个零点在单位圆上均匀分布，即

$$H_1(z)=\frac{1}{N}\prod_{k=0}^{N-1}(1-\mathrm{e}^{\mathrm{j}\frac{2\pi}{N}k}z^{-1}) \tag{7.4.8}$$

它在 $z=1$ 处的零点正好和 $H_2(z)$的极点相抵消，因此，式(7.4.5)仍是一个 FIR 系统，该式又称为 FIR 系统的递归实现。$H_1(z)$的频率响应

$$H_1(\mathrm{e}^{\mathrm{j}\omega})=\frac{1-\mathrm{e}^{-\mathrm{j}\omega N}}{N}=\mathrm{j}2\mathrm{e}^{-\mathrm{j}\omega N/2}\,\frac{\sin(\omega N/2)}{N} \tag{7.4.9}$$

其幅频响应与极零图分别如图 7.4.1(a)与(b)所示。由图 7.4.1(a)可以看出，它在 2π 内有 N 个等分的零点，幅度为梳状，故称 $H_1(z)$为梳状滤波器。由后面的讨论可知，上述 $H_1(z)$ 是梳状滤波器中最简单的一种。

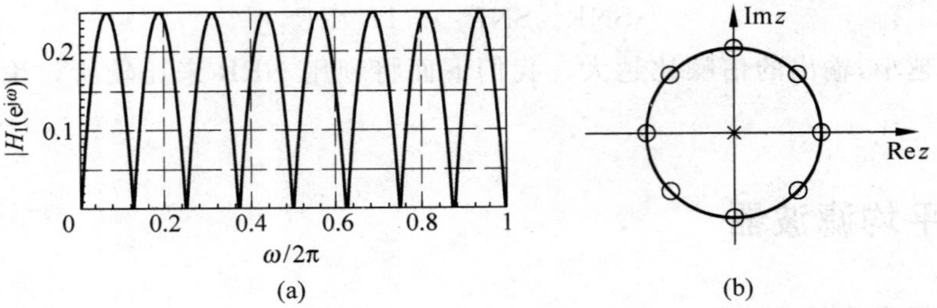

图 7.4.1　最简单的梳状滤波器($N=8$)

显然，N 点平均器的频率响应

$$H(e^{j\omega}) = H_1(e^{j\omega})H_2(e^{j\omega}) = \frac{1}{N}\frac{1-e^{-j\omega N}}{1-e^{-j\omega}}$$

$$= \frac{1}{N}e^{-j\omega(N-1)/2}\ \frac{\sin(\omega N/2)}{\sin(\omega/2)} \tag{7.4.10}$$

其幅频响应如图 7.4.2 所示，是一 sinc 函数，在$\frac{2\pi}{N}k$，$k=0,1,\cdots,N-1$ 处，其幅度为零，其主瓣的单边带宽为 $2\pi/N$。显然它是一个低通滤波器，可见，使用这种简单形式的平均器，可以起到去除噪声、提高信噪比的作用。

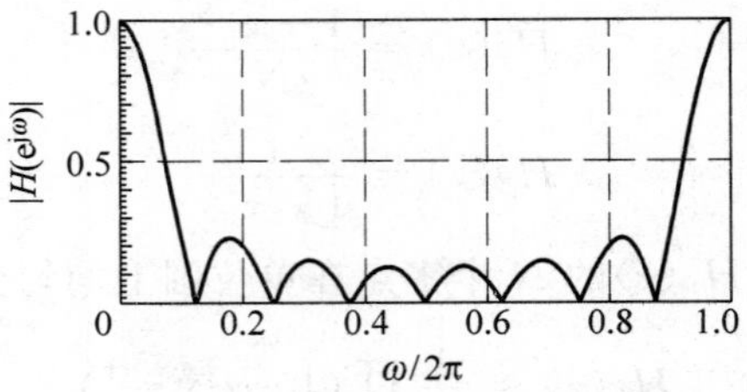

图 7.4.2　$N=8$ 时平均滤波器的幅频响应

由式(7.4.1b)及式(7.4.4)可得该平均器的噪声减少比

$$\text{NRR} = N(1/N)^2 = 1/N \tag{7.4.11}$$

因此，只要有足够大的 N，就可以获得足够小的 NRR。但是，N 过大会使滤波器具有过大的延迟(群延迟 $\tau_g(\omega)=(N-1)/2$)，而且会使其主瓣的单边带宽大大降低，这就有可能在滤波时使有用的信号 $s(n)$ 也受到损失。因此，在平均器中，N 不宜取得过大。

7.4.2 平滑滤波器

7.4.1节的平均滤波器的截止频率受到长度 N 的限制，即 N 不能过大。在实际应用中，为了使截止频率不致过低，我们不一定过于追求太小的 NRR。为此，Savitzky A 和 Golay M 提出了一个基于多项式拟合的方法来设计最佳的简单形式的低通滤波器[10]。这种滤波器又称为 Savitzky-Golay 平滑器，现讨论其导出的方法。

设 $x(n)$ 中的一组数据为 $x(i)$，$i=-M,\cdots,0,\cdots,M$，现构造一个 p 阶多项式

$$f_i = a_0 + a_1 i + a_2 i^2 + \cdots + a_p i^p = \sum_{k=0}^{p} a_k i^k, \quad p \leqslant 2M \tag{7.4.12}$$

来拟合这一组数据。当然，必然存在着拟合误差，设总的误差的平方和是

$$\begin{aligned} E &= \sum_{i=-M}^{M} [f_i - x(i)]^2 \\ &= \sum_{i=-M}^{M} \Big[\sum_{k=0}^{p} a_k i^k - x(i)\Big]^2 \end{aligned} \tag{7.4.13}$$

为使 E 最小，可令 E 对各系数的导数为零，即

$$\frac{\partial E}{\partial a_r} = 0, \quad r = 0,1,2,\cdots,p$$

得

$$\begin{aligned} \frac{\partial E}{\partial a_r} &= \frac{\partial}{\partial a_r}\Big[\sum_{i=-M}^{M}\Big(\sum_{k=0}^{p} a_k i^k - x(i)\Big)^2\Big] \\ &= 2\sum_{i=-M}^{M}\Big[\sum_{k=0}^{p} a_k i^k - x(i)\Big] i^r = 0, \quad r = 0,1,\cdots,p \end{aligned}$$

即

$$\sum_{k=0}^{p} a_k \sum_{i=-M}^{M} i^{k+r} = \sum_{i=-M}^{M} x(i) i^r \tag{7.4.14}$$

令

$$F_r = \sum_{i=-M}^{M} x(i) i^r$$

及

$$S_{k+r} = \sum_{i=-M}^{M} i^{k+r}$$

则式(7.5.14)可写成

$$F_r = \sum_{k=0}^{p} a_k S_{k+r} \tag{7.4.15}$$

给定需要拟合的单边点数 M，多项式的阶次 p 及待拟合的数据 $x(-M)$、…、

$x(0)$、…、$x(M)$，则可求出 F_r、S_{k+r}，代入式(7.4.15)，系数 a_0、a_1、…、a_p 就可以求出，因此多项式 f_i 可以确定。

在实际应用中，往往并不需要把系数 a_0、a_1、…、a_p 全部求出。分析式(7.4.12)，可以看出

$$f_i \big|_{i=0} = a_0 \tag{7.4.16a}$$

$$\left.\frac{\mathrm{d}f_i}{\mathrm{d}i}\right|_{i=0} = a_1 \tag{7.4.16b}$$

$$\vdots$$

$$\left.\frac{\mathrm{d}^p f_i}{\mathrm{d}i^p}\right|_{i=0} = p!a_p \tag{7.4.16c}$$

这样，在中心点 $i=0$ 处，系数 a_0 等于多项式 f_i 在 $i=0$ 时的值，a_1、a_2、…、a_p 则分别和 f_i 在 $i=0$ 处的一阶、二阶直至 p 阶导数相差一个比例因子。因此，只要利用式(7.4.15)求出系数 a_0，便可得到多项式 f_i 对中心点 $x(0)$ 的最佳拟合。

例如，当 $M=2$、$p=2$ 时，即五点二次(抛物线)多项式拟合，由式(7.4.15)，并注意当 $k+r=$ 奇数时 $S_{k+r}=0$，有

$$\begin{cases} S_0 a_0 + S_2 a_2 = F_0 \\ S_2 a_0 + S_4 a_2 = F_2 \end{cases}$$

解得

$$a_0 = \frac{S_4 F_0 - S_2 F_2}{S_0 S_4 - S_2^2}$$

其中 $S_0 = 5, S_2 = 10, S_4 = 34, F_0 = \sum_{i=-2}^{2} x(i), F_2 = \sum_{i=-2}^{2} i^2 x(i)$，代入上式，得

$$a_0 = [-3x(-2) + 12x(-1) + 17x(0) + 12x(1) - 3x(2)]/35 \tag{7.4.17}$$

对 $x(n)$ 做数据拟合，实质上是对 $x(n)$ 做滤波。上式的 a_0 可以看作是一个滤波因子或一个模板，即

$$h(n) = [-3, 12, 17, 12, -3]/35 \tag{7.4.18}$$

在数据 $x(n)$ 上移动这一模板，便可按照式(7.4.17)计算出多项式在中心点的值 f_0(即 a_0)，从而实现对 $x(n)$ 各个点的拟合。式(7.4.18)的 $h(n)$ 实际上是一个对称的 FIR 滤波器，且系数的和等于1，其频率特性

$$H(\mathrm{e}^{\mathrm{j}\omega}) = [17 + 24\cos\omega - 6\cos(2\omega)]/35 \tag{7.4.19}$$

如图 7.4.3(a)所示，显然，它具有低通特性。

给定不同的拟合点数 M 和阶次 p，可得到相应的各种情况下的 a_0，也即滤波因子[1]。例如，当 $M=3$，$p=3$ 时，即七点三次拟合，求得

$$a_0 = [-2x(-3) + 3x(-2) + 6x(-1) + 7x(0) + 6x(1) + 3x(2) - 2x(3)]/21$$

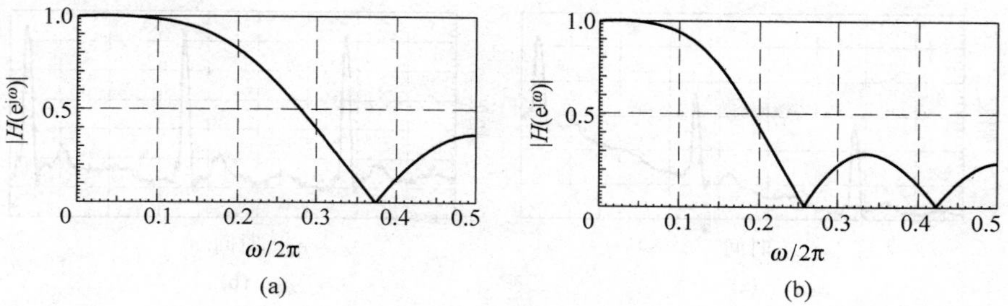

图 7.4.3 平滑滤波器幅频特性
(a) 式(7.4.19)幅频特性； (b) 式(7.4.21)幅频特性

即

$$h(n)=[-2,3,6,7,6,3,-2]/21 \tag{7.4.20}$$

相应的频率特性

$$H(e^{j\omega})=[7+12\cos\omega+6\cos(2\omega)-4\cos(3\omega)]/21 \tag{7.4.21}$$

如图 7.4.3(b)所示，它也具有低通特性，但阻带性能不够好。

对式(7.4.18)的五点平滑滤波器，可以求出其 NRR＝0.485 7；若式(7.4.4)的 N 也等于 5，即五点平均滤波器，则其 NRR＝0.2。由此可知，同一阶次下的平滑滤波器在 NRR 方面不如平均滤波器，但其截止频率要高于后者，这由图 7.4.3 可清楚地看出。这样，采用平滑滤波器时，可使用较大的 N。

平滑滤波器的导出是建立在多项式最小平方拟合基础上的。文献[10]给出了基于向量和矩阵的滤波器因子 $h(n)$ 的详细推导方法，同时，MATLAB 中的 sgolay.m 文件也可用来求出不同阶次下的 $h(n)$。这些方法不但给出了对中心点($i=0$)的拟合因子 $h(n)$，也给出了对 $i\neq 0$，即对非中心点拟合的滤波因子。在本书中，我们仅讨论了对中心点的拟合，即式(7.4.18)和式(7.4.20)。

此外，Savitzky A 和 Golay M 的方法还可用来导出基于多项式最佳拟合的差分滤波器，对此，我们将在 7.5 节进行讨论。

使用平滑滤波器对信号滤波时，实际上是拟合了信号中的低频成分，而将高频成分"平滑"出去了。如果噪声在高频端，那么，拟合的结果是去除了噪声；反之，若噪声在低频端，信号在高频端，那么滤波的结果是留下了噪声。当然，用原信号减去噪声，又可得到所希望的信号。例如，在做心电图(ECG)检查时，由于体位的移动，在记录到的心电信号中往往伴有基线漂移现象，严重时会使信号跑出记录纸以外，如图 7.4.4(a)所示。基线漂移现象是由很低频率的信号引起的，类似这样的低频信号有时又称为信号中的趋势项。用平滑滤波器拟合该低频信号，再将其从原心电信号中减去，即可得到去除了趋势项的信号，如图 7.4.4(b)所示。

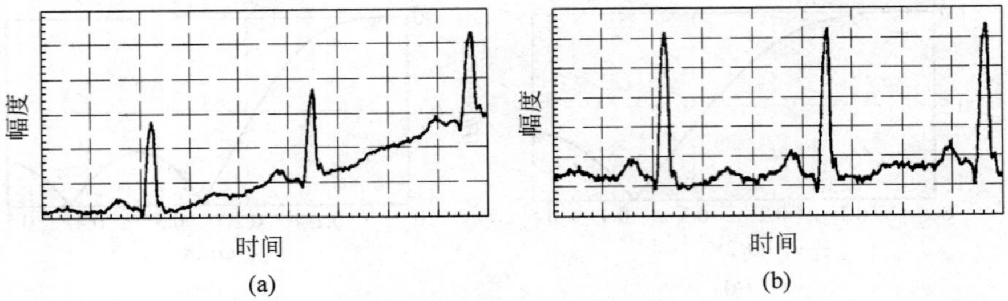

图 7.4.4　去除趋势项示意图

(a) 带有基线漂移的心电信号；(b) 去除趋势项后的心电信号

7.4.3　梳状滤波器

前面已指出，式(7.4.7a)的 $H_1(z)$是一最简单的梳状滤波器(comb filter)，该名称来自于其幅频响应(如图 7.4.1(a)所示)的特点。对该例中的 $H_1(z)$，若系统的抽样频率 $f_s=400\text{Hz}$，那么$|H_1(e^{j\omega})|$的过零点将是 50Hz 及其整数倍的谐波，这对于去除工频及其谐波的干扰是非常有利的，因此，该滤波器又称为陷波滤波器(notch filter)。

梳状滤波器还有着不同形式的转移函数，其作用是去除周期性的噪声，或是增强周期性的信号分量。现讨论其转移函数的形式。

令

$$H_1(z)=b\frac{1-z^{-N}}{1-\rho z^{-N}},\quad b=\frac{1+\rho}{2} \tag{7.4.22}$$

其零点位置和式(7.4.8)的 $H_1(z)$相同，其极点在 $\rho^{1/N}e^{j2\pi k/N}$，$k=0,1,\cdots,N-1$ 处，如图 7.4.5(a)所示，其幅频特性如图 7.4.5(b)所示，图中 $\rho=0.9$，$N=8$。

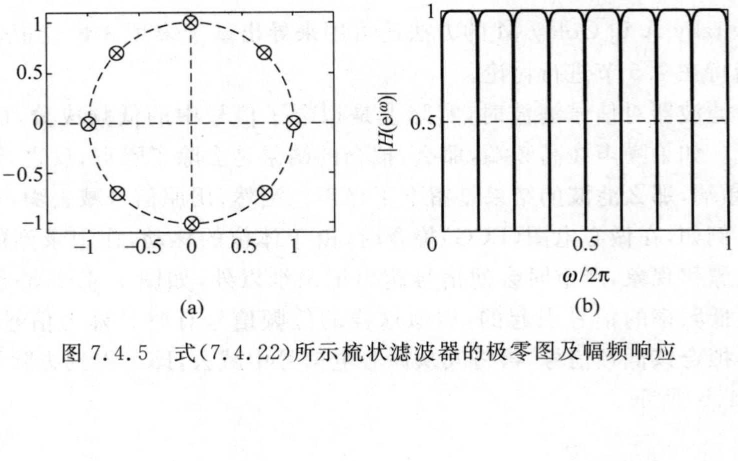

图 7.4.5　式(7.4.22)所示梳状滤波器的极零图及幅频响应

比较图 7.4.1(a)和图 7.4.5(b)可以看出，由于图 7.4.1(a)的幅频响应在每一个峰值和过零点之间都是“过渡带”，因此，若用该系统做陷波，在去除工频干扰的同时也会使信号产生失真。由于在式(7.4.22)中引入了和零点对应的极点，因此图 7.4.5(b)的幅频响应在每两个过零点之间都比较平坦，用这样的系统陷波时可有效地防止信号的失真。由于图 7.4.5(b)和图 7.4.1(a)有着类似的梳状，因此，式(7.4.22)也称为梳状滤波器。不过该系统已不是 FIR 系统，而是一个 IIR 系统。再令

$$H_2(z) = b\,\frac{1+z^{-N}}{1-\rho z^{-N}},\quad b=\frac{1-\rho}{2} \tag{7.4.23}$$

$H_2(z)$也是一个 IIR 系统。该系统的极点和式(7.4.22) $H_1(z)$的极点相同，零点在$e^{j(2k+1)\pi/N}$，$k=0,1,\cdots,N-1$处，如图 7.4.6(a)所示，其幅频特性如图 7.4.6(b)所示。显然，该幅频响应在$\omega_k=e^{j2\pi k/N}$，$k=0,1,\cdots,N-1$处呈现很尖的峰值，而在其他频率范围内基本上为零。这样的滤波器可用来增强信号中的周期分量。

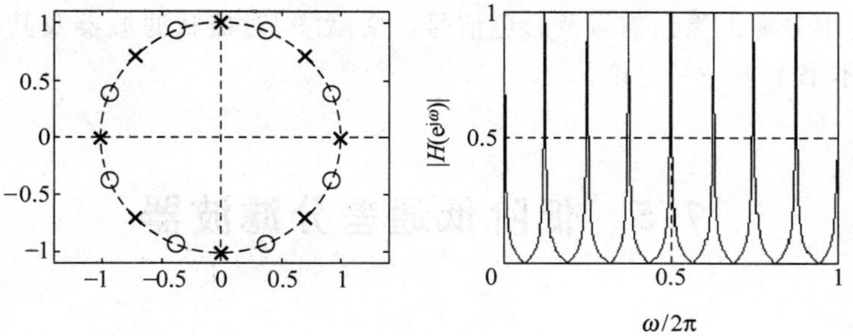

(a) (b)

图 7.4.6 式(7.4.23)所示梳状滤波器的极零图及幅频响应

容易证明，$H_1(z)$和$H_2(z)$有如下关系

$$H_1(z)+H_2(z)=1 \tag{7.4.24}$$

满足式(7.4.24)的一对滤波器称为互补滤波器(complementary filter)。进一步，读者可自己证明，二者的频率响应满足如下的功率互补(power-complementary)关系

$$|H_1(e^{j\omega})|^2+|H_2(e^{j\omega})|^2=1 \tag{7.4.25}$$

这一关系由图 7.4.5(b)和图 7.4.6(b)也可看出。互补型滤波器在准确重建(perfect reconstruction, PR)滤波器组(filter bank, FB)的设计中起到了重要的作用。

将$H_1(z)$或$H_2(z)$稍作改动，还可得到不同形式的梳状滤波器。例如，令

$$H_3(z)=\frac{1-rz^{-N}}{1-\rho z^{-N}} \tag{7.4.26}$$

式中$r<1$，$\rho<1$。若$r<\rho$，其幅频响应如图 7.4.7(a)所示($r=0.96$，$\rho=0.98$)；若$r>\rho$，其幅频响应如图 7.4.7(b)所示($r=0.98$，$\rho=0.96$)。

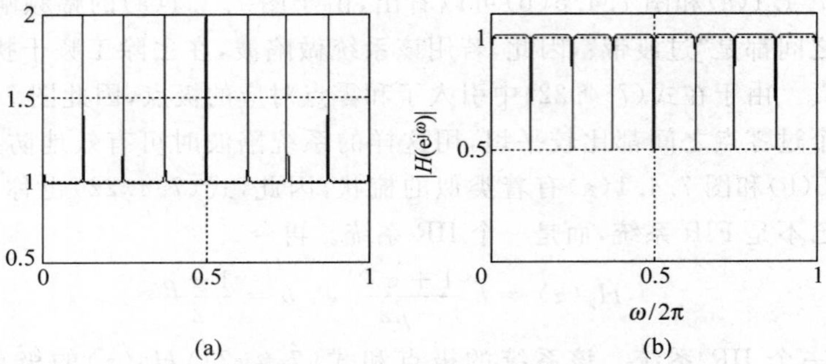

图 7.4.7 式(7.4.26)所示梳状滤波器的幅频响应

梳状滤波器由于其转移函数简单、灵活而得到广泛应用，典型的是用来去除工频及其各次谐波的干扰。在彩色电视及高清晰度数字电视(HDTV)中，梳状滤波器可用来从复合的视频信号中分离出黑白信号及彩色信号。文献[9]对梳状滤波器及其应用作了较为详细的介绍，本书不再一一讨论。

7.5 低阶低通差分滤波器

7.5.1 最佳低阶低通差分滤波器的导出

在分析和处理信号时，常常要求出它们在不同时刻的变化率。对模拟信号，一个简单的 R-C 电路便可近似地实现对它的微分运算。对离散时间信号，由于它们在时间上是不连续的，因此只能用差分的方法来实现微分运算。我们知道，一个理想微分器的频率特性是 $\mathrm{j}\Omega$，下面我们来说明，一个理想差分器的频率特性是 $\mathrm{j}\omega$。

离散时间信号 $x(nT_s)$ 和 $y(nT_s)$ 可表示为

$$x(nT_s)=x(t)\sum_{n=-\infty}^{\infty}\delta(t-nT_s)$$

$$y(nT_s)=y(t)\sum_{n=-\infty}^{\infty}\delta(t-nT_s)$$

式中 $x(t)$ 和 $y(t)$ 的关系是 $y(t)=k\dfrac{\mathrm{d}x(t)}{\mathrm{d}t}$。令 $x(t)=\mathrm{e}^{\mathrm{j}\Omega t}$，则

$$y(t)=k\frac{\mathrm{d}x(t)}{\mathrm{d}t}=\mathrm{j}k\Omega\mathrm{e}^{\mathrm{j}\Omega t}=\mathrm{j}k\Omega x(t)$$

对上式两边抽样，并作傅里叶变换，有

$$Y(e^{j\omega}) = jk\Omega X(e^{j\omega})$$

因为 $\omega=\Omega T_s$，再令 $k=T_s$，则理想差分器的频率响应

$$H_d(e^{j\omega}) = j\omega \tag{7.5.1}$$

其幅频特性如图 7.5.1 中的斜细线所示。

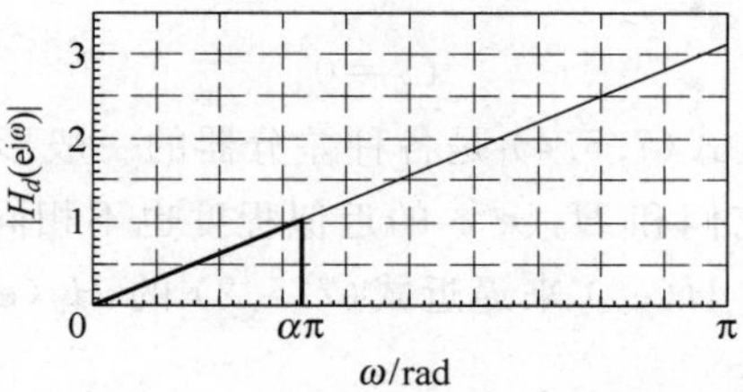

图 7.5.1 理想差分滤波器及理想低通差分滤波器的幅频特性

由于理想差分器的频率特性在 0～π 内是线性增长的，和信号相比噪声一般多处在高频段，因此，差分的结果将使噪声大大地放大，这是不希望的。在很多领域，如生物医学工程、机械振动等，由于所感兴趣的信号的频率往往都比较低，因此希望使用低通的差分滤波器。低通差分滤波器的幅频特性如图 7.5.1 中的粗线所示，即

$$H_d(e^{j\omega}) = \begin{cases} j\omega & |\omega| \leqslant \alpha\pi \\ 0 & \text{其他} \end{cases} \tag{7.5.2}$$

$\alpha\pi$ 是差分滤波器的截止频率。

我们在本章所讨论的 FIR 滤波器的设计方法都可以用来设计图 7.5.1 的低通差分滤波器，但这样做将需要较高的阶次 N①。本节介绍一种建立在最小平方误差基础上的最佳差分器的设计方法，由此得出的差分滤波器的阶次较低。在对该方法提出一定的制约后，可以获得较好的低通特性。

因为理想差分器的频率响应 $j\omega$ 是一个纯虚的过原点的奇函数，所以，当我们用一个 $H(e^{j\omega})$ 来逼近 $j\omega$ 时，$H(e^{j\omega})$ 一般具有如下的形式

$$H(e^{j\omega}) = j\sum_{k=1}^{M} C_k \sin(k\omega) = \sum_{k=1}^{M} C_k \frac{e^{j\omega k} - e^{-j\omega k}}{2} \tag{7.5.3}$$

对应的转移函数

$$H(z) = \sum_{k=1}^{M} C_k \frac{z^k - z^{-k}}{2} \tag{7.5.4}$$

① 这里所说的阶次 N 和微分学中的一阶、二阶及 n 阶导数的阶不同，这里的阶次是指所需要的单位抽样响应的长度。

若差分器的输入是 $x(n)$，输出是 $y(n)$，则

$$y(n)=\sum_{k=1}^{M}C_k\frac{x(n+k)-x(n-k)}{2} \tag{7.5.5}$$

显然，$C_k/2$ 即为差分器的单位抽样响应，且

$$C_k=-C_{-k},\quad k=1,2,\cdots,M$$

及

$$C_0=0$$

这样，$H(z)$ 具有线性相位。式(7.5.4)是各种差分器的一般形式，使用不同的系数 C_k，可得到不同的差分器。当然，它们和 $H_d(\mathrm{e}^{\mathrm{j}\omega})$ 的近似程度也不相同。

当我们用式(7.5.3)的 $H(\mathrm{e}^{\mathrm{j}\omega})$ 来逼近式(7.5.2)的 $H_d(\mathrm{e}^{\mathrm{j}\omega})$ 时，当然会存在误差。现定义误差函数

$$E(\alpha,C_k)=\int_{-\pi}^{\pi}\left|H_d(\mathrm{e}^{\mathrm{j}\omega})-H(\mathrm{e}^{\mathrm{j}\omega})\right|^2\mathrm{d}\omega \tag{7.5.6}$$

影响 $E(\alpha,C_k)$ 大小的有两类参数，一是截止频率 $\alpha\pi$，二是差分器的系数 C_k。对于给定的截止频率 $\alpha\pi$，如果 $E(\alpha,C_k)$ 越小，显然 $H(\mathrm{e}^{\mathrm{j}\omega})$ 对 $H_d(\mathrm{e}^{\mathrm{j}\omega})$ 逼近得越好。将式(7.5.2)及式(7.5.3)代入式(7.5.6)，可得到 $E(\alpha,C_k)$ 的一般表达式，即

$$E(\alpha,C_k)=\frac{2}{3}(\alpha\pi)^3+\pi\sum_{k=1}^{M}C_k^2+4\sum_{k=1}^{M}\frac{C_k}{k^2}[k\alpha\pi\cos(k\alpha\pi)-\sin(k\alpha\pi)] \tag{7.5.7}$$

现假定 C_k，$k=1,2,\cdots,M$ 已知，令

$$\frac{\partial E(\alpha,C_k)}{\partial(\alpha\pi)}=0$$

可求出使 $E(\alpha,C_k)$ 为最小的最佳通带频率 $\alpha\pi$，于是得

$$\sum_{k=1}^{M}C_k\sin(k\alpha\pi)=\frac{\alpha\pi}{2} \tag{7.5.8}$$

即

$$H(\mathrm{e}^{\mathrm{j}\alpha\pi})=\mathrm{j}\frac{\alpha\pi}{2} \tag{7.5.9}$$

上式说明，对于给定的差分器 $H(\mathrm{e}^{\mathrm{j}\omega})$（即 C_k 已知），曲线 $H(\mathrm{e}^{\mathrm{j}\omega})$ 和直线 $\mathrm{j}\frac{\omega}{2}$ 的交点，即 $\omega=\alpha\pi$，是对应该差分器的最佳通带，如图 7.5.2 所示。

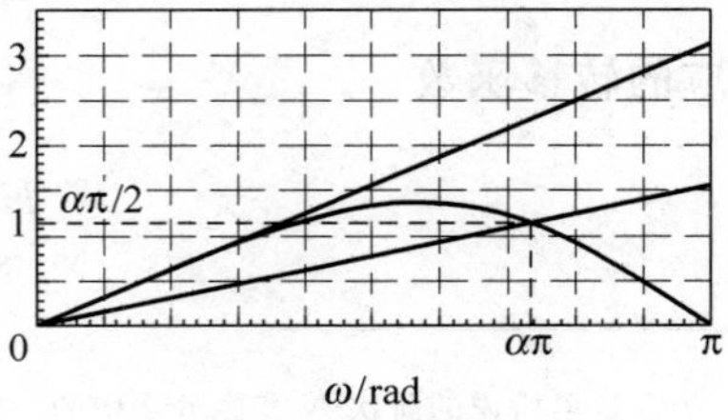

图 7.5.2　最佳通带示意图

假定 α 已知，令

$$\frac{\partial E(\alpha,C_k)}{\partial C_k}=0,\quad k=1,2,\cdots,M \tag{7.5.10}$$

这样，连同式(7.5.9)，共 $M+1$ 个方程，能解出 $M+1$ 个未知数 C_1、C_2、…、C_M 及 α，这些参数保证 $E(\alpha, C_k)$ 在 $0\sim\alpha\pi$ 内为最小。

在 7.3 节中已指出，最小平方法是使所给定区间内的总误差为最小，但它不能保证在每一个局部都使误差最小，有可能在某些位置上存在着较大的误差。上面求出的 $E(\alpha, C_k)$ 是在 $0\sim\alpha\pi$ 内为最小，当选用较低的阶次 M 时，在低频段有可能会出现较大的偏差。我们的目的是要设计低阶、低通差分滤波器，特别希望 $H(e^{j\omega})$ 在低频段能较好地近似 $j\omega$。为此，在求解上述 $M+1$ 阶方程组时，再增加一个约束条件，即

$$\left.\frac{dH(e^{j\omega})}{d\omega}\right|_{\omega=0} = j$$

或等效地

$$\sum_{k=1}^{M} kC_k = 1 \tag{7.5.11}$$

这样不但保证求出的 $H(e^{j\omega})$ 在 $0\sim\alpha\pi$ 内总误差为最小，而且可保证 $H(e^{j\omega})$ 在低频处也能较好地逼近 $j\omega$。现以 $M=2$ 为例说明如何使用上述条件。利用拉格朗日乘子法，重新构成 $E(\alpha, C_k)$，即

$$E(\alpha, C_k) = \frac{2}{3}(\alpha\pi)^3 + \pi\sum_{k=1}^{2}C_k^2 + 4\sum_{k=1}^{2}\frac{C_k}{k^2}[k\alpha\pi\cos(k\alpha\pi) - \sin(k\alpha\pi)] - \lambda(C_1 + 2C_2 - 1)$$

令 $\partial E(\alpha, C_k)/\partial(\alpha\pi) = 0$，得

$$C_1\sin(\alpha\pi) + C_2\sin(2\alpha\pi) - \frac{\alpha\pi}{2} = 0 \tag{7.5.12}$$

将 $E(\alpha, C_k)$ 分别对 C_1、C_2、λ 求导，并使之为零，得

$$2\pi C_1 + 4\alpha\pi\cos(\alpha\pi) - 4\sin(\alpha\pi) - \lambda = 0 \tag{7.5.13}$$

$$2\pi C_2 + 2\alpha\pi\cos(2\alpha\pi) - \sin(2\alpha\pi) - 2\lambda = 0 \tag{7.5.14}$$

$$C_1 + 2C_2 - 1 = 0 \tag{7.5.15}$$

利用式(7.5.13)及式(7.5.14)消去 λ，再和式(7.5.12)及式(7.5.15)联立，即可求出 C_1、C_2 及 α。不过上式是非线性方程组，不好求解。求解这类方程的算法可以从一般的数值分析教科书中查找到。

当 $M=2$ 时，解出 $C_1=0.2595$，$C_2=0.3702$，$\alpha=0.34$，$E(\alpha, C_1, C_2)=0.343$。当 $M=3$ 时，解出 $C_1=0.097$，$C_2=0.1666$，$C_3=0.1897$，$\alpha=0.24$，$E(\alpha, C_1, C_2, C_3)=0.126$。其幅频特性 $|H(e^{j\omega})|$ 分别如图 7.5.3 的曲线 ① 和 ② 所示。

上述方法求出的差分滤波器是在最小平方意义上最佳的低阶、低通滤波器。在非实时处理信号时，它们可方便地用于信号的差分。但由于这类差分器的系数不是整数，所以

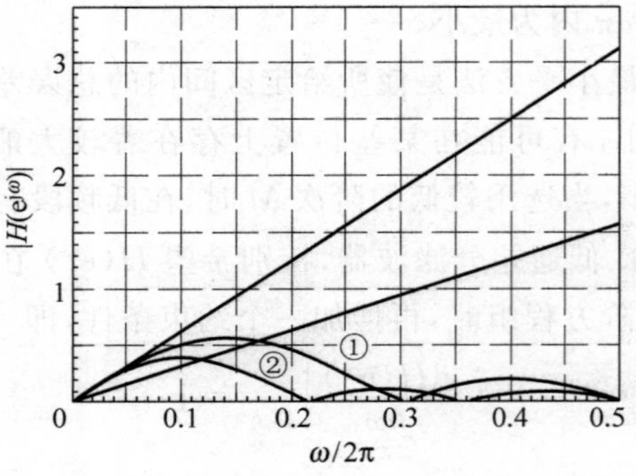

图 7.5.3　$M=2$ 和 $M=3$ 时的差分器幅频特性

在实时应用，特别是用汇编语言编写程序时，仍不好使用。下面介绍几种常用的整系数差分滤波器。

7.5.2　几种常用的低通整系数差分滤波器

本节介绍的几种常用的数字差分器，最早并不是从数字信号处理的角度导出的，而是从数值分析的角度导出的。下面介绍它们的表达式，同时也从信号处理的角度来讨论一下它们的性能，并和7.5.1节的最佳差分器在性能上，如最佳通带 α、最小误差 $E(\alpha, C_k)$ 等方面进行比较。

1. 单纯 M 次差分

这是一种最简单的差分算法，若记

$$\Delta_k = x(n+k) - x(n-k) \tag{7.5.16}$$

则这种差分器的输入输出关系是

$$y(n) = \frac{\Delta_M}{2M} = \frac{1}{2M}[x(n+M) - x(n-M)] \tag{7.5.17}$$

其频率特性是

$$H(e^{j\omega}) = j\frac{1}{M}\sin(M\omega) \tag{7.5.18}$$

如果 $M=1$，这就是两点中心差分，即 $y(n)=[x(n+1)-x(n-1)]/2$，$H(e^{j\omega})=j\sin\omega$。这时，只有在 ω 较小时，$H(e^{j\omega})$ 才近似于 $j\omega$，而且其高频段截止特性也不好。

2. 牛顿-柯特斯差分

这种差分器来自牛顿-柯特斯积分公式，它的频率特性是

$$H(e^{j\omega}) = j\sum_{k=1}^{M} \frac{(-1)^{k+1}M(M-1)\cdots(M-k+1)}{k^2(M+1)(M+2)\cdots(M+k)}\sin(k\omega) \tag{7.5.19}$$

当 $M=2$ 时

$$y(n) = (8\Delta_1 - \Delta_2)/12$$

当 $M=3$ 时

$$y(n) = (45\Delta_1 - 9\Delta_2 + \Delta_3)/60$$

3. 多项式拟合差分

在 7.4.2 节，我们讨论了用一个 p 阶多项式

$$f_i = a_0 + a_1 i + a_2 i^2 + \cdots + a_p i^p$$

来拟合一组实验数据 $x(i)$，$i=-M,\cdots,0,\cdots,M$ 的方法，并指出 f_i 在 $i=0$ 处的一阶导数恰好等于系数 a_1，即

$$\left.\frac{\mathrm{d}f_i}{\mathrm{d}i}\right|_{i=0} = a_1$$

因此，如果能求出系数 a_1，便可得到 f_i 在 $i=0$ 处的一阶导数，也即 $x(i)$ 在 $i=0$ 处的差分值。文献[11] 给出了各种情况下的系数 a_1，需要时可以查阅。这类差分器是在最小平方曲线拟合的基础上得到的。求解式(7.4.15)，可得到系数 a_1，由此可得到这类差分器的频率特性

$$H(e^{j\omega}) = j\sum_{k=1}^{M} \frac{k}{\sum_{m=1}^{M} m^2}\sin(k\omega) \tag{7.5.20}$$

当 $M=2$ 时

$$y(n) = (\Delta_1 + 2\Delta_2)/10$$

当 $M=3$ 时

$$y(n) = (\Delta_1 + 2\Delta_2 + 3\Delta_3)/28$$

这类差分器又称 Lanczos 差分器。

表 7.5.1 列出了前述各类差分器的计算公式和性能指标，即最佳通带 α 和最小误差 $E(\alpha, C_k)$。图 7.5.4 给出阶次 $M=2$ 时各类差分器的幅频特性曲线。图中曲线⑤的平滑化差分见文献[15]，此处不再讨论。

表 7.5.1　各类差分器的计算公式及特性

名　　称	阶次 M	时 域 公 式	截止频率 α	最小误差 $E(\alpha, C_k)$
单纯 M 次差分	1	$y(n)=\Delta_1/2$	0.603	1.472
	2	$y(n)=\Delta_2/4$	0.302	0.577
	3	$y(n)=\Delta_3/6$	0.201	0.287
牛顿-柯特斯差分	2	$y(n)=(8\Delta_1-\Delta_2)/12$	0.734	1.544
	3	$y(n)=(45\Delta_1-9\Delta_2+\Delta_3)/60$	0.789	1.472
	4	$y(n)=(672\Delta_1-168\Delta_2+32\Delta_3-3\Delta_4)/840$	0.822	1.381
Lanczos 差分	2	$y(n)=(\Delta_1+2\Delta_2)/10$	0.332	0.355
	3	$y(n)=(\Delta_1+2\Delta_2+3\Delta_3)/28$	0.232	0.131
	4	$y(n)=(\Delta_1+2\Delta_2+3\Delta_3+4\Delta_4)/60$	0.179	0.062
最佳差分(见 7.5.1 节)	2	$y(n)=(0.2595\Delta_1+0.3702\Delta_2)/2$	0.34	0.343
	3	$y(n)=(0.0971\Delta_1+0.1666\Delta_2+0.1897\Delta_3)/2$	0.24	0.126
	4	$y(n)=(0.0464\Delta_1+0.0846\Delta_2+0.1084\Delta_3+0.1148\Delta_4)/2$	0.19	0.06

注：表中 $\Delta_k=x(n+k)-x(n-k)$。

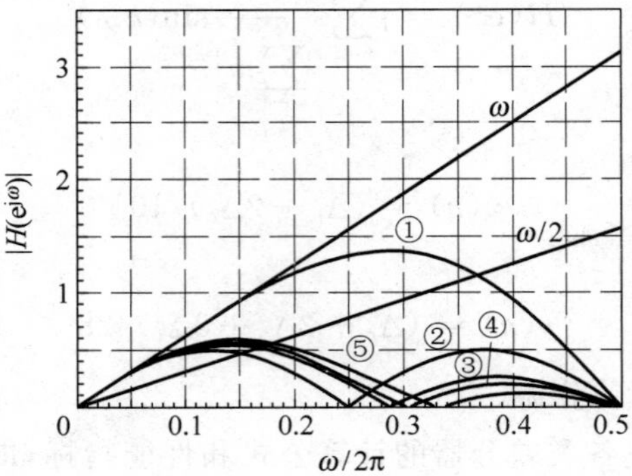

图 7.5.4　各类差分器幅频特性比较

①牛顿-柯特斯差分；②单纯 M 次差分；③Lanczos 差分；④最佳差分；⑤平滑化差分

7.6 滤波器设计小结

我们以第 6 章和第 7 章两章的篇幅讨论了滤波器的设计问题,涉及的滤波器很多,涉及的设计方法也很多。那么,当实际去处理一个信号时,究竟应该选择哪一种滤波器呢?又应该采用哪一种方法来设计该滤波器呢?

其实,滤波器类型的选择主要取决于滤波时要强调的侧重面以及信号的特点。滤波的目的自然都是为了去除噪声,但有的仅希望最大限度地去除噪声而已,有的是希望在去除噪声时能让滤波器具有线性相位,有的则是强调滤波的实时性。就待处理的信号而言,有时信号和噪声的频谱是完全可以分开的,有时则发生了重叠;有时含有周期性的噪声,有时则是在噪声中含有周期性的信号。滤波器设计方法的选择大体上依赖于滤波器类型的选择。为了便于使用者选择,下面,我们将所讨论过的各种滤波器的特点作一简单的小结。

IIR 滤波器的最大优点是可取得非常好的通带与阻带衰减,还可得到准确的通带与阻带的边缘频率,而且滤波时需要的计算量较少。缺点是不具有线性相位,且存在稳定性问题。

目前,IIR 滤波器设计的最通用的方法是我们在第 6 章介绍过的借用模拟滤波器的设计方法。其中,巴特沃思滤波器可取得最平的通带特性,但要取得高的阻带衰减则需要较高的阶次;切比雪夫Ⅰ型滤波器的通带取等纹波形状,因此在同样的阻带衰减的条件下,其阶次要低于巴特沃思滤波器。如果我们强调的是最大限度地去除噪声而没有别的限制,那么最佳的选择是 IIR 滤波器。

FIR 滤波器的最大优点是可取得线性相位且不存在稳定性问题,如果滤波时不要求实时实现,我们还可以实现零相位滤波(即令 $h(n)=h(-n)$,$n=0,1,\cdots,N/2$)。为了获得好的通带与阻带衰减,滤波器的阶次 N 往往较大($N>30$),因此 FIR 滤波器的缺点是滤波时的计算量较大,不易实时实现。

FIR 滤波器的设计方法很多,如本书讨论的窗函数法及切比雪夫最佳一致逼近法。前者给出的滤波器性能不够理想,但后者可用来设计出既有好的衰减特性又有好的边缘频率的滤波器,是一个公认的 FIR 滤波器设计的好方法。此外,人们还提出了最小平方逼近、带约束的最小平方逼近等设计方法,MATLAB 中也有相关的 m 文件,但就其性能来说,并没有超出切比雪夫最佳一致逼近法。所以,如果特别强调要不产生相位失真且计算速度允许,那么最好的选择是 FIR 滤波器。

如果对滤波器的性能要求不是很高，但特别强调滤波的实时性且具有线性相位，则简单形式的平均滤波器和平滑滤波器可供选择。

梳状滤波器是针对信号中含有周期性的噪声，或在噪声中含有周期性的信号而应用的一类滤波器。

滤波及滤波器设计始终是信号处理中的重要内容。除了本书所讨论的内容外，还有广泛应用于多抽样率信号处理中的滤波器组、基于某种统计意义上最优的现代滤波器（维纳滤波器、自适应滤波器等）等各种各样的滤波器的理论与设计方法，新的理论也在不断提出。读者学习本书这两章后，就为掌握新的内容打好了基础。

7.7 与本章内容有关的 MATLAB 文件

与本章内容有关的 MATLAB 文件主要分为两类，一类是用于产生各种窗函数，另一类是用于设计 FIR 数字滤波器。

用于产生窗函数的 m 文件有如下 8 个：

1. bartlett（三角窗）

2. blackman（布莱克曼窗）

3. boxcar（矩形窗）

4. hamming（哈明窗）

5. hanning（汉宁窗）

6. triang（三角窗）

7. chebwin（切比雪夫窗）

8. kaiser（凯赛窗）

我们已经在 7.2 节对前 5 个窗函数作了详细讨论，它们所对应的 m 文件的调用格式也非常简单，只要给出窗函数的长度 N 即可，如 w＝boxcar(N)。现简单解释一下后三个。

上述第 1 及第 6 项的三角窗，其实没有本质的区别。triang 给出的窗函数在两端的数据不为零，而 bartlett 给出的窗函数在两端的数据为零。bartlett 窗的数学表达式见 7.2 节，对 triang 窗，N 为偶数时其数学表达式是

$$w(n)=\begin{cases}\dfrac{2n+1}{N} & n=0,1,\cdots,\dfrac{N}{2}-1\\ w(N-1-n) & n=\dfrac{N}{2},\cdots,N-1\end{cases} \tag{7.7.1a}$$

N 为奇数时

$$w(n)=\begin{cases}\dfrac{2(n+1)}{N+1} & n=0,1,\cdots,\dfrac{N-1}{2}\\ w(N-1-n) & n=\dfrac{N+1}{2},\cdots,N-1\end{cases} \tag{7.7.1b}$$

请读者自己给出这两个窗函数在同一 N 下的曲线,以说明二者的区别。

切比雪夫窗又称 Dolph-Chebyshev 窗,它是由一个切比雪夫多项式在单位圆上作 N 点等间隔抽样,然后再作 DFT 反变换而得到的。其参数是长度 N、最大边瓣衰减 A(dB)及 3dB 带宽 B。给定了 N 和 A,则可求得 B,即

$$B=\arccos\left[\left(\cosh\frac{\operatorname{arccosh}10^{A/20}}{N-1}\right)^{-1}\right] \tag{7.7.2}$$

chebwin 的调用格式是

```
w = chebwin(N, A)
```

其中 N 和 A 分别是窗的长度及边瓣衰减。图 7.7.1(a)和(b)分别给出了 A=40 时的时域波形和归一化频谱。

凯赛窗的数学表达式是

$$w(n)=\frac{I_0\{\beta\sqrt{1-[1-2n/(N-1)]^2}\}}{I_0(\beta)},\quad n=0,1,\cdots,N-1 \tag{7.7.3}$$

式中 $I_0\{\}$是第一类零阶贝塞尔函数,β 是调整窗函数形状的参数。显然,若 $\beta=0$,凯赛窗变成矩形窗。Kaiser 给出了 β 和最大边瓣峰值 A 之间的关系[8],即有

$$\beta\approx\begin{cases}0 & A\leqslant 21\\ 0.5842(A-21)^{0.4}+0.07886(A-21) & 21\leqslant A\leqslant 50\\ 0.1102(A-8.7) & A>50\end{cases} \tag{7.7.4}$$

由这一关系可以看出,边瓣峰值衰减越大则 β 越大。为了保证给定的 A 和带宽 B,窗的长度 N 应满足下面的关系

$$B=\frac{A-8}{2.285(N-1)} \tag{7.7.5}$$

kaiser.m 的调用格式是

```
w = kaiser(N, beta)
```

beta 即 β。图 7.7.1(c)和(d)分别给出了 beta=5 时的时域波形和归一化频谱,图 7.7.1(e)和(f)则分别给出了 beta=10 时的时域波形和归一化频谱。

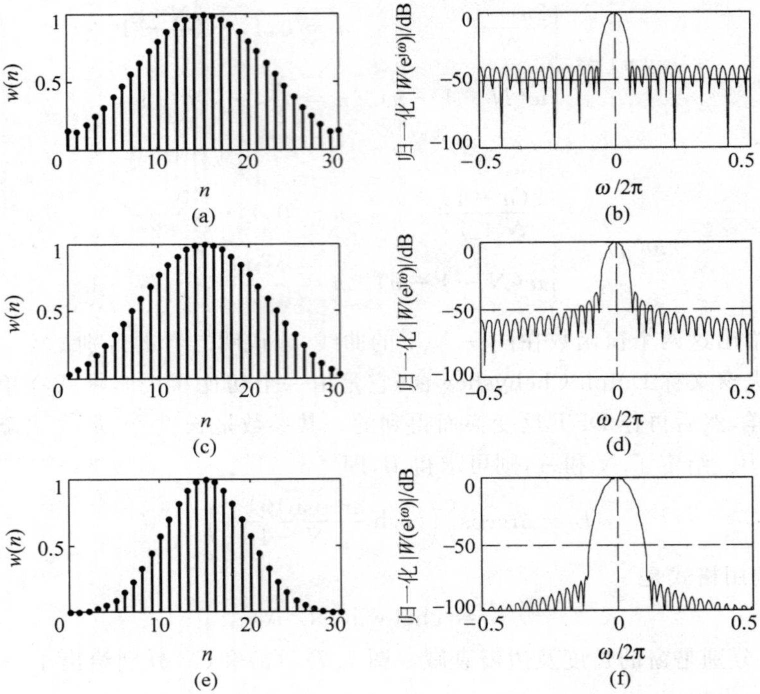

图 7.7.1　文件 chebwin 和 kaiser 给出的窗函数

以下 9 个文件(序号 9～17)是用于 FIR DF 设计的文件。

9. fir1. m

本文件采用窗函数法设计 FIR 数字滤波器,其调用格式是

(1) b=fir1(N, Wn);

(2) b=fir1(N, Wn,'high');

(3) b=fir1(N, Wn, 'stop')。

式中 N 为滤波器的阶次,因此滤波器的长度为 N+1;Wn 是通带截止频率,其值在 0～1 之间,1 对应抽样频率的一半;b 是设计好的滤波器系数 $h(n)$。对格式(1),若 Wn 是一标量,则可用来设计低通滤波器;若 Wn 是 1×2 的向量,则用来设计带通滤波器;若 Wn 是 1×L 的向量,则可用来设计 L 带滤波器,这时,格式(1)要改为

b = fir1(N, Wn, 'DC-1')　或　b = fir1(N, Wn, 'DC-0')

前者保证第一个带为通带,后者保证第一个带为阻带。显然,格式(2)用来设计高通滤波器,(3)用来设计带阻滤波器。在上述所有格式中,若不指定窗函数的类型,fir1 自动选择哈明窗。

例 7.7.1 令 N=10,分别用矩形窗和哈明窗重复例 7.1.1。

实现本例的程序如下所示:

```
N=10;M=128;
b1=fir1(N,0.25,boxcar(N+1));                % 用矩形窗作为冲激响应的窗函数
b2=fir1(N,0.25,hamming(N+1));               % 用哈明窗作为冲激响应的窗函数
h1=freqz(b1,1,M);h2=freqz(b2,1,M);          % 分别求两个滤波器的频率响应;
t=0:10;
subplot(221);stem(t,b2,'.');hold on;plot(t,zeros(1,11));grid;% 画出单位抽样响应;
f=0:0.5/M:0.5-0.5/M;M1=M/4;
for k=1:M1
    hd(k)=1;hd(k+M1)=0;hd(k+2*M1)=0;hd(k+3*M1)=0;
end
subplot(222);plot(f,abs(h1),'b-',f,abs(h2),'g-',f,hd,'-');grid;% 画出三个幅频响应曲线;
```

运行该程序,可分别得到图 7.1.2 和图 7.1.3。

10. fir2. m

本文件采用窗函数法设计具有任意幅频响应的 FIR 数字滤波器,其调用格式是

$$b = \mathrm{fir1}(N,\ F,\ M)$$

其中 F 是频率向量,其值在 0~1 之间,M 是和 F 相对应的所希望的幅频响应。如同 fir1,缺省时自动选用哈明窗。

例 7.7.2 设计一多带滤波器,要求理想幅频响应在归一化频率 0.2~0.3,0.6~0.8 之间为 1,在其余处为 0。

实现本例的程序如下所示:

```
f=[0 0.19 0.2 0.3 0.31 0.59 0.6 0.8 0.81 1];   % 给定频率轴分点;
m=[0 0 1 1 0 0 1 1 0 0];                        % 给定在这些频率分点上理想的幅频响应
N1=30;N2=90;                                    % 取两种不同的滤波器长度;
b1=fir2(N1,f,m);b2=fir2(N2,f,m);                % 得到两个滤波器;
subplot(311);stem(b1,'.');grid;subplot(312);stem(b2,'.');grid;
M=128;[h1,w]=freqz(b1,1,M,1);[h2,w]=freqz(b2,1,M,1);
subplot(313);
plot(w,abs(h1),'b-',w,abs(h2),'g-');grid;
```

运行该程序,其结果如图 7.7.2 所示。

11. remez. m

本文件用来设计我们在 7.3 节所讨论的切比雪夫最佳一致逼近 FIR 滤波器,同时,

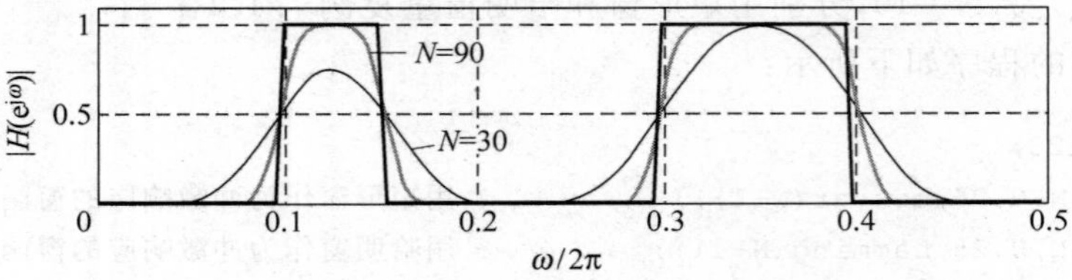

图 7.7.2　幅频响应曲线

该文件还可以用来设计希尔伯特变换器和差分器，其调用格式是

(1) b=remez(N, F, A);

(2) b=remez(N, F, A, W);

(3) b=remez(N, F, A, W, 'hilbert');

(4) b=remez(N, F, A, W, 'differentiator')。

式中 N 是给定的滤波器的阶次，b 是设计的滤波器的系数，其长度为 N+1；F 是频率向量，A 是对应 F 的各频段上的理想幅频响应，W 是各频段上的加权向量 F 的范围为 0～1，而非0～0.5，1 对应抽样频率的一半。需要指出的是，若 b 的长度为偶数，设计高通和带阻滤波器时有可能出现错误，因此最好保证 b 的长度为奇数，即 N 应为偶数。

例 7.7.3　设计例 7.3.2 所要求的多阻带滤波器。

相应的程序如下所示：

```
f=[0 .14 .18 .22 .26 .34 .38 .42 .46 .54 .58 .62 .66 1]; % 给定频率分点;
A=[1 1 0 0 1 1 0 0 1 1 0 0 1 1];  % 给定在这些频率分点上理想的幅频响应;
weigh=[8 1 8 1 8 1 8];     % 给定在这些频率分点上的加权;
b=remez(64,f,A,weigh); % 用切比雪夫最佳一致逼近设计线性相位多带 FIR 滤波器;
[h,w]=freqz(b,1,256,1);h=abs(h);h=20*log10(h);
figure(1);stem(b,'.');grid;figure(2);plot(w,h);grid;
```

运行该程序将得到和例 7.4.2 同样的结果。

12. remezord.m

本文件用来确定在用切比雪夫最佳一致逼近设计 FIR 滤波器时所需要的滤波器阶次，其调用格式是

$$[N, Fo, Ao, W]=remezord(F, A, DEV, Fs)$$

式中，F，A 的含义同文件 remez，DEV 是通带和阻带上的偏差；该文件输出的是符合要求的滤波器阶次 N、频率向量 Fo、幅度向量 Ao 和加权向量 W。若设计者事先不能确定自己要设计的滤波器的阶次，那么，调用 remezord 后，就可利用这一族参数再调用 remez，即 b = remez(N, Fo, Ao, W)，从而设计出所需要滤波器。因此，remez 和 remezord 常

结合起来使用。需要说明的是，remezord 给出的阶次 N 有可能偏低，这时适当增加 N 即可；另外，若 N 为奇数，就令其加 1，使其变为偶数，这样 b 的长度为奇数。

13. sgolay.m

用来设计 Savitzky-Golay FIR 平滑滤波器，其原理见 7.4.2 节，调用格式是

$$b = \text{sgolay}(k, f)$$

式中 k 是多项式的阶次，f 是拟合的双边点数，它们分别是式(7.4.12)中的阶次 p 及点数 $(2M+1)$。要求 k<f，且 f 为奇数。例如，运行 b=sgolay(2, 5)，得

$$b=\begin{bmatrix} 0.8857 & 0.2571 & -0.0857 & -0.1429 & 0.0857 \\ 0.2571 & 0.3714 & 0.3429 & 0.1714 & -0.1429 \\ -0.0857 & 0.3429 & 0.4857 & 0.3429 & -0.0857 \\ -0.1429 & 0.1714 & 0.3429 & 0.3714 & 0.2571 \\ 0.0857 & -0.1429 & -0.0857 & 0.2571 & 0.8857 \end{bmatrix}$$

显然，b 是一个对称矩阵，它含有 5 个平滑滤波器。矩阵 b 中间的一行正是式(7.4.18)的 5 点二次多项式平滑滤波器，它是对中心点的最佳拟合，而第 1、第 2 行及第 4、第 5 行所给出的滤波器分别是对中心点两边各两个点的最佳拟合。我们在 7.4.2 节已指出，移动 b 的中间一行给出的滤波器模板即可实现对数据的平滑滤波，而其他四行只是在数据的前、后端才有用，因此用处不大。

若运行 b=sgolay(3, 7)，则 b 的中间一行正是式(7.4.20)所示的 7 点三次多项式平滑滤波器。

14. firls.m

用最小平方法设计线性相位 FIR 滤波器，可设计任意给定的理想幅频响应。

15. fircls.m

用带约束的最小平方法设计线性相位 FIR 滤波器，可设计任意给定的理想幅频响应。

16. fircls1.m

用带约束的最小平方法设计线性相位 FIR 低通和高通滤波器。

以上三个 m 文件所设计出的滤波器的性能并没有明显超出切比雪夫最佳一致逼近法(即 remez.m 文件)，此处不再讨论。有关它们的原理可参看文献[16]。

17. firrcos.m

用来设计低通线性相位 FIR 滤波器，其过渡带为余弦函数形状。

习题与上机练习

7.1　已知通带截止频率 $f_p=1.8\text{kHz}$，阻带截止频率 $f_s=2\text{kHz}$，抽样频率 $f_s=12\text{kHz}$，通带的衰减 $\alpha_p=0.1\text{dB}$，阻带的衰减 $\alpha_s=35\text{dB}$。欲设计一线性相位低通数字滤波器 $H(z)$，试估计该滤波器的长度 N。

7.2　已知一滤波器通带的衰减 $\alpha_p=0.15\text{dB}$，阻带的衰减 $\alpha_s=51\text{dB}$，分别求通带和阻带的纹波 δ_p 和 δ_s。

*7.3　给定一理想低通 FIR 滤波器的频率特性

$$H_d(e^{j\omega})=\begin{cases}1 & |\omega|\leqslant\pi/4\\0 & \pi/4<|\omega|<\pi\end{cases}$$

现希望用窗函数(矩形窗和哈明窗)法设计该滤波器，要求具有线性相位。假定滤波器系数的长度为 29 点，即 $M/2=14$。

试计算并打印滤波器的系数、幅频响应及相频响应。滤波器系数的计算先用手算，然后再调用有关的 MATLAB 文件来计算。

*7.4　给定一理想带阻滤波器的频率特性

$$H_d(e^{j\omega})=\begin{cases}1 & |\omega|\leqslant\pi/6\\0 & \pi/6<|\omega|<\pi/3\\1 & \pi/3\leqslant|\omega|\leqslant\pi\end{cases}$$

重复 7.3 题的各项要求。

*7.5　试用频率抽样法完成 7.3 题及 7.4 题两个滤波器的设计。

*7.6　一滤波器的理想频率响应如图题 7.6 所示。

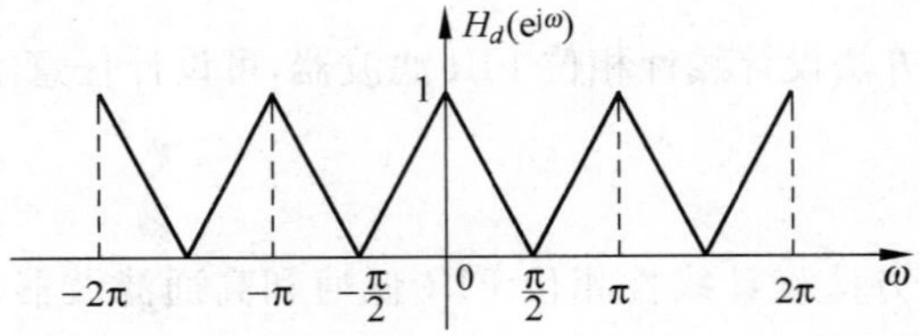

图题　7.6

(1) 试用窗函数法设计该滤波器，要求具有线性相位，滤波器长度为 33，用汉宁窗。

(2) 用频率抽样法设计，仍要求具有线性相位，滤波器长度为 33，过渡点由读者自行设置。要求先用手算得出 $h(n)$，然后上机求 $H(e^{j\omega})$。

*7.7 试用切比雪夫等纹波逼近法设计一多通带线性相位 FIR 滤波器。对归一化频率，0.1 ～ 0.15 及 0.3 ～ 0.36 为通带，其余为阻带，阻带边缘频率分别为 0.05，0.18，0.25，0.41。

首先画出该理想滤波器幅频响应的图形 $|H_d(e^{j\omega})|$。再令滤波器长度为55，请读者分别给定通带和阻带的加权值，研究不同加权值对滤波器性能的影响，要求输出滤波器抽样响应、幅频及相频响应。

*7.8 Papoulis 窗函数定义为

$$w(n)=\frac{1}{\pi}\left|\sin\left(\frac{2\pi n}{N}\right)\right|-\left(1-\frac{2\mid n-N/2\mid}{N}\right)\cos\left(\frac{2\pi n}{N}\right),\quad n=0,1,\cdots,N-1$$

该窗函数一个突出的优点是其频谱恒为正值。令 $N=128$，试画出 $w(n)$ 及其归一化幅度谱，并给出 A,B 及 D 值。

7.9 对式(7.4.22)的梳状滤波器，设 $N=20$，若想使 $\omega=0$ 及 $\omega=\pi$ 处的幅频响应接近 1，试确定该梳状滤波器的转移函数，并画出其极零图及幅频响应曲线。

7.10 现希望用多项式拟合的方法设计一简单整系数低通滤波器。希望 $M=4$，$p=3$，即九点三次拟合。试推导该滤波器的滤波因子(即抽样响应 $h(n)$)，并计算和描绘出其幅频特性。

7.11 再用 7.10 题的方法设计一差分滤波器，仍令 $M=4$，$p=3$，试推导该差分器的单位抽样响应 $h(n)$，并计算和描绘出该差分器的幅频响应。

7.12 试导出在用极零点抵消的办法设计简单整系数高通数字滤波器时，参数 M、K、α_s 及 f_s 之间的关系。这里 M 为 z 平面内单位圆周上的零点个数，K 为滤波器的阶次，α_s 为阻带中最小衰减(dB)，f_s 为抽样频率。试说明高通滤波器的设计步骤及各步中的主要关系式。

7.13 给定 $\alpha_p=3\text{dB}$，$\alpha_s=35\text{dB}$，$f_p=50\text{Hz}$，$f_s=1\,000\text{Hz}$，试利用极零点抵消的方法设计一简单整系数低通数字滤波器，求其转移函数并画出幅频特性。

参考文献

1 Gold B, Jordan K L J. A direct search procedure for designing finite duration impulse response filters. IEEE Trans. Audio Electroacoust, 1969, 17(1):33～36

2 Rabiner L R, Gold B, McGonegal C A. An approach to the approximation problem for nonrecusive digital filters. IEEE Trans. Audio Electroacoust, 1970, 18(2):83～106

3 McClellan J H, Parks T W. A unified approach to the design of optimum FIR linear phase digital filters. IEEE Trans. Circuit Theory, 1973, 20(Nov):697～701

4 McClellan J H，Parks T W，Rabiner L R. A computer program for designing optimum FIR linear phase digital filters. IEEE Trans. Audio Electroacoustics，1973，21(Dec)：506～526

5 Rabiner L R，McClellan J H，Parks T W. FIR digital filter design techniques using weighted Chebyshev approximation. Proc. IEEE，1975，63(Apr)：595～610

6 Harris F J. On the use of windows for harmonic analysis with the discrete Fourier transform. Proc. IEEE，1978，66(Jan)：51～83

7 Proakis J G，Manolakis D G. Introduction to Digital Signal Processing. New York：Macmillan Publishing Company，1988

8 Bellanger M. Digital Processing of Signals. New York：Wiley & Sons，1984

9 Sophocles J O. Introduction to Signal Processing. Prentice Hall，1996;北京：清华大学出版社，1999（影印）

10 Savitzky A，Golay M. Smoothing and differentiation of data by simplified least squares procedures. Analytical Chemistry，1964，36(8)：1627～1638

11 Lynn P A. On-line digital filter for biological signals：some fast designs for a small computer. Med. & Biol. Eng. & Comput. 1977，15：534～540

12 Benvenuto N，et al. Realization of finite impulse response filters using coefficients +1，0，and −1. IEEE Trans. on Comm.，1985，33(10)：1985

13 Benvenuto N. Dynamic programming methods for designing FIR filters using coefficients −1，0，and +1. IEEE Trans. on ASSP，1986，34(4)：785～792

14 臼井支朗等. 计测处理に适した低次の低域微分アルゴリズムツの评价. 电子通信学会论文志，1978，101D61：850～857

15 Usui S，Amidror L. Digital lowpass differentiation for biological signal processing. IEEE Trans. on BME，1989，29(Oct)：686～693

16 Selesnick I W，et al. Constrained least square design of FIR filters without specified transition bands. IEEE Trans. on Signal Processing，1996，44(8)：1879～1892

17 郑君里等. 信号与系统. 北京：人民教育出版社，1981

第 8 章

信号处理中常用的正交变换

由于傅里叶变换有着明确的物理意义，其变换域反映了信号包含的频率内容，因此傅里叶变换是信号处理中最基本也是最常用的变换。我们在第 3、第 4 两章以较大的篇幅讨论了傅里叶变换的定义、性质及快速算法，在第 5～7 章关于离散系统分析与综合的讨论中，又都涉及了系统频率响应的概念。那么，除了傅里叶变换外，在信号处理中是否还有其他更有意义的变换呢？实际上，人们在不同的学科领域提出的各种各样的变换不下几十种，它们有着各自的理论与应用背景，其中很多变换在信号处理中取得了重要的应用。本章集中讨论最重要的一类变换，即正交变换，介绍其定义、性质以及几个重要的正交变换，然后讨论它们在图像压缩中的应用。

8.1　希尔伯特空间中的正交变换

8.1.1　信号的正交分解

将一个实际的物理信号分解为有限或无限小的信号“细胞”是信号分析和处理中常用的方法。这样有助于我们了解信号的性质，了解它含有哪些有用的信息并知道如何提取这些信息。同时，对信号的分解过程也就是对信号的“改造”和“加工”过程，有助于去除噪声及信号中的冗余（如相关性），这对于信号的压缩、编码都是十分有用的。

在第 1 章已指出，一个线性空间引入了范数，则该空间称为赋范线性空间。在此基础上若定义了内积运算，则该空间称为内积空间，完备的内积空间又称为希尔伯特空间。设 X 为一希尔伯特空间，其维数为 N，并设 x 是 X 中的一个元素，即 $x\in X$。x 可以是连续信号，也可以是离散信号，N 可以是有限值也可以是无穷值。设 $\varphi_1,\varphi_2,\cdots,\varphi_N$ 是 X 中的一组向量，它们可能是线性相关的，也可能是线性独立的。如果它们线性独立，则称之为空间 X 中的一组“基”。$\varphi_1,\varphi_2,\cdots,\varphi_N$ 各自可能是离散的，也可能是连续的，这视 x 而定。这样，可将 x 按这样一组向量作分解，即

$$x = \sum_{n=1}^{N} \alpha_n \varphi_n \tag{8.1.1}$$

式中 $\alpha_1, \alpha_2, \cdots, \alpha_N$ 是分解系数，它们是一组离散值。因此，式(8.1.1)又称为信号的离散表示(discrete representation)。

如果 $\varphi_1, \varphi_2, \cdots, \varphi_N$ 是一组两两互相正交的向量，则式(8.1.1)称为 x 的正交展开，或正交分解。分解系数 $\alpha_1, \alpha_2, \cdots, \alpha_N$ 是 x 在各个基向量上的投影，若 $N=3$，其含义如图 8.1.1 所示。

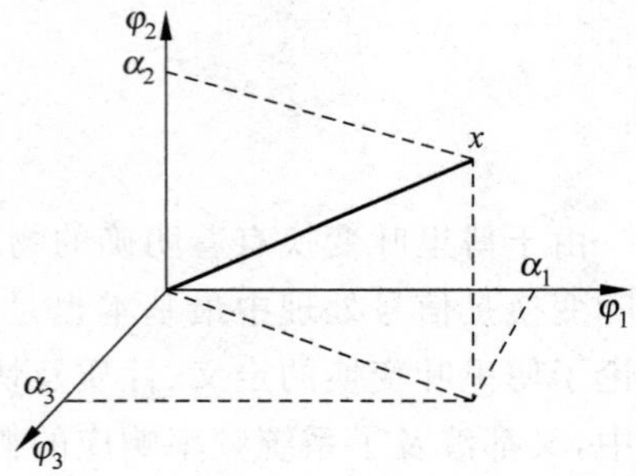

图 8.1.1　信号的正交分解

为求分解系数，我们设想在空间 X 中另有一组向量：$\hat{\varphi}_1, \hat{\varphi}_2, \cdots, \hat{\varphi}_N$，这一组向量和 $\varphi_1, \varphi_2, \cdots, \varphi_N$ 满足如下关系

$$\langle \varphi_i, \hat{\varphi}_j \rangle = \begin{cases} 1 & i = j \\ 0 & i \neq j \end{cases} \tag{8.1.2}$$

这样，用 $\hat{\varphi}_j$ 和式(8.1.1)两边做内积，有

$$\langle x, \hat{\varphi}_j \rangle = \left\langle \sum_{n=1}^{N} \alpha_n \varphi_n, \hat{\varphi}_j \right\rangle = \sum_{n=1}^{N} \alpha_n \langle \varphi_n, \hat{\varphi}_j \rangle = \alpha_j \tag{8.1.3}$$

即

$$\alpha_j = \langle x(t), \hat{\varphi}_j(t) \rangle = \int x(t)\, \hat{\varphi}_j^*(t) \mathrm{d}t \tag{8.1.4a}$$

或

$$\alpha_j = \langle x(n), \hat{\varphi}_j(n) \rangle = \sum_n x(n)\, \hat{\varphi}_j^*(n) \tag{8.1.4b}$$

式(8.1.4a)对应连续时间信号，式(8.1.4b)对应离散时间信号。

式(8.1.4)称为信号的变换，变换的结果即求出一组系数 $\alpha_1, \alpha_2, \cdots, \alpha_N$；与此相对应，式(8.1.1)称为信号的综合或反变换。$\hat{\varphi}_1, \hat{\varphi}_2, \cdots, \hat{\varphi}_N$ 称为 $\varphi_1, \varphi_2, \cdots, \varphi_N$ 的对偶基或倒数(reciprocal)基。式(8.1.2)的关系称为双正交(biorthogonality)关系或双正交条件。在此需特别指出的是，双正交关系指的是两组基之间各对应向量之间具有正交性，但每一组基的各个向量之间并不一定具有正交关系。

记 $\{\varphi_n\} = \{\varphi_1, \varphi_2, \cdots, \varphi_N\}$，$n \in Z$ 为一组向量，它们可有不同的性质，如可能是完备的，可能是线性相关或线性无关的，也可能是正交的。用这一组向量按式(8.1.1)来表示信号 x 时，自然会有着不同的表示性能。下面是用 $\{\varphi_n\}$ 表示 x 时可能出现的几种情况，其中也给出了信号处理中的一些重要概念。

(1) 如果空间 X 中的任一元素 x 都可由一组向量 $\{\varphi_n\}$ 作式(8.1.1)的分解，那么称 $\{\varphi_n\}$ 是完备(complete)的。

(2) 如果 $\{\varphi_n\}$ 是完备的，且是线性相关的，由线性代数的理论可知，$\{\varphi_n\}$ 不可能构成一组基,它的对偶向量$\{\hat{\varphi}_n\}$存在并且不是唯一的。用这样一组向量按式(8.1.1)表示x必然会存在信息的冗余。

(3) 若$\{\varphi_n\}$是完备的,且是线性无关的,则$\{\varphi_n\}$是X中的一组基向量,这时,其对偶向量$\{\hat{\varphi}_n\}$存在且唯一,即存在式(8.1.2)的双正交关系。

(4) 如果一组基向量$\varphi_1,\varphi_2,\cdots,\varphi_N$的对偶向量是其自身,即$\varphi_1=\hat{\varphi}_1,\cdots,\varphi_N=\hat{\varphi}_N$,那么这一组基向量就构成了$N$维空间中的正交基,即

$$\langle\varphi_i,\varphi_j\rangle=\delta(i-j) \tag{8.1.5}$$

下面,我们再从线性代数的角度来简单地讨论正交变换的含义。

设X、Y为两个Hilbert空间,$\boldsymbol{x}$、$\boldsymbol{y}$分别是其中的向量(信号),设算子$\boldsymbol{A}$将X中的向量变换到Y,即

$$\boldsymbol{y}=\boldsymbol{A}\boldsymbol{x} \tag{8.1.6}$$

则称$\boldsymbol{A}$定义了一个变换。若$\boldsymbol{A}$是线性算子,那么该式是线性变换,如果$\boldsymbol{A}$将$\boldsymbol{x}$变换为$\boldsymbol{y}$后,其$\|\cdot\|_2$范数保持不变,即

$$\langle\boldsymbol{A}\boldsymbol{x},\ \boldsymbol{A}\boldsymbol{x}\rangle=\langle\boldsymbol{x},\ \boldsymbol{x}\rangle=\langle\boldsymbol{y},\ \boldsymbol{y}\rangle \tag{8.1.7}$$

则称算子$\boldsymbol{A}$是正交变换。正交变换实际上是保证了信号在变换前后的能量不变。在第3章所讨论的4种傅里叶变换(FT,FS,DTFT,DFT)都是线性变换,也都是正交变换,它们有着各自的Parseval公式。

如果$\boldsymbol{x}$和$\boldsymbol{y}$都是$N\times1$的向量,那么式(8.1.6)中的算子$\boldsymbol{A}$实际上是一个$N\times N$的变换矩阵。对于正交变换,它是一个正交矩阵。例如,DFT的变换矩阵$\boldsymbol{W}$即正交矩阵,其元素$W_{n,k}=\exp\left(-\mathrm{j}\dfrac{2\pi}{N}nk\right)$,而$n,\ k=0,\ 1,\cdots,\ N-1$。由线性代数的理论可知,一个$N\times N$矩阵$\boldsymbol{A}$若是正交矩阵,则必有

$$\boldsymbol{A}\boldsymbol{A}^{\mathrm{T}}=\boldsymbol{I}$$

即

$$\boldsymbol{A}^{-1}=\boldsymbol{A}^{\mathrm{T}} \tag{8.1.8}$$

并且,给定一个实对称矩阵$\boldsymbol{C}$,则必有正交矩阵$\boldsymbol{A}$存在,使得

$$\boldsymbol{A}\boldsymbol{C}\boldsymbol{A}^{-1}=\boldsymbol{A}\boldsymbol{C}\boldsymbol{A}^{\mathrm{T}}=\begin{bmatrix}\lambda_0 & & & \\ & \lambda_1 & & \\ & & \ddots & \\ & & & \lambda_{N-1}\end{bmatrix} \tag{8.1.9}$$

成立,式中$\lambda_0,\lambda_1,\cdots,\lambda_{N-1}$是矩阵$\boldsymbol{C}$的特征值。这样,使用正交变换可以把一个实对称矩阵化成对角阵。$\boldsymbol{A}$的列向量是相对特征值λ_i的特征向量,记$\boldsymbol{A}$的列向量为$\boldsymbol{A}_i$,$i=0,\ 1,\ \cdots,\ N-1$,那么

$$\boldsymbol{C}\boldsymbol{A}_i = \lambda_i \boldsymbol{A}_i, \quad i = 0,1,\cdots,N-1 \tag{8.1.10}$$

并且

$$\langle \boldsymbol{A}_i, \boldsymbol{A}_j \rangle = \boldsymbol{A}_i^{\mathrm{T}} \boldsymbol{A}_j = \begin{cases} 1 & i = j \\ 0 & i \neq j \end{cases} \tag{8.1.11}$$

即 $\boldsymbol{A}$ 的列向量是归一正交的。

8.1.2 正交变换的性质

信号的正交分解或正交变换是信号处理中最常用的一类变换,它有一系列重要性质。

性质 1 正交变换的基向量$\{\varphi_n\}$即是其对偶基向量$\{\hat{\varphi}_n\}$。

这类变换有着非常明显的优点:

(1) 若正变换存在,那么反变换一定存在,且变换是唯一的。

(2) 正交变换在计算上最为简单。如果 x 是离散信号,且 N 是有限值,那么式(8.1.1)的分解与式(8.1.4)的变换只是简单的矩阵与向量运算,此运算可用式(8.1.6)实现。

(3) 由式(8.1.6)可知,反变换 $\boldsymbol{x}=\boldsymbol{A}^{-1}y=\boldsymbol{A}^{\mathrm{T}}y$,不需要矩阵求逆。用硬件来实现时,不需要增加新的器件,且编程也非常容易。

性质 2 展开系数 α_n 是信号 x 在基向量$\{\varphi_n\}$上的准确投影。

由式(8.1.4)可知,双正交的情况下,展开系数 α_n 反映的是信号 x 和对偶函数$\{\hat{\varphi}_n\}$之间的相似性,所以 α_n 是 x 在$\{\hat{\varphi}_n\}$上的投影,也就是说,α_n 并不是 x 在$\{\varphi_n\}$上的投影。如果$\{\hat{\varphi}_n\}$和$\{\varphi_n\}$有明显的不同,那么 α_n 将不能反映 x 相对基函数$\{\varphi_n\}$的行为。在正交情况下,$\{\hat{\varphi}_n\}=\{\varphi_n\}$,$\alpha_n$ 自然就是 x 在$\{\varphi_n\}$上的投影,当然,也就是准确投影。

性质 3 正交变换保证变换前后信号的能量不变。

此性质又称为"保范(数)变换",现说明如下。由于

$$\begin{aligned} \| x \|^2 &= \sum_n x(n) x^*(n) = \langle x, x \rangle \\ &= \langle \sum_n \alpha_n \varphi_n, \sum_k \alpha_k \varphi_k \rangle = \sum_n \sum_k \alpha_n \alpha_k \langle \varphi_n, \varphi_k \rangle \\ &= \sum_n \sum_k \alpha_n \alpha_k^* \delta(n-k) = \sum_n |\alpha_n|^2 = \|\alpha\|^2 \end{aligned} \tag{8.1.12}$$

即信号的范数等于分解系数的范数,所以正交变换又称保范变换。式(8.1.12)即 Parseval 定理,也就是说,只有正交变换才满足 Parseval 定理。

性质 4 信号正交分解具有最小平方近似性质。

现对该性质解释如下。

设 X 是 $\varphi_1,\varphi_2,\cdots,\varphi_N$ 张成的空间,$x\in X$,$\varphi_1,\varphi_2,\cdots,\varphi_N$ 满足正交关系,按式(8.1.1)

对 x 分解，即

$$x=\sum_{n=1}^{N}\alpha_n\varphi_n=\langle\alpha_n,\varphi_n\rangle \tag{8.1.13}$$

假定仅取前 L 个向量，即 $\varphi_1,\varphi_2,\cdots,\varphi_L$ 来重构 x，则有

$$\hat{x}=\sum_{n=1}^{L}\beta_n\varphi_n \tag{8.1.14}$$

为衡量$\hat{x}$对 x 近似的程度，我们用

$$d^2(x,\hat{x})=\|x-\hat{x}\|^2=\langle x-\hat{x},x-\hat{x}\rangle \tag{8.1.15}$$

来描述。若使 $d^2(x,\hat{x})$为最小，必有

$$\beta_n=\alpha_n,\quad n=1,\cdots,L \tag{8.1.16}$$

及

$$d^2(x,\hat{x})=\sum_{n=L+1}^{N}\alpha_n^2 \tag{8.1.17}$$

此即信号正交分解的最小平方近似性质，我们在 7.1 节曾经遇到过(见式(7.1.25)～式(7.1.28))。

性质 5 将原始信号 x 经正交变换后得到一组离散系数 $\alpha_1,\alpha_2,\cdots,\alpha_N$，这一组系数具有减少 x 中各分量的相关性及将 x 的能量集中于少数系数上的功能。相关性去除的程度及能量集中的程度取决于所选择的基函数$\{\varphi_n\}$的性质。

这一性质是信号与图像压缩编码的理论基础。有关这一点，我们将在 8.3 节继续讨论。

8.1.3 正交变换的种类

正交变换总的可分为两大类，即非正弦类正交变换与正弦类正交变换。前者包括 Walsh-Hadamard 变换(WHT)、Haar 变换(HRT)及斜变换(SLT)等，后者包括离散傅里叶变换(DFT)、离散余弦变换(DCT)、离散正弦变换(DST)、离散 Hartley 变换(DHT)及离散 W 变换(DWT)等。以 WHT 为代表的非正弦类变换的基函数基本上是由(0,1)或(−1,1)组成的方波所构成，所以其运算时不需要乘法，因此在 20 世纪 60 年代及 70 年代曾受到推崇并被用于图像编码与数据压缩。由于具有硬件乘法器的高速 DSP 芯片的问世及具有优良性能的 DCT，DST 及 DWT 等新变换的提出，正弦类正交变换无论是其理论价值还是应用价值都优于非正弦类变换，从而在正交变换中占据了主导地位。

除了正弦类和非正弦类正交变换以外，还有一种特殊的正交变换，即 K-L 变换。该变换去除信号中的相关性最彻底，且有着最佳的统计特性，因而被称为最佳变换。遗憾的是 K-L 变换的基函数依赖于所要变换的数据，因而缺少实现 K-L 变换的快速算法

(见 8.2 节)。

上述 5 种正弦类变换中,DFT 在第 3 章中已详细讨论,它广泛应用于信号的频谱分析以及相关和卷积的快速计算,但这些计算都是在复数域中进行的。DHT 和 DWT 可以在实数域实现信号的频谱分析并具有 DFT 的其他功能。实际上 DHT 是 DWT 的一个特例。DCT 和 DST 也是实变换,DCT 已广泛应用于图像的编码及数据压缩。由 8.3 节的讨论可知,它们在一定条件下近似 K-L 变换的功能。DWT,DCT 及 DST 有着不同的表示形式,它们之间有着密切的联系。这 5 个变换都有高效的快速算法。

限于篇幅,本章只对 K-L 变换、离散余弦变换给以简要的介绍,并在本章的习题中对 DHT 和 DWT 给以简单的说明。

8.2　K-L 变换

K-L 变换是 Karhunen-Loève 变换的简称,这是一种特殊的正交变换,主要用于一维和二维信号的数据压缩[1]。

对给定的信号 $x(n)$,若它是正弦信号,那么不管它有多长,仅需三个参数,即幅度、频率和相位,便可完全确定它。当需要对 $x(n)$进行传输或存储时,仅需传输或存储这三个参数。在接收端,由于这三个参数可完全无误差地恢复出原信号,因此达到了数据最大限度的压缩。对大量的非正弦信号,如果它的各个分量之间完全不相关,那么表示该数据中没有冗余,需要全部传输或存储;若 $x(n)$中有相关成分,通过去除其相关性则可达到数据压缩的目的。

一个宽平稳的实随机向量 $\boldsymbol{x}=[x(0),x(1),\cdots,x(N-1)]^{\mathrm{T}}$,其协方差矩阵 $\boldsymbol{C}_x$ 定义为

$$\boldsymbol{C}_x = E\{(\boldsymbol{x}-\boldsymbol{\mu}_x)(\boldsymbol{x}-\boldsymbol{\mu}_x)^{\mathrm{T}}\} = \begin{bmatrix} c_{00} & c_{01} & \cdots & c_{0\,N-1} \\ c_{10} & c_{11} & \cdots & c_{1\,N-1} \\ \vdots & \vdots & & \vdots \\ c_{N-1\,0} & c_{N-1\,1} & \cdots & c_{N-1\,N-1} \end{bmatrix} \tag{8.2.1}$$

式中 $E\{\cdot\}$代表求均值运算,$\boldsymbol{\mu}_x=E\{\boldsymbol{x}\}$是信号 $\boldsymbol{x}$ 的均值向量,$\boldsymbol{C}_x$ 的元素

$$C_x(i,\, j) = E\{(x(i)-\mu_x)(x(j)-\mu_x)\} = C_x(j,\, i)$$

即协方差阵是实对称的。显然,矩阵 $\boldsymbol{C}_x$ 体现了信号向量 $\boldsymbol{x}$ 各分量之间的相关性。若 $\boldsymbol{x}$ 的各分量互不相关,那么 $\boldsymbol{C}_x$ 中除对角线以外的元素皆为零。K-L 变换的思路是寻求正交矩阵 $\boldsymbol{A}$,使得 $\boldsymbol{A}$ 对 $\boldsymbol{x}$ 的变换 $\boldsymbol{y}$ 的协方差阵 $\boldsymbol{C}_y$ 为对角矩阵,其步骤如下。

先由 λ 的 N 阶多项式

$$|\lambda \boldsymbol{I} - \boldsymbol{C}_x| = 0$$

求矩阵 $\boldsymbol{C}_x$ 的特征值 $\lambda_0, \lambda_1, \cdots, \lambda_{N-1}$，再由式(8.1.10)求矩阵 $\boldsymbol{C}_x$ 的 N 个特征向量 $\boldsymbol{A}_0$，$\boldsymbol{A}_1, \cdots, \boldsymbol{A}_{N-1}$，然后将 $\boldsymbol{A}_0, \boldsymbol{A}_1, \cdots, \boldsymbol{A}_{N-1}$ 归一化，即令 $\langle \boldsymbol{A}_i, \boldsymbol{A}_i \rangle = 1, i=0,1,\cdots,N-1$。由归一化的向量 $\boldsymbol{A}_0, \boldsymbol{A}_1, \cdots, \boldsymbol{A}_{N-1}$ 就可构成归一化正交矩阵 $\boldsymbol{A}$，即

$$\boldsymbol{A} = [\boldsymbol{A}_0, \boldsymbol{A}_1, \cdots, \boldsymbol{A}_{N-1}]^{\mathrm{T}}$$

最后由 $\boldsymbol{y} = \boldsymbol{A}\boldsymbol{x}$ 实现对信号 $\boldsymbol{x}$ 的 K-L 变换。

现在证明，$\boldsymbol{y}$ 的协方差矩阵 $\boldsymbol{C}_y$ 为对角阵，即

$$\boldsymbol{C}_y = \boldsymbol{A}\boldsymbol{C}_x\boldsymbol{A}^{\mathrm{T}} = \begin{bmatrix} \lambda_0 & & & \\ & \lambda_1 & & \\ & & \ddots & \\ & & & \lambda_{N-1} \end{bmatrix} \tag{8.2.2}$$

证明 由协方差矩阵的定义得

$$\begin{aligned} \boldsymbol{C}_y &= E\{[\boldsymbol{y} - \boldsymbol{\mu}_y][\boldsymbol{y} - \boldsymbol{\mu}_y]^{\mathrm{T}}\} \\ &= E\{[\boldsymbol{A}\boldsymbol{x} - \boldsymbol{A}\boldsymbol{\mu}_x][\boldsymbol{A}\boldsymbol{x} - \boldsymbol{A}\boldsymbol{\mu}_x]^{\mathrm{T}}\} \\ &= \boldsymbol{A}E\{[\boldsymbol{x} - \boldsymbol{\mu}_x][\boldsymbol{x} - \boldsymbol{\mu}_x]^{\mathrm{T}}\}\boldsymbol{A}^{\mathrm{T}} = \boldsymbol{A}\boldsymbol{C}_x\boldsymbol{A}^{\mathrm{T}} \end{aligned}$$

因为正交阵 $\boldsymbol{A}$ 的行向量是 $\boldsymbol{C}_x$ 的特征向量，由式(8.1.8)及式(8.1.9)，有

$$\boldsymbol{C}_y = \boldsymbol{A}\boldsymbol{C}_x\boldsymbol{A}^{\mathrm{T}} = \begin{bmatrix} \lambda_0 & & & \\ & \lambda_1 & & \\ & & \ddots & \\ & & & \lambda_{N-1} \end{bmatrix}$$

显然，$\boldsymbol{C}_y$ 为对角阵。

设 $\boldsymbol{x}, \boldsymbol{y}$ 都是 N 维向量，也即 N 点序列，矩阵 $\boldsymbol{A}$ 是 $N \times N$ 的正交阵，将 $\boldsymbol{A}$ 写成 $\boldsymbol{A} = [\boldsymbol{A}_0, \boldsymbol{A}_1, \cdots, \boldsymbol{A}_{N-1}]^{\mathrm{T}}$，由正交矩阵的性质，有

$$\begin{aligned} \boldsymbol{x} &= \boldsymbol{A}^{\mathrm{T}}\boldsymbol{y} = [\boldsymbol{A}_0, \boldsymbol{A}_1, \cdots, \boldsymbol{A}_{N-1}]\boldsymbol{y} \\ &= y(0)\boldsymbol{A}_0 + y(1)\boldsymbol{A}_1 + \cdots + y(N-1)\boldsymbol{A}_{N-1} = \sum_{i=0}^{N-1} y(i)\boldsymbol{A}_i \end{aligned} \tag{8.2.3}$$

这样，K-L 变换又可看成是对信号向量 $\boldsymbol{x}$ 作 K-L 展开，其基向量是 $\boldsymbol{A}_0, \boldsymbol{A}_1, \cdots, \boldsymbol{A}_{N-1}$，如果希望对 $x(n)$ 做数据压缩，那么可对 $\boldsymbol{x}$ 的变换 $\boldsymbol{y}$ 做压缩，即舍去 $y(n)$ 中一部分分量。不失一般性，假定舍去 $y(m+1), y(m+2), \cdots, y(N-1)$，这样，由 $y(0), y(1), \cdots, y(m)$ 恢复 $x(n)$ 时，将只能是对 $x(n)$ 的近似，记为 $\hat{\boldsymbol{x}}$，由式(8.2.3)，有

$$\hat{\boldsymbol{x}} = y(0)\boldsymbol{A}_0 + y(1)\boldsymbol{A}_1 + \cdots + y(m)\boldsymbol{A}_m = \sum_{i=0}^{m} y(i)\boldsymbol{A}_i \tag{8.2.4}$$

$\hat{\boldsymbol{x}}$ 对 $\boldsymbol{x}$ 近似的均方误差

$$\varepsilon = E\{[\boldsymbol{x} - \hat{\boldsymbol{x}}]^2\} \tag{8.2.5}$$

这样，我们可对 K-L 变换重新解释为：给定一个随机信号向量 $\boldsymbol{x} = [x(0), x(1), \cdots,$

$x(N-1)]^{\mathrm{T}}$，寻求一组基向量 $\boldsymbol{A}_0, \boldsymbol{A}_1, \cdots, \boldsymbol{A}_{N-1}$，使得按式(8.2.4)对 $\boldsymbol{x}$ 截短以后的均方误差为最小。可以证明：为使截短后的均方误差为最小，基向量应选协方差阵 $\boldsymbol{C}_x$ 的特征向量，λ_i 自然是该特征向量对应的特征值。且最小均方误差为

$$\varepsilon_{\min} = \sum_{i=m+1}^{N-1} \lambda_i \tag{8.2.6}$$

总结以上过程，可以看到 K-L 变换有如下优点：

① 完全去除了原信号 $\boldsymbol{x}$ 中的相关性。

② 进行数据压缩时，将 $y(n)$ 截短所得的均方误差最小，该最小均方误差等于所舍去的特征值之和。

③ 若将 N 个特征值按大小顺序排列，即 $\lambda_0 \geqslant \lambda_1 \geqslant \cdots \geqslant \lambda_{N-1}$，那么将 $\lambda_{m+1}, \cdots, \lambda_{N-1}$ 舍去后，将使余下的 $\lambda_0, \lambda_1, \cdots, \lambda_m$ 保留了最大的能量。也就是说，信号 $\boldsymbol{x}$ 经 K-L 变换 $\boldsymbol{y}=\boldsymbol{A}\boldsymbol{x}$，并且将 $\boldsymbol{y}$ 舍去一段后，保留了原信号的最大能量。

由于以上原因，K-L 变换被称为最佳变换。但遗憾的是基向量和方差阵 $\boldsymbol{C}_x$ 有关，而特征值和特征向量的计算又比较困难，因此目前还没有快速的 K-L 变换算法。8.3 节介绍的离散余弦变换具有与 K-L 变换近似的良好性质，且又有快速算法，因而已广为应用。

8.3 离散余弦变换(DCT)

8.3.1 DCT 的定义

Ahmed 和 Rao 于 1974 年首先给出了离散余弦变换(DCT)的定义[5]。给定序列 $x(n)$，$n=0,1,\cdots,N-1$，其离散余弦变换定义为

$$X_{\mathrm{c}}(0) = \frac{1}{\sqrt{N}} \sum_{n=0}^{N-1} x(n) \tag{8.3.1a}$$

$$X_{\mathrm{c}}(k) = \sqrt{\frac{2}{N}} \sum_{n=0}^{N-1} x(n) \cos \frac{(2n+1)k\pi}{2N}, \quad k = 1,2,\cdots,N-1 \tag{8.3.1b}$$

显然，其变换的核函数

$$C_{k,n} = \sqrt{\frac{2}{N}}\, g_k \cos \frac{(2n+1)k\pi}{2N}, \quad k,n = 0,1,\cdots,N-1 \tag{8.3.2}$$

是实数，式中系数

$$g_k = \begin{cases} 1/\sqrt{2} & k = 0 \\ 1 & k \neq 0 \end{cases} \tag{8.3.3}$$

这样,若 $x(n)$ 是实数,那么它的 DCT 也是实数。对傅里叶变换,若 $x(n)$ 是实数,其 DFT $X(k)$ 一般为复数。由此可以看出,DCT 避免了复数运算。将式(8.3.1)写成矩阵形式,有

$$\boldsymbol{X}_{\mathrm{c}} = \boldsymbol{C}_N \boldsymbol{x} \tag{8.3.4}$$

式中 $\boldsymbol{X}_{\mathrm{c}}, \boldsymbol{x}$ 都是 $N \times 1$ 的向量,$\boldsymbol{C}_N$ 是 $N \times N$ 变换矩阵,其元素由式(8.3.2)给出。当 $N = 8$ 时,有

$$\boldsymbol{C}_8 = \frac{1}{\sqrt{8}} \begin{bmatrix} 1 & 1 & 1 & \cdots & 1 \\ \sqrt{2}\cos\frac{\pi}{16} & \sqrt{2}\cos\frac{3\pi}{16} & \sqrt{2}\cos\frac{5\pi}{16} & \cdots & \sqrt{2}\cos\frac{15\pi}{16} \\ \vdots & \vdots & \vdots & & \vdots \\ \sqrt{2}\cos\frac{7\pi}{16} & \sqrt{2}\cos\frac{21\pi}{16} & \sqrt{2}\cos\frac{35\pi}{16} & \cdots & \sqrt{2}\cos\frac{105\pi}{16} \end{bmatrix} = \begin{bmatrix} \boldsymbol{c}_0 \\ \boldsymbol{c}_1 \\ \vdots \\ \boldsymbol{c}_7 \end{bmatrix} \tag{8.3.5}$$

可以证明,$\boldsymbol{C}_x$ 的行、列向量均有如下的正交关系

$$\langle \boldsymbol{c}_k, \boldsymbol{c}_n \rangle = \begin{cases} 0 & k \neq n \\ 1 & k = n \end{cases}$$

可见变换矩阵 $\boldsymbol{C}_N$ 是归一化的正交阵,DCT 是正交变换,由此立即得到 DCT 的反变换关系

$$\boldsymbol{x} = \boldsymbol{C}_N^{-1} \boldsymbol{X}_{\mathrm{c}} = \boldsymbol{C}_N^{\mathrm{T}} \boldsymbol{X}_{\mathrm{c}} \tag{8.3.6a}$$

即

$$x(n) = \frac{1}{\sqrt{N}} X_{\mathrm{c}}(0) + \sqrt{\frac{2}{N}} \sum_{k=0}^{N-1} X_{\mathrm{c}}(k) \cos\frac{(2n+1)k\pi}{2N}$$

$$n = 0, 1, \cdots, N-1 \tag{8.3.6b}$$

8.3.2 DCT 和 K-L 变换的关系

在 8.2 节已指出,K-L 变换的基向量 $\boldsymbol{A}_i (i = 0, 1, \cdots, N-1)$ 依赖于信号向量 $\boldsymbol{x}$ 的协方差矩阵 $\boldsymbol{C}_x$(以下改为 $\boldsymbol{R}_x$),因此 $\boldsymbol{A}_i$ 一般不能解析地给出。但是,在平稳随机过程中有一类特殊的过程,即一阶马尔可夫过程(Markov-Ⅰ),由于其协方差矩阵具有对称的 Toeplitz 形式,因而其对应的正交矩阵可以解析地求出,并且一阶马尔可夫过程还是语音及图像处理中常用到的数学模型。因此,研究 Markov-Ⅰ过程的 K-L 变换及其近似问题具有重要的意义。令 ρ 是 Markov-Ⅰ随机序列(即过程)相邻两元素之间的相关系数,则其自协方差矩阵的元素有以下关系[6,7]

$$[\boldsymbol{R}_x]_{ij} = \rho^{|i-j|}, \quad i, j = 0, 1, \cdots, N-1 \tag{8.3.7a}$$

即

$$\boldsymbol{R}_x = \begin{bmatrix} 1 & \rho & \rho^2 & \cdots & \rho^{N-1} \\ \rho & 1 & \rho & \cdots & \rho^{N-2} \\ \rho^2 & \rho & 1 & \cdots & \rho^{N-3} \\ \vdots & \vdots & \vdots & & \vdots \\ \rho^{N-1} & \rho^{N-2} & \rho^{N-3} & \cdots & 1 \end{bmatrix} \tag{8.3.7b}$$

式中 $0<\rho<1$。对式(8.3.7)的协方差矩阵，其 K-L 变换正交矩阵的元素$[\boldsymbol{A}]_{ij}$可解析地给出，即有

$$[\boldsymbol{A}]_{ij} = \left[\frac{2}{N+\lambda_j}\right]^{1/2} \sin\left\{\omega_j\left[(i+1)-\frac{N+1}{2}\right]+(j+1)\frac{\pi}{2}\right\}$$

$$i,j = 0,1,\cdots,N-1 \tag{8.3.8}$$

式中

$$\lambda_j = \frac{1-\rho^2}{1-2\rho\cos\omega_j+\rho^2} \tag{8.3.9}$$

是矩阵 $\boldsymbol{R}_x$ 的特征值，而 ω_j 是超越方程

$$\tan(N\omega) = -\frac{(1-\rho^2)\sin\omega}{\cos\omega-2\rho+\rho^2\cos\omega} \tag{8.3.10}$$

的正实根。显然，当 ρ 趋近于 1 时，$\tan(N\omega)=0$，于是有

$$\omega_j = j\pi/N, \quad j=0,1,\cdots,N-1 \tag{8.3.11}$$

由该式可知，当 $j\neq0$ 时，$\omega_j\neq0$，这时由于式(8.3.9)的分子为零($\rho=1$)，所以当 $j=1,2,\cdots,N-1$ 时，$\lambda_j=0$；当 $j=0$ 时，$\omega_j=0$，由式(8.3.9)，有

$$\lambda_0 = \frac{1-\rho^2}{(1-\rho)^2} = \frac{1+\rho}{1-\rho}$$

看来，当 ρ 趋近于 1 时 λ_0 趋于无穷大。但由于在矩阵的相似变换中矩阵的迹保持不变，即

$$\sum_{j=0}^{N-1}[\boldsymbol{R}_x]_{jj} = \sum_{j=0}^{N-1}\lambda_j$$

而 $\boldsymbol{R}_x$ 的对角线元素全为 1(见式(8.3.7b))，所以有 $\lambda_0=N$，将 $\lambda_j(j=0,1,\cdots,N-1)$及 ω_j 代入式(8.3.8)，可得

$$[\boldsymbol{A}]_{i0} = \frac{1}{\sqrt{N}}$$

$$[\boldsymbol{A}]_{ij} = \sqrt{\frac{2}{N}}\sin\left[\frac{(i+1/2)j\pi}{N}+\frac{\pi}{2}\right] = \sqrt{\frac{2}{N}}\cos\frac{(2i+1)j\pi}{2N}$$

将此结果和式(8.3.1)DCT 的定义相比较，马上会发现，K-L 变换的正交矩阵恰是离

散余弦变换的变换矩阵 $\boldsymbol{C}_N$ 的转置。也就是说,对 Morkov-Ⅰ信号,当 ρ 越接近于 1,对该信号的 K-L 变换越等效于余弦变换。当 ρ 小于并接近于 1 时,DCT 是 K-L 变换的极好近似。由于 DCT 有类似 DFT 的快速算法,因此用 DCT 代替 K-L 变换是十分有效的。这也就是 DCT 引起人们注意的重要原因,目前,DCT 在语音、图像的处理中已获得了广泛的应用,并取得了显著的成果[7]。

在本节的最后,我们简要介绍一下离散正弦变换(DST)的定义[8]。给定序列 $x(n)$, $n=1,2,\cdots,N$,其 DST 正变换和反变换分别定义为

$$X_s(k)=\sqrt{\frac{2}{N+1}}\sum_{n=1}^{N}x(n)\sin\left(\frac{nk\pi}{N+1}\right),\quad k=1,2,\cdots,N \tag{8.3.12}$$

$$x(n)=\sqrt{\frac{2}{N+1}}\sum_{k=1}^{N}X_s(k)\sin\left(\frac{nk\pi}{N+1}\right),\quad n=1,2,\cdots,N \tag{8.3.13}$$

其变换的核函数

$$S_{k,n}=\sqrt{\frac{2}{N+1}}\sin\left(\frac{nk\pi}{N+1}\right),\quad n,\ k=1,2,\cdots,N \tag{8.3.14}$$

是实函数,将式(8.3.12)写成矩阵形式,有

$$\boldsymbol{X}_s=\boldsymbol{S}_N\boldsymbol{x} \tag{8.3.15}$$

式中 $\boldsymbol{X}_s$, $\boldsymbol{x}$ 都是 $N\times1$ 的向量;$\boldsymbol{S}_N$ 是 $N\times N$ 变换矩阵,其元素由式(8.3.14)给出。如同 DCT 一样,DST 变换矩阵 $\boldsymbol{S}_N$ 也是正交矩阵,其行列之间均有如下关系

$$\langle \boldsymbol{s}_k,\ \boldsymbol{s}_n\rangle=\begin{cases}1 & k=n\\ 0 & k\neq n\end{cases} \tag{8.3.16}$$

文献[9]于 1979 年首先论证了 DFT,DCT,DST 及 K-L 变换相对于一阶马尔可夫过程而言可以归纳为同一变换家族,并称之为正弦家族,其原因是它们的变换矩阵的向量都可写成

$$\Phi_m(k)=a_m\sin(k\omega_m+\theta_m) \tag{8.3.17}$$

的形式。试比较式(8.3.2)的 $C_{k,n}$,式(8.3.8)的 $[A]_{i,j}$,式(8.3.14)的 $S_{k,n}$ 及 DFT 的 $\boldsymbol{W}$ 矩阵,可以看出,它们的确都有着式(8.3.17)的形式。

DCT,DST 及 DFT 作为同一变换家族的成员都是在某种程度上近似于 K-L 变换。文献[10]给出了在 $\rho\to1$ 时定量估计它们对 K-L 变换近似程度的方法,下面给以简要介绍。

令 $\boldsymbol{R}_x$ 是 $N\times N$ 的待变换的相关阵(或协方差阵),$\boldsymbol{A}$ 是变换矩阵,$\boldsymbol{A}$ 可以是 K-L 变换矩阵或 DCT 变换矩阵 $\boldsymbol{C}_N$,也可以是 DST 变换矩阵 $\boldsymbol{S}_N$ 或 DFT 变换矩阵 $\boldsymbol{W}_N$。令 $\boldsymbol{R}_y$ 是变换后的矩阵。若 $\boldsymbol{A}$ 是 K-L 变换,那么 $\boldsymbol{R}_y$ 将是对角阵;若不是 K-L 变换,$\boldsymbol{R}_y$ 将近似对角阵。令

$$\lambda_1 = \sum_{\substack{i,j=1 \\ i\neq j}}^{N} |R_x(i,j)|, \quad \lambda_2 = \sum_{\substack{i,j=1 \\ i\neq j}}^{N} |R_y(i,j)|$$

显然，λ_1，λ_2 分别是矩阵 $\boldsymbol{R}_x$，$\boldsymbol{R}_y$ 去掉对角线后所有元素的绝对值和。λ_2 越小，说明 $\boldsymbol{R}_y$ 越接近于对角阵，即相应的变换去除相关性越好。再令

$$\eta = 1 - \lambda_2/\lambda_1$$

称 η 为去除相关的"效率"。显然，λ_2 越趋近于零，则 η 越趋近于 1，去除相关的效率越高。当 $\rho=0.91$，$N=8$ 时，DCT 的 $\eta=98.05\%$，DFT 的 $\eta=89.48\%$，DST 的 $\eta=84.97\%$。这一结果表明，在 ρ 接近于 1 时，DCT 有着最好的去除相关性的能力，即对 K-L 变换近似的性能最好，DFT 次之，最后是 DST。当然，DFT 是复数运算，这是其不利之处。

另外，矩阵 $\boldsymbol{R}_y$ 对角线的元素反映了信号的能量。当 i 较小时，若 $R_y(i,i)$ 的值较大，则说明经变换后信号的能量越集中，更有利于数据压缩及特征抽取。为此，再定义

$$\eta_E = \sum_{i=1}^{M} R_y(i,i) \Big/ \sum_{i=1}^{N} R_y(i,i), \quad M = 1,2,\cdots,N$$

显然，若 M 越小时，η_E 越大，那么变换后能量集中的效果越好。表 8.3.1 给出了在 $N=8$，$\rho=0.91$ 时，DCT，DFT 及 DST 的 η_E（用百分数表示）。

表 8.3.1　DCT，DFT 及 DST 能量集中情况（$N=8$，$\rho=0.91$）

M / 变换类型	1	2	3	4	5	6	7	8
DCT	79.3	90.9	94.8	96.7	97.9	98.7	99.4	100
DFT	79.3	86.0	92.7	94.7	96.7	97.8	99.0	100
DST	73.6	84.3	92.5	95.0	97.4	98.4	99.4	100

由表 8.3.1 可以看出，当 $M=2$ 时，DCT 对于能量集中的效果最好，DFT 次之，DST 排在最后。当然 M 较大时，它们趋于一致。

8.4 图像压缩简介

本章所讨论的正交变换，特别是离散余弦变换，在图像压缩中起到了重要作用。本节简要介绍有关图像压缩的基本概念，以便为读者提供有关图像压缩的基本知识，同时也说明有关正交变换的应用。本节的内容也是多媒体技术的基本内容。

8.4.1 图像的基本概念

一个二维的静止黑白图像可用一个二维函数 $f(x,y)$来表示。其中 x,y 分别是水平和垂直坐标，$f(x,y)$是该图片在坐标(x,y)处的亮度或灰度值。因为光是能量的一种形式，因此，$f(x,y)$是非负的，且是有限的，即 $0<f(x,y)<\infty$。$f(x,y)$的值越小，图像越暗（黑）；反之，图像越亮（白）。通常，$f(x,y)$由物体的入射光的亮度和反射光的亮度共同决定，即 $f(x,y)=i(x,y)r(x,y)$，式中 $i(x,y)$为入射分量，$r(x,y)$为反射分量，二者满足如下关系

$$0<i(x,y)<\infty,\quad 0<r(x,y)<1$$

入射分量的大小取决于光源，反射光的大小取决被照物体的性质，$r(x,y)=0$ 表示全吸收，为 1 表示全反射。

若 x,y 及灰度都是连续的，则该图像称为连续图像或模拟图像，这和一维信号的情况是一样的。为便于计算机的图像处理，需要将 x,y 及图像的灰度都离散化。离散化后的一张图片即是一个矩阵，水平和垂直方向上的点数即是矩阵的大小，如通常所说的 256×256 或 512×512；矩阵的每一个元素又称为该图像的一个像素(pixel)。对灰度离散化的字长若取 b，那么其灰度等级为 2^b。对灰度离散的过程又称为图像的量化。若一幅图像在水平方向上有 N 点，垂直方向上有 M 点，那么，表示这一幅图像需要的数据量为 NMbbit。对 x,y 离散化时抽样间隔的大小决定了该图像的空间分辨率，对灰度离散化时分层的多少决定了图像的密度分辨率。显然，一幅图像的空间分辨率和密度分辨率越高，其质量或清晰度也就越好。

对一维时域信号，周期信号周期的倒数称为该信号的频率。将此概念扩展到二维，若一幅图像在空间上作周期性变化，则该周期的倒数称为空间频率。在图像中，空间频率的大小表征了图像明暗变化的快慢，当然，也决定了该图像的细节是否丰富。空间频率的概念是图像频域处理的基础。

不言而喻，彩色图像要比黑白图像内容丰富，当然，彩色图像的表示也比黑白图像复杂。

我们知道，一般物体本身并不发光，而是在光源的照射下由对光的吸收和反射才呈现了不同的颜色。人眼对彩色的感知取决于光的色调、饱和度和亮度。色调(hue)是指该图像所含可见光的波长，饱和度(saturation)反映了色彩的浓淡，它取决于彩色光中白光的含量，亮度(brightness)是指可见光的强度。红(R)、绿(G)、蓝(B)三色称为三基色，其他绝大部分颜色都可由这三基色按不同的比例混合而得到。例如，在彩色电视的 CRT 中就含有分别产生红、绿、蓝三种颜色的电子枪，它们分别以不同的强度在荧光屏上混合

后就可产生出五彩缤纷的电视图像。因此，一幅彩色图像的颜色组成为

$$颜色 = R(红色的百分比) + G(绿色的百分比) + B(蓝色的百分比)$$

这样，一个二维的彩色图像的数学模型是

$$f(x,y) = \{f_R(x,y), f_G(x,y), f_B(x,y)\}$$

式中 $f_R(x,y)$、$f_G(x,y)$、$f_B(x,y)$分别是在 x,y 处由 R、G、B 三色所决定的灰度值。若 R、G、B 三色均匀混合，则得到的是白色；等量的 R、G 混合得到的是黄色，等量的 G、R 混合得到的是青色，等等。1931 年国际照明委员会 CIE 统一规定，红色的波长为 700nm，绿色的波长为 546.1nm，蓝色的波长为 435.8nm。

除了 R、G、B 外，对不同的应用还经常使用不同的彩色表示方式。例如，在 PAL 制式的彩色电视中，人们使用 YUV 模式，在 NTSC 制式的彩色电视中，人们使用 YIQ 模式。其中 Y 表示图像的亮度，U、V 表示两种色度分量信号，I、Q 也是两种色度分量信号，它们是色差信号。此外，计算机 CRT 采用的是 YCrCb 模式[15,17]，我国电视使用的是 PAL—D 制式，RGB 和 YUV 的转换关系是

$$\begin{aligned}Y &= 0.299R + 0.587G + 0.144B \\ U &= -0.147R - 0.289G + 0.436B \\ V &= 0.615R - 0.515G - 0.100B\end{aligned}$$

YUV 模式的优点是 Y、U、V 这三个信号分量是相互独立的，也即 Y 给出的黑白图像和 U、V 给出的两幅彩色图像是独立的，这既有利于三幅图像的单独编码，也有利于彩色和黑白图像的兼容，即彩色电视机可接收黑白图像，黑白电视机也可接收彩色图像，当然，显示出来的都是黑白图像。使用 YUV 的另一个好处是可以利用人眼的光学特性来降低数字彩色图像的数据量。人眼对亮度细节相对敏感，而对彩色细节的敏感度就相对较低，这样，表示 Y、U、V 三个信号就可用不同的字长。例如，在实际应用中表示 RGB 所需的字长分别是 8∶8∶8 bit，而表示 YUV 的字长可以是 8∶4∶4 bit。

若图像是以每秒若干帧的速度在不停地运动，我们称该图像是运动图像。对电视、摄像机、录像机给出的运动图像又称为视频(video)图像。运动图像可用 $f(x,y,t)$来表示，t 取离散序号。

8.4.2　图像压缩的基本概念

随着科学技术的飞速发展，信息已成为现代社会的主要特征，而人们传递信息的重要媒介就是视频图像。据报道，人们获取的信息有 70%来自视觉系统。因此，研究如何高效地实现图像的传输和存储就变得非常重要。现在的主要问题是数字化后的图像的数据量非常巨大，以致现有的硬件条件往往达不到实时传输和存储的要求。以 CCIR601 建议的数字电视的标准为例，其分辨率为 720×576，采用 4∶2∶2 的 YUV 存储方式，每个像

素占用16bit,帧速率为25fps(frames per second),那么数据的码率高达165.9Mbit/s。对这样的数据进行传输,所需要的信道的带宽太大,当然,占据的存储空间也非常大。因此,数字图像压缩编码技术的研究就成了现代信息学科中的重要内容。至今,人们在这方面已做了大量工作,提出了许多高效的图像压缩算法,并制定了一系列的国际标准。

图像压缩是指在满足一定的图像质量的条件下,用尽可能少的数据量来表示该图像。前已述及,对连续图像 $f(x,y)$ 进行抽样和量化可得到数字图像,数字图像一般可表示为 $f(i,j),i,j=0,1,\cdots,N-1$。但是,在这种表示中存在着严重的信息冗余,这些冗余表现如下。

(1) 空间冗余:在同一幅图像中,相邻像素间存在很强的相关性;

(2) 时间冗余:运动图像中前后图像间存在着相关性,特别是运动较慢的图像,如会议电视图像、可视电话图像等,连续几帧一般无大的变化;

(3) 谱冗余:同一幅彩色图像中,各个颜色分量之间存在相关性。

图像压缩的目的就是要消除这些冗余性,从而减少表示图像的比特数。在图像压缩中,我们往往还利用对图像先验知识的了解,利用图像的纹理特征及利用人体视觉系统(human visual system,HVS)的特性来提高压缩的效率。

图像压缩的分类方法繁多,到目前为止尚未统一。从压缩的是否可逆性来分,可分为可逆与不可逆压缩两大类。可逆压缩也叫做无失真或无损(lossless)压缩,即压缩后的数据可以完全精确重建原始数据;而不可逆压缩也叫失真或有损(lossy)压缩,这时将存在信息丢失。无损压缩很难实现高的压缩比,多用于医学图像的压缩;有损压缩可实现很高的压缩比,多用于视频图像的压缩。

从压缩的对象分,可分为静态图像压缩和动态图像压缩两大类,二者的算法及国际标准都明显不同。

图像压缩一般包括图像的映射变换、量化及编码三个步骤。对于应用最为广泛的有损压缩来说,映射变换一般是指图像的正交变换,其中应用最多的是离散余弦变换(DCT)。近年来,小波变换已越来越多地用于图像变换,并已显示出许多优越的性能。图像变换的目的是将图像的能量尽量集中在少量系数上,从而最大限度地去除原始图像数据中的相关性。

由于变换后的数据最大限度地去除了相关性并实现了能量的集中,那么将会出现少量数据特别大而多数数据特别小的情况。量化的过程即是对这些数据做新的映射处理,目的是减小非“0”系数的幅度以及增加“0”值系数的数目。量化有均匀量化、非均匀量化之分,从方法上又有标量量化、向量量化之分。信号的量化又称为信源编码。

编码,通俗地说是将信源集合 $\{X\}=\{x_1,x_2,\cdots,x_N\}$ 用一个代码 $\{W\}=\{w_1,w_2,\cdots,w_N\}$ 来表示。$w_1,w_2,\cdots,w_N$ 称为码字(codeword)。码字形成的原则是,既要尽可能保持信源 $\{X\}$ 的信息,又要最大可能减少所用的bit数。在图像与信息类的文献中,编码的概念非常广泛，往往把图像(数据)压缩和图像(数据)编码视为等同。因此，图像编码又包含了图像的变换、量化及编码的整个过程。按照这种定义，编码可分为统计编码、预测编码、变换编码、子带编码及分形编码等。

其实，我们对编码的概念并不陌生。发明于 100 多年前且至今还在使用的 Morse(莫尔斯)码就是经典的国际电报标准。几乎所有的编码方法都遵循这样一个准则：频繁出现的字符意味着其出现的概率大，概率大的事件包含的信息少，因此，对信息少的事件(或字符)只需分配给较少的 bit 数；反之，则应分配给较多的 bit 数。例如，在英文中，字母 E 出现的概率最大，因此莫尔斯码用一个点，即"·"来表示；字母 T 出现的概率排第二，莫尔斯码用一个"—"来表示；字母 Z 出现的概率最小，因此分配给较长的符号，即"——··"。这样，一封电文的平均码长就会大大缩短。

DCT 在变换编码中起到了重要的作用，现在已有的图像压缩的国际标准大多是以 DCT 为基础的，现在用两个例子来说明 DCT 在图像压缩中的应用。

例 8.4.1 图 8.4.1(a)是一个女孩的图像，图(b)、(c)和(d)是用 DCT 对其变换后再对较小的系数置零后重建的图像。做 DCT 时，原图像被分成 8×8 的矩阵，变换后的后 k 行与后 k 列均被简单地置为零，因此压缩比为 $8^2/(8-k)^2$。图(b)、(c)和(d)的 k 分别等于 2、4 和 6，因此压缩比分别为 1.78、4 和 16。显然，图(d)已相当模糊。

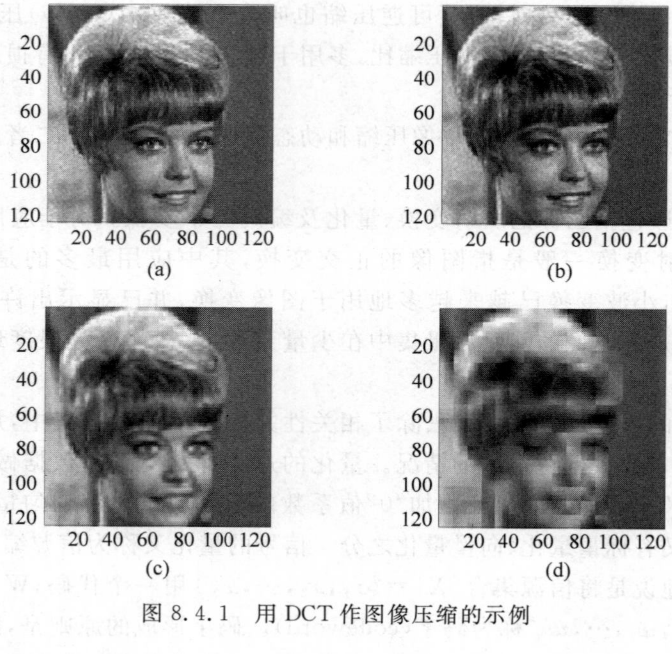

图 8.4.1 用 DCT 作图像压缩的示例

由图 8.4.1 可以看出，对不同的 k 可得到不同的压缩比，从而得到不同质量的图像。这就提出了如何评判一个压缩算法优劣的问题，一般可考虑如下参数[14]：

(1) 编码效率。包括图像压缩比(compression ratio，CR)、每像素所用的比特数(bpp)、每秒所需传输的比特数(bps)等；

(2) 重建图像的质量，包括客观度量和主观度量。客观度量指图像的逼真度，即原图像与重建图像的差值。令图像编码器的输入为 X，解码器的输出为 Y，则较为常用的两个参数均方误差和峰值信噪比可分别定义为

$$\mathrm{MSE}=\sigma_e^2=E\{(X-Y)^2\}=E\{e^2\}$$

$$\mathrm{PSNR}=10\lg(255^2/\sigma_e^2)$$

式中假定 X 的每一个像素都用 8bit 表示，所以 PSNR 的最大值可达 255。

主观度量是指通过人们的主观测试来评价系统的质量，包括二元判决(即“接受”和“不可接受”)、主观 PSNR、平均判分、等偏爱度曲线、多维计分法等。

(3) 算法的运算量和硬件实现的复杂程度。这是算法实现必须考虑的问题。

例 8.4.2 此例用来说明量化的过程。设矩阵 $\boldsymbol{S}$ 是图 8.4.1(a)左上角 8×8 的原始数据，矩阵 $\boldsymbol{C}$ 是 $\boldsymbol{S}$ 的二维 DCT 变换，显然，经变换后 $\boldsymbol{S}$ 的能量基本上集中到了矩阵 $\boldsymbol{C}$ 的左上角。矩阵 $\boldsymbol{W}$ 是 JPEG(JPEG 的解释见 8.4.3 节)推荐的量化矩阵。JPEG 经过大量测试后认为使用矩阵 $\boldsymbol{W}$ 对 DCT 系数做量化不会带来明显的误差。矩阵 $\boldsymbol{W}$ 的左上角的元素较小，右上角的元素较大，这表示对直流分量及低频成分的量化步长较小，而对高频成分的量化步长较大。矩阵 $\boldsymbol{C}_q$ 是矩阵 $\boldsymbol{C}$ 经矩阵 $\boldsymbol{W}$ 做量化后的结果。量化的方法是 $\boldsymbol{C}$ 的元素和 $\boldsymbol{W}$ 的元素对应相除后再取整。由矩阵 $\boldsymbol{C}_q$ 可以看出，原来 $\boldsymbol{C}$ 中幅值较大的元素的动态范围被压缩，而原来较小的元素多数都变成了 0。

将量化再经编码后的数据传输或存储后，对使用者来说，首先要对压缩后的数据解码。假定解码后的数据仍是矩阵 $\boldsymbol{C}_q$，通过矩阵 $\boldsymbol{W}$ 作逆量化后得到系数矩阵 $\boldsymbol{C}_{iq}$，对 $\boldsymbol{C}_{iq}$ 再作逆 DCT 便可得到对原始矩阵非常接近的矩阵 $\boldsymbol{S}'$。这样，如下所示的六个矩阵 $\boldsymbol{S}$，$\boldsymbol{C}$，$\boldsymbol{W}$，$\boldsymbol{C}_q$，$\boldsymbol{C}_{iq}$ 及 $\boldsymbol{S}'$ 便可说明图像变换、量化的基本过程(编码部分省略)。

$$\boldsymbol{S}=\begin{bmatrix}
120 & 137 & 146 & 147 & 143 & 138 & 131 & 123\\
111 & 125 & 140 & 135 & 156 & 138 & 135 & 119\\
99 & 114 & 146 & 147 & 150 & 155 & 144 & 135\\
94 & 105 & 129 & 153 & 146 & 138 & 149 & 143\\
97 & 97 & 119 & 140 & 155 & 144 & 137 & 141\\
88 & 102 & 125 & 141 & 134 & 134 & 147 & 146\\
85 & 103 & 122 & 126 & 143 & 140 & 141 & 147\\
76 & 97 & 117 & 128 & 126 & 140 & 143 & 135
\end{bmatrix}$$

$$\boldsymbol{C}=\begin{bmatrix}478 & -101 & 78 & -20 & -6 & 3 & -1 & 7\\ 37 & 51 & -10 & 7 & -3 & -3 & 0 & 5\\ -9 & 22 & 8 & 1 & -16 & -7 & -1 & -1\\ 1 & 11 & 8 & -1 & 9 & -3 & -3 & 0\\ -5 & 1 & 0 & 1 & 6 & 5 & -3 & -7\\ 10 & -3 & 4 & -10 & -1 & 2 & 0 & -4\\ 4 & -1 & 0 & -9 & -8 & 10 & 3 & -9\\ 5 & -1 & -4 & 9 & 1 & -9 & 10 & 1\end{bmatrix}$$

$$\boldsymbol{W}=\begin{bmatrix}16 & 11 & 10 & 16 & 24 & 40 & 51 & 61\\ 12 & 12 & 14 & 19 & 26 & 58 & 60 & 55\\ 14 & 13 & 16 & 24 & 40 & 57 & 69 & 56\\ 14 & 17 & 22 & 29 & 51 & 87 & 80 & 62\\ 18 & 22 & 37 & 56 & 68 & 109 & 103 & 77\\ 24 & 35 & 55 & 64 & 81 & 104 & 113 & 92\\ 49 & 64 & 78 & 87 & 103 & 121 & 120 & 101\\ 72 & 92 & 95 & 98 & 112 & 100 & 103 & 99\end{bmatrix}$$

$$\boldsymbol{C}_q=\begin{bmatrix}30 & -9 & -8 & -1 & 0 & 0 & 0 & 0\\ 3 & 4 & -1 & 0 & 0 & 0 & 0 & 0\\ -1 & 2 & 1 & 0 & 0 & 0 & 0 & 0\\ 0 & 1 & 0 & 0 & 0 & 0 & 0 & 0\\ 0 & 0 & 0 & 0 & 0 & 0 & 0 & 0\\ 0 & 0 & 0 & 0 & 0 & 0 & 0 & 0\\ 0 & 0 & 0 & 0 & 0 & 0 & 0 & 0\\ 0 & 0 & 0 & 0 & 0 & 0 & 0 & 0\end{bmatrix}$$

$$\boldsymbol{S}'=\begin{bmatrix}123 & 132 & 144 & 149 & 144 & 134 & 125 & 120\\ 112 & 124 & 140 & 149 & 148 & 141 & 133 & 128\\ 99 & 114 & 134 & 149 & 153 & 148 & 142 & 138\\ 91 & 107 & 130 & 148 & 154 & 151 & 145 & 142\\ 90 & 106 & 127 & 144 & 150 & 148 & 143 & 141\\ 90 & 104 & 123 & 137 & 143 & 142 & 140 & 139\\ 89 & 101 & 117 & 130 & 136 & 138 & 140 & 141\\ 86 & 97 & 112 & 124 & 132 & 136 & 141 & 144\end{bmatrix}$$

$$
C_{iq} = \begin{bmatrix}
480 & -99 & -80 & -16 & 0 & 0 & 0 & 0 \\
36 & 48 & -14 & 0 & 0 & 0 & 0 & 0 \\
-14 & 26 & 16 & 0 & 0 & 0 & 0 & 0 \\
0 & 17 & 0 & 0 & 0 & 0 & 0 & 0 \\
0 & 0 & 0 & 0 & 0 & 0 & 0 & 0 \\
0 & 0 & 0 & 0 & 0 & 0 & 0 & 0 \\
0 & 0 & 0 & 0 & 0 & 0 & 0 & 0 \\
0 & 0 & 0 & 0 & 0 & 0 & 0 & 0
\end{bmatrix}
$$

在作 DCT 时，为了减少变换后系数的幅度，本例中先将矩阵 $\boldsymbol{S}$ 的每一个元素都减去了 70，在反变换时再加上。矩阵 $\boldsymbol{C}$ 和 $\boldsymbol{C}_q$ 的元素都作了取整处理。进一步，可求出用该方法作图像压缩的峰值信噪比（PSNR）为 11.18dB。

8.4.3 图像压缩国际标准简介

在过去的十多年中，国际上已经制定了针对不同应用的各种图像压缩编码标准，现给以简要的介绍。

1. JPEG 和 JPEG2000

ISO（International Organization for Standardization）和 CCITT（International Telephone and Telegraph Consultative Committee）于 1986 年底成立了"联合图片专家组"（Joint Photographic Experts Group，JPEG），致力于研究静止图像压缩算法的国际标准。传统的 JPEG 标准的要点如下。

基本系统（baseline system）提供顺序扫描重建（sequential build-up）的图像，实现有损的图像压缩，图像的主观质量能够达到让损失难以觉察的程度。该系统主要采用 DCT 为主的算法，根据视觉特性设计自适应量化器，用 Huffman 编码作后续的熵编码，输出压缩码流。

扩展系统（extended system）是基本系统的扩展，可选用算术编码作熵编码，还可选用渐现重建（progressive build-up）的工作方式，即图像由粗而细地显示。

采用预测编码及 Huffman 编码或算术编码，可保证失真率为 0。

尽管 JPEG 标准的目标是面向静止图像的压缩，但是由于运动图像是由一帧一帧的图像组成，因此，JPEG 标准中的许多思想也可用于运动图像的编码。

目前，随着小波变换在图像压缩领域的应用越来越广泛，人们正致力于提出一种全新的基于小波变换的图像压缩标准——JPEG2000 国际标准，其目标是更加高效，而且功能更加齐全。另外，JPEG2000 还提供了与 MEPG-4 标准兼容的接口，使它能够方便地用于运动图像的压缩编码。

2. H. 261、H. 263 和 H. 264

H. 261 是第一个高效的视频编码标准算法，图像编码的其他几个国际标准(如 JPEG，MPEG，CCIR723 等)都是由它演变而来的。

1984 年 12 月，CCITT 第 15 研究组成立了“可视电话编码专家组”，并在 1988 年提出了视频编码器的 H. 261 建议。它的目标是 $P\times 64$kbit/s($P=1\sim 30$)码率的视频编码标准，以满足 ISDN(综合服务数字网)日益发展的需要。主要应用对象是视频会议的图像传输。它的视频压缩算法必须能够实时操作，解码延迟要短，当 $P=1$ 或 2 时，只支持帧速率较小的可视电话，当 $P\geqslant 6$ 时，则可支持电视会议。

H. 261 建议的原理结构的要点是：采用运动补偿(motion compensation，MC)技术进行帧间预测以去除图像在时域的相关性；然后对帧间预测误差以 8×8 或者 16×16 为宏块，进行 DCT 变换以去除图像在空域上的相关性；接着对 DCT 变换系数设置自适应量化器，以利用人们的视觉特性；最后再采用 Huffman 熵编码，获得压缩码流。

H. 263 是一种低码率的视频编码标准，码率可达 H. 261 的一半，是对 H. 261 标准的很好的改进。它仍然以 MC/DCT 为核心算法，与 H. 261 不同的是，它采用半像素精度进行运动补偿，传送的符号采用变长编码。

H. 264 是一种高性能的视频编解码技术。它是由国际电信联盟(International Telecommunications Union，ITU)和 ISO 共同制定的，正式发布于 2003 年。H. 264 又称为 MPEG-4 的第 10 部分，即先进视频编码(AVC)。其解码流程主要包括 5 个部分：帧间和帧内预测、变换、量化、环路滤波(loop filter)和熵编码(entropy coding)。H. 264 采用 DCT 变换编码与 DPCM 的差分编码相结合的混合编码结构，增加了多模式运动估计、基于内容的变长编码和 4×4 二维整数变换等新的编码方式，从而提高了编码效率。

H. 264 和已提出的其他视频压缩方案相比有很多优点，如：(1)高的编码效率。与 MPEG-2 和 MPEG-4 相比，在同样图像质量下，H. 264 技术压缩后的数据量只有 MPEG-2 的 1/8，MPEG-4 的 1/3。(2)能提供连续、流畅的高质量图像。(3)提供了在不稳定网络环境下丢包错误的解决方案。(4)网络适应性强，即 H. 264 的文件可以在不同的网络上传输(例如互联网，CDMA，GPRS，WCDMA，CDMA2000 等)。

H. 264 已应用于目前的大部分视频服务，如有线电视远程监控、交互媒体、数字电视、视频会议、视频点播、流媒体等[18]。

3. MPEG 系列

为了适应配有声音的运动图像压缩编码的需要，1988 年，CCITT 和 ISO 成立了运动图像专家组(Motion Picture Experts Group，MPEG)，致力于制定有关运动图像的编码标准。MPEG 组织在工作一开始就考虑了相关标准化组织的研究成果，如 JPEG 和H. 261。MPEG 在对运动图像的帧内编码技术中采用了 JPEG 推荐的 DCT 技术，此外 MPEG 又引入了帧间 MC 技术，因此可认为 MPEG 的工作是 JPEG 的延续，同时 MPEG 推荐的标准尽量与 H. 261 标准兼容，但比 H. 261 要复杂得多。

MPEG 标准包括 MPEG 视频、MPEG 音频和 MPEG 系统三个部分。它采用了 MC，DCT 以及可变长编码(VLC)等多项技术。运动补偿(MC)和 DCT 变换是 MPEG 依赖的两个基本技术。MPEG 编码以图像组 GOP(group of pictures)为单位，一个 GOP 中包含有 I、P 和 B 三种类型的图像。I(intra coded)图像用类似 JPEG 的帧内方式编码；P(predictive coded)图像用在该帧图像之前已经传出的 I 或者 P 图像作为运动补偿的前向帧间预测，并作为以后帧的帧间预测的参考帧；而 B(bidirectionally coded)图像则是用在其之前和之后传输的 I 或者 P 图像作有运动补偿的双向帧间预测。I 图像的压缩比较低，而 B 图像的压缩比较高。

MPEG-1 标准于 1992 年正式通过，其视频部分用来描述存储在各种数字存储媒体(如 CD、DAT、硬盘和光盘驱动器)上的经过压缩的视频信息，主要用于对连续传送码率为 1.5Mbit/s 的存储和传输媒体进行操作。

MPEG-2 标准于 1993 年正式通过，其码率在 3～10Mbit/s 之间，应用范围更加广泛，例如数字电视(HDTV、电子新闻、电子剧场、家庭影视中心，等等)、数字通信(个人通信、ATM 等)及其他数字媒体(数字视频记录、交互存储、多媒体邮政等)。

MPEG 组织于 1999 年 1 月正式公布了 MPEG-4 V1.0 版本，1999 年 12 月又公布了 MPEG-4 V2.0 版本。MPEG-4 与前面提到的 JPEG，MPEG-1，MPEG-2 有很大的不同，它为多媒体数据压缩编码提供了更为广阔的平台。它定义的是一种格式、一种框架，而不是具体的算法，它希望建立一种更自由的通信与开发环境。这样，MPEG-4 的目标就是支持多种多媒体的应用，特别是多媒体信息基于内容的检索和访问，可根据不同的应用需求，现场配置解码器。MPEG-4 的编码系统也是开放的，可随时加入新的高效的算法模块。MPEG-4 采用了基于对象的压缩编码方法，把图像和视频分割成不同的对象，分别进行处理。这样的编码方法能提供高的压缩比，还能够实现许多基于内容的交互功能。因此，它可以广泛地用在基于对象的多媒体存取、网上购物、电子商店、远程监控、医疗和教学等领域。

在 MPEG-4 之后，MPEG 组织又致力于制定 MPEG-7“多媒体内容描述接口”(multimedia content description interface)标准。它将为各种类型的多媒体信息规定一种标准化的描述，这种描述与多媒体信息的内容本身一起，支持用户对其感兴趣的各种“资料”快速、有效地检索。这些“资料”包括静止图像、图形、音频、动态视频以及如何将这些元素组合在一起的合成信息。MPEG-7 标准将用于数字化图书馆、多媒体目录服务、广播式媒体选择、多媒体编辑等领域。

目前，MPEG 组织正在酝酿制定 MPEG-21 标准。有关图像压缩标准的详细内容请参看文献[16,15,14]。

8.5　与本章内容有关的 MATLAB 文件

与本章内容有关的 MATLAB 文件主要是如下一维和二维离散余弦变换的文件。

1. dct. m

2. idct. m

3. dct2. m

4. idct2. m

其中 1 和 3 是正变换，2 和 4 为反变换。

由于 DCT 主要是应用于数据和图像的压缩，因此希望原信号的能量在变换后能尽量集中在少数系数上，且这些大能量的系数能处在相对集中的位置，这将有利于进一步的量化和编码。但是，如果对整段的数据或整幅图像来做 DCT，一方面降低了 DCT 对 K-L 变换的近似性能，另一方面也很难保证大能量的系数能处在相对集中的位置。因此，在实际的应用中，一般都是将数据分成一段一段来做，对图像一般是分成 8×8 或 16×16 的方块来做。

dct. m 的调用格式是

$$y = dct(x) \quad 或 \quad y=dct(x, N)$$

x 是原始信号，y 是 x 的 DCT，N 是变换数据的长度。若 x 的长度小于 N，则在后面补零；反之，则给以截短。

dct2. m 的调用格式是

$$Y=dct2(X) \quad 或 \quad Y=dct2(X, M, N)$$

X 是待变换的图像，Y 是 X 的二维 DCT，M、N 是变换图像的大小。若 X 的尺寸小于 M、N，则在后面补零；反之，则给以截短。

idct 和 idct2 的调用方法分别和 dct，dct2 的调用方法相同，下面用两个例子说明它们的应用。

例 8.5.1　调用 MATLAB 中的数据 noissin. dat，对其做一维 DCT 及逆 DCT，分段长度为 8。研究对 DCT 的结果舍去不同点数后的重建情况。

该题求解结果如图 8.5.1 所示，图(a)是原信号(图中纵坐标表示信号的幅度)，图(b)～

(i)分别是将 DCT 结果从后往前依次舍去(置零)1～8 个点后重建的结果。显然,8 个点全舍去后,重建的信号全是零。

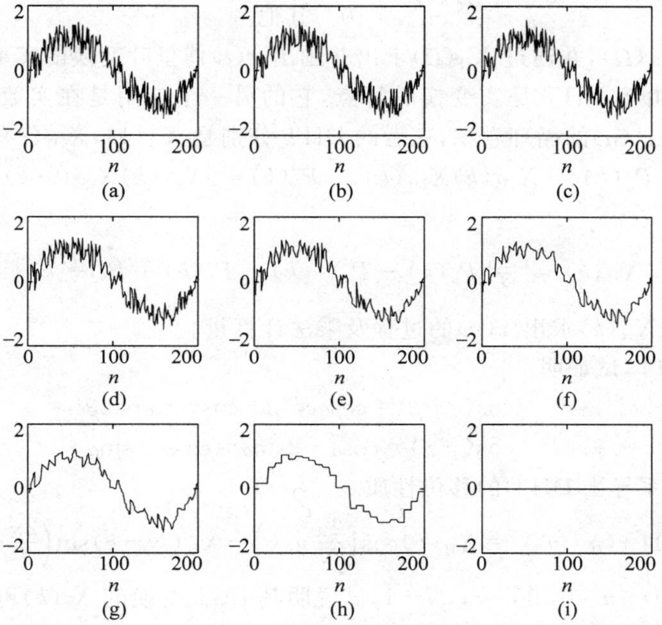

图 8.5.1　DCT 应用说明(信号长度 $N=200$)

习题与上机练习

8.1　对 $x(n),n=0,1,\cdots,N-1$,文献[2]定义了其离散 Hartley(DHT)变换为

$$X_{\mathrm{H}}(k)=\frac{1}{N}\sum_{n=0}^{N-1}x(n)\cos\left(\frac{2\pi}{N}nk\right),\quad k=0,1,\cdots,N-1$$

式中

$$\cos\left(\frac{2\pi}{N}nk\right)=\cos\left(\frac{2\pi}{N}nk\right)+\sin\left(\frac{2\pi}{N}nk\right)$$

试证明 DHT 是正交变换,并给出 DHT 逆变换的表达式。

8.2　由习题 8.1 可以看出,DHT 是实变换,即实序列变换后仍然是实的。因此,DHT 的主要应用是代替 DFT 来实现信号的傅里叶变换。给定 $x(n),n=0,1,\cdots,N-1$,试导出其 DFT 和 DHT 之间的关系,并说明如何利用 DHT 实现 DFT。

8.3 连续 Hartley 变换的核函数 $\mathrm{cas}(\Omega t)=\cos(\Omega t)+\sin(\Omega t)$，给定

$$x(t)=\begin{cases}1 & 0\leqslant t\leqslant 1\\ 0 & \text{其他}\end{cases}$$

试求出并画出 $X_{\mathrm{H}}(\Omega)$，并通过 $X_{\mathrm{H}}(\Omega)$ 求出并画出 $x(t)$ 傅里叶变换的实部与虚部。

8.4 同样由于 DHT 是实变换的特点，它的另一个应用是在实数域计算卷积。令 $x(n)$ 是 $x_1(n)$ 和 $x_2(n)$ 的循环卷积，三者的 DHT 分别是 $X_{\mathrm{H}}(k)$，$X_{1\mathrm{H}}(k)$ 和 $X_{2\mathrm{H}}(k)$，并记

$$P_a(k)=X_{1\mathrm{H}}(k)X_{2\mathrm{H}}(k),\quad P_b(k)=X_{1\mathrm{H}}(k)X_{2\mathrm{H}}(-k)$$

试证明

$$X_{\mathrm{H}}(k)=\frac{N}{2}[P_a(k)-P_a(-k)+P_b(k)+P_b(-k)]$$

并进一步说明由 $X_{\mathrm{H}}(k)$ 求出 $x(n)$ 的过程及乘法计算量。

8.5 对 DHT，试证明

$$\mathrm{cas}(\alpha+\beta)=\cos\alpha\,\mathrm{cas}\beta+\mathrm{cas}(-\alpha)\sin\beta$$

$$\mathrm{cas}(-\alpha)=\mathrm{cas}\alpha-2\sin\alpha=\cos\alpha-\sin\alpha$$

并利用这两个关系导出 DHT 的移位性质

$$\mathrm{DHT}[x(n+n_0)]=X_{\mathrm{H}}(k)\cos\left(\frac{2\pi}{N}n_0k\right)-X_{\mathrm{H}}(N-k)\sin\left(\frac{2\pi}{N}n_0k\right)$$

8.6 令 $x(n)$，$n=0,1,\cdots,N-1$，试说明其 DCT 变换的 $X_{\mathrm{c}}(k)$ 可写成

$$X_{\mathrm{c}}(k)=\sqrt{\frac{2}{N}}\mathrm{Re}\left\{\mathrm{e}^{-\mathrm{j}k\pi/2N}\sum_{n=0}^{2N-1}x_{2N}(n)\mathrm{e}^{-\mathrm{j}\frac{2\pi}{2N}nk}\right\}$$

并说明 $x_{2N}(n)$ 和 $x(n)$ 有何关系，再说明如何由 DFT 计算 DCT。

8.7 文献[12，13]提出了离散 W 变换(DWT)的概念。对 $x(n)$，$n=0,1,\cdots,N-1$，定义

$$X_{\mathrm{w}}(k)=\sqrt{\frac{2}{N}}\sum_{n=0}^{N-1}x(n)\sin\left[\frac{\pi}{4}+(n+\alpha)(k+\beta)\frac{2\pi}{N}\right],\quad k=0,1,\cdots,N-1$$

式子 α 和 β 分别是时域和频域参数，它们的取值可以是(0,0)、(1/2,0)、(0,1/2)、(1/2,1/2)中的任一个。因此，DWT 有四种形式。取 $\alpha=\beta=1/2$，这时的 DWT 不但可以像 DFT 那样得到信号整数倍的谐波，而且可以得到分数倍的谐波。第一种 DWT(对应 $\alpha=\beta=0$)的变换矩阵是

$$\boldsymbol{W}_N^{\mathrm{I}}=\sqrt{\frac{2}{N}}\sin\left(\frac{\pi}{4}+\frac{2\pi}{N}nk\right),\quad k=0,1,\cdots,N-1$$

(1) 试证明上式的 DWT 就是习题 8.1 定义的 DHT；

(2) 分别写出 $\boldsymbol{W}_N^{\mathrm{II}}$，$\boldsymbol{W}_N^{\mathrm{III}}$ 和 $\boldsymbol{W}_N^{\mathrm{IV}}$ 的表达式；

(3) 试证明

$$[\boldsymbol{W}_N^{\mathrm{I}}]^{-1}=[\boldsymbol{W}_N^{\mathrm{I}}]^{-\mathrm{T}}=[\boldsymbol{W}_N^{\mathrm{I}}]$$

$$[\boldsymbol{W}_N^{\mathrm{II}}]^{-1} = [\boldsymbol{W}_N^{\mathrm{II}}]^{-\mathrm{T}} = [\boldsymbol{W}_N^{\mathrm{III}}]$$
$$[\boldsymbol{W}_N^{\mathrm{IV}}]^{-1} = [\boldsymbol{W}_N^{\mathrm{IV}}]^{-\mathrm{T}} = [\boldsymbol{W}_N^{\mathrm{IV}}]$$

8.8　和四种形式的DWT相对应，离散余弦变换和离散正弦变换也各有四种形式。本章式(8.3.2)定义的DCT称为DCT-Ⅱ，而式(8.3.12)定义的DST称为DST-Ⅰ。它们分别由不同的作者在不同的时间(1974～1984)提出[8,5,14,9,11]。其中DCT-Ⅲ和DST-Ⅲ的变换矩阵分别是

$$\boldsymbol{C}_N^{\mathrm{III}} = \sqrt{N/2}g_n\cos[n(k+1/2)\pi/N], \quad n,k=0,1,\cdots,N-1$$
$$\boldsymbol{S}_N^{\mathrm{III}} = \sqrt{N/2}g_n\sin[n(k-1/2)\pi/N], \quad n,k=1,2,\cdots,N$$

式中

$$g_j = \begin{cases} 1/\sqrt{2} & j=0 \text{ 或 } j=N \\ 0 & j\neq 0 \text{ 或 } j\neq N \end{cases}$$

试证明这两个矩阵是正交矩阵。

顺便指出，尽管DCT和DST有四种形式，但就近20年的实践看，在语音和图像编码方面应用最多的还是DCT-Ⅱ。

*8.9　MATLAB中有很多图片(路径是：MATLAB2009/toolbox/images/imdemos/)，利用命令文件imread.m可以读取。请选择一个图片(例如kids.tif)：

(1) 试利用文件dct2，对该图片进行压缩。压缩时可尝试对DCT变换后的系数采用不同的取舍方法，比较其压缩性能。

(2) 结合例8.4.2的量化方法，对每一个经DCT变换后的8×8矩阵进行量化，从而实现图像压缩。在一定压缩比的情况下，和(1)给出的图像质量相比较。

参考文献

1 Ahmed N, Rao K R. Orthogonal Transforms for Digital Signal Processing. New York: Springer, 1975

2 Bracewell R N. Discrete Hartley transform. J. Opt. Soc. Am., 1983, 73(Dec):1832～1835

3 Bracewell R N. The fast Hartley transform. Proc. IEEE, 1984, 772(8):1010～1018

4 Bracewell R N. The Hartley Transform. New York: Oxford Univ. Press, 1986

5 Ahmed N T, Natarajan, Rao K R. Discrete consine transform. IEEE Trans. Comput., 1974, 23(Jan):90～93

6 Clarke R J. Relation between the Karhunen-Loeve and cosine transforms. Proc. IEE, Pt. F. 1981, 128(Nov):359～360

7 Rao K R, Yip P. Discrete Cosine Transform: Algorithms, Advantages. Applications. New York: Academic Press, 1990
8 Jain A K. A fast Karhunen-Loeve transform for a class of stochastic processes. IEEE Trans. Commun., 1976, 24(Sept):1023～1029
9 Jain A K. A sinusoidal family of unitary transform. IEEE Trans. Pattern Anal. Mach. Intell., 1979, 1(4):356～365
10 Clarke R J. Transform Coding of Images. London: Academic Press, 1985
11 Zhong De Wang. Fast algorithms for the discrete W transform and for the discrete Fourier transform. IEEE Trans. on ASSP, 1984, 32(8):803～816
12 Zhong De Wang. Harmonic analysis with a real frequency function-I, aperiodic case. Appl. Match, Comput, 1981, 9:53～73
13 Zhong De Wang. The discrete W transform, Appl. Math. Comput, 1985, 16:19～48
14 吴乐南. 数据压缩的原理与应用. 北京：电子工业出版社，1995
15 林福宗. 多媒体技术基础. 北京：清华大学出版社，2000
16 Gibson J D 著，李煜晖等译. 多媒体数字压缩原理与标准. 北京：电子工业出版社，2000
17 容观澳. 计算机图像处理. 北京：清华大学出版社，2000
18 百度百科：H.264. http://www.baidu.com

第9章

数字信号处理的硬件实现

9.1 DSP 微处理器概述

我们在绪论中已指出，信号处理的实现可分为软件实现与硬件实现两种，但这种区分方法是不严密的。因为，不论用什么语言编写的信号处理程序都需要基本的硬件支持才能运行。同样，除个别特殊的 DSP 芯片外，任何硬件的信号处理装置也必须配有相应的软件才能工作。因此，信号处理的硬件和软件实际上是密不可分的。

以 PC 为代表的个人计算机已成为最通用的学习和科研工具，人们已习惯把在 PC 上执行信号处理的程序视为软件实现，而把使用一些通用或专用 IC 芯片完成某种信号处理功能称为硬件实现。因此，信号处理的硬件实现指的是：根据自己实际任务的需要，选用最合适的 IC 芯片，设计并完成一个“最佳”的信号处理系统，再配上适合该芯片语言及任务要求的软件，从而达到信号处理的目的。

作为教学、一般研究或是程序的调试等无须实时实现的工作任务，一般多是在通用 PC 上来实现的。这时，对速度一般无过高要求，这样的信号处理系统也不便于放置在专门仪器中。如果希望脱离通用 PC 的硬件环境，那么可以选用合适的 CPU 或是微处理器来构成一个最小系统，以此作为信号处理的硬件环境。所构成的系统通常称为“嵌入式系统(embedded system)”。

微处理器自 20 世纪 70 年代诞生以来，基本上是按照如下三个方向在发展：

(1) 通用 CPU。它主要是用在 PC 上，其特点是事务密集型处理机制，既要完成高速运算，又要完成大量的控制功能，同时要追求性能与软件的兼容性。其主要产品是 Intel 公司的 8086/286/386/486/系列，Pentium(奔腾)系列和 Core (酷睿)系列；AMD 公司的 Athlon 系列；SUN 公司的 SPARC 系列及 DEC 公司的 Alpha 系列等。

(2) 微控制器 MCU(microcontroller unit)。该类产品又称为单片机，其特点是控制密集型处理机制，运算能力较弱。其主要产品是 Intel 公司的 MCS48/51/96/98 系列，Zilog 公司的 Z80/Z8000 系列，美国德州仪器公司(Texas Instruments，TI)的 MSP430 系列等。现在广泛应用的 ARM 系列可视为 MCU 一类，但运算能力较强。

(3) 数字信号处理器(digital signal processor,DSP)。这是一类专门为应用于数字信号处理而设计的高性能微处理器,也是本章讨论的主题。其主要产品是 TI 公司的 TMS320 系列,模拟器件公司(Analog Devices Inc.,ADI)的 ADSP-21xx 系列,飞思卡尔(Freescale)公司的 DSP56X 系列及 LSI 公司的 ZSP 系列等。

通用 CPU 和 MCU 都不是专门为信号处理而设计的,因此将其用在信号处理领域会感到很不方便,并且在性能上也不一定会满足实际任务的要求。为了考察 DSP 芯片的特点,我们首先需要考察数字信号处理理论的特点。

在数字信号处理中存在两个基本的运算,一是线性卷积,二是离散傅里叶变换(DFT)。前者描述 LSI 系统输入和输出的关系,后者用于实现信号的频谱分析。数字信号处理中的绝大部分算法在最后实现时一般都要转化为这两个算法。线性卷积和 DFT 运算的特点是形如 $y=Ax+B$ 的连乘和连加运算,即两个数相乘以后和另一个数相加,且这种运算往往需要反复进行,反复的次数要么等于系统输出 $y(n)$的长度 N,要么等于参与 DFT 运算的数据长度 N,而通常 N 是相当大的。我们知道,在计算机中实现乘法是最耗时的,因此,为了提高运算的速度,必须切实解决乘法和累加运算问题。

将 DSP 用于嵌入式系统,一个至关重要的要求是"实时"实现。直观地说,实时实现是在人的听觉、视觉允许的时间范围内完成对信号的处理并输出;具体地说,就是要求在一个抽样周期 T_s 内完成对信号处理的任务。

针对上述数字信号处理运算的特点和嵌入式系统实时实现的要求,数字信号处理器在设计上采取了很多特殊的措施。下面介绍 DSP 在性能和结构上的一些主要特点。

9.1.1 DSP 处理器在结构上的主要特点

1. 硬件乘法器

读者已熟知,PC 上的中央处理单元(CPU)主要由算术逻辑单元(ALU)、随机读写存储器(RAM)、只读存储器(ROM)、各种类型的寄存器及控制单元所组成。ALU 完成两个操作数的加、减及逻辑运算。早期 PC 中的乘法(或除法)则是由加法和移位来实现的。也就是说,尽管在这些机器的汇编语言上也有"乘法"指令,但在机器内部实际上还是通过加减法及移位来实现的,这是影响运算速度的一个主要原因。

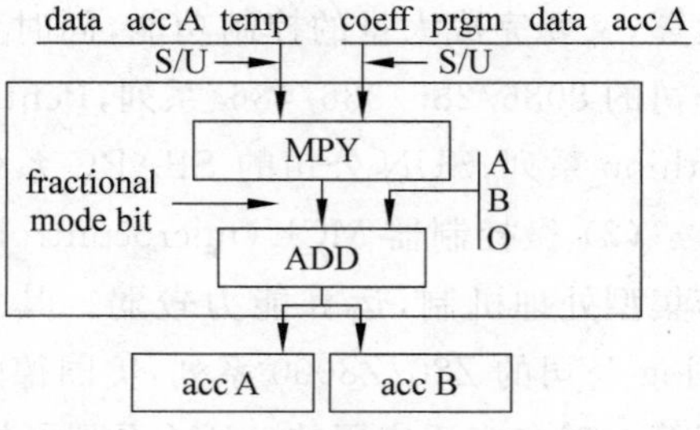

图 9.1.1　DSP 中的乘法器和累加器

图 9.1.1 是 DSP 中硬件乘法器和累加器的示意图。乘法器 MPY(multiply)有两个输入(乘

数和被乘数)和一个输出,即乘积。一个输入可能来自于数据空间(data),或累加器(acc A),或暂存寄存器(temp);另一个输入可能来自于系数寄存器(coeff),或程序空间(prgm),或 data,或累加器。图中 S/U 表示这两个输入可以是有符号的数,也可以是无符号的数。MPY 的输出(即乘积)送入加法器 ADD(adder),ADD 的输出或送入累加器 A,或累加器 B。图中"fractional mode bit"表示控制乘积的小数点位置,A,B 表示加法器另一个输入的来源,O 表示溢出标志。上述的乘和累加都是在一个指令周期内完成的。

2. 哈佛结构

通用计算机和微处理器的结构大体有两类,一是哈佛(Harvard)结构,二是冯·诺依曼(Von Neumann)结构。哈佛结构是由哈佛大学的物理学家 A. Howard 于 1930 年提出的,具有这种结构的 Harvard Mark I 计算机于 1944 年诞生于哈佛大学。于 1946 年诞生于宾夕法尼亚大学的 ENIAC 计算机被认为是世界上第一台通用数字计算机,该机采用的也是哈佛结构。哈佛结构的最大特点是计算机具有各自独立的数据存储空间和程序存储空间,因此有着独立的数据总线和程序总线。这样做的优点是可以同时对数据和程序寻址,即计算机的 CPU 在对位于数据存储空间的数据进行读写的同时也可对位于程序空间的指令进行读取,从而大大提高了运算速度,如图 9.1.2(b)所示。但这样的结构无疑也使机器的结构变得复杂。

冯·诺依曼结构是美籍数学家冯·诺依曼于 1946 年提出的,他是 ENIAC 项目的顾问。该结构的指导思想是:对计算机的 CPU 来说,数据和程序没有本质的区别,一条指令可分为两部分,一部分是操作命令,一部分是操作数,它们都以二进制数的形式存于计算机中,因此,可以令程序和数据公用一个存储空间,如图 9.1.2(a)所示。这样做的结果无疑使机器的结构简化,但由于数据和程序必须分时读写,因此会影响计算机的速度。事实证明,半导体工艺的飞速发展促使高速芯片不断推出,使得冯·诺依曼结构的这一限制并不很严重。因此,从冯·诺依曼结构提出到现在的 50 多年中,这种结构一直是 PC 发展的标准。

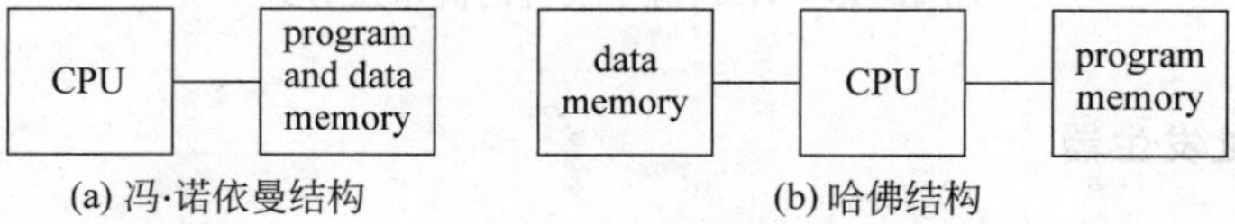

图 9.1.2 微处理器中的总线结构

实际上,现代的 DSP 多利用改进的哈佛结构,即在一个 CPU 中有多条数据总线和程序总线,这种结构又称为高级哈佛结构。例如,图 9.1.3 是 TMS320C54 中的总线结构,它有三个数据总线(D,C,E),两个用来取操作数,一个用来存运算结果。它实际上有四个程序总线,即 PAB,CAB,DAB 和 EAB(图中的 P,D,C 和 E)。这样的多总线结构无疑大

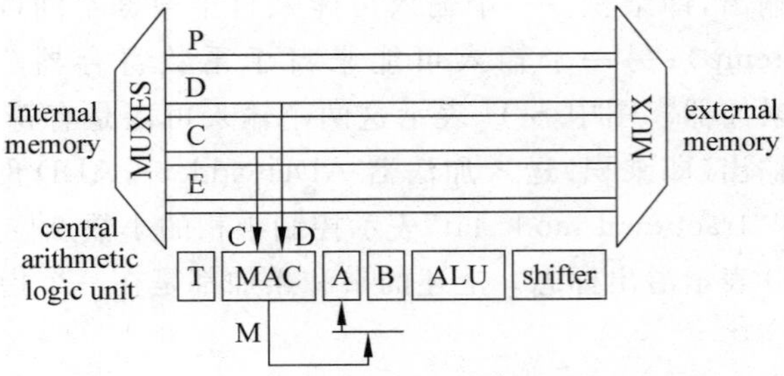

图 9.1.3　TMS320C54 中的多总线结构

大提高了数据和程序的读取速度。图中 MAC 是乘-累加单元。

3. 流水线工作方式

DSP 芯片中指令的执行采用流水线(pipeline)方式，图 9.1.4 是三级流水线的示意图。DSP 在第 n 个时钟周期内完成对第 N 条指令取指的同时，还将完成对第 $N-1$ 条指令的译码，并同时执行第 $N-2$ 条指令。在下一个时钟周期 $n+1$，将同时完成对第 $N+1$ 条指令的取指，对第 N 条指令的译码及对第 $N-1$ 条指令的执行。这样的执行方式将依次进行下去，这种在一个时钟内同时完成多个任务的流水线工作方式必将大大提高运算的速度。而 DSP 中采用的将地址总线和数据总线相分开的哈佛结构为实现流水线作业提供了保证。

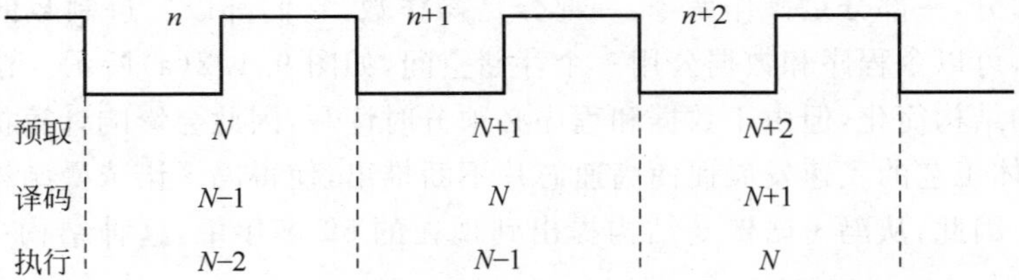

图 9.1.4　DSP 指令执行的流水线方式

4. 数据地址发生器

我们知道，在计算机中对数据的读取有直接寻址、间接寻址和寄存器寻址等多种寻址方式，所有这些寻址方式都要通过计算来得到所要存取的数据的物理地址。在通用 CPU 中，数据地址的产生是由算术逻辑单元 ALU 来完成的，这无疑要花费 CPU 的时间。在 DSP 中，则设置了专用的数据地址发生器(DAG)来产生所需要的数据地址，而这一工作过程是独立于 CPU 的。因此，这一措施也可显著提高信号处理的速度。

5. 适用于数字信号处理算法的寻址方式

我们在前面已指出,在数字信号处理中存在两个基本的运算,一是线性卷积,二是离散傅里叶变换(DFT),而 DFT 是用 FFT 来实现的。在线性卷积和 FFT 中,数据的读取是很有规律的,即有着很强的可预测性(如式(2.2.2)的线性卷积和 4.2.2 节的码位倒置)。为满足这些数字信号处理的特殊要求,目前 DSP 大多在指令系统中设置了"循环寻址"及"位倒序"寻址指令和其他特殊指令,使得寻址、排序的速度大大提高。例如,在 C54 的汇编程序中,可以使用如下的间接寻址方式

$$a = a + (*AR3+) * (*AR4+)$$

方便地实现卷积中取两个操作数和连乘、连加的运算,可利用指令" * ARx+0B"来实现码位倒置。

6. DMA 控制器

在计算机中,运算耗费 CPU 的时间,数据的传输同样耗费 CPU 的时间,特别是大数据量处理(如图像和多媒体)和多个处理器内核相互通信时,这一问题尤其突出。为此,DSP 中都设置了 DMA(Direct Memory Access)通道,并为之设置了独立的总线和控制器。这样,在进行数据通信时不会影响 CPU 的工作。目前,有的 DSP 处理器的 DMA 通道已多达数十个,乃至数百个[1]。

7. 丰富的外设

将 DSP 构成嵌入式系统用于实际时,DSP 芯片需要和系统上的众多设备相通信和接口。从事过微机系统开发的读者都知道,如果微机片上的设备和接口越多,使用起来就越方便。为此,DSP 在片上集成了丰富的外设。如

(1) 时钟发生器和定时器;

(2) 软件可编程等待发生器(用于快的片内器件和慢的片外器件的协调);

(3) 通用 I/O,同步串口(SSP)和异步串口(ASP),新的 DSP 上有 USB 接口;

(4) 主机接口(HPI);

(5) JTAG(joint test action group)边界扫描接口,便于 DSP 系统的仿真和调试;

(6) 部分 DSP 芯片内还有片上的模数转换器(A/D)及脉宽调制通道(PWM)。

8. 定点和浮点 DSP

按计算机中数的表示方式,DSP 可分为定点和浮点两种。早期的 DSP 大都是定点的,一般为 16bit 或 24bit,而后出现了浮点系列和 32bit 定点系列。采用定点数来实现

数值运算时，其操作数大都采用整型数来表示。整型数的大小取决于所用的字长，字的位数越多，所能表示的数的范围越大。例如，对 16bit 字长，其表示的数的最大范围是 −327 68～32 767。在运算过程中，如果两个数的和或积超过这一范围，就要产生数据的溢出，从而带来大的误差。当然，定点 DSP 也可以实现小数运算，不过小数点的位置是由编程人员指定的。一个 32 位定点制的格式如图 9.1.5(a)所示，与此相对应，IEEE754 标准定义的单精度浮点格式如图 9.1.5(b)所示。

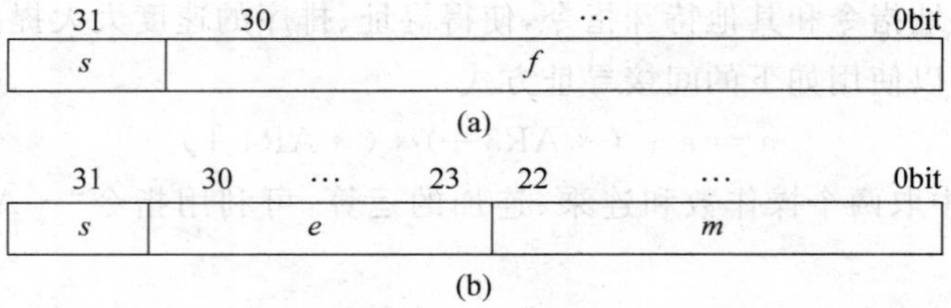

图 9.1.5　数的表示

图 9.1.5 中，s 是符号位，为第 31 位。$s=0$ 表示正数，$s=1$ 表示负数。对定点制，一个数 x 可表示为

$$x=(-1)^s \times .f$$

f 为第 0 位至第 30 位，共 31 位，至于小数点在什么位置，由使用者指定。例如，一个正的十六进制数 40000000H，若小数点在第 0 位后面，则 $x=1\ 073\ 741\ 824$，这时表示的数最大，但“分辨率”为 1；若小数点在第 31 位后面，则 $x=0.5$，表示的数最小，“分辨率”为 $1/2^{31}$。若小数点在其他位置，同一个十六进制数将又会是另一个十进制数。总之，在定点制中，小数点越靠近高位，能表示的数的范围越小，但精度越高；反之，小数点越靠近低位，能表示的数的范围越大，但精度越低。32 位定点数表示的最大范围是 −2 147 483 648～2 147 483 647。

对图 9.1.5(b)的浮点制，e 是指数，为第 23 位～第 30 位，共 8 位，因此其取值范围为 0～255。m 是尾数的分数部分，为第 0 位～第 22 位，共 23 位。因此，一个浮点数 x 可以表示如下：

(1) 若 $0<e<255$，则 $x=(-1)^s \times 2^{(e-127)} \times (1+.m)$；

(2) 若 $e=0, m\neq 0$，则 $x=(-1)^s \times 2^{-126} \times (0.m)$；

(3) 若 $e=0, m=0$，则 $x=0$。

同样对十六进制数 $x=40000000\text{H}$，$s=0$，$e=2^7=128$，m 的 23 位全为零，所以十进制的 $x=2$。当 $s=0$，$e=254$，且 m 全为 1 时，该浮点制表示的数最大，这时 $x=2^{128}=3.402823668\times 10^{38}$，该浮点制所表示的“最大”负数请读者自己给出。由此可以看出，对同样的字长，浮点制所能表示的数的范围大大扩大，从而有效地避免了溢出。此外，在浮点制中，数的精度是一样的，并且数的表示相当容易，因此采用浮点制非常有利于编程。

但浮点制 CPU 的结构要比定点制复杂，因此价格也高，这就是目前的 DSP 多是以定点制为主的原因。另外需要指出的是，不同厂家的 DSP 所采用的浮点格式不尽相同。

总之，定点 DSP 的优点是价格低、功耗小和编程简单。而浮点 DSP 与其相反，但数据的表示范围宽，可有效防止数据计算时的溢出。

上面从 8 个方面总结了 DSP 在结构和性能上的一些主要特点。总之，先进周密的硬件设计、方便完整的指令系统、配套的开发工具以及高速、实时信号处理市场的巨大需要，使得 DSP 在飞速发展的计算机领域中异军突起、大放光彩。本书表 0.3.1 所列的 90 多项应用领域都是 DSP 芯片的用武之地。

9.1.2 DSP 处理器在结构上的新发展

随着通信、图像、多媒体等需要大数据量和复杂运算的学科的飞速发展，上面提到的 DSP 的结构特点已不能满足要求。在微处理器发展中的一个共同规律是，当功能单元增加到一定的数目后，就要寻求新的体系结构。因此，自 20 世纪末至今，DSP 在结构上又有了很多新的发展。其主要特点如下。

1. 并行结构

所谓并行(parallel)，是指多个 DSP，或 DSP 内部的多个单元同时在完成一个共同的任务。例如，TI 公司于 1997 年推出了 TMS320C62 系列 DSP，有 8 个并行运算单元(见图 9.1.6)，每个单元性能可达 200MIPS(百万条指令/秒)，并行工作后性能提高到 8 倍，达到了 1600 MIPS。

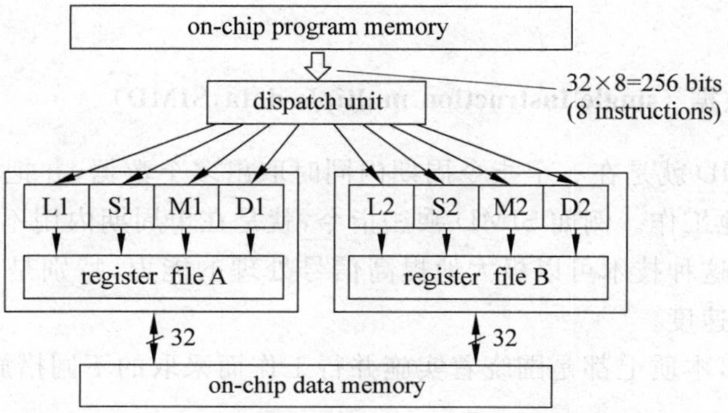

图 9.1.6 TMS320C62 系列 DSP 的内核结构

2. 超长指令字(very long instruction word,VLIW)结构

传统上的 DSP 在一条指令循环中只取出和执行一条指令。VLIW 允许在一条指令周期中执行多条指令。为了说明 VLIW 的含义,现以 C62X 系列 DSP 的内核为例来进行说明。

C62X 系列的内核如图 9.1.6 所示,其指令集都是基于寄存器操作的,因此内核中提供了 2 个独立的寄存器文件 A 和 B,每个寄存器文件都包含有 16 个 32bit 的寄存器,且都有一条独立的数据总线与数据存储器相连接,因此都能独立地从寄存器文件读取/存储数据。

C62X 片内集成了 8 个功能单元,被分成了两组(L1,S1,M1,D1;L2,S2,M2,D2),用来完成加、乘、移位和逻辑操作等运算。这 8 个功能单元可以完全并行,从而在单个周期内可以执行 8 条指令操作,每条指令的长度是 32bit。DSP 将这 8 条指令打包成一个长为 256bit 的指令,因此称为超长指令字。当该超长指令被从程序存储器取出后,再由 DSP 拆成单个的指令并赋给每一个单元(图中 dispatch unit)。VLIW 体系结构使得 DSP 芯片的性能得到了大幅提升。

3. 超标量(superscalar)结构

超标量结构可以说是流水线结构的深化和发展,即实现多条流水线并行工作。如同 VLIW 结构一样,超标量体系结构也是并行地读取和执行多个指令。但跟 VLIW 不同的是,超标量体系结构不清楚指定需要并行处理的指令,而是使用动态指令规划,根据处理器可用的资源、数据依赖性和其他的因素来决定哪些指令要被同时执行。超标量体系结构已经长期用于高性能的通用处理器中,如 Pentium 和 PowerPC[3]。近年来,该结构也已用于 DSP。

4. 单指令多数据 (single instruction multiple data,SIMD)

简单地说,SIMD 就是在一个指令周期内同时取出多个数据,并把它们分配给多个处理器,令它们并行地工作。例如 SIMD 乘法指令,就是在单周期内用不同的输入数据执行两次或多次乘法。这种技术可以极大地提高信号处理的能力,特别是多媒体中广泛应用的向量运算的计算速度。

上述四个特点,本质上都是围绕着实施并行工作而采取的不同措施。

9.1.3　DSP 处理器的发展趋势

DSP 芯片最早出现于 20 世纪 80 年代初,如美国微系统(Microsystems)公司的

(AMI)S3811，Intel公司的2920，日本NEC的μPD7720。美国TI公司于1982年推出了其第一代产品TMS32010，并成为首款商用的DSP。经过20年的发展，到本世纪初，国际上通用DSP的供应商主要是TI、Motorola、Lucent(朗讯)和ADI四大公司。近年来，Lucent变成了Agere(杰尔)公司，后来Agere又变成了LSI公司，而Motorola变成了现在的Freescale公司。至2011年底，国际上DSP的供应商主要是TI，Freescale，ADI和LSI。

30年来，DSP获得了飞速的发展，一代又一代的产品在不断地推出，其应用也越来越广泛。DSP的发展历程基本上遵循了摩尔定律，即"当价格不变时，集成电路上可容纳的晶体管数目，约每隔18个月便会增加一倍，性能也将提升一倍"。更具体地说，DSP是围绕着三个"P"在发展，即performance(性能)，price(价格)和power(功耗)，即性能是大幅提升，而价格和功耗是大幅下降。表9.1.1给出了这30年来DSP性能的演变。其中最后一列的数据是根据TI 2010的产品实际情况得出的。

表9.1.1 DSP处理器主要性能的发展[1,4]

性　　能	1980年	1990年	2000年	2010年
芯片对角线尺寸(mm)	50	50	50	50
工艺水平(μm)	3	0.8	0.1	0.03
速度(MIPS)	5	40	5000	20 000
RAM(byte)	256B	2KB	32KB	2MB
功耗(mW/MIPS)	250	12.5	0.1	0.01
价格(US$)	150	15	5	1.5

进入21世纪的第一个十年，DSP继续获得飞速发展，其趋势可做如下的分析：

1. DSP和MCU的融合

我们知道，DSP具有强大的运算能力，但控制功能是其弱项。与之相反，MCU是专门为控制而设计的，且价格低，但运算能力弱。在许多实际应用中均需要同时具有智能控制和数字信号处理两种功能，如我们的手机既需要监测功能和声音处理功能，同时又要给用户友好的控制界面。因此，把DSP和MCU结合起来，用单一芯片的处理器实现这两种功能，将会大力提升DSP的功能并具有更大的市场。TI公司近年来推出的DSP新系列中的相当一部分都是DSP和ARM处理器的融合。

2. 多核DSP

在计算机的CPU和各种微处理器中，提高运算速度的一个直接方法是提高其时钟频率。但时钟频率的提高是有限的(如目前 DSP 的时钟已超过 1GHz),并且随着时钟的提高其功耗明显增加。研究发现,对一个特定的系统,当时钟下降时,功耗的减少远大于系统的性能减少。根据这一现象,近年来 DSP 厂家纷纷推出多核 DSP。概括地说,使用多核 DSP 的目的就是在不增加时钟和保持低功耗的情况下,通过多个 DSP 核的并行工作来极大地提升 DSP 的性能。

例如,TI 新推出的 TMS320C6678 就含有 8 个高性能的 C66 核,每个核的时钟频率可达 1～1.25GHz。

3. 定点 DSP 和浮点 DSP 的融合

前面我们讨论了定点 DSP 和浮点 DSP 的概念,并讨论了它们的优缺点。试想,如果将它们结合起来,即一颗 DSP 既能实现定点运算又能实现浮点运算,其优势将非常显著。TI 在这方面已取得了突出的成绩。C64X 系列是高性能的定点 DSP,C67X 系列是高性能的浮点 DSP,而新推出的 C674X 系列就兼具有定点和浮点的功能。2011 年推出了定点和浮点兼容的 C66 内核,并利用该内核构成了 C66X 系列。

4. 片上系统 DSP 或嵌入式 DSP

为了说明上述 DSP 的发展趋势,现在需要解释几个名词,即 ARM 微处理器、嵌入式系统和片上系统。

(1) ARM 微处理器

ARM(advanced RISC machines)既可以认为是一个公司的名字,也可以认为是一类微处理器的通称[5]。在计算机发展的历史上,有两种体系结构,即

① CISC(complex instruction set computer,复杂指令集计算机)架构。其缺点是随着计算机的发展,需不断引入新的复杂指令集,计算机体系变得越来越复杂。指令利用率差别很大。

② RISC(reduced instruction set computer,精简指令集计算机,1979 年提出)架构。该结构的着眼点放在如何使计算机的结构更加简单合理及提高速度上。

ARM 处理器采用的是 RISC 结构,32bit,由于其优越的性能,目前已获得了广泛的应用。ARM 公司于 1978 年创建于英国剑桥,但自己并不制造芯片,只将芯片的设计方案授权给其他公司,由它们来生产。TI 于 1993 年获得 ARM 的授权,开始推出 ARM 芯片。目前,TI 的 ARM 有 Stellaris®ARM®Cortex™-M 系列,该系列称为 MCU;另外更主要的是 Sitara™ ARM® Cortex™-A8 和 ARM9™ 两个系列,它们称为 MPU。这些 ARM 芯片已应用于 TI 新的 DSP 中。

(2) 嵌入式系统 (embedded system)

“嵌入式系统”有很多定义,其中一个是“嵌入到对象体系中的专用计算机系统”。简

单地说，嵌入式系统是包含计算机的系统，但该计算机既不是 PC，也不是 PC 的主板，而是一颗微处理器。它可能是通用 CPU，也可能是 MCU 或 DSP。在嵌入式系统发展的历史上，用的最多的还是单片机，即 MCU。

嵌入式系统的特点是体积小、性能强、智能化、功耗和成本低、可靠性高，可面向不同行业的应用。嵌入式系统的核心是嵌入式处理器和嵌入式操作系统。显然，任一 CPU 或微处理器都可以应用于嵌入式系统。目前，嵌入式操作系统主要有 VxWorks、Windows CE、Linux、Android 和 μC/OS-Ⅱ 等。

目前，TI 特别强调自己的 DSP 是“嵌入式 DSP”。通过分析 TI DSP 的产品性能（见下节）可以看出这一强调是有理由的。TI 的 C2000 系列是专门用于控制的，片内包含了 A/D、PWM 等外设，非常适合应用于各类控制系统；其 C5000 系列由于其性能强、功耗低的突出优点而广泛应用于个人消费类产品，如手机、MP3 和数码相机等。近年来新推出的 OMAP 系列、DaVinci 系列是朝着嵌入式系统应用所取得的又一成果。

（3）片上系统 SoC（system on chip）

SoC 又称系统级芯片。通俗地说，SoC 就是把一个系统集成在一个芯片上。当然，集成于芯片上的是系统的关键部件，如 CPU、时钟、定时器、中断控制器、串并行接口、I/O 接口、存储器、A/D、D/A 等。显然，将这么多部件和 CPU 集成在一个芯片上必然大大提高系统的可靠性，同时显著减小了系统的体积，降低了成本，并加快了系统开发的周期。SoC 的另一个特点是在片内较多地集成预定制模块，又称 IP（intellectual property）模块。

TI 的 OMAP 系列 DSP 是为多媒体应用而设计的，DaVinci 系列主要是为数字视频应用而设计的。在这两个系列的芯片上除了集成 DSP 内核和 ARM 内核外，还分别集成了音频和视频应用所需要的相关部件，因此它们既可属于嵌入式 DSP，也可属于片上系统 DSP。

上面简要介绍了 DSP 的特点和发展趋势。目前，以 DSP 处理器、DSP 软硬件开发系统及其他配套产品为主要内容，已形成了一个规模庞大并且极具前途的高新技术产业。TI 公司在 DSP 处理器方面卓有成效的工作，使得 TMS320 系列成为国际 DSP 芯片市场上的主导产品。图 9.1.7 是美国 DSP 市场调查公司 Forwars Concepts 给出的全球 2008 年 DSP 市场的销售情况和市场份额[6]。图中 CY 是 Calendar Year 的缩写，“TRADITIONAL DSP”是指提供给大用户的用于特定领域的 DSP，如手机、基站和数码相机等。“DISCRETE DSP”是指可以在市场上购得、用于各个分散领域的 DSP。由该图可以看出，2008 年全球 DSP 的市场销售额为 95 亿美元，TI 占据了半数以上的份额。

我国 DSP 的应用主要以 TI 公司的产品为主，估计约占 70%。早期以 TMS320C25 为主，近年来，C2000 系列、C5000 系列、C6000 系列均被广泛应用。OMAP 系列和 DaVinci 系列也已得到了众多的应用，多核 DSP 在无线基站中应用较多，而新兴市场的应用正在开始。

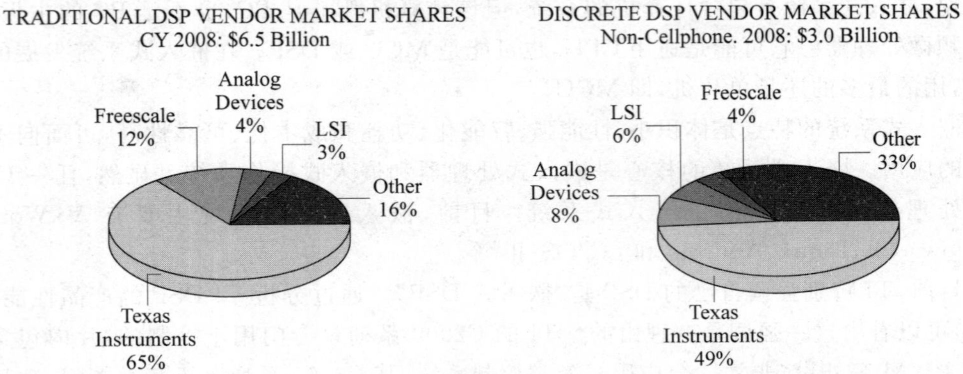

图 9.1.7　2008 年 DSP 市场的销售情况和四大 DSP 公司的市场份额

鉴于 TI 在国际 DSP 市场上的地位和在我国的应用情况，为此本章的讨论将以 TI 的 DSP 为主。在本节的概述之后，先简要介绍一下评价 DSP 性能的几个主要指标和 TI DSP 产品的路线图(roadmap)，然后是几个典型产品的主要技术指标和系统结构，最后说明 DSP 系统设计和调试的一般原则，并以医疗仪器为例简要介绍 DSP 的应用。

本章内容所涉及的资料，除了已说明的以外，都来自于 TI 公司的网站，即参考文献[4]。应该指出的是，DSP 属于高技术产品，因此，作为本书的一章仅能对此作一提纲挈领的介绍，且这些介绍是建立在读者已熟知一般微处理器的基本结构的基础上的，更深入的内容可从 TI 的网站上查阅每一类产品的用户手册及开发指南。

9.2　评价 DSP 性能的几个主要指标

为了描述和评估 DSP 的性能，人们经常用如下的一些指标。

(1) 时钟频率 DSP 内部工作主频是真正的工作频率，即通常在 DSP 技术指标中所标的时钟频率。显然主频越高，DSP 的运算速度越快。内部主频是片外时钟频率通过 DSP 内部的锁相环倍频后得到的。外部时钟频率低有利于减少外部电路间的干扰，使 PCB 布线容易。

(2) 运算速度 MIPS(million instructions per second，每秒执行百万条指令)。

(3) 运算速度 MOPS(million operations per second，每秒执行百万次操作)。

(4) 运算速度 MFLOPS(million floating point operations per second，每秒执行百万次浮点操作)。

(5) 运算速度 MACS(multiply and accumulating operations per second,每秒完成的乘/加运算次数)。

应该说,上述评估 DSP 运算能力的几个指标并不是很准确的。一方面,上述指标都是以程序、数据都在 DSP 内部且 DSP 全速运行所给出的结果。一旦当程序、数据有一部分在 DSP 片外时(片外存储器的读取速度要比 DSP 片内存储器的速度低),DSP 的处理速度就会明显下降。另一方面,当 DSP 含有 ARM 或多核时,则既要完成控制功能又要并行运算,因此上述指标就有了局限性。但是,它们毕竟可以给出不同 DSP 对比的一个客观依据。

除上述指标外,还应该考虑的是:片内资源(存储器、寄存器、外设、接口等)的多少,功耗的大小及开发系统是否齐备等因素。有关 DSP 性能评估更多的讨论可参看文献[1]。

9.3 TI DSP 产品的路线图

自从 TI 于 1982 年推出了其第一个 DSP 芯片 TMS32010 以来,在过去的 30 年中其产品经过了一代又一代的发展,形成了现在的一个门类齐全的 DSP 大家族。本节简要介绍其 DSP 发展的路线图(roadmap)。首先,我们以芯片 TMS320C240PQ(L)为例介绍一下 TI DSP 的命名方法。

TI DSP 的绝大部分产品都以 TMS320 来命名,其中 320 是系列号,前缀 TMS 表示是正式量产器件,C 表示该器件所采用的工艺,可能的选项是:C=COMS;E=EPROM;F=Flash EEPROM;LC=低电压(3.3V);LF=Flash EPROM(3.3V);VC=低电压(3V)。240 指的是 TI 的 2000 系列,是产品的型号,种类很多,下面给出详细介绍。PQ 表示芯片的封装方式,有多种选项,此处不再介绍。(L)标注的是该芯片的工作范围,缺省为商业级,即 L=0~70℃,另外 A=−40~85℃和 S=−40~125℃分别表示工业级和军事级。

9.3.1 TI 早期的 DSP 产品

TI 公司从 1982 年推出第一款 TMS32010 后,到 1993 年共推出了五代产品,分别称为第一代~第五代,即 C1X,C2X,C3X,C4X 和 C5X 系列,共有五十余个品种。其中"X"表示在一个系列(或"代")中不同的 DSP 芯片产品,同一系列的 DSP 芯片大都有着类似的"芯(core)",不同的是其时钟频率、片内 RAM 和 ROM 的大小。C1X,C2X 和 C5X 是

16bit 的定点 DSP；而 C3X 和 C4X 是 32bit 的浮点 DSP。在 TI 早期的产品中，TMS320C25 是应用最多的一颗芯片。

1994 年 TI 推出了功能更强、结构上和前五代有重大区别的第六代产品 TMS320C8X 系列。C8X 系列有 C80 及 C82 两个成员，它们是多核 DSP，也可以说是 TI 多核 DSP 最早的尝试。但限于当时的技术水平，特别是缺乏高效的开发工具，C8X 没有得到很好的应用。

9.3.2　TI DSP 的三大主流产品

在上述六代 DSP 的基础上，TI 又重新探索和研发了全新的高性能单核 DSP 架构。根据其 DSP 的性能与应用的定位，TI 将其自 1995 年后推出的 DSP 产品分为了三大系列，即 C2000 系列、C5000 系列和 C6000 系列。这三个系列自 20 世纪 90 年代推出以来，至今仍被广泛应用，因此被称为主流产品。现分别给以简要的介绍。

1. TMS320C2000 系列 DSP

C2000 系列面向数量庞大的工业控制产品，在保证高性能的情况下尽量保持低的价位。目前，TI 的网站上已将该系列 DSP 列入单片机类。为了实现控制功能，该系列产品都配备有 A/D、PWM 等丰富的外设。其主要应用领域是太阳能、风能、燃料电池等绿色能源；家用电器、工业驱动、医疗设备等数字马达控制；电信与服务器整流器、无线基站、UPS 等数字电源以及电动汽车等领域。

C2000 系列中又包含了两个系列，即 C24X 系列和 C28X 系列。C24 系列诞生于 1997 年，是 16bit 控制器，现在已逐渐被 32bit 的 C28X 所代替。C28X 目前又包含了四大系列：

(1) C28X 定点控制器。主要有 TMS320F280X/ F2823X / F281X 等产品，其中的 F280X 的时钟频率为 60～100MHz，具有片上 12 位的 AD、多个高分辨率 PWM 和 QEP（正交编码器脉冲）等器件。

(2) Piccolo™系列 C28X。其中的 F2802X 和 F2803X 都是低价位的 32bit 定点控制器，但后者增加了协处理器；F2806X 系列则是 32bit 的浮点控制器，也有协处理器。

(3) Delfino™浮点系列 C28X。主要有 F2833X 和 F2834X 两个系列。它们可以提供高达 600MFLOPS 的浮点运算能力，516KB 的单存取 RAM，以及具有 65ps 分辨率的 PWM 模块。

(4) Concerto™双核 C28X 系列。该系列产品集成了一个浮点的 C28 核和一个 Cortex™ ARM®核，目前主要产品是 TMS320F28M3。

2. TMS320C5000 系列 DSP

C5000 系列定位于通信类和个人消费类应用，其最大特点是在保持高性能的前提下尽可能降低芯片的功耗，以有利于便携式通信产品及其他便携式仪器的应用。如手机、MP3、无线 MIC、降噪耳机、低成本 VoIP(voice over internet protocol)系统与附件、DECT (digital enhanced cordless telecommunications，数字增强无线通信)/USB 电话、软件定义的无线电广播；数码相机，USB 密钥；便携式医疗设备(ECG、数字听诊器、脉搏血氧饱和度仪)、指纹识别、仪表测量及其他嵌入式信号处理应用。目前，C5000 的最新产品的待机功率可低至 0.15mW，工作功率低于 0.15mW/MHz，时钟频率可高达 300MHz。

C5000 系列包含两个系列，即 C54X 和 C55X 系列，目前应用最多的是 C55X 系列，它又有三个子系列，即 C550X，C551X 和 C553X。其中部分产品，如 C5505、C5515 和 C5535 都具有 FFT 协处理器。

3. TMS320C6000 系列 DSP

C6000 系列是 TI 公司高性能的 DSP 芯片，分为 C62X、C64X 和 C67X 三个基本系列。C62X 和 C64X 是定点 DSP，C67X 是浮点 DSP。该系列的所有产品都是 32bit，并使用了 VLIW 结构。它们的共同特点是高的时钟频率、大的片上存储器、大的数据带宽以及较低功耗。例如，其单核的时钟可达 1.2GHz，低至 470mW 的工作功耗和 7mW 的待机功耗。该系列产品非常适用于计算量大和数据量大的领域，如电信基础设施（自适应天线、基站、网关)、数字视频（视频会议、监控、编码器、统计多路复用器/宽带路由器)、影像(医疗、机器视觉/检测、国防/雷达/声纳)等。其产品情况是：

(1) C62X 系列。该系列有 C6201/02/03/04/05 及 C6211 两个子系列。

(2) C64X 系列。该系列是 TI 最高性能的单核定点 DSP，包含 C6410/12/13/14/15/16/18，C6421/24 和 C6452/54/55/57 三个子系列。

(3) C67X 系列。该系列是 TI 最高性能的单核浮点 DSP，包含 C6701/11/12/13/20/22/26/27 等不同的产品。

C64X 和 C67X 中还有各自的加强型内核，称之为 C64X＋和 C67X＋，它们在性能上进一步得到提升。例如，C64X＋增加了软件流水缓存（software pipelined loop，SPLOOP)，支持紧凑指令；C67X＋扩大了片上的寄存器，提升了浮点加法的能力。

TI 在 C64X＋和 C67X＋的基础上又推出了许多新的产品。如：

(1) C674X 系列。该系列是将浮点和定点相结合的新型 DSP 芯片，即其指令既包含了 C64X 的定点指令，也包含了 C67X 的浮点指令。该系列特别强调低的功耗和高精度的浮点运算能力。目前，该系列包含 C6742/43/45/46/47/48 等六款芯片。

(2) C647X 系列。该系列是多核 DSP，将在下一节介绍。

(3) C66X。该系列是 C674X 系列的扩展，同样具有浮点运算和定点运算的功能。目前，该系列除了 TMS320C6671 是单个 C66 核的芯片外，其余的都是多核 DSP，因此，也留到下一节讨论。

9.3.3　TI DSP 的新产品

自 2005 年以来，TI 推出了一大批 DSP 的新产品。这些新产品的共同特点是多核。它们有的是 C55 和 ARM 的结合，有的是 C64 和 ARM 的结合，有的是 C64 和 C67 的结合，这两年更多的是多个 C66 核的结合。它们又可分为 OMAP(open multimedia application platform，开放式多媒体应用平台)系列、达芬奇(DaVinci)系列和多核系列。

1. OMAP 系列

在过去的 10 年中，移动和无线通信获得了飞速的发展。一个最能说明这一问题的例子是手机的普及。目前，消费者对通信提出了更高的要求，即从单纯的语音服务到更多更复杂的应用，如移动电子商务、实时因特网技术、语音识别、音频和视频等。这些多种功能的综合构成了多媒体技术的主要内容。在保证功能的同时，消费者还要求电子设备的耗电要少、体积要小。OMAP 即是为满足这一需要而推出的，它是典型的片上系统(SoC)。

OMAP 系列品种繁多，主要有三个子系列，即 OMAP1～OMAP5 平台，OMAP35X 系列和 OMAP-L1X 系列，现分别给以简要的介绍。

(1) OMAP1～OMAP5 平台。这 5 个平台的 DSP 芯片大部分不由经销商销售，而是由 TI 直接提供给大的客户，其中大部分是手机制造商。如索尼－爱立信、诺基亚、NEC、松下等。其中：

① OMAP1 平台包含 OMAP1510/1610/1710 三个产品，它们都是 C55 和 ARM 的结合。OMAP1710 于 2004 年推出，其时钟频率可达 220MHz，90nm CMOS 技术，1.05～1.3V 内核，1.8V I/O，待机模式下功耗低于 10μA。该系列主要应用于诺基亚和三星的手机。

② OMAP2 平台包含 OMAP2420/2430/2431 三个产品，于 2005～2007 年推出。2420 是 C55 和 ARM11 的结合，并含有图像、视频、音频加速器 IVA(imaging, video and audio accelerator)，2D/3D 图形(graphics)加速器。2430 和 2431 都是 90nm CMOS 工艺技术，芯片中有 ARM1136，2D/3D 图形加速器，但没有 DSP。其 IVA 是 IVA 2，它可以使视频性能提高 4 倍，影像性能提高 1.5 倍。OMAP2430 能够为 3G 电话处理复杂的多媒体功能，包括安全下载并播放媒体流、数字视频录像、静态图像捕获、视频会议以及 3D 游戏等。支持高达 6 百万像素的相机。

③ OMAP3 平台包含 34X 和 36X 两个子系列，前者有 3410/3420/3430/3440 四个产

品，是 65nm CMOS 工艺技术；后者也有四个产品，即 3610/3620/3630/3640，都是 45nm。这两个子系列中，都含有 ARM Cortex-A8 微处理器。大部分产品还含有 IVA 2，2D/3D 图形加速器，图像、信号处理器 ISP(image signal processor)。OMAP 3 平台在性能上获得了大幅提升。如 3430 在性能上是 OMAP2 的三倍，其最大的突破在于它是全球首款支持高清视频解码的应用处理器，可播放 720p(1280×720 像素)分辨率的视频，同时显示分辨率最高可达 1024×768 像素，另外还支持 1200 万像素的摄像头，并能以 DVD 分辨率(720×480)录制视频。该平台分别于 2007～2009 年推出。

④ OMAP4 平台包含 OMAP4430 和 OMAP4440 两款芯片，前者时钟速度为 1G，后者为 1.5G，均是 45nm，分别在 2009 年和 2010 年推出。该平台包含四大引擎，即：采用双核 Cortex-A9 、支持 SMP(symmetric multiprocessing) 的通用处理引擎，基于 C64X 的多格式的可编程多媒体引擎(IVA3)，POWERVR™ SGX540 图形引擎(即图形加速器)和专用 ISP 引擎。上述四大引擎的完美结合使 OMAP4 平台成为低功耗和功能强大的片上系统，其优势在于其移动计算性能和高级多媒体特性，拥有可满足新一代移动应用的额外性能空间及灵活性，可支持新的应用和标准。

⑤ OMAP5 平台于 2011 年宣布推出。目前，该平台计划包括两款芯片，即 5430 和 5432。它们都是 28nm 工艺，含有两个 ARM Cortex A15 处理器，时钟速度高达 2GHz，同时还有两颗针对低功耗平台的 ARM Cortex-M4 处理器作为装置底层运作以提升整体的速度。此外，它们还有 C64 核、ISP、POWERVR™ SGX544-MPx 3D 图形加速器、TI 2D 图形加速器、IVA-3 HD 视频加速器等部件。由于这些原因，OMAP5 平台的运算能力可比 OMAP 4 提高 3 倍，3D 图形能力也将提升 5 倍，因此也就全面提升智能手机、平板计算机及其他移动设备的性能。

(2) OMAP35X 系列目前主要包括 3503/3515/3525/3530 四款芯片，它们都是基于 ARM Cortex-A8 的架构，3515 和 3525 含有 SGX530 3D 图形加速器，3525 和 3530 各有一颗 C64X 的核，因此其 DSP 是定点格式。此外还有丰富的多媒体功能的外设。

(3) OMAP-L1X 系列目前主要有 L132/L137/L138 三款芯片，它们都是基于 ARM Cortex-A9＋DSP 的结构，DSP 是最新的 C674X，即具有定点和浮点的功能。LIX 系列提供了用于联网的各种外设，可以运行 Linux 或 DSP/BIOS™实时内核以实现操作系统的灵活性。

2. 达芬奇系列

达芬奇(DaVinci)处理器也是典型的片上系统，目标是数字视频领域的应用。该系列集成有高性能的 C64＋核、ARM 处理器、视频前端处理器和视频加速器，并有非常丰富的外围设备，如数字视频、数字音频、高速网络、DDR2 高速存储器、ATA (advanced technology attachment)硬盘和多种存储卡接口等。达芬奇系列芯片加上软件、开发套件和来自于 TI 及其第三方的技术支持又合称为“达芬奇技术”。可应用于数字硬盘录像机、数码相机、数字电视、数码摄像机、IP 网络摄像、视频会议终端、IP 可视电话、媒体编/解码器、媒体网关、医学影像、网络投影仪、便携式媒体播放器、机器人视觉、安全监控系统及数字视频系统（DVR）等领域。自 2003 年推出首款 DM642 以来，TI 达芬奇系列的产品已经有很多系列，主要有 DM3X、DM37X、DM64X、DM643X、DM644X、DM646X、DM814X 和 DM816X 等系列。现给以简要介绍。

(1) TMS320DM3X 系列。该系列目前有 335/355/365/368 四款芯片，它们都含有一个视频处理子系统（VPSS）和一个 ARM 9 内核。DM335 针对高清（high-definition，HD）视频而精心优化，集成了可实现超低功耗的 MPEG-4/JPEG 协处理器。DM365 包含了影像信号处理器（ISP）及可实现 1080p（像素）的 HD 视频外设等。该系列面向低功耗便携式视频应用。

(2) TMS320DM37X 系列。该系列目前有 3725/3730 两款芯片，它们含有 ARM Cortex-A8 和 C64X＋核。

(3) TMS320DM64X 系列。该系列目前有 640/641/642/643/647/678 六款芯片，它们是针对多通道视频安全监控而精心设计的，含有一颗 C64X＋内核，可应用于数字视频记录器（digital video recorder，DVR）、IP 视频服务器、机器视觉系统以及高性能影像等众多应用领域。其中 DM642 获得了非常广泛的应用，早期主要应用于视频监控和机顶盒，现在主要应用于验钞机。

(4) TMS320DM643X 系列。该系列目前有 6431/6433/6435/6437 四款芯片，它们有一颗 C64X＋内核，适用于低成本的数字媒体应用，如机器视觉系统、机器人技术、视频安全监控系统、视频语音通信等。

(5) TMS320DM644X 系列。该系列目前有 6441/6443/6446 三款芯片，它们是基于 ARM9 与 C64X＋内核的高集成度 SoC，适用于视频电话、车载信息娱乐系统等领域。

(6) TMS320DM646X 系列。该系列目前有 6467/6467T/VCE6467T/AVCE6467T 四款芯片，它们也是基于 ARM9 与 C64X＋的架构。VCE6467T 和 AVCE6467T 还含有两个高清视频协处理器（HDVICP）。这些部件使得数字视频终端的能力进一步得到优化。

(7) TMS320DM814X 和 DM816X 系列。这两个系列是 TI 于 2010 年最新推出的高性能、高集成度的视频处理平台，目前分别有 8146/8148，8165/8166/8167/8168 等芯片。这两个系列都集成有一个 Cortex™-A8 ARM 处理器和一个 C674 核。对 DM814X，ARM 的速度为 1GHz，C674 的速度为 750MHz；对 DM816X，ARM 则高达 1.2G，C674 是 1G。由于采用的是 C674 核，因此其 DSP 同时具有定点和浮点的运算能力。DM814X 系列将可编程视频及音频处理器件与高度集成的外设集组合在了一起，可提供单路 1080p（1920×1080）、60 fps 的视频流或 3 路同步 720p（1280×720）、30 fps 的视频流。DM816X 系列的突出特点是含有 3 个高分辨率视频/成像协处理器（HDVICP2），因此可同时处理3路1080p、60fps的H.264的编/解码,或同时处理12路720p,30 fps的H.264的编/解码,或16个通道的D1(640×480)的同时编/解码。

3. 多核系列

TI多核DSP的产品很多,其实前面介绍过的OMAP系列和DaVinci系列都是多核DSP。此处介绍的主要是C647X系列和C667X系列。我们在前面已指出,使用多核DSP可在保证该芯片功能提升的情况下降低每一个内核的时钟速度,从而降低芯片的功耗。这两个系列即实现了功能提升和功耗降低的完美结合。

(1) C647多核系列。该系列目前有C6472-1000和C6472-1200两款芯片,其时钟速度分别是1GHz和1.2GHz,它们都有3个C64x+核。其应用领域包括通信基础设施、高端产业、测试和测量、医学成像、高端图像和视频等。

(2) C667X系列。该系列以C66核为基础,构建了C6670/C6672/C6674/C6678四款多核芯片。它们分别有4个、2个、4个和8个C66核,时钟速度在1~1.25GHz,可具有高达320 GMACS和160 GFLOPS的定点和浮点运算能力。主要应用于医学成像、工业自动化、军事和高端成像设备等领域。

9.4 TI几个典型DSP芯片的结构与性能

9.3节给出了TI DSP产品的路线图,并介绍了各个系列主要成员的最基本情况。本节将选择几个典型的DSP芯片,进一步介绍其主要结构和性能,以帮助读者对它们有更深入的了解。

在TI早期的DSP中,我们选择了TMS320C25。C25曾经在国内外被广泛应用,其基本结构具有代表性,通过对它的介绍可帮助读者了解DSP结构最基本的一些概念。然后从C2000、C5000、OMAP、DaVinci及多核等系列中各选一个最新推出的芯片给以简要介绍。

9.4.1 TMS320C25的结构及主要性能

TMS320C25的内部结构如图9.4.1所示,大体可分为六大部分。

(1) 存储器:包括数据存储器(RAM及ROM)和程序存储器(ROM及EPOM)。

(2) 中央算术逻辑单元CALU:它由算术逻辑单元ALU、累加器ACC(ACCH和ACCL)、乘法器MULT及相应的移位寄存器所组成。

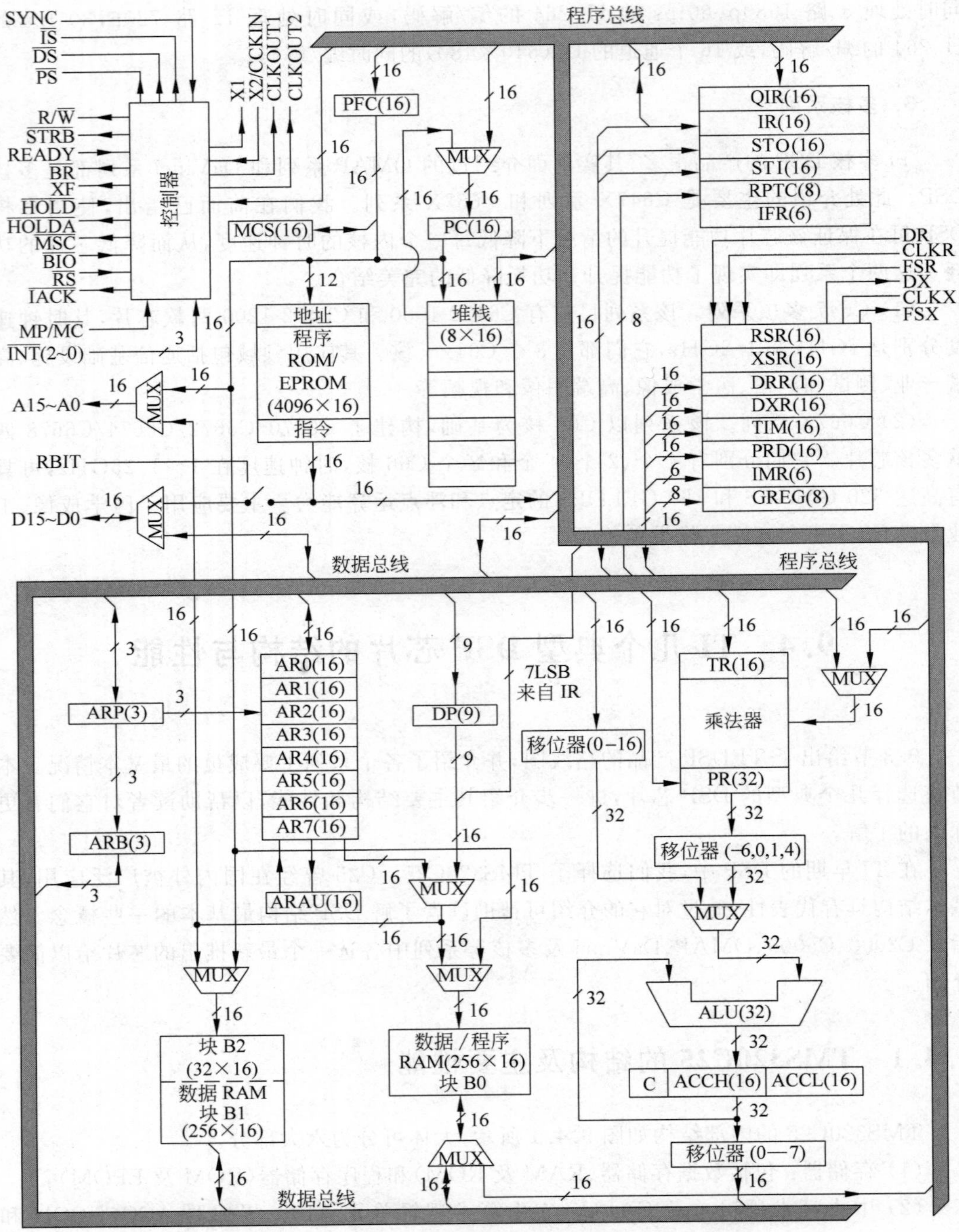

图 9.4.1　TMS320C25 DSP 的内部结构

(3) 与寻指和数据有关的辅助寄存器：包括辅助寄存器 AR0～AR7、辅助寄存器算术单元 ARAU，为辅助寄存器配合使用的指针寄存器 ARP、缓冲器 ARB 及数据存储器页指针寄存器 DP 等。

(4) 和指令操作有关的寄存器：包括预取指令计数器 PFC、指令计数器 PC、堆栈 Stack 及微调用(microcall)堆栈 MCS 等。

(5) 特殊用途的寄存器：在图 9.4.1 的右上方有 14 个寄存器，分别用于控制、状态及与外界通信等，其功能列于表 9.4.1。其中最下部的 6 个寄存器，即 DRR、DXR、TIM、PRD、IMR 及 GREG 并不是单独的器件，而是利用了数据存储器 B2 块的前 6 个单元，故称为存储器映射寄存器。

(6) 程序总线和数据总线：C25 地址总线和数据总线各为 16 根，所以总的寻址空间都是 64 千字。

C25 片上 RAM 为 544 个字，共分成三块。块 B1 有 256 个字，块 B2 有 32 个字，它们都是数据 RAM。而 256 个字的块 B0 既可作为数据 RAM，也可作为程序 RAM，由指令指定。指令 CNFD 把 B0 定义为数据 RAM，而 CNFP 把 B0 定义为程序 RAM。块 B2 的前 6 个单元被用作特殊用途的寄存器。C25 片上有 4 千字的 ROM，可由用户或厂家写上由使用者已调试完毕的可执行软件。

表 9.4.1 给出了 C25 内部各主要部件的名称及功能。

表 9.4.1 TMS320C25 内部主要部件一览表

单　元	符　号	功　　能
累加器	ACC(31～0)	32bit 的累加器 ACC 分成了两部分，一部分是高 16bit ACCH，一部分是低 16bit ACCL。用以存储 ALU 的输出
算术逻辑单元	ALU	32bit 的算术与逻辑运算单元。有一个 32bit 的输入口，一个 32bit 的输出口。其输出至累加器 ACC
辅助寄存器算术单元	ARAU	16bit 无符号算术单元用来完成对辅助寄存器数据的操作
辅助寄存器文件	AR0～AR7(15～0)	8 个 16bit 的辅助寄存器构成一个“寄存器文件”，用以对数据存储器间接寻址、中间存储或整数的算术运算
辅助寄存器指针	ARP(2～0)	3bit 寄存器，用以选择 AR0～AR7 中的一个
辅助寄存器指针缓冲器	ARB(2～0)	3bit 寄存器，将 ARP 的值作为缓冲值保留
Period 寄存器	PRD(15～0)	16bit 存储器映射寄存器，用来对定时器重新加载
预取计数器	PFC(15～0)	16bit 计数器用来预取程序指令。PFC 中总是含有现在被预取的指令的地址

续表

单 元	符 号	功 能
乘积寄存器	PR(31～0)	32bit 寄存器存放两个乘数的积
中央算术逻辑单元	CALU	ALU、乘法器、累加器和移位器的总和
数据存储器寻址总线	DAB(15～0)	16bit 总线，实现数据存储器寻址
数据存储器页指针	DP(8～0)	9bit 的寄存器，指向存储器的“页”地址，存储器被分成 512 页，每页 128 个字
数据存储器直接寻址总线	DRB(15～0)	16bit 总线，用以对数据寄存器直接寻址
存储器分配寄存器	GREG(7～0)	8bit 存储器映射寄存器，用以分配整个存储器的空间
指令寄存器	IR(15～0)	16bit 寄存器，用以存放当前执行的指令
中断标志寄存器	IFR(5～0)	6bit 寄存器，锁存内部或外部的中断标志
中断屏蔽寄存器	IMR(5～0)	6bit 寄存器，用来屏蔽中断
乘法器	MULT	16bit×16bit 并行乘法器
程序计数器	PC(16～0)	16bit 程序地址寄存器 PC 中总含有下一个要执行的指令的地址
指令寄存器	QIR(15～0)	16bit 寄存器用来存放预取指令
重复计数器	RPTC(7～0)	8bit 寄存器，用来控制单个指令的反复执行
串行口数据接收寄存器	DRR(15～0)	16bit 存储器映射串行口数据接收寄存器
串行口数据传送寄存器	DXR(15～0)	16bit 存储器映射串行口数据传送寄存器
串行口接收移位寄存器	RSR(15～0)	16bit 寄存器，用来对由 RX 脚输入的数据串行移位
串行口传送移位寄存器	XSR(15～0)	16bit 寄存器，用以对在 DX 脚作串行移位输出
堆栈	Stack(15～0)	8×16 的硬件堆栈用以存储中断时的 PC 值
状态寄存器	ST0、ST1(15～0)	两个 16bit 的寄存器存储标志状态和控制字
暂存寄存器	TR(15～0)	16bit 寄存器用以存放乘法时的一个乘数或进行移位操作
定时器	TIM(15～0)	16bit 存储器映射定时器，用以定时控制

9.4.2 TMS320F28M35X系列的结构及主要性能

F28M35X属于C2000系列，目前有35Hx、35Mx、35Ex三款芯片。其结构如图9.4.2所示。结合该图，可总结该系列的性能如下。

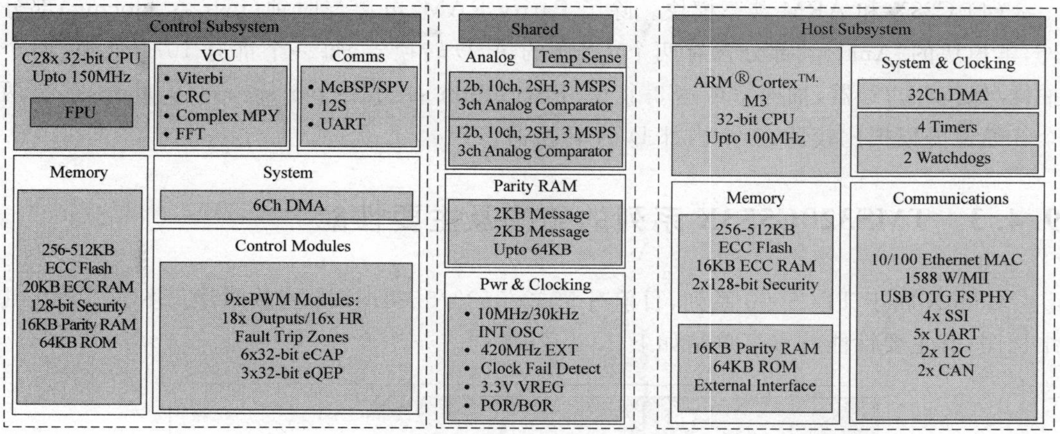

图9.4.2 TMS320F28M35X系列的内部结构

(1) F28M35X是双核芯片，含有一个C28核和一个ARM Cortex-M3™核。C28核具有浮点运算能力(即图中的FPU)，32bit，时钟速度可达150MHz，ARM也是32bit，时钟速度可达100MHz。两个内核的无缝连接大大提高了芯片的处理、控制和通信功能。以这两个核为基础，F28M35X的内部结构可分为如图9.4.2所示的三个部分。

(2) 以C28X为基础的控制子系统。C28X是定点CPU，加上FPU(float point unit)可实现IEEE单精度浮点运算。图中VCU是viterbi complex math and CRC unit的缩写。viterbi是一种译码算法，CRC(cyclic redundancy check)是循环冗余校验，complex math是复数运算，如FFT。VCU是一可编程的模块，它一方面提升了C28X建立在通信基础上的运算能力，另一方面不需要再用一个处理器来管理通信链，同时也为系统能力的进一步提升留出了向上的空间。图中的"Memory"是存储器模块，其中的ECC RAM是error-correcting code RAM，parity RAM是指具有同位检查码功能的RAM。"Comms"中的McBSP(multichannel buffered serial port)是多通道缓冲串行口，I2S是总线接口，UART(universal asynchronous receiver/transmitter)是通用异步接收/发送接口。"System"中有6通道DMA。"Control Modules"中有9个增强型PWM模块，6个32bit的增强型输入模块eCAP(enhanced capture module)，3个32bit的增强型正交编码脉冲模块 eCAP(enhanced quadrature encoder pulse module)和输入输出端口等。

(3) 以 ARM 为基础的主系统。该系统中有存储器模块、时钟模块和通信模块。在通信模块中有以太网 MAC(media access control),USB 接口,4 个同步串行接口(synchronous serial interface, SSI)模块,2 个 I2C 总线,2 个 CAN(controller area network)总线,5 个 UART。

(4) C28X 和 ARM 共享模块。除了 Parity RAM、电源与时钟(pwr & clocing)部分外,本模块的“Analog”部分含有两个 12bit 的 A/D 转换器,每一个都有 10 个通道,两个抽样/保持(S/H)器,抽样率可达 3 个 MSPS(million samples per second)。此外,还有两个 3 通道的模拟比较器,三个内部 D/A 转换器。

9.4.3　TMS320C553X 系列的结构及主要性能

C553X 属于 TI C5000 系列,目前有 5532/5533/5534/5535 四款芯片。图 9.4.3 是其结构图,其主要性能特点可总结如下。

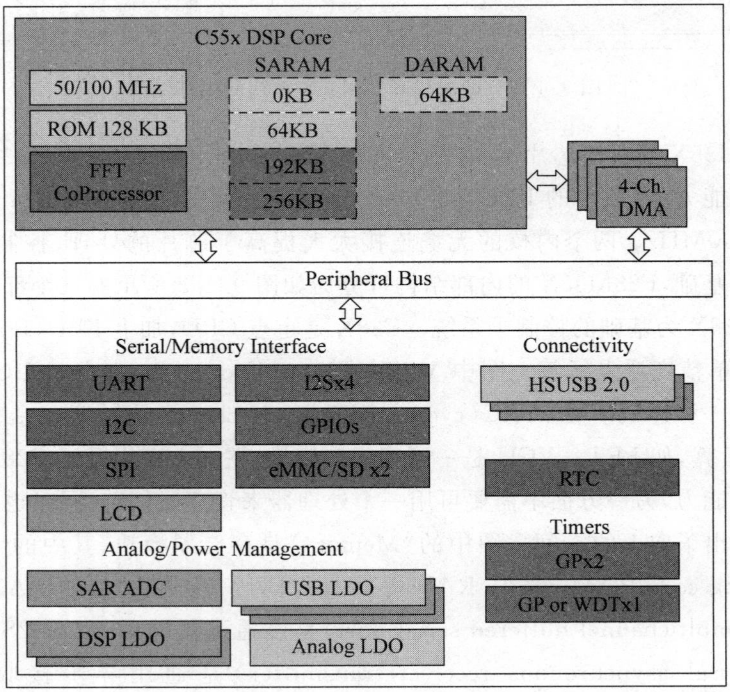

图 9.4.3　C553X 系列的内部结构

(1) 内含一个16bit的定点C55核，它具有双乘-累加单元。时钟频率为50MHz或100MHz，对应的工作电压可分别低至1.05V和1.3V。具有片上存储器单元。

(2) 配置了FFT协处理器以加速傅里叶变换的速度。

(3) 具有丰富的总线和外设接口，如图中的I2S、I2C、UART、SPI及GPIO(general purpose input output)。

(4) 具有高速USB 2.0；3个32bit的定时器，4通道DMA。一个10bit的逐次逼近寄存器型(successive approximation register, SAR)A/D。其PLL(phase locked loop)晶振的功耗可小到0.7mA。图中LDO(low dropout regulator)是低压差线性稳压器。

超低功耗C553X系列可以帮助人们以超低的价格为消费类音频、语音应用、便携式医疗设备、生物特征识别、家庭声控自动化以及流量表等设备提供高水平的信号处理功能。

9.4.4 OMAP-L138的结构及主要性能

OMAP-L138的内部结构如图9.4.4所示。其主要性能特点可总结如下。

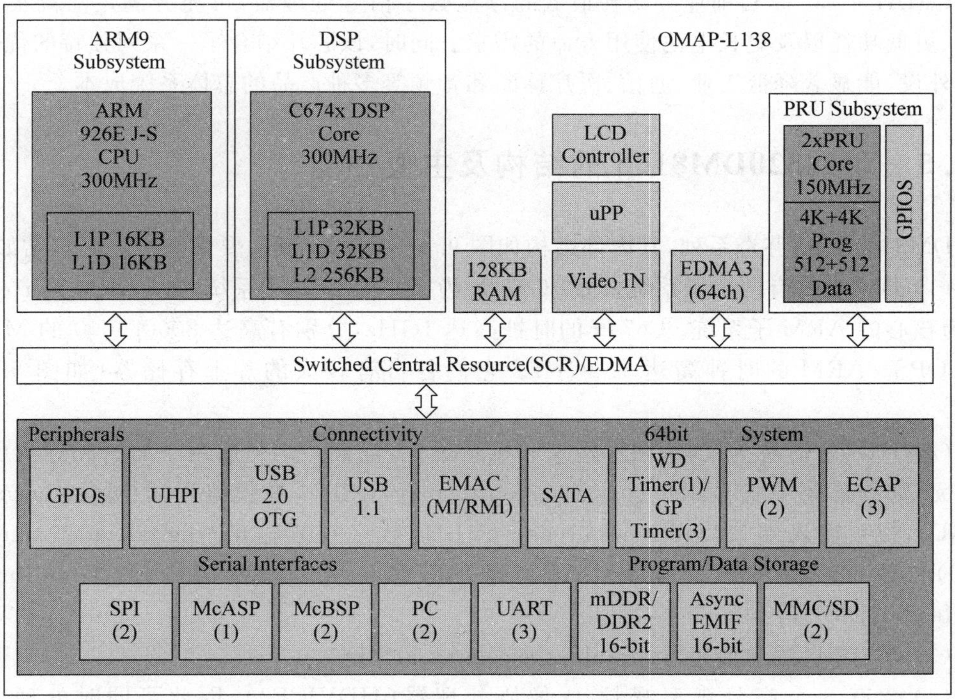

图9.4.4 OMAP-L138的内部结构

(1) L138 是双核芯片，有一个具有定点和浮点兼容能力的 C674X 核和一个 ARM9 核，它们的时钟频率都高达 300MHz。ARM 有 16KB 的一级程序缓存和 16KB 的数据缓存，而 C674X 有 32KB 的一级程序和 32KB 的数据缓存，同时有 256KB 的 RAM 和 1MB 的 ROM。

(2) 实时处理子系统。它主要由两个可编程的实时处理单元(programmable real-time unit,PRU)及其存储器和 GPIO 所组成。此外还包括一个中断控制器(interrupt controller,INTC)用来处理系统中断事件，一个交换中心资源(SCR)用来实现片上资源和 PRU 的连接。PRU 用来对存储器映射的数据结构进行管理，并处理在高度实时条件下的系统事件以及与系统外部器件进行接口。

(3) 其他片上资源，除了 C674 和 ARM 外，还有通用并行端口(universal parallel port,upp)，LCD 控制器，64 通道增强型 DMA，视频输入端口，128KB RAM 及图上下半部的外设。其中主要有多通道音频串行端口(multichannel audio serial port,McASP)，多通道缓冲串行端口(multichannel buffered serial port,McBSP)，通用主端口接口(universal host port interface,UHPI)，以太网媒体寻址控制器(ethernet media access controller,EMAC)等。另外有关存储器和系统的外设就不再介绍。

OMAP-L138 是目前业界功耗最低的浮点数字信号处理器，可充分满足对高集成度外设、更低功耗以及更长电池使用寿命的需求。同时，该芯片结合了一系列独特的优化特性和外设，能显著降低工业、通信、医疗诊断和音频等多种产品的总体系统成本。

9.4.5　TMS320DM8168 的结构及主要性能

DM8168 属达芬奇系列，其内部结构如图 9.4.5 所示。其主要性能特点可总结如下。

(1) DM8168 有两个子系统，即以 C674X 为核心的 DSP 子系统和以 ARM Cortex^{TM}-A8 为核心的 ARM 子系统。C674x 的时钟高达 1GHz，分别有高达 8000/6000 的 MIPS/MFLOPS。ARM 的时钟高达 1.2GHz。它们各自有较大的片上存储器(如图 9.4.5 所示)。

(2) HDVPSS 称为视频/图形输入和显示单元，包含一系列适用于高清和标清(SD)的单元，如屏幕菜单式显示单元(on screen display,OSD)，视频编码器(video encoder,VENC)，视频输入端口(video input port,VIP)，数字视频输出(digital video output,DVO)和数字视频的模拟输出 DAC。此外还有高清多媒体接口(HD multimedia interface,HDMI)等。

(3) 具有 3D 图像加速器(graphics accelerator)SGX530。

(4) 含有 3 个高分辨率视频/成像协处理器(HDVICP2)，因此可同时处理 3 路 1080p、60fps 的 H.264 的编/解码或同时处理 12 路 720p、30 fps 的 H.264 的编/解码或

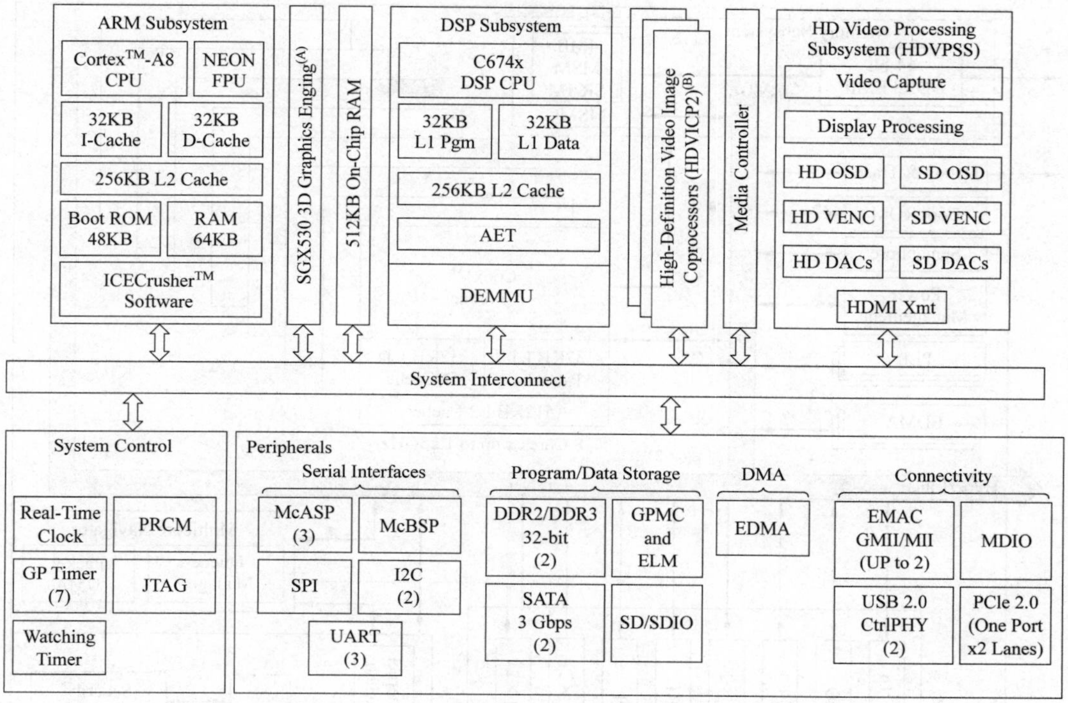

图 9.4.5　TMS320DM8168 的内部结构

16 个通道的 D1(640×480)的同时编/解码。

对图 9.4.5 下半部的各个常规部分，此处不再一一介绍。由于以上强大的配置，使得 DM8168 成为了一款适合当今最苛刻的 HD 视频应用要求的优选芯片。

9.4.6　TMS320C6678 的结构及主要性能

TMS320C6678 的内部结构如图 9.4.6 所示。

构建多核 DSP 不是简单地将几个 DSP 的内核和一些关键器件放在一起，关键是如何让每一个核都能高效地工作。多核处理器的效能要得到发挥，对各个内核的管理和协调是至关重要的。如果内核无法高效互联，性能必然会降低。TI 的 C667X 系列是建立在其最新的 KeyStone 多内核 SoC 结构上的。KeyStone SoC 结构是一个可编程的平台，集成了不同的子系统(C66x 核、IP 网络、无线层 1 和 2、传输)，使用一个基于队列通信系统，允许片上的资源高效无缝地操作。KeyStone SoC 不但可最大限度地提高片上数据流的吞吐量，而且还可消除可能出现的瓶颈问题，从而可以帮助研发人员全面利用 DSP 内核的强大处理功能。结合图 9.4.6，可总结 C6678 或 KeyStone SoC 的主要特点如下。

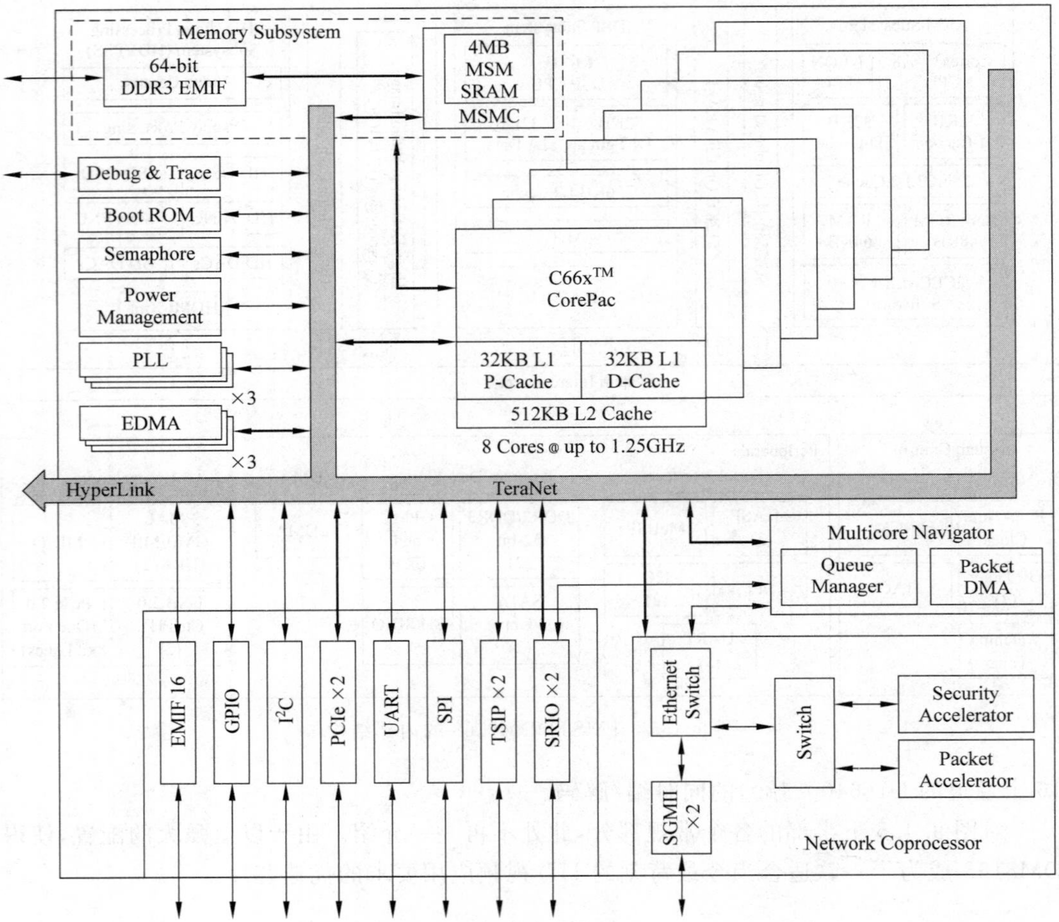

图 9.4.6　TMS320C6678 的内部结构

(1) 有 8 个具有定点和浮点运算能力的 C66 核，每一个核的时钟速度可达 1.25GHz，8 个核的时钟为 10GHz，因此 C6678 是 TI 第一个达到 10GHz 的芯片。每一个核有 40GMAC 的定点运算速度，或 20GFLOP 的浮点运算速度。这样，8 个核的运算速度可达 320 GMAC/160 GFLOP。每一个核有 32KB 的一级(level 1，L1)数据和程序存储器，512KB 的 L2 缓存。

(2) 在存储器子系统里，配备有全新的多核共享存储器控制器 (MSMC)。MSMC 能够让内核有效存取共享内存，就如同读写专用的本地内存一样。这样就不需要进行任何数据传输，而且能够使各内核立即有效处理共享内存中存储的数据。MSMC 管理 4MB 的静态 RAM。片上配置有第 3 代双倍数据率(double-data-rate，DDR3)的外部存储器接口(external memory interface,EMIF),数据的宽度是 64bit,速度为 1.6GHz。

(3) KeyStone SoC 的基础组件是新的多核导航器(multicore navigator)。多核导航器的主要用途是高效地管理片上的资源。它带有队列管理器(queue manager)的 8192 多用途硬件队列允许片上各个器件间的数据传递。当某一个任务被分配到一个队列时,导航器给出硬件加速度分配,即将该任务赋给一个合适的可应用的硬件。其另一个作用是基于分组的 DMA 零消耗传送。

(4) KeyStone SoC 增加了一条被称为 TeraNet 的总线,它是连接主处理器内核和协处理器的通信链路,可以实现两万亿比特级(2Tbps)的数据传输,保证了主协处理器之间无冲突性的数据传输。

(5) 超链接(HyperLink)可提供 50Gbps 的芯片级互联,允许多个 SoC 并行工作,因此它是芯片间互联的理想接口。在多核导航器的协同下,HyperLink 分配任务给其他器件使它们并行地执行任务,就如同任务运行在局部资源上。

(6) 网络协处理器(network coprocessor)支持千兆比特(gigabit)的以太网。片上配备有以太网交换开关,2 个串行高速媒体独立接口(serial gigabit media independent interface,SGMII)。分包加速器(packet accelerator)和加密加速器(security accelerator)支持各种 IP(internet protocol)网络协议,如 IPSec(internet protocol security),GTP-U(GPRS tunnel protocol user plane,GPRS(general packet radio service)通道协议-用户面),SCTP(stream control transmission protocol,流控制传输协议),PDCP(packet data convergence protocol,分组数据汇聚协议)等。

(7) 丰富的外设,如图 9.4.6 的左下角所示。此处不再一一介绍。

以上对 TI 6 个典型的 DSP 进行了介绍。应该说,上述介绍是极其简略的。对某一款芯片感兴趣的读者可以在 TI 的网站[4]上自由下载其详细的资料。

9.5 基于 TMS320 系列 DSP 系统的设计与调试

9.5.1 系统设计的总体考虑

利用 DSP 微处理器设计一个数子信号处理系统的大致步骤如图 9.5.1 所示,现对图上所列的各步骤作一简要的说明。

与其他设计工作一样,在进行 DSP 系统设计之前,设计者首先要明确自己所设计的系统用于什么目的。例如,是一个供学习者学习与做实验用的一般实验系统呢.还是应用于特定装置中的一个实际系统?对前者,系统的技术指标一般不会要求太高,但系统应具有灵活的扩展功能以供学习者完成他们所感兴趣的各种实验(如在不同抽样频率下单路或多路信号的采集,实现信号处理中的各种算法,提供模拟的或数字的输出等)。对于后者,则是在保证实现任务的技术要求的前提下使系统尽量地达到"最小",从而降低成本,提高整机的性能价格比。

设计一个具有实际应用目的的 DSP 系统应考虑的技术要求如下:

(1) 由信号的频率范围决定系统的最高抽样频率;

(2) 由抽样率及完成任务中最复杂的运算(乘/累加)所需要的最大时间来判断系统能否实时工作;

(3) 由以上因素决定何种类型的 DSP 芯片的指令周期可满足要求;

(4) 由数据量的大小决定所使用的片内 RAM 及需要扩展的 RAM 的大小;

(5) 由系统所要求的精度决定是定点运算还是浮点运算;

(6) 根据该系统是作计算用还是控制用来决定对输入、输出端口的需要。

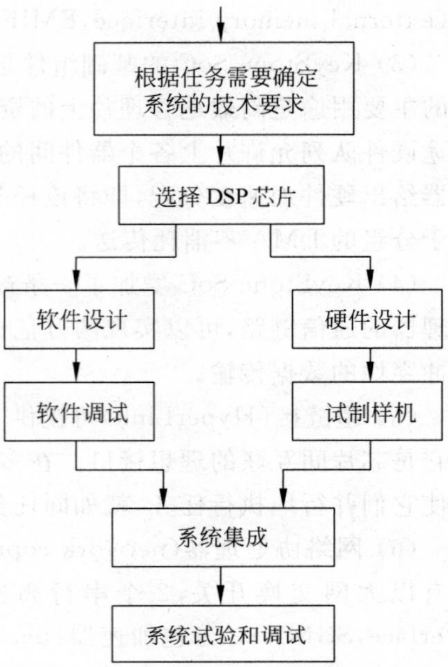

图 9.5.1　DSP 系统设计流程图

由以上因素,可大体决定应选 TMS320 系列中哪一个系列的产品来实现自己的任务。在选择 DSP 芯片时,还应考虑有关该 DSP 芯片的资料是否齐全,开发系统是否齐备,芯片和开发系统的价格等因素。

在确定了任务、技术指标及选定了芯片后,就可以开始并行地进行系统硬件与软件的设计工作。为了加速设计的时间,TI 公司为 TMS320 系列的产品提供了一整套的软件与硬件的开发与调试工具,下面分别予以介绍。

9.5.2　软件开发工具

随着运算能力的不断增强以及片上集成外设的不断丰富,DSP 芯片的功能变得越来越强大,以前需要多块 DSP 芯片共同完成的工作现在可能只需要一块 DSP 芯片就能胜任。随着 DSP 芯片性能的提升,运行在每一块 DSP 芯片上的软件也变得越来越复杂。现在,软件系统的开发与调试工作会占据整个系统开发大约 80%的工作量,远远超过了硬件系统设计与开发所耗费的时间。在这种情况下,软件开发工具的重要性就凸现出来,选择一个优秀的软件开发工具将大大加快整个开发的进度。TI 公司 DSP 软件工具也经历了由基于汇编语言到基于高级语言，由分散到集成的一个发展过程。

TI早期的DSP软件开发工具主要可以分为三类：①代码生成工具(code generation tools)，如编译器(compiler)、汇编器(assembler)和连接器(linker)；②代码调试工具，如C source debugger；③仿真工具，如simulator等。这些软件开发工具都是各自独立工作的，都不具备友好的人机交互界面，而且功能较差。

为了满足日益复杂的DSP应用需求，TI推出了eXpressDSP的框架。eXpressDSP是一个开放式的、集成的软件开发环境(integrated development environment, IDE)，它不但包含了上述的常用软件工具，而且为使用者提供了良好的人机交互界面。其强大的功能可以大大缩短DSP产品的开发时间。eXpressDSP包含如下四个部分：

(1) 集成开发环境CCS(code composer studio)；

(2) 实时操作系统DSP/BIOS；

(3) 算法标准XDAIS(eXpress dsp algorIthm standard)；

(4) 由第3方公司提供的模块，包括插件(plug-in)和算法模块等。

CCS是一个为TMS320系列DSP设计的高度集成的软件开发和调试环境，它将DSP工程项目管理、源代码的编辑、目标代码的生成、调试和分析都打包在一个环境中提供给用户，图9.5.2给出了应用CCS进行系统软件开发的总体流程结构，从图中可以看出CCS基本涵盖了DSP软件开发的每一个环节。CCS主要包括以下工具：

(1) C编译器、汇编优化器和连接器(代码生成工具)；

(2) 指令集仿真器(simulator)；

(3) 主机和目标机之间的实时数据交换(RTDX)；

(4) 实时分析和数据可视化。

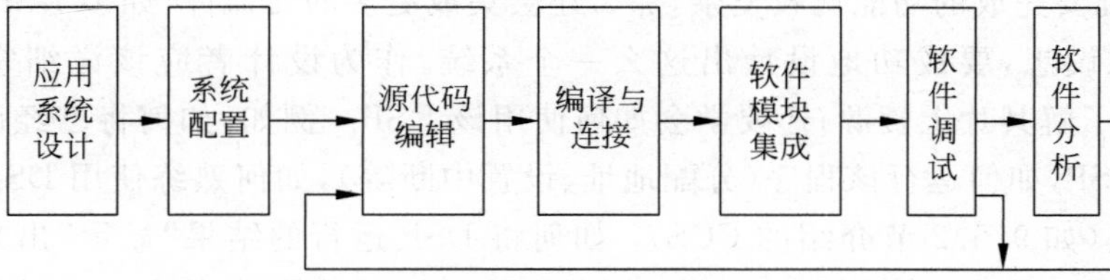

图9.5.2 应用CCS进行软件开发的总体流程

CCS提供了一个图形化的DSP工程项目管理工具，用户可以方便地浏览或管理诸如源文件、库文件和配置文件等。利用源代码编辑器，开发人员可以在CCS中直接用C语言或者汇编语言来编写源文件。CCS高效的代码编译和优化工具可以有效减少目标代码的长度，提高目标代码的执行效率。在CCS中，所有源文件的编译、汇编和连接只需要一个按钮就可以完成，用户不必再输入冗长的命令行来完成这些操作。

经过编译连接产生的目标代码可以在CCS的环境下通过硬件仿真工具，如XDS510

等，下载到用户目标系统中进行调试和运行。如果没有用户目标系统，还可以将目标代码装载到 simulator 中运行。simulator 利用计算机的资源模拟 DSP 的运行情况，可以帮助用户熟悉 DSP 的内部结构和指令，并对程序进行简单的调试。在应用开发的初期，可能目标系统尚未搭建起来，在这种情况下可以利用 simulator 对部分程序功能进行非实时验证，使得系统的软件开发工作和硬件开发工作可以同步进行。

在 CCS 中，用户可以利用所提供的数据可视化工具按照数据的自然格式来观察数据，如眼图、星座图、FFT 瀑布图等，CCS 还提供了多种格式（如 YUV 格式或 RGB 格式等）来读取内存中的原始图像数据并加以显示，这些工具使得位于 DSP 存储器中的数据得以形象地表现，从而可以大大加速分析与测试的速度。

为了了解一个系统在实际条件下的实时表现，开发者希望能在不停止程序执行的情况下跟踪程序的流程。实时数据交换 RTDX（real-time data exchange）是一种非侵入式的主机与 DSP 之间的数据交换方式，它可以实时地访问 DSP 上正在运行的应用程序，实时地在主机和 DSP 之间交换数据而不中断 DSP 的运行。应用 RTDX，开发者可以更准确地了解程序的实际运行情况。

CCS 从早期的 1.0 版本已发展到目前的 5.1 版本，它是 TI DSP 系统开发的基本工具。

有关 CCS、DSP/BIOS 和 XDAIS 的详细讨论见文献[8]和[4]，本书不再进一步讨论。

9.5.3　硬件系统集成及调试工具

所谓“系统集成”是指设计者根据实际任务的需要，设计出一个以 DSP 为核心的目标系统，在该系统上集成了必需的元器件，如时钟、扩展 RAM 及 ROM、通信口、A/D 及 D/A，如果该系统要完成的功能比较复杂，那么还会集成更多的元器件，如多 DSP、控制逻辑器件等。可以设想，要成功地设计出这么一个系统，作为设计者应该详细掌握所选用 DSP 的原理，了解其片上资源；还要学会如何使用该 DSP。例如，如何将已经调试好的程序 Load 到 DSP，如何运行该程序（分配地址、设置中断等），如何熟练使用 DSP 的各种编程与调试工具（如 9.5.2 节介绍的 CCS），如何将 DSP 运行的结果“显示”出来。此处说的“显示”，有可能是在 PC 上显示，也有可能是用别的显示器件显示。但不论用什么显示，都要掌握 DSP 和这些显示设备接口与通信的方法。

此外，设计者应掌握如何为 DSP 扩展外部设备，如 RAM、ROM 等；而且能对所选用的 DSP 及配置的外部设备进行综合评估，看其在全速运行的条件下能否达到设计的要求，即能否实时实现预计的任务。

如果上述问题都已全部解决，那就可以动手设计目标系统的印刷线路板（PCB）。PCB 板焊接完成后，剩下的工作即是对该目标系统进行全面的调试。DSP 系统的调试和单片机系统的调试是一样的，即都需要 PC 的支持。因此，在这一步需要功能强大的调试工具，将焊接好的目标板和 PC 连接起来，以实现对目标系统的全面调试，最后将程序代码写入 DSP 的 EPROM 中。

由以上讨论可知，在 DSP 系统开发的不同阶段需要不同的开发系统，如供初学者使用的学习系统，对所选用的 DSP 及其他器件进行评估的评估系统，最后调试的开发系统。TI 公司针对这些不同的应用推出了不同类型、不同价位的硬件开发系统，它们是 DSP 初学者工具包 DSK(DSP starter kit)，评估模块 EVM(evaluation module)板及系统仿真器 XDS(eXtended development systems)，现分别给以简要的介绍。

1. DSP 初学者工具包 DSK

DSK 是 TI 公司特地为初学者或初次设计者提供的一个低价且性能较为优良的 DSP 开发工具。DSK 是一块开发板，对不同的系列，其上面有一块对应的 TMS320 系列 DSP 芯片，同时板上集成有 A/D、D/A，有扩展的 RAM，有时钟、电源、各种插接件，它可通过串行或并行方式和 PC 连接。因此，在 PC 端可实现对 DSK 的加载、调试与运行，DSK 可通过 A/D 实现对模拟信号的采集、处理并输出到 PC 上。可见该开发工具对学习、研发 DSP 是非常方便的。图 9.5.3 是 TMS320C6211 芯片的 DSK 的框图，该芯片的 DSK 的名称是 TMDX320006211。C6201 DSK 的主要配置与功能如下：

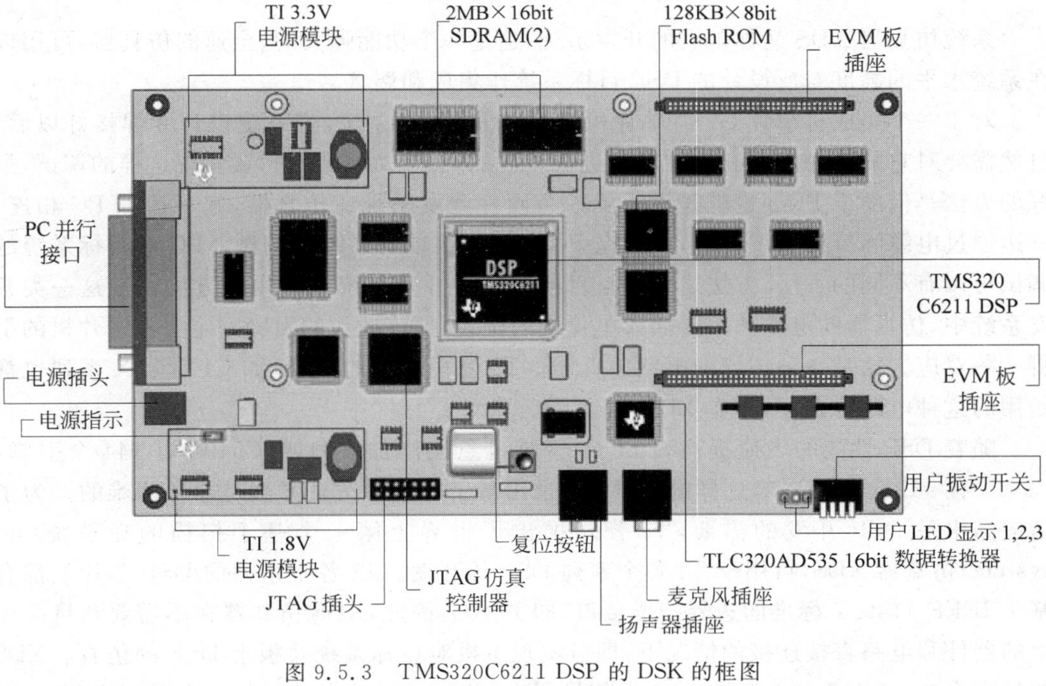

图 9.5.3 TMS320C6211 DSP 的 DSK 的框图

(1) 一块时钟为 150MHz 的 C6211 DSP 芯片;

(2) 并行接口,使该开发板以并行方式和 PC 相连;

(3) 4MB 扩展 SDRAM,128KB 扩展 Flash RAM,以有利于数据和程序的存储;

(4) 16bit 的 A/D 转换器,型号为 TLC320AD535;

(5) 型号为 TPS56100 的电源管理模块;

(6) JTAG 控制器,可方便地实现仿真和调试;

(7) 用于进一步扩展子卡的接口(expansion daughter card interface);

(8) 高效的 C 编译器、汇编语言优化器、代码调试软件及其他 DSK 专用软件等。

其他 DSP 芯片有着类似的 DSK,详细情况请在 TI 网站上下载。

2. 评估模块 EVM

EVM 也是一种较为低价的开发板,但功能远比 DSK 强。它可用来评估所选用的 DSP 和其他芯片是否能满足实际任务的需要,可在上面连续或单步运行所编写的 DSP 汇编软件以检查程序的质量,它具有有限的系统调试功能。EVM 板是一个 PC 插件,因此其工作主机也是 PC。对不同系列的 DSP,TI 提供了不同型号的 EVM 板。

3. 系统仿真器(XDS)

系统仿真器 XDS 又称扩展的开发系统,这是一个功能强大的、全速的仿真器,可用以在系统水平的高度对所设计的 DSP 目标系统作集成和调试。

对于一个集成有单片 CPU(单片机或 DSP)的目标系统,当系统设计并焊接好以后,自然需要对它的软件功能和硬件功能进行全面的调试。可以设想,要实现这样的调试,最好的方法是借助于 PC。也就是说需要一个硬件开发系统或仿真器,它一边和 PC 相连,一边通过电缆和目标系统相连,从而在 PC 端即可实现对系统的调试。PC 对目标系统的调试可以有不同的方法,方法之一就是目前单片机开发系统中常用的方法。在这一类开发系统中,仿真器的电缆插头要插入单片机的位置,即该插头的引脚一定要和单片机的引脚一一对应。这是一种传统的电路仿真器。TI 公司早期的产品,如 C1X,C2X 系列也都是用的这种电路仿真器,称作 XDS/22。

随着 DSP 性能的飞速提高,DSP 的管脚也急剧增加。例如,C5402 有 144 个引脚,C6414 有 532 个引脚。对这样的 CPU,再采用基于电路的仿真方法是非常困难的。为了适应高水平 DSP 开发的需要,TI 公司推出了世界上第一个基于扫描的在系统(in-system)仿真器 XDS,可用于 TI 各个系列 DSP 的开发。TI 各个系列的 DSP 芯片上都有基于 IEEE 1149.1 标准的边界扫描接口,即 JTAG,因此,XDS 仿真器在不需要和目标板上的器件和电路直接连接的情况下,即可实现主机对目标系统及板上 DSP 的仿真。XDS 的仿真头有 14 个引脚,相应有 14 根信号线(这些信号线的定义见每一个系列 DSP 的用户手册),显然,用户的目标板上也一定要预先设计一个同样的 14 针的仿真头。XDS 开发系统包含两个部件,一个是插入 PC 的插件板,一个是控制盒。控制盒两边分别有带有 JTAG 插头的电缆,一边和目标板相连,一边和插件板相连。XDS 目前有两个产品,一是 XDS510,另一个是 XDS560。XDS510 是早期的产品,现在则以 XDS560 为主。图 9.5.4 是 XDS560 的外形图片。

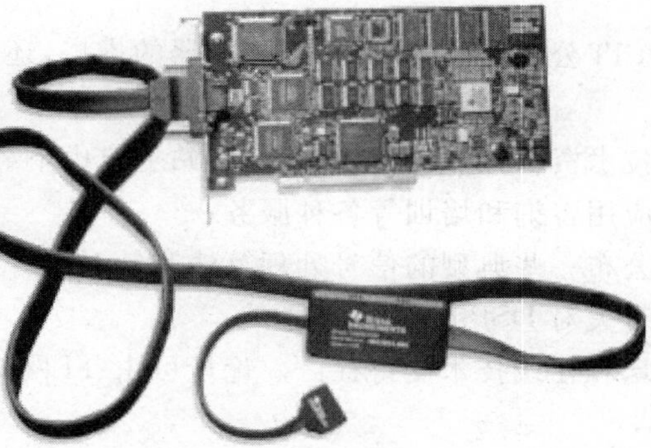

图 9.5.4　XDS560 的外形图片

XDS 仿真器的主要特点如下:

(1) 是一个非插入式的基于扫描的仿真器,因此主机和目标系统的连接非常方便,由此也可看出,XDS 并不介入系统,对系统中的信号没有负载问题;

(2) 通过该仿真器,可全速运行所设计的目标系统,可以监视系统中各器件状态;

(3) 系统可全速运行,可断点运行,可单步运行;

(4) 既可用软件设置断点及程序跟踪,也可用硬件设置断点及程序跟踪;

(5) 具有高级语言的调试接口;

(6) 可对系统上 DSP 的所有寄存器及存储器进行读写操作;

(7) 可测量系统的执行时间;

(8) 可以调试 C 程序,汇编程序或二者混编的程序;

(9) eXpressDSP 支持 XDS 仿真器,因此软件编程和调试功能强大,并且有着友好的工作界面。

XDS560 是 XDS510 的增强版,特别适用于 C28X 系列、C5000、C6000、OMAP 和达芬奇各个系列。XDS560 是基于 PCI(peripheral component interconnect)总线的,它有如下突出特点:

(1) 高速的 RTDX。XDS560 的最大速度可达 2MB/s,是 XDS510 带宽的 100 倍。

(2) 更快的代码下载速度,可达 0.5MB/s,比 XDS510 快了 8 倍。由于目前的各种应用系统日益复杂,软件也越来越庞大,而代码在下载时又要不断地检验纠错,因此提高代码下载速度对实时仿真是非常必要的。

(3) 具有高级事件触发(advance event trigger, AET)。在对系统仿真进行实时时，对处理一般事件(如硬件中断、定时器)，通常是在中断程序入口插入一个软件中断，事件一旦被触发，程序将停在中断处，从而可以观察所需要的信息。但目标 DSP 被停止运行后，我们将丢失其他的实时事件和实时数据流。AET 可以在不停止 DSP 运行的情况下捕捉到实时事件。

除了以上工具外，TI 公司为加速 DSP 微处理器的推广，还提供了众多的其他工具和服务，例如：

(1) 较为完整的技术资料，这些资料可从其网站上自由下载；

(2) 为用户提供应用咨询和培训等各种服务；

(3) 经常在网上公布一些典型的信号处理算法和针对某种应用的解决方案；

(4) 提供第三方有关对 DSP 支持的信息。

(5) 开办网上论坛和在线技术支持社区。论坛可由 TI 网站直接进入，社区网址见文献[7]。

9.6　DSP 在医疗仪器中的应用简介

数字信号处理器已广泛应用于通信、家电、军事等众多的领域。本书表 0.3.1 所列的 90 余项内容，既是数字信号处理理论的研究和应用领域，也是数字信号处理器的应用领域。本章在 9.3 节介绍 TI DSP 的 ROADMAP 时也介绍了 TI 各款 DSP 的应用范围，现在简单介绍一下 DSP 在医疗仪器领域中的应用。

现代医疗仪器是现代化医院重要的组成部分，其重要性是不言而喻的。医疗仪器产业是朝阳产业，在西方发达国家已成为支柱产业，据报道，2005 年全球医疗仪器销售额超过 2500 亿美元，2008 年全球电子类医疗仪器的销售额愈 1167 亿美元。我国医疗仪器产业自 20 世纪的 90 年代以来一直保持着两位数的增长速度，2006～2010 年的增长速度接近于 20%。但我国的医疗仪器产品目前还多集中在中、低端，附加值较低，高端产品(特别是大型影像设备)还依赖进口。

医疗仪器包括诊断、治疗、康复、监护、成像和分析等类别，品种繁多。此处所谈的主要是电子类医疗仪器。现在人们对临床医学的要求，一是疾病要早期发现，二是要无创或微创精确治疗，三是要实现个性化服务。为实现这些目标，就医疗仪器的作用来说，除了自身功能继续提升以外，还需要朝着智能化和便携式的方向发展。

DSP 为智能化、便携式，或包含计算机的高端医疗仪器提供了更多和更强的解决方